矿山尘毒控制理论与技术

Theory and Technology of Hazardous Dust and Poison Control in Mine

蒋仲安　陈　雅　张国梁　曾发镔　编著

北　京

冶　金　工　业　出　版　社

2024

内容简介

本书以煤矿及金属矿山的粉尘、有毒有害气体的产生来源、控制理论及技术为主线，系统地阐述了矿山开采过程中粉尘和有毒有害气体的产生及其危害、矿山粉尘控制理论、有毒有害气体净化理论、尘毒控制装置及其检测技术，并结合实际应用场景，重点介绍了煤矿井下、金属矿山井下与露天矿山尘毒控制技术及检测技术。

本书可作为高等院校相关专业研究生教材或教学参考书，也可供从事相关专业的工程技术人员和管理人员参考。

图书在版编目(CIP)数据

矿山尘毒控制理论与技术/蒋仲安等编著．—北京：冶金工业出版社，2024.1

ISBN 978-7-5024-9748-4

Ⅰ.①矿… Ⅱ.①蒋… Ⅲ.①矿山开采—粉尘—控制—研究 ②矿山开采—有毒气体—控制—研究 Ⅳ.①TD8

中国国家版本馆 CIP 数据核字(2024)第 043516 号

矿山尘毒控制理论与技术

出版发行 冶金工业出版社　**电　话** (010)64027926
地　址 北京市东城区嵩祝院北巷 39 号　**邮　编** 100009
网　址 www.mip1953.com　**电子信箱** service@mip1953.com

责任编辑 俞跃春 杜婷婷 美术编辑 吕欣童 版式设计 郑小利
责任校对 范天娇 责任印制 窦 唯
北京建宏印刷有限公司印刷
2024 年 1 月第 1 版，2024 年 1 月第 1 次印刷
787mm×1092mm 1/16；16.5 印张；399 千字；252 页
定价 56.00 元

投稿电话 (010)64027932 投稿信箱 tougao@cnmip.com.cn
营销中心电话 (010)64044283
冶金工业出版社天猫旗舰店 yjgycbs.tmall.com
(本书如有印装质量问题，本社营销中心负责退换)

前　言

矿山尘毒是指在矿山开采过程中产生的各种粉尘和有毒有害气体，如煤尘、二氧化硅、甲烷、一氧化碳、氮氧化物等，是造成职业病危害的主要诱因。随着矿山自动化机械设备的推广应用，矿山开采深度和集中开采量大幅增加，地质条件也越来越复杂、破坏程度越来越大，导致粉尘与有毒有害气体的问题越来越突出，对矿工的生命健康安全构成严重威胁。因此，保障矿工的职业健康、改善劳动者作业环境，有效预防、控制和管理矿山尘毒已成为重要的研究方向，本书就是这方面的研究成果之一。

本书涵盖了煤矿与非煤矿内容，适用面广，旨在介绍矿山尘毒的基本理论与控制技术，主要内容包括矿山尘毒的产生及其危害、粉尘控制理论、有毒有害气体净化理论、尘毒控制装置、煤矿井下尘毒控制技术、金属矿山井下尘毒控制技术、露天矿山尘毒控制技术及矿山尘毒的检测技术。本书理论联系实际，结合编者长期以来在煤矿、金属矿山、露天矿山等实际应用中的工作积累和技术总结，力求阐明矿山常见尘毒的来源与影响因素、除-降-抑-减尘的控制理论与技术装备、有毒有害气体的净化方法与装置、实践应用技术及检测方法等，以加强对学生应用能力的培养。书中编入大量实例和实物照片，内容翔实、图文并茂，充分突出了本书内容的实用性。

本书的编写与出版得到了北京科技大学研究生教材专项基金的资助，在此表示感谢！

本书在编写过程中，参阅了大量相关的文献资料，谨向有关文献资料的作者表示衷心感谢！

由于作者水平所限，书中不妥之处，敬请广大读者批评指正。

作　者

2023年5月16日

目　录

1　矿山尘毒的产生及其危害 …… 1

1.1　矿山粉尘的产生、影响因素及分类 …… 1
1.1.1　粉尘的产生 …… 1
1.1.2　影响矿尘生成量的主要因素 …… 2
1.1.3　矿尘分类 …… 2
1.2　矿山粉尘的性质及危害 …… 3
1.2.1　矿尘的性质 …… 3
1.2.2　矿尘的危害性 …… 6
1.3　矿山有害有毒气体的产生及性质 …… 7
1.3.1　矿内空气的主要成分及其基本性质 …… 7
1.3.2　矿内空气中常见的有害气体 …… 9
1.3.3　各种有害气体的性质 …… 9
1.3.4　有害气体中毒的急救 …… 11
复习思考题及习题 …… 12

2　粉尘控制理论 …… 13

2.1　气固两相流理论 …… 13
2.1.1　气固两相流的基本观点 …… 13
2.1.2　气固两相流的基本方程 …… 13
2.1.3　气固两相流的数值模拟 …… 15
2.1.4　颗粒在气流中的作用力和运动方程 …… 16
2.2　通风除尘技术 …… 19
2.2.1　通风排尘 …… 19
2.2.2　通风控尘 …… 22
2.2.3　除尘器除尘 …… 25
2.3　喷雾降尘理论 …… 26
2.3.1　喷嘴雾化及降尘机理 …… 26
2.3.2　水喷雾降尘技术 …… 30
2.3.3　气水喷雾降尘技术 …… 33
2.3.4　干雾降尘技术 …… 34
2.4　泡沫降尘理论 …… 36
2.4.1　泡沫降尘原理 …… 36

2.4.2 泡沫除尘的特点及效率 …… 38
2.4.3 泡沫降尘发泡剂 …… 39
2.4.4 泡沫发生装置和喷嘴 …… 40
2.5 湿润剂湿润原理 …… 42
2.5.1 添加湿润剂机理 …… 43
2.5.2 湿润剂的添加方法 …… 43
2.6 磁化水降尘原理 …… 45
2.6.1 水的磁化机理分析 …… 45
2.6.2 磁化水提高喷雾降尘效果的作用原理 …… 46
2.6.3 常见的磁水器以及在除尘方面的应用效果 …… 47
2.7 抑尘剂抑尘机理 …… 48
2.7.1 抑尘剂作用基本原理 …… 48
2.7.2 抑尘剂分类 …… 49
2.7.3 抑尘剂的使用方法 …… 51
2.8 煤层注水降尘理论 …… 51
2.8.1 煤层注水基本原理 …… 51
2.8.2 水在煤层中运移规律 …… 52
2.8.3 煤层注水减尘机理 …… 53
2.8.4 影响煤层注水效果的因素 …… 54
2.8.5 煤层注水方式 …… 55
2.8.6 煤层注水工艺 …… 56
复习思考题及习题 …… 58
3 有毒有害气体净化理论 …… 60
3.1 概述 …… 60
3.1.1 有毒有害气体的概念 …… 60
3.1.2 有毒有害气体的净化方法 …… 61
3.2 气体吸收原理 …… 62
3.2.1 吸收过程的理论基础 …… 62
3.2.2 吸收过程的机理 …… 67
3.3 气体吸附原理 …… 71
3.3.1 吸附原理 …… 71
3.3.2 吸附特性 …… 72
3.4 有害气体吸收剂和吸附剂的要求 …… 73
3.4.1 吸收剂 …… 73
3.4.2 吸附剂 …… 73
3.5 典型有害气体净化技术 …… 74
3.5.1 氨气（NH_3）净化技术 …… 74
3.5.2 硫化氢（H_2S）净化技术 …… 74

3.5.3　一氧化碳（CO）净化技术 …… 78
3.5.4　二氧化碳（CO_2）净化技术 …… 79
3.5.5　二氧化氮（NO_2）净化技术 …… 81
复习思考题及习题 …… 83

4　尘毒控制装置 …… 85

4.1　除尘器性能及分类 …… 85
4.1.1　除尘器性能的指标 …… 85
4.1.2　除尘机理及除尘器的分类 …… 87
4.1.3　选择除尘器时应注意事项 …… 88
4.2　机械式除尘器 …… 89
4.2.1　重力沉降室 …… 89
4.2.2　惯性除尘器 …… 91
4.2.3　旋风除尘器 …… 92
4.3　湿式除尘器 …… 95
4.3.1　湿式除尘器的工作原理 …… 95
4.3.2　湿式除尘器的分类及其特性 …… 96
4.3.3　重力喷淋塔 …… 96
4.3.4　离心式洗涤器 …… 97
4.3.5　冲击（自激）式除尘器 …… 98
4.3.6　多孔洗涤器 …… 99
4.3.7　文丘里除尘器 …… 100
4.4　袋式除尘器 …… 101
4.4.1　袋式除尘器的工作原理 …… 101
4.4.2　袋式除尘器性能的计算 …… 102
4.4.3　影响袋式除尘器除尘效率的因素 …… 104
4.4.4　袋式除尘器的分类和清灰过程 …… 104
4.4.5　袋式除尘器的结构形式 …… 105
4.5　静电除尘器 …… 107
4.5.1　静电除尘器的工作原理 …… 107
4.5.2　电除尘器的结构形式 …… 108
4.5.3　电除尘器的主要部件 …… 109
4.5.4　影响电除尘器性能的主要因素 …… 110
4.5.5　电除尘器的设计计算 …… 111
4.6　气体吸收与吸附装置 …… 112
4.6.1　吸收装置 …… 112
4.6.2　吸附装置 …… 115
4.7　典型有害气体净化装置 …… 116
4.7.1　氨气（NH_3）净化装置 …… 116

4.7.2　硫化氢（H_2S）净化装置 …… 119
4.7.3　一氧化碳（CO）净化装置 …… 120
4.7.4　二氧化碳（CO_2）净化装置 …… 123
4.7.5　二氧化氮（NO_2）净化装置 …… 125
复习思考题及习题 …… 128

5　煤矿井下尘毒控制技术 …… 130

5.1　回采工作面粉尘防治技术 …… 130
5.1.1　煤层注水减尘 …… 130
5.1.2　机采工作面防尘 …… 130
5.1.3　炮采工作面防尘 …… 134
5.1.4　回采作业面其他环节粉尘防治 …… 136
5.2　掘进工作面粉尘防治技术 …… 137
5.2.1　炮掘工作面防尘 …… 137
5.2.2　机掘工作面防尘 …… 139
5.3　锚喷作业粉尘防治技术 …… 144
5.3.1　锚喷作业主要产尘源 …… 144
5.3.2　影响锚喷作业产尘量主要因素 …… 145
5.3.3　锚喷支护的防尘措施 …… 145
5.4　爆破作业尘毒防治技术 …… 148
5.4.1　爆破作业尘毒 …… 148
5.4.2　爆破尘毒防治技术 …… 149
5.5　硫化氢（H_2S）防治技术 …… 150
5.5.1　硫化氢物化特性 …… 150
5.5.2　硫化氢防治技术 …… 151
复习思考题及习题 …… 155

6　金属矿山井下尘毒控制技术 …… 156

6.1　井下采场爆破尘毒控制技术 …… 156
6.1.1　井下采场爆破尘毒特征 …… 156
6.1.2　井下采场爆破尘毒治理技术 …… 156
6.1.3　掘进巷道水炮泥降尘应用案例 …… 158
6.1.4　爆破后巷道气水喷雾降尘应用案例 …… 160
6.2　多中段高溜井卸矿粉尘控制技术 …… 161
6.2.1　高溜井卸矿粉尘产生机理 …… 161
6.2.2　高溜井卸矿粉尘产生影响因素 …… 162
6.2.3　多中段高溜井卸矿粉尘控制技术 …… 163
6.2.4　多中段溜井卸矿粉尘联动控制系统 …… 167
6.2.5　高溜井卸矿口气水喷雾降尘技术的应用案例 …… 169

6.3 卸矿站粉尘控制技术 …… 171
6.3.1 卸矿站粉尘产生机理 …… 171
6.3.2 卸矿站粉尘控制技术 …… 172
6.3.3 卸矿站气水喷雾降尘应用案例 …… 174
6.4 破碎硐室粉尘控制技术 …… 177
6.4.1 破碎硐室粉尘产生来源及机理 …… 177
6.4.2 破碎硐室粉尘扩散的主要影响因素 …… 178
6.4.3 破碎硐室粉尘控制技术概况 …… 179
6.4.4 破碎机下料口干雾降尘应用案例 …… 184
6.4.5 破碎机下料口泡沫除尘应用案例 …… 185
6.5 胶带运输巷道粉尘控制技术 …… 187
6.5.1 胶带输送巷道粉尘来源及产生机理 …… 187
6.5.2 胶带输送巷道粉尘产生的影响因素 …… 188
6.5.3 胶带输送巷道粉尘控制技术 …… 189
6.5.4 胶带斜井喷雾降尘系统应用案例 …… 191
复习思考题及习题 …… 193
7 露天矿山尘毒控制技术 …… 194
7.1 露天矿粉尘及影响因素 …… 194
7.1.1 露天矿粉尘及其卫生特征 …… 194
7.1.2 影响露天矿大气污染的因素 …… 194
7.2 穿孔设备作业时防尘技术 …… 197
7.2.1 穿孔作业粉尘产生机理 …… 197
7.2.2 穿孔作业时的产尘特点 …… 198
7.2.3 穿孔作业粉尘防治技术 …… 199
7.3 露天矿大爆破防尘技术 …… 202
7.3.1 爆破作业产尘机理 …… 202
7.3.2 爆破作业粉尘运动特性 …… 202
7.3.3 爆破作业尘毒防治技术 …… 203
7.4 矿物（岩矿）装卸过程中防尘技术 …… 206
7.4.1 矿物装卸作业粉尘产生机理 …… 206
7.4.2 影响矿物装卸作业粉尘产生量的因素 …… 207
7.4.3 矿物装卸过程的起尘量计算 …… 208
7.4.4 岩矿装卸作业粉尘防治技术 …… 208
7.5 露天矿运输路面防尘技术 …… 208
7.5.1 露天矿运输路面产尘的主要原因及危害 …… 209
7.5.2 露天矿运输路面的扬尘机理 …… 209
7.5.3 露天矿运输路面的抑尘机理 …… 210
7.5.4 露天矿运输路面粉尘防治技术 …… 210

7.6 露天矿堆粉尘防治技术 …… 212
7.6.1 露天矿堆粉尘产生机理 …… 212
7.6.2 露天矿堆粉尘产生影响因素 …… 213
7.6.3 露天矿堆粉尘防治技术 …… 214
7.7 露天矿尾矿库干滩面粉尘防治 …… 215
7.7.1 尾矿库的分类及扬尘特征 …… 215
7.7.2 尾矿库干滩面的扬尘影响因素 …… 216
7.7.3 尾矿库干滩面的粉尘防治技术 …… 216
复习思考题及习题 …… 218
8 矿山尘毒的检测技术 …… 219
8.1 矿山粉尘的检测技术 …… 219
8.1.1 矿山粉尘理化性质的检测 …… 219
8.1.2 矿山粉尘浓度的测定 …… 225
8.1.3 矿山粉尘粒径与粒径分布的测定 …… 232
8.1.4 矿山粉尘沉积速度的测定 …… 241
8.2 矿山有害有毒气体的检测技术 …… 242
8.2.1 有害有毒气体检测技术概述 …… 242
8.2.2 瓦斯气体的检测 …… 243
8.2.3 氮氧化物的检测 …… 245
8.2.4 一氧化碳的检测 …… 246
8.2.5 二氧化硫的检测 …… 247
8.2.6 硫化氢的检测 …… 248
复习思考题及习题 …… 251
参考文献 …… 252

1 矿山尘毒的产生及其危害

在矿山开采过程中会产生各种粉尘和有害有毒气体，如果不对其加以控制，则会对矿山作业场所的空气环境造成严重污染和破坏，对作业工人的身体健康和矿井的安全生产造成严重影响。随着煤矿与非煤矿山集中化生产的不断发展，为保证矿井安全生产与作业人员的身心健康，如何控制粉尘和有毒有害气体越来越成为亟须解决的问题。

1.1 矿山粉尘的产生、影响因素及分类

粉尘是一种微细固体物的总称，其大小通常在 100 μm 以下。常把悬浮于空气中的粉尘称为浮尘（或飘尘），从空气中沉降下来的粉尘称为落尘（或积尘）；浮尘和落尘在不同的风流环境下是可以相互转化的，落尘在受外力作用时，能再次飞扬并悬浮于空气中，称二次扬尘。除尘技术的主要研究对象是浮尘和二次扬尘。

在生产过程中产生并形成的，能够较长时间呈悬浮状态存在于空气中的固体微粒称生产性粉尘。矿尘指在采矿过程中所产生的细小矿物颗粒，它是矿山在建设和生产过程中所产生的煤尘、岩尘和其他有毒有害粉尘的总称。煤尘一般指粒径为 75~100 μm 的煤炭颗粒，岩尘一般指粒径为 10~45 μm 的岩粉颗粒。

1.1.1 粉尘的产生

1.1.1.1 回采工作面产尘源

采煤工作面的主要产尘工序有采煤机落煤、装煤、液压支架移架、运输机转载、运输机运煤、人工攉煤、放炮及放煤口放煤等。

非煤矿山回采工作面主要产尘工序有钻孔（凿岩）、爆破、铲装、放矿、运输和破碎等。

回采工作面的各种产尘工序的产尘一般可分为摩擦和抛落两种机制，前者产生的大颗粒粉尘较多，后者产生的呼吸性粉尘较多。

1.1.1.2 掘进工作面产尘源

掘进工作面的产尘工序主要有机械破岩（煤）、装岩、放炮、煤矸运输转载及锚喷等。一般而言，掘进工作面各工序产生的粉尘含游离二氧化硅成分较多，对人体危害大，操作人员很有必要进行个体防护作为其他粉尘控制措施的补充。

1.1.1.3 其他粉尘源

采场支护、顶板冒落或冲击地压；通风安全设施的构筑等。

巷道维修、锚喷现场、矿物装卸点等都会产生高浓度的粉尘，尤其是矿物装卸处的瞬时粉尘浓度单位为 g/m^3，如果是煤尘有时甚至达到煤尘爆炸浓度界限。

此外，地面矿物运输、矿堆、矸石山、排土场和尾矿库等由于风力作用也产生大量的粉尘，使矿区周边空气环境受到严重的污染。

不同矿井由于煤、岩地质条件和物理性质的不同，以及采掘方法、作业方式、通风状况和机械化程度的不同，矿尘的生成量有很大的差异。即使在同一矿井里，产尘的多少也因地因时发生变化。

1.1.2 影响矿尘生成量的主要因素

矿山粉尘生成量的多少主要取决于下列因素。

（1）地质构造及煤层赋存条件。在地质构造复杂、断层褶曲发育并且受地质构造破坏强烈的地区开采时，矿尘产生量较大；反之则较小。井田内如有火成岩侵入，矿体变脆变酥，产尘量也将增加。一般对于煤矿来说，开采急倾斜煤层比开采缓倾斜煤层的产尘量要大，开采厚煤层比开采薄煤层的产尘量要高。

（2）煤岩的物理性质。通常，节理发育且脆性大的煤易碎，结构疏松而又干燥坚硬的煤岩在采掘工艺相近的条件下产尘既细微又量大。

（3）环境的温度和湿度。矿岩本身水分低、岩壁干燥且环境相对湿度低时，作业时产尘量会相对增大；若岩体本身潮湿，矿井空气温度又大，虽然作业时产尘较多，但由于水蒸气和水滴的湿吸作用，矿尘悬浮性减弱，空气中矿尘含量会相对减少。

（4）采矿方法。不同的采矿方法，产尘量差异很大。例如：对于煤矿，急倾斜煤层采用倒台阶开采比水平分层开采产尘量要大，全部冒落采煤法比水砂充填法的产尘量要大。

（5）产尘点的通风状况。矿尘浓度的大小和作业地点的通风方式、风速及风量密切相关。当井下实行分区通风、风量充足且风速适宜时，矿尘浓度就会降低；如采用串联通风，含尘污风再次进入下一个作业地点，或工作面风量不足、风速偏低时，矿尘浓度就会逐渐增高。保持产尘点的良好通风状况，关键在于选择最佳排尘风速。

（6）采掘机械化程度和生产强度。煤矿采掘工作面的产尘量随着采掘机械化程度的提高和生产强度的加大而急剧上升。在地质条件和通风状况基本相同的情况下，炮采工作面干放炮时矿尘浓度一般为 300～500 mg/m^3，机采工作面割煤时矿尘浓度为 1000～3000 mg/m^3，而综采工作面割煤时矿尘浓度则高浓度一般为 4000～8000 mg/m^3，有的甚至更高。在采取煤层注水和喷雾洒水防尘措施后，炮采的粉尘浓度为 40～80 mg/m^3，机采为 30～100 mg/m^3，而综采为 20～120 mg/m^3。采用的采掘机械及其作业方式不同，产尘强度也随之发生变化。如综采工作面使用双滚筒采煤机组时，产尘量与截割机构的结构参数及采煤机的工作参数密切相关。

1.1.3 矿尘分类

对粉尘的分类目前还没有统一的方法，现按粉尘的性质和形态，可以作如下分类。

（1）按粉尘的成分可分为如下几类。

1）无机粉尘。矿物性粉尘（如石英、石棉、滑石黏土粉尘等）、金属性粉尘（铅、锌、铜、铁）和人工无机性粉尘（水泥、石墨、玻璃等）。

2）有机粉尘。植物性（棉、麻、烟草、茶叶粉尘等）、动物性粉尘（毛发、角质粉尘）和人工有机性粉尘（有机染料等）。

3）混合性粉尘。它是指上述两种或多种粉尘的混合物。

如铸造厂的混砂机，既有石英粉尘，又有黏土粉尘。如砂轮机磨削金属时，既有金刚砂粉尘，又有金属粉尘。

（2）按粉尘的粒径可分为如下几类。

1）粗尘：粒径大于40 μm，相当于一般筛分的最小粒径，在空气中极易沉降。

2）细尘：粒径为10~40 μm，在明亮的光线下，肉眼可以看到，在静止空气中作加速沉降。

3）微尘：粒径为0.25~10 μm，用光学显微镜可以观察到，在静止空气中呈等速沉降。

4）超微粉尘：粒径小于0.25 μm，用电子显微镜才能观察到，在空气中作布朗扩散运动。

（3）按粉尘的生产工序可分为如下。

1）粉尘：各种不同生产工序的使用或生产不同的物料的过程中而生成的微细颗粒。如：采矿、岩石破碎等。

2）烟尘：由燃烧、氧化等伴随着物理化学变化过程所产生的固体微粒，粒径一般很小，多为0.01~1 μm，可长时间悬浮于空气中。如锅炉厂、水泥厂、爆破等。

（4）按测定粉尘浓度的方法可分为如下。

1）全尘：是指各种粒径在内的矿尘总和，在实际工作中，通常把粉尘浓度近似作为全尘浓度。

2）呼吸性粉尘：是对人体危害最大的粒径小于7.07 μm的粉尘，是粉尘控制的主要对象。

（5）按矿尘中游离 SiO_2 含量划分为如下。

1）硅尘：游离 SiO_2 含量（质量分数）在10%以上的矿尘。它是引起矿工硅肺病的主要因素。煤矿中的岩尘一般多为硅尘。

2）非硅尘：游离 SiO_2 含量（质量分数）在10%以下的矿尘。煤矿中的煤尘一般均为非硅尘。

（6）其他分类如下。

1）按物料种类可分为煤尘、岩尘、石棉尘、铁矿尘等。

2）按有无毒性物质可分为有毒、无毒、放射性粉尘等。

3）按爆炸性可分为易燃、易爆和非燃、非爆炸性粉尘。

4）从卫生学角度可分为呼吸性粉尘和非吸入性粉尘。

5）从环境保护角度可分为飘尘和降尘。

1.2　矿山粉尘的性质及危害

1.2.1　矿尘的性质

1.2.1.1　粉尘中游离二氧化硅的含量

粉尘中游离二氧化硅的含量是危害人体的决定因素，含量越高，危害越大。游离二氧化硅是引起硅肺病的主要因素。

1.2.1.2　粉尘的安置角

将粉尘自然地堆放在水平面上，堆积成圆锥体的锥体角称为静安置角或自然堆积角。将粉尘置于光滑的平板上，使该板倾斜到粉尘开始滑动时的倾斜角称为动安置角或滑动角。粉尘的安置角是评价粉尘流动特性的一个重要指标，它与粉尘的粒径、含水率、尘粒形状、尘粒表面光滑程度、粉尘的黏附性等因素有关，是设计除尘器灰斗或料仓锥度、除尘管道或输灰管道倾斜度的主要依据。

1.2.1.3　比表面积

物料被粉碎为微细粉尘，其比表面积显著增加。单位质量（或单位体积）粉尘的总表面积称为比表面积。假设尘粒为与其他同体积的球形粒子，则比表面积 S_w（m^2/kg）与粒径的关系为：

$$S_w = \frac{\pi d_p^2}{\frac{1}{6}\pi d_p^3 \rho_p} = \frac{6}{\rho_p d_p} \tag{1-1}$$

式中，ρ_p为粉尘的密度，kg/m^3；d_p为粉尘的直径，m。

式（1-1）可以看出，粉尘的比表面积与粒径成反比，粒径越小，比表面积越大。由于粉尘的比表面积增大，它的表面能也随之增大，增强了表面活性，这对研究粉尘的湿润、凝聚、附着、吸附、燃烧和爆炸等性能有重要作用。

1.2.1.4　凝聚与附着

细微粉尘增大了表面能，即增强了尘粒的结合力，一般把尘粒间互相结合形成一个新的大尘粒的现象称为凝聚；尘粒和其他物体结合的现象称为附着。粉尘的凝聚与附着是在粒子间距离非常近时，由于分子间引力的作用而产生的。一般尘粒间距较大，需要有外力作用使尘粒间碰撞、接触，促进其凝聚和附着。这些外力有：粒子热运动（布朗运动）、静电力、超声波、紊流脉动速度等。尘粒的凝聚有利于对它捕集分离。

1.2.1.5　湿润

湿润现象是分子力作用的一种表现，是液体（水）分子与固体分子间的互相吸引力造成的。它可以用湿润接触角的大小来表示，如图1-1所示。湿润角小于60°的，表示湿润性好，为亲水性的；湿润角大于90°时，说明湿润性差，属憎水性的。粉尘的湿润性除决定于成分外，还与颗粒的大小、荷电状态、湿度、气压、接触时间等因素有关。

粉尘的湿润性还可以用液体对试管中粉尘的浸润速度来表征。通常取浸润时间为20 min，

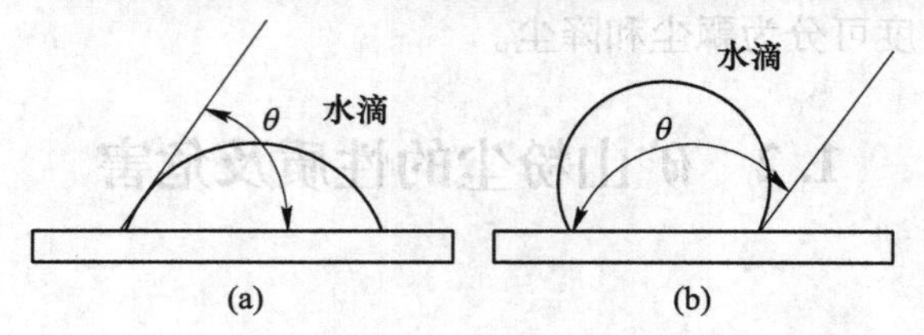

图1-1　湿润角表示示意图

（a）石英；（b）石蜡

测出此时的浸润高度 L_{20}(mm)，于是浸润速度 u_{20}(mm/min) 为：

$$u_{20} = \frac{L_{20}}{20} \tag{1-2}$$

按 u_{20} 作为评定粉尘湿润性指标，可将粉尘分为四类，见表 1-1。

表 1-1 粉尘对水的湿润性

粉尘类型	Ⅰ	Ⅱ	Ⅲ	Ⅳ
湿润性	绝对憎水	憎 水	中等憎水	强亲水
u_{20}/mm · min^{-1}	<0.5	0.5~2.5	2.5~8.0	>8.0
粉尘举例	石蜡、沥青	石墨、煤、硫	玻璃微球	锅炉飞灰、钙

在除尘技术中，粉尘的湿润性是选用除尘设备的主要依据之一。对于湿润性好的亲水性粉尘（中等亲水、强亲水），可选用湿式除尘器。对于某些湿润性差（即湿润速度过慢）的憎水粉尘，在采用湿式除尘器时，为了加速液体（水）对粉尘的湿润，往往要加入某些湿润剂以减少固液之间的表面张力，增加粉尘的亲水性。

1.2.1.6 粉尘的磨损性

粉尘的磨损性是指粉尘在流动过程中对器壁的磨损程度。硬度大、密度高、粒径大、带有棱角的粉尘磨损性大。粉尘的磨损性与气流速度的 2~3 次方成正比。在高气流速度下，粉尘对管壁的磨损显得更为重要。

为减轻粉尘的磨损，需要适当地选取除尘管道中的气流速度和选择壁厚。对磨损性大的粉尘，最好在易磨损的部位，如管道的弯头、旋风除尘器的内壁采用耐磨材料作内衬，除了一般的耐磨材料外，还可以采用铸石、铸铁等材料。

1.2.1.7 粉尘的电性质

荷电性：悬浮于空气中的粉尘通常都带有电荷，这是由于破碎时的摩擦、粒子间的撞击、天然辐射、外界离子或电子附着等原因而形成的。一般在悬浮粉尘的整体中，所带正电荷与负电荷几乎相等，因而近于中性。粉尘的荷电量与它的大小、质量、湿度、温度及成分等因素有关，温度升高时荷电量增多，湿度增高时荷电量降低。

导电性：粉尘的导电性通常用比电阻表示，是指面积为 1 cm^2、厚度为 1 cm 的粉尘层所具有的电阻值，单位为 Ω · cm。粉尘比电阻由实验方法确定。粉尘的比电阻对电除尘器的工作影响很大，过低过高都会使除尘效率下降，最适宜的范围是 10^4~$5×10^{11}$ Ω · cm。

1.2.1.8 黏性

黏性是粉尘之间或粉尘与物体表面之间力的表现。由于黏性力的存在，粉尘的相互碰撞会导致尘粒的凝并，这种作用在各种除尘器中都有助于粉尘的捕集。在电除尘器和袋式除尘器中，黏性力的影响更为突出，因为除尘效率在很大程度上取决于从收尘极或滤料上清除粉尘（清灰）的能力。粉尘的黏性对除尘管道及除尘器的运行维护也有很大的影响。

1.2.1.9 光学特性

粉尘的光学特性包括粉尘对光的反射、吸收和透明度等。由于含尘气流的光强减弱程度与粉尘的透明度、形状、粒径的大小和浓度有关，尘粒大于光的波长和小于光的波长对光的反射的作用是不相同的，所以，在通风除尘中可以利用粉尘的光学特性来测定粉尘的浓度和分散度。

1.2.1.10　爆炸性

许多固体物质，在一般条件下是不易引燃或不能燃烧的，但成为粉尘时，在空气中达到一定浓度，并在外界高温热源作用下，有可能发生爆炸。能发生爆炸的粉尘称为可爆粉尘。爆炸是急剧的氧化燃烧现象，产生高温、高压，同时产生大量的有毒有害气体，对安全生产有极大危害，特别是对矿井，危害更严重，应特别注意预防。

有爆炸性的矿尘主要是硫化矿尘和煤尘，尤其是煤尘的爆炸性很强。影响煤尘爆炸的因素很多，如煤中挥发分的含量、煤尘中水分的含量、灰分、粒度、沼气的存在等。

1.2.2　矿尘的危害性

1.2.2.1　粉尘对人体的影响

粉尘对人体的影响是很严重的，是造成尘肺、硅肺病的根源。影响尘肺病的发生发展的因素主要有粉尘的化学成分、粒径和分散度，以及接触时间、劳动强度和个人身体健康状况等。

粒径不同的粉尘在呼吸道各部位的沉积情况各不相同。粗粉尘（>5 μm）在通过鼻腔、喉头、气管上呼吸道时，被这些气管的纤毛和分泌黏液所阻留，经咳嗽、喷嚏等保护性反射作用而排出。细粉尘（<5 μm）则会深入和滞留在肺泡中（部分粒径在 0.4 μm 以下的粉尘可以在呼气时排出）。有人研究硅肺病死者肺中尘粒的百分比，发现粒径在 1.6 μm 以下者占 86%，3.2 μm 以下者占 100%。粉尘越细，在空气中停留时间越长，被吸入的机会也就越多。

人体吸入不同种类的粉尘，由于其成分和性质不同，所引发的疾病也会不同，一般常引发的疾病如下。

(1) 呼吸系统疾病。尘肺是指由于吸入较高浓度或长时间吸入的生产性粉尘而引起的以肺组织弥漫性纤维化病变。尘肺按其病因可分为硅肺、石棉肺、水泥尘肺、金属肺等。其中硅肺是尘肺中最主要的一种职业病，它是由于吸入含结晶型游离二氧化硅粉尘所引起。在很多厂矿的生产过程中都可以产生硅尘，如开矿采掘、开凿隧道、开山筑路，以及耐火材料、玻璃制造、陶瓷、搪瓷、铸造、石英砂加工等行业。硅肺的病因是粉尘中结晶型游离二氧化硅，即石英的沉淀。工作过程中如果不注意防护，吸入大量的游离二氧化硅，就可能发生尘肺病。一般通过检测粉尘中游离二氧化硅的含量，来确定粉尘的危害程度。在有机粉尘中，常混有沙土及其他无机性杂质，如烟草、茶叶、皮毛、棉花等。粉尘中混有这些杂质，长时间接触会造成尘肺，称为混合型尘肺。另外，长期吸入游离二氧化硅含量较低的木尘、聚氯乙烯尘、蚕丝尘等也可以引起尘肺。

(2) 其他系统的疾病。除了常见的呼吸系统疾病，粉尘还会引起眼睛和皮肤的病变。如在阳光下接触煤焦油沥青粉尘时，能够引起眼睑水肿和结膜炎。粉尘堵塞皮脂腺引起皮肤干燥，造成毛囊炎等。长时间接触矿物性粉尘，如玻璃纤维和矿渣棉粉尘，作用于皮肤引起皮炎。长时间接触腐蚀性和刺激性粉尘，如铬、砷、石灰等，引起皮肤病变和溃疡性皮炎。

我国矿山粉尘浓度标准的确定，均以矿尘中游离 SiO_2 含量多少为依据的。我国《煤矿安全规程》中规定作业场所空气中粉尘浓度要求见表 1-2。

表 1-2 作业场所空气中粉尘浓度要求

粉尘种类	游离 SiO_2 含量（质量分数）/%	时间加权平均容许浓度/$mg \cdot m^{-3}$	
		总尘	呼尘
煤尘	<10	4	2.5
矽尘	10~50	1	0.7
	50~80	0.7	0.3
	≥80	0.5	0.2
水泥尘	<10	4	1.5

注：时间加权平均容许浓度是以时间加权数规定的 8 h 工作日、40 h 工作周的平均容许接触浓度。

1.2.2.2 对生产的影响

空气中的粉尘落到机器的转动部件上，会加速转动部件的磨损，降低机器工作的精度和寿命。有些小型精密仪表，若掉进粉尘会使部件卡住而不能正常工作。粉尘对油漆、胶片生产和某些产品（如电容器、精密仪表、微型电机、微型轴承等）的质量影响很大。这些产品一经玷污，轻者重新返工，重者降级处理，甚至全部报废。尤其是半导体集成电路，元件最细的引线只有头发直径的 1/20 或更细，如果落上粉尘就会使整块电路板报废。粉尘弥漫的车间，降低了可见度，影响视野，妨碍操作，降低劳动生产率，甚至造成事故。

1.2.2.3 粉尘的自燃和爆炸

粉尘的自燃是由于粉尘的氧化而产生的热量不能及时散发，而使氧化反应自动加速造成的。粉尘的爆炸是指粉尘（如煤尘）达到一定浓度时，在引爆热源的作用下，可以发生猛烈的爆炸，对井下作业人员的人身安全造成严重威胁，并且可瞬间摧毁工作面及生产设备。

煤尘爆炸必须满足三个条件：即煤尘本身具有爆炸性；煤尘必须悬浮在空气中，并达到一定的浓度；有一个引爆煤尘的热源（610~1050 ℃）。只有当煤尘悬浮在空气中，它的全部表面才能与空气中的氧接触，并在氧化、热化的过程中放出大量的可燃气为爆炸创造条件。我国对煤尘爆炸的实验结果是煤尘爆炸下限浓度为 45 g/m^3，煤尘爆炸上限浓度为 1500~2000 g/m^3，煤尘爆炸最强的浓度为 300~400 g/m^3。实际上在矿山井下各生产环节，不可能产生大于 45 g/m^3 的煤尘浓度。但是，当巷道周围等处的沉积煤尘受振动和冲击时，它们会重新飞起来，此时就足以达到煤尘爆炸浓度。所以说，悬浮煤尘是产生煤尘爆炸的直接因素，而沉积煤尘是造成煤尘爆炸的最大隐患。

煤尘爆炸事故及瓦斯和瓦斯混合爆炸事故会给煤矿井带来突然的毁灭性灾难，而尘肺病就像一把“软刀子”长期威胁着煤矿矿工的生命，所有这些都严重制约了煤矿企业的生存发展和经济效益的提高，影响了煤矿企业的社会形象和可持续发展。

1.3 矿山有害有毒气体的产生及性质

1.3.1 矿内空气的主要成分及其基本性质

地面空气进入井下后，由于受到污染，其成分和性质要发生一系列的变化，如氧浓度降低，二氧化碳浓度增加。一般来说，当地面空气进入矿井后，其成分与地面空气成分相同或近似，且符合安全卫生标准，称为矿内新鲜空气（新风）；由于井下生产过程，产生各种有毒有害物质，使矿内空气成分发生一系列变化，这种充满矿内巷道中的各种气体、矿尘和杂质的混合物，称为矿内污浊空气（乏风）。矿内空气主要成分除氧气（O_2）、氮气（N_2）、二氧化碳（CO_2）、水蒸气（H_2O）以外，有时还混入一些有害气体和物质，如瓦斯（CH_4）、一氧化碳（CO）、硫化氢（H_2S）、二氧化硫（SO_2）、二氧化氮（NO_2）、氨气（NH_3）、氢气（H_2）和矿尘等。

我国《矿山安全规程》规定：矿内空气中氧含量（质量分数）不得低于20%；有人工作或可能有人到达的井巷中二氧化碳含量（质量分数）不得大于0.5%，总回风巷中二氧化碳含量（质量分数）不超过1%。

1.3.1.1 氧气（O_2）

氧气为无色、无味、无臭的气体，相对密度为1.11。它是一种非常活泼的元素，能与很多元素起氧化反应，能帮助物质燃烧和供人和动物呼吸，是空气中不可缺少的气体。

当氧与其他元素化合时，一般是发生放热反应，放热量决定于参与反应物质的量和成分，而与反应速度无关。当反应速度缓慢时，所放出的热量往往被周围物质所吸收，而无显著的热力变化现象。

人体维持正常的生理活动所需的氧量，取决于人的体质、神经与肌肉的紧张程度。休息时需氧量为0.25 L/min，工作和行走时为1~3 L/min。

空气中的氧少了，人们的呼吸就感到困难，严重时会因缺氧而死亡。人体缺氧症状与空气中氧气浓度（体积分数）的关系见表1-3。

表1-3 人体缺氧症状与浓度的关系

氧气浓度（体积分数）/%	主要症状
<17	静止时无影响，从事紧张的工作会感到心跳和呼吸困难
13~15	心跳和呼吸急促，耳鸣目眩，感觉和判断力降低，失去劳动能力
10~12	会失去理智，时间稍长对生命就有严重威胁
6~9	会失去知觉，若不急救就会死亡

1.3.1.2 二氧化碳（CO_2）

二氧化碳是无色，略带酸臭味的气体，相对密度为1.52，是一种较重的气体，很难与空气均匀混合，故常积存在巷道的底部，在静止的空气中有明显的分界。二氧化碳不助燃也不能供人呼吸，易溶于水，生成碳酸，使水溶液呈弱酸性，对眼鼻、喉黏膜有刺激作用。

二氧化碳对人的呼吸起刺激作用。当肺气泡中二氧化碳增加2%时，人的呼吸量就增加一倍，人在快步行走和紧张工作时感到喘气和呼吸频率增加，就是因为人体内氧化过程加快后，二氧化碳生成量增加，使血液酸度加大刺激神经中枢，因而引起频繁呼吸。在有毒气体（如CO、H_2S）中毒人员急救时，最好首先使其吸入含$\varphi(CO_2)=5\%$的氧气，以增强肺部的呼吸。

当空气中二氧化碳浓度（体积分数）过大，造成氧浓度降低时，可以引起缺氧窒息。二氧化碳窒息症状与空气中二氧化碳浓度的关系见表1-4。

表 1-4 二氧化碳窒息症状与浓度的关系

二氧化碳浓度（体积分数）/%	主要症状
1	呼吸加深，但对工作效率无明显影响
3	心跳加快，呼吸急促，头痛，人体很快疲劳
5	呼吸困难，头痛，恶心，呕吐，耳鸣
6	严重喘息，极度虚弱无力
7~9	动作不协调，大约 10 min 可发生昏迷
9~10	数分钟内可导致死亡

1.3.2 矿内空气中常见的有害气体

金属矿山井下常见的对安全生产威胁最大的有害气体有：一氧化碳（CO）、二氧化氮（NO_2）、二氧化硫（SO_2）、硫化氢（H_2S）、氢气（H_2）和氨气（NH_3）等。煤矿井下还有瓦斯（CH_4）等。其主要来源如下。

（1）爆破时所产生的炮烟。炸药在井下爆炸后，产生大量的有毒有害气体，种类和数量与炸药的性质、爆炸条件与介质有关。在一般情况下，产生的主要成分大部分为一氧化碳和氮氧化合物。如果将爆破后产生的二氧化氮，按 1 L 二氧化氮折合 6.5 L 一氧化碳计算，则 1 kg 炸药爆破后所产生的有毒气（相当于一氧化碳量）为 80~120 L。

（2）柴油机工作时产生的废气。柴油机的废气成分很复杂，它是柴油机在高温下燃烧时所产生的各种有毒有害气体的混合体，其主要成分为二氧化氮、一氧化碳、醛类和油烟等。柴油机排放的废气量由于受各种因素的影响，变化较大，没有统一标准。

（3）硫化矿物的水解、氧化和燃烧，有机物腐烂。在开采高温矿床时，由于硫化矿物缓慢氧化除产生大量热量外，还会产生二氧化硫和硫化氢气体。

（4）井下火灾。当井下失火引起坑木燃烧时，会产生大量一氧化碳。如一架棚子（直径为 180 mm，长 2.1 m 的立柱两根和一根长 2.4 m 的横梁，体积为 0.17 m^3）燃烧所产生的 CO 约 97 m^3，这样多的 CO 足以使断面为 4~5 m^2 的巷道在 2000 m 长范围以内的空气中 CO 含量达到致命的数量。

（5）煤岩中涌出的各种气体，其主要成分是以甲烷为主的烃类气体，有时专指甲烷（CH_4），是在煤炭发育过程中形成的，在煤矿井下是最有害的一种气体，对煤矿安全生产构成重大威胁，另外也会有硫化氢涌出。

1.3.3 各种有害气体的性质

1.3.3.1 一氧化碳（CO）

一氧化碳是无色、无味、无臭的气体，对空气的相对密度为 0.97，故能均匀散布于空气中，不用特殊仪器不易察觉。一氧化碳微溶于水，一般化学性不活泼，但浓度在 13%~75%时能引起爆炸。

一氧化碳剧毒。当空气中 CO 浓度为 0.4%时，在很短时间内人就会失去知觉，抢救不及时就会中毒死亡。日常生活中的“煤气中毒”就是 CO 中毒。

影响一氧化碳中毒程度和中毒快慢的主要因素有：空气中一氧化碳的浓度、与含有 CO 的空气接触时间（接触时间越长，血液中 CO 量就越大，中毒就越深）、呼吸频率与呼吸深度（人在繁重工作或精神紧张时，呼吸急促，频率高，呼吸深度也大，中毒就快）、人的体质和体格（人们经常处于 CO 略微超过允许浓度的条件下工作时，会引起慢性中毒症状）。其中一氧化碳中毒症状与浓度的关系见表 1-5。

表 1-5 一氧化碳中毒症状与浓度的关系

一氧化碳浓度(体积分数)/%	主 要 症 状
0.02	2~3 h 内可能引起轻微头痛
0.08	40 min 内出现头痛、眩晕和恶心。2 h 内发生体温和血压下降，脉搏微弱，出冷汗，可能出现昏迷
0.32	5~10 min 内出现头痛，眩晕。半小时内可能出现昏迷并有死亡危险
1.28	几分钟内出现昏迷和死亡

我国《煤矿安全规程》规定：井下空气中 CO 浓度（体积分数）不得超过 0.0024%（质量分数不得超过 30 mg/m³）。

1.3.3.2 氮氧化物（NO_2）

炸药爆炸可产生大量的一氧化氮和二氧化氮，其中一氧化氮极不稳定，遇空气中的氧即转化为二氧化氮。二氧化氮是一种褐色有强烈窒息性的气体。对空气的相对密度为 1.57，易溶于水，而生成腐蚀性很强的硝酸。所以它对人的眼、鼻、呼吸道及肺组织有强烈的腐蚀作用，对人体危害最大的是破坏肺部组织，引起肺水肿。二氧化氮中毒症状与浓度（体积分数）的关系见表 1-6。

表 1-6 二氧化氮中毒症状与浓度的关系

二氧化氮浓度(体积分数)/%	主 要 症 状
0.004	2~4 h 内可出现咳嗽症状，不会引起中毒现象
0.006	短时间内感到喉咙刺激，咳嗽，胸部发痛
0.01	短时间内出现严重中毒症状，神经麻痹，严重咳嗽，恶心，呕吐
0.025	可很快使人窒息死亡

我国《煤矿安全规程》规定：NO_2 浓度（体积分数）不得超过 0.00025%（质量分数不得超过 5 mg/m³）。

1.3.3.3 硫化氢（H_2S）

硫化氢是一种有臭鸡蛋味的气体。硫化氢能燃烧，当浓度（体积分数）达到 6%时，具有爆炸性。硫化氢具有很强的毒性，能使血液中毒，对眼睛黏膜及呼吸道有强烈的刺激作用。硫化氢中毒症状与浓度的关系见表 1-7。

表 1-7 硫化氢中毒症状与浓度的关系

硫化氢浓度(体积分数)/%	主 要 症 状
0.0025~0.003	有强烈臭味
0.005~0.01	1~2 h 内出现眼及呼吸道刺激症状，臭味“减弱”或“消失”
0.015~0.02	恶心，呕吐，头晕，四肢无力，反应迟钝。眼和呼吸道有强烈刺激症状
0.035~0.045	0.5~1 h 内出现严重中毒，可发生肺炎、支气管炎及肺水肿，有死亡危险
0.06~0.07	很快昏迷，短时间内死亡

我国《煤矿安全规程》规定：井下空气中硫化氢含量（体积分数）不得超过0.00066%（质量分数不得超过10 mg/m³）。

1.3.3.4 二氧化硫（SO_2）

二氧化硫是一种无色、有强烈硫磺味的气体，常存在于巷道的底部，对眼睛有强烈刺激作用。

SO_2 与水蒸气接触生成硫酸，对呼吸器官有腐蚀性，使喉咙和支气管发炎，呼吸麻痹，严重时引起肺水肿。二氧化硫中毒症状与浓度的关系见表1-8。

表1-8 二氧化硫中毒症状与浓度的关系

二氧化硫浓度(体积分数)/%	主 要 症 状
0.0005	嗅觉器官就能闻到刺激味
0.002	有强烈的刺激，可引起头痛和喉痛
0.05	引起急性支气管炎和肺水肿，短时间内即死亡

我国《煤矿安全规程》规定：空气中 SO_2 含量（体积分数）不得超过0.0005%（质量分数不得超过15 mg/m³）。

1.3.3.5 氨气（NH_3）

氨气为无色、有剧毒的气体，对空气的相对密度为0.59，易溶于水，对人体有毒害作用。

我国《煤矿安全规程》规定：井下空气中氨气最大容许浓度（体积分数）为0.04%（质量分数不得超过3 mg/m³）。但当其浓度达到0.01%时就可嗅到其特殊臭味。氨气主要在矿内发生火灾或爆炸事故时产生。

1.3.3.6 瓦斯（CH_4）

瓦斯的主要成分是甲烷（CH_4）。甲烷是一种无色、无味、无臭的气体，对空气的相对密度为0.55，难溶于水，扩散性较空气高1.6倍。虽然无毒。但当浓度（体积分数）较高时，会引起窒息。不助燃，但在空气中具有一定浓度（5%~16%）并遇到高温（650~750 ℃）时能引起爆炸。

我国《煤矿安全规程》规定：采掘工作面和采区回风巷风流中 CH_4 浓度不超过1.0%，矿井总回风巷或者一翼回风巷中 CH_4 的浓度不超过0.75%。

1.3.3.7 氢气（H_2）

氢气无色无味，具有爆炸性，在矿井火灾或爆炸事故中和井下充电硐室均会产生，其最高容许浓度（体积分数）为0.5%。

1.3.4 有害气体中毒的急救

当井下工作人员遇到有毒气体中毒或缺氧时，应立即抢救。以便及早脱离危险，保障其生命安全。

中毒时的急救措施，可按下列方法。

（1）立即将中毒者移至新鲜空气处或地表。

（2）将中毒者口中一切妨碍呼吸的东西如假牙、黏液、泥土除去，将衣领及腰带松开。

（3）使中毒者保暖。

（4）为排除中毒者体内的毒物，应给患者输氧。当 CO、H_2S 中毒时，最好在纯氧中加5%的 CO_2，以刺激呼吸中枢神经，增强呼吸能力，促使毒气排出体外。当 SO_2 和 NO_2 中毒时，进行人工呼吸应特别注意，因为患者中毒后会引起肺水肿，所以施行人工呼吸时应尽量避免对患者肺部的刺激，以免加剧肺部浮肿。特别是 NO_2 中毒时，只能用拉舌头的人工呼吸法刺激神经引起呼吸，并在喉部注入碱性溶液（$NaHCO_3$ 小苏打水），以减轻肺水肿现象。

（5）H_2S 中毒时。用浸有氯水的棉花或手帕，放在患者的嘴或鼻旁，或者给中毒者喝稀氯水溶液，利用药物解毒。

复习思考题及习题

1-1　矿山粉尘产生的主要来源有哪些？

1-2　影响矿尘生成量的主要因素有哪些？

1-3　矿山粉尘有哪些性质及危害？

1-4　地面新鲜空气由哪些气体组成？新鲜空气进入矿井后受到矿内作业的影响，气体成分有哪些变化？

1-5　矿内空气中常见的有害气体有哪些？《煤矿安全规程》对矿井空气中有害气体的最高容许浓度有哪些具体规定？

2 粉尘控制理论

2.1 气固两相流理论

多相流动是流体力学中的一个十分重要的分支，是流体力学与化学、生物、医学、石油等其他学科交叉的重要领域。随着科学技术的迅速发展，它在国民经济和人类生活中的地位日益重要。

多相流动中又以两相流动体系最为普遍，两相流动广泛存在于自然界和工程领域，其中气固两相流动因其普遍存在而受到人们的特别重视。矿山的开采、加工、干燥、运输及风粉混合和分离的过程，都是气固两相流研究的重要课题。就气固两相流动而言，颗粒相的存在及其与气相的相互作用对机器性能及传热、传质规律有重要影响，因此气固两相流动结构的研究对能源、动力、化工等许多领域的发展都具有重要意义和工程实用价值。

2.1.1 气固两相流的基本观点

气固两相流动模型的分类有两大体系：一是以对处理相的方法分类，均相模型和分相模型；二是从数学方法上分类，Euler 法和 Lagrange 法。

在传统的两相流动计算中，采用“均相模型”。所谓均相流动模型就是把两个相的混合物看作是一种均匀介质，其流动物理参数取两相介质相应参数的平均值。均相流动模型的方程与单相流动的方程表示很相似，均相流动模型的数学方法是 Enlerian 法。在气固两相流动中被称为单流体无滑移的 SD 模型。

分相流动模型的基本假设是除了表明混合物是连续的，还认为每个相具有互相穿透式的连续性。在气固两相流动中，把颗粒群视作为一种连续介质，即一种流体，所谓“颗粒连续模型（CDM）”“多流体模型（CFM）”都属于这种模型。分相假设的根本目的在于，把单相流体的场控制方程形式用于固相流动，但其求解的条件更为苛刻和复杂，所以分相流动模型的数学基础是 Eulerian 法。

目前，描述两相的方法可分为两大类，即 Euler 和 Lagrange 方法。在着重考虑颗粒的运动行为，将颗粒相作为与气体有滑移地沿着自身轨道运动的离散介质处理，在 Lagrange 坐标下采用离散介质的随机轨道模型计算，同时在对粒子轨迹进行计算时采用双向耦合算法，不仅考虑空气对粒子的作用，也考虑粒子对气相流场的影响，把颗粒群与气体质量、动量的相互作用当作是连续分布于气相空间的物质源和动量源。

2.1.2 气固两相流的基本方程

2.1.2.1 连续相流动控制方程

气固两相流区别于单相流最基本的特征是连续相空隙率（α_f）的引入。连续相空隙率表示的是控制体中气体所占的体积份额，即：

$$\alpha_f = 1 - \frac{\sum_{k=1} V_{k,p}}{V} \tag{2-1}$$

式中，$V_{k,p}$为控制体中第 k 相颗粒的总体积；V 为控制体的体积。

由于参数 α_f的引入，需要对单相流的基本守恒方程作相应的修改，从而描述气固两相流中连续气体相的方程。气固两相流中气相连续性方程为：

$$\frac{\partial}{\partial t}(\alpha_f \rho_g) + \frac{\partial}{\partial x_i}(\alpha_f \rho_s u_j) = 0 \tag{2-2}$$

动量守恒方程为：

$$\frac{\partial}{\partial t}(\alpha_f \rho_k u_i) + \frac{\partial}{\partial x_j}(\alpha_f \rho_k u_i u_j) = -\alpha_f \frac{\partial p}{\partial x_i} + \frac{\partial}{\partial x_j}(\alpha_f \tau_{ij}) + F_{sf} + \alpha_\rho \rho_k g \tag{2-3}$$

式中，F_{sf}为离散颗粒相对流体的作用力。在许多工程问题中，气体的流动呈紊乱的湍流态，如鼓泡床、喷动流化床等。在这些情形下，相应的气固两相流模式下的标准 k-ε 模型方程为：

$$\frac{\partial}{\partial t}(\rho \alpha_f k) + \frac{\partial}{\partial x_i}(\rho \alpha_f k u_i) = \frac{\partial}{\partial x_j}\left[\alpha_f\left(\mu + \frac{\mu_t}{\sigma_k}\right)\frac{\partial k}{\partial x_j}\right] + \alpha_j G_k + \rho \alpha_f \sigma_k + S_d^k \tag{2-4}$$

$$\frac{\partial}{\partial t}(\rho \alpha_f \varepsilon) + \frac{\partial}{\partial x_i}(\rho \alpha_j \in u_i) = \frac{\partial}{\partial x_j}\left[\alpha_f\left(\mu + \frac{\mu_l}{\sigma_t}\right)\frac{\partial \varepsilon}{\partial x_j}\right] + \alpha_f \frac{\varepsilon}{k}(C_1 G_k - C_2 \rho_8 \varepsilon) + S_d^k \tag{2-5}$$

式中，S_d^k 为由于颗粒的运动引起的湍动能 k 的产生项，定义为：

$$S_d^k = \beta \left| u - v_p \right|^2 + \beta(\Delta v \Delta v - \Delta u \Delta v) \tag{2-6}$$

这里，β 是流体曳力系数。式（2-6）右边的第一项是由于固体颗粒阻碍而引起的 k 产生项，第二项是气固两相间湍动能交换项，也称为湍动能重分配项。Δu 是气相速度波动，Δv 是颗粒相速度波动。湍动能重分配项可以计算为：

$$\beta(\Delta v \Delta v - \Delta u \Delta v) = -2\beta k\left(1 - \frac{\tau_l}{\tau_l + \tau_d}\right)\frac{\tau_l}{\tau_l + \tau_d} \tag{2-7}$$

式中，τ_d为颗粒相应时间尺度，τ_l为气体相拉格朗日时间尺度，定义为：

$$\tau_d = \frac{4 d_{\hat{A}} \rho_p}{3 C_D \rho_g \left| u - v_p \right|} \tag{2-8}$$

$$\tau_l = 0.35 \frac{k}{\sigma_s} \tag{2-9}$$

式中，σ_s为湍动施密特（Schmidt）数。

而式（2-6）中，S_d^k 则是由于颗粒相而引起的耗散率产生项，可计算为：

$$S_d^e = C_3 \frac{\varepsilon}{k} S_d^k \tag{2-10}$$

式中，C_3 是经验常数。不同情形下，这些经验常数的值可参照相关书籍和文献。

2.1.2.2　离散相控制方程

欧拉-拉格朗日方法中对固体相的每个颗粒单独进行求解，从而获得详细的颗粒运动动力学信息，包括颗粒-颗粒、颗粒-流体以及颗粒-器壁间相互作用。根据牛顿第二定律，颗粒相的运动求解方程为：

$$m_p \frac{\mathrm{d}v_p}{\mathrm{d}t} = F_{fp} \tag{2-11}$$

$$I_p \frac{\mathrm{d}w_p}{\mathrm{d}t} = M_{fp} \tag{2-12}$$

式中，m_p，I_p为颗粒的质量和惯性项；F_{fp}为连续气体相作用于颗粒的流体力，$F_{fp}=-F_{fp}$；M_{fp}为作用于颗粒上总的旋转矩。作用于颗粒上的主要流体力随不同的工程应用背景而发生变化。一般而言，可能存在几种重要力，主要包括气流曳引阻力（drag force）、马格努斯旋转提升力、萨夫曼剪切提升力、倍瑟特力、压力梯度力、虚拟质量力。

2.1.2.3 相间耦合

气固相间的耦合主要包括动量和能量间的耦合，本节只对冷态下的气固两相流模拟进行讨论，故仅介绍动量间的耦合。动量间的耦合主要通过相间的作用与反作用力实现，遵循牛顿第三定律。气固相间的耦合是气固两相流数值模拟中最关键的部分，它直接决定着模拟结果的准确性。随着欧拉-拉格朗日方法的广泛应用，对气固相间耦合的研究越来越多，有大量文献和研究报道可供读者参阅。

2.1.3 气固两相流的数值模拟

气固两相流数值模拟的研究涉及工程中许多领域，如固体物料的气力输送、喷涂、制粉、流化床等过程。研究两相流动的主要有试验研究和数值模拟两方面。随着计算机技术及计算方法的发展，数值模拟越来越成为研究的重点。

图2-1给出了迄今为止湍流两相流动主要的数值模拟方法。包括连续相的数值模拟方法和离散相的数值模拟方法两方面。计算中若只考虑连续相对离散相的作用而忽略离散相对连续相的作用，则称为单向耦合；若同时考虑两相的相互作用，则称为相间耦合。

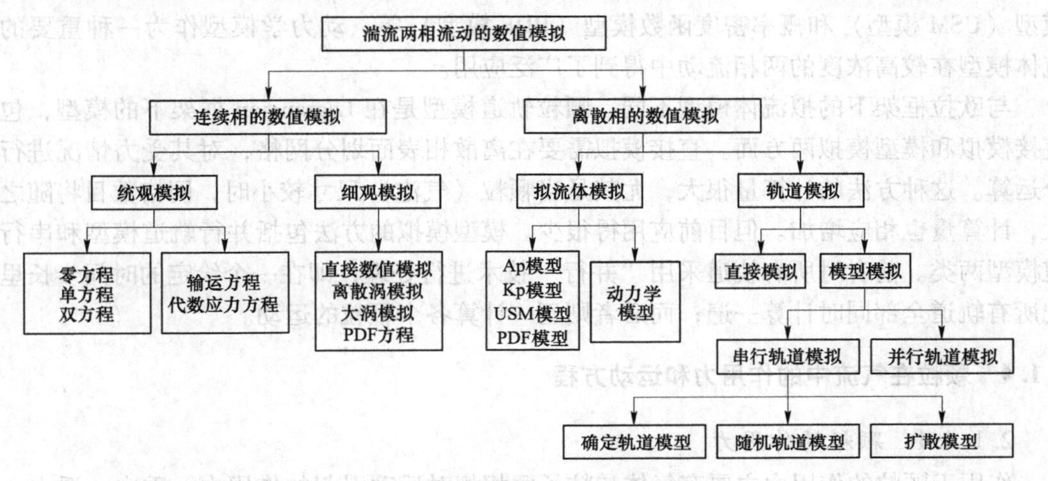

图2-1 湍流两相流动的数值模拟

2.1.3.1 连续相的数值模拟

正确地对连续相进行数值模拟是在此基础上模拟两相流动的前提条件。对连续相湍流流动进行数值模拟的方法可分为统观模拟和细观模拟（直接数值模拟、大涡模拟、离散涡模拟等）两方面。其中，统观模拟在工程问题上已经取得了广泛而成功的应用，而随着计算机速度、容量的飞速发展，细观模拟也越来越受到人们的重视，并在模型检验和机理揭示等方面的研究中显示出其优点。

细观模拟中直接数值模拟（DNS）方法不引入任何模型，通过直接求解非定常 N-S 方程来模拟湍流流动过程。该方法对湍流流动的所有尺度都进行了模拟，为了保证在空间尺度和时间尺度上都能达到足够高的分辨率，需要的计算域上网格节点数目为 $Re^{9/4}$ 量级，需要的计算过程中时间步数为 $Re^{3/4}$ 量级。因此直接数值模拟的计算量为 Re^3 量级，即计算量随雷诺数的增大而迅速增大，这使得直接数值模拟目前还只能局限于低雷诺数和简单几何形状的湍流流动模拟，与工程应用还有一定距离。

就工程应用领域而言，目前对湍流流动的模拟主要以统观模拟为主。统观模拟考察的是流动的时均特性，而并非流动过程每一瞬时的特性。进行统观模拟时，问题的关键在于如何封闭雷诺时均方程中所有的未知关联矩，为此需要引入封闭模型。常见的有 Boussinesq 各向同性湍流黏性假设模型和雷诺应力方程模型。

2.1.3.2　离散相的数值模拟

在气固两相流动的数值模拟中，如何准确地模拟离散相（颗粒相）的运动是问题的重点及难点所在。如何从数学上对离散相的状态和运动规律进行描述，是两相流动的理论研究首先面临和需要解决的问题，也是两相流动数值模拟的基础问题。

两相流动的数学模型有单颗粒动力学模型（SPD 模型）、小滑移模型（SS 模型）、无滑移模型（NS 模型）、颗粒轨道模型（PT 模型）以及拟流体模型（MF 模型）等。目前应用较广的主要是拟流体模拟和轨道模拟两种。

顾名思义，拟流体模型就是将颗粒相也作为流体进行模拟，其核心问题是颗粒相的湍流模型。拟流体模型包括跟随模型（Ap 模型）、颗粒湍动能模型（Kp 模型）、统一二阶矩模型（USM 模型）和概率密度函数模型（PDF 模型）等。动力学模型作为一种重要的拟流体模型在较高浓度的两相流动中得到了广泛应用。

与欧拉框架下的拟流体模型不同，颗粒轨道模型是在 Lagrangian 框架下的模型，包括直接模拟和模型模拟两方面。直接模拟需要在离散相表面划分网格，对其受力情况进行积分运算。这种方法的计算量很大，尤其是当颗粒（气泡）尺寸较小时，网格数目将随之增大，计算量也相应增加。但目前应用得很少。模型模拟的方法包括并行轨道模型和串行轨道模型两类。前者对所有轨道采用“并行”技术进行处理，即在一个给定的时间步长里面把所有轨道全部同时计算一遍；而后者则逐一计算各个颗粒的运动。

2.1.4　颗粒在气流中的作用力和运动方程

2.1.4.1　颗粒的作用力

作用于颗粒的作用力主要有气体与粒子两相相对运动引起的作用力、重力、浮力、气相压力梯度引起的作用力、气相速度梯度引起的作用力、粒子由于自转而引起的升力、气体与粒子相对加速度引起的作用力以及瞬间流动阻力等。主要包括如下。

（1）重力 $\boldsymbol{F}_g$：

$$\boldsymbol{F}_{\mathrm{g}}=\frac{1}{6}\pi\rho_{\mathrm{p}}d_{\mathrm{p}}^{3}\boldsymbol{g} \tag{2-13}$$

式中，d_{p} 为球形颗粒等效直径，m；ρ_{p} 为等效球形颗粒的体积密度，$\mathrm{kg/m^3}$。

颗粒是非规整的球体，因此必须对重力计算式进行修正，修正后的计算式为

$$\boldsymbol{F}_{\mathrm{g}}=\frac{1}{6}\pi k_{\mathrm{g}}\rho_{\mathrm{p}}d_{\mathrm{p}}^{3}\boldsymbol{g} \tag{2-14}$$

式中，k_{g} 为颗粒非球形体积密度重力修正系数，为实验常数。

（2）浮力 $\boldsymbol{F}_{\mathrm{a}}$：

$$\boldsymbol{F}_{\mathrm{a}}=\frac{1}{6}\pi\rho_{\mathrm{g}}d_{\mathrm{p}}^{3}\boldsymbol{g} \tag{2-15}$$

式中，ρ_g 为气体的体积密度，$\mathrm{kg/m^3}$。

（3）颗粒所受的气流曳引阻力（drag force）$\boldsymbol{F}_{\mathrm{r}}$。解算黏性流体的 Novier-Stokers 方程式和连续方程式，可得出球形颗粒运动阻力计算式。给出解算后的最终结果：

$$\boldsymbol{F}_{\mathrm{r}}=\frac{1}{8}\pi k_{\mathrm{r}}C_{\mathrm{D}}\rho_{\mathrm{g}}d_{\mathrm{p}}^{2}\left|\boldsymbol{v}_{\mathrm{g}}-\boldsymbol{v}_{\mathrm{p}}\right|(\boldsymbol{v}_{\mathrm{g}}-\boldsymbol{v}_{\mathrm{p}}) \tag{2-16}$$

式中，k_{r} 为动力形状系数，等于等效粒径与沉降粒径之比的平方；$\boldsymbol{v}_{\mathrm{g}}$ 为气体的速度，m/s；$\boldsymbol{v}_{\mathrm{p}}$ 为颗粒的速度，m/s。

颗粒在非稳定湍流介质中运动时，阻力系数为

$$C_{\mathrm{D}}=\frac{19.65}{Rep^{0.633}}(1+15.663S_t+1.22\psi) \tag{2-17}$$

式中，S_t 为脉动相似准则，即斯坦顿数；ψ 为颗粒相对振幅。

（4）压力梯度力 $\boldsymbol{F}_{\mathrm{p}}$。颗粒在压力梯度的流场中运动时，除了受流体绕流引起的阻力外，还受到一个由于压力梯度引起的力。

$$\boldsymbol{F}_{\mathrm{p}}=-V_{\mathrm{p}}\mathrm{grad}p \tag{2-18}$$

式中，V_{p} 为颗粒的体积，$\mathrm{m^3}$。

对于单个颗粒（或浓度很小的悬浮系统）由于小颗粒的存在不影响流体的流动，对流体相来说，作为一种近似可以认为：

$$\rho_{\mathrm{g}}\frac{\mathrm{d}u_{\mathrm{g}}}{\mathrm{d}t}=-\mathrm{grad}p \tag{2-19}$$

则

$$\boldsymbol{F}_{\mathrm{p}}=-V_{\mathrm{p}}\rho_{\mathrm{g}}\frac{\mathrm{d}u_{\mathrm{g}}}{\mathrm{d}t} \tag{2-20}$$

（5）颗粒由于自转而具有的马格努斯（Magnus）升力 $\boldsymbol{F}_{\mathrm{l}}$。由于颗粒和液滴有时都会边运动边高速旋转，此时所受的力为：

$$\boldsymbol{F}_{\mathrm{l}}=\frac{1}{8}\pi d_{\mathrm{p}}^{3}\rho_{\mathrm{g}}(\boldsymbol{v}_{\mathrm{g}}-\boldsymbol{v}_{\mathrm{p}})\times\boldsymbol{\omega} \tag{2-21}$$

式中，$\boldsymbol{\omega}$ 为颗粒的旋转速度，r/s。

考虑到实际上由于颗粒并非球形等因素引入试验系数 k 来修正

$$\boldsymbol{F}_{\mathrm{l}}=\frac{1}{8}k\pi d_{\mathrm{p}}^{3}\rho_{\mathrm{g}}(\boldsymbol{v}_{\mathrm{g}}-\boldsymbol{v}_{\mathrm{p}})\times\boldsymbol{\omega} \tag{2-22}$$

（6）由于速度梯度引起的萨夫曼（Saffman）升力 $\boldsymbol{F}_S$。颗粒在的速度梯度的流场中运动时，由于颗粒上部处的速度比下部处的速度高，在上部处的压力就低于下部的压力，颗粒将受到一个升力的作用。这个力称 Saffman 升力。

$$\boldsymbol{F}_S = 1.61\,(\mu_g\rho_g)^{\frac{1}{2}} d_p^2(\boldsymbol{v}_g - \boldsymbol{v}_p) \times \left|\frac{dv_g}{dy}\right|^{\frac{1}{2}} \tag{2-23}$$

一般在流动的主流区，速度梯度通常都很小，故此时可忽略 Saffman 升力的影响，仅仅在速度边界层中，Saffman 升力的作用才变得很明显。

（7）虚假质量力 $\boldsymbol{F}_{Vm}$。当颗粒相对于流体作加速运动时，不但颗粒的速度越来越大，而且在粒子周围的流体的速度亦会增大。推动颗粒运动的力不但增加粒子本身的动能，而且也增加了流体的动能，故这个力将大于加速粒子本身所需的质量力，这部分增加的力就称为虚假质量力。计算式为：

$$\boldsymbol{F}_{Vm} = \frac{1}{2}\rho_g v_p\left(\frac{dv_g}{dt} - \frac{dv_p}{dt}\right) \tag{2-24}$$

式（2-24）中可见虚假质量力数值上等于与粒子同体积的流体质量附在颗粒上作加速运动时的惯性力的一半。

实际上虚假质量力将大于理论值，因此用一个经验常数 K_m 代替式（2-24）中的0.5。

$$\boldsymbol{F}_{Vm} = K_m\rho_g v_p\left(\frac{dv_g}{dt} - \frac{dv_p}{dt}\right) \tag{2-25}$$

（8）倍瑟特（Basset）力 $\boldsymbol{F}_B$。当颗粒在静止黏性流体中作任意速度的直线运动时粒子不但受黏性阻力和虚假质量力的作用，而且还受到一个瞬时流动阻力，它涉及了颗粒的加速历程，在这个加速过程中，Basset 力对粒子的运动有着较大的影响。

$$\boldsymbol{F}_B = \frac{3}{2}d_p^2\sqrt{\pi\rho_g\mu}\int_{-\infty}^{t}\left(\frac{dv_g}{d\tau} - \frac{dv_p}{d\tau}\right)\frac{d\tau}{\sqrt{t-\tau}} \tag{2-26}$$

Basset 力只发生在黏性流体中，并且是与流动的不稳定性有关。

（9）温差热致迁移力 $\boldsymbol{F}_{th}$（热泳力）。在燃烧及传热设备中到处存在着大小不同的温度梯度，颗粒在不等温流动中所受的热泳力，热泳力计算公式较多，其中，J. R. Brock 的计算公式为：

$$\boldsymbol{F}_{th} = -\frac{6\pi\mu c_{tn} d_p\left(\dfrac{k_g}{k_p} + c_t\dfrac{2l}{d_p}\right)}{\left(1 + 6c_m\dfrac{l}{d_p}\right)\left(1 + 2\dfrac{k_g}{k_p} + 4c_t\dfrac{l}{d_p}\right)}\frac{dT}{dx} \tag{2-27}$$

原苏联 Derjaguin 的计算公式为：

$$\boldsymbol{F}_{th} = -\frac{3\pi\mu^2 d_p}{2\rho_g T}\left[\frac{8k_g + k_p + 4c_t\left(\dfrac{l}{d_p}\right)k_p}{2k_g + k_p + 4c_t\left(\dfrac{l}{d_p}\right)k_p}\right]\frac{dT}{dx} \tag{2-28}$$

式中，l 为气体分子自由程；k_g 为气体的导热系数；k_p 为粒子的导热系数。

（10）其他作用力。颗粒在运动过程中，相互之间必然会发生碰撞，但由于颗粒在气体中的运动属于稀相气固两相流，所以可不考虑粒子之间的作用力。

2.1.4.2 颗粒的运动方程

由于颗粒间的距离相对于颗粒的直径是很大的，因此可以把颗粒的运动看成彼此无关的，这样有些力可以忽略，必要时可以对粒子间相互作用的影响进行修正。

在常力作用下颗粒的等速直线运动是气溶胶力学中最简单的情况，为描述颗粒的运动需要应用黏性流体的基本方程，即纳维-斯托克斯（Navier-Stokes）方程和连续性方程，其向量形式为：

$$\frac{\partial v}{\partial t} + v \cdot \nabla v = -\frac{1}{\rho}\mathrm{grad}p + v\,\nabla^2 v \tag{2-29}$$

$$\frac{\partial \rho}{\partial t} + \mathrm{div}(\rho v) = 0 \tag{2-30}$$

对稳定不可压缩流动

$$v \cdot \nabla v = -\frac{1}{\rho}\mathrm{grad}p + v \cdot \nabla^2 v \tag{2-31}$$

$$\mathrm{div}(v) = 0 \tag{2-32}$$

2.2 通风除尘技术

通风除尘是指利用井下通风或除尘设备降低作业场所粉尘浓度的方法与技术。通过对风流中矿尘的处理方式，将通风除尘分为通风排尘、通风控尘和除尘器除尘三方面内容。

2.2.1 通风排尘

通风排尘是稀释和排出矿井巷道和作业地点空气中悬浮的粉尘，防止其过量积聚。许多矿井的经验证明，搞好通风工作，是取得良好防尘效果的重要环节。为充分发挥通风对排尘的效果，首先需要掌握矿尘在井巷空气中沉降、扩散和随同风流一起流动等有关矿尘运动的一般规律。

2.2.1.1 粉尘在井巷中的沉降

A 粉尘沉降运动的阻力

在静止空气中，尘粒所受到的主要作用力：尘粒本身的重力、分散介质（气体）的浮力和尘粒运动时分散介质的阻力，上述三种力综合作用的结果决定了尘粒在静止空气中的运动状态。粉尘沉降运动时受到的阻力 F 计算公式为：

$$F = C_S \frac{\pi d_p^2}{4} \frac{\rho v_0^2}{2} \tag{2-33}$$

式中，C_S 为阻力系数；ρ 为流体的密度，kg/m^3；v_0为气体的速度，m/s；d_p为尘粒的直径，m。

B 阻力系数

一般情况下阻力系数 C_S 表示了阻力的性质和大小。试验表明 C_S 与尘粒的直径 d_p、流体速度 v_0和气体的动力黏性系数μ_g有关，这三者的关系可用粒子的雷诺数 Re_p来表示，即：

$$Re_p = \frac{\rho_g d_p v_0}{\mu_g} \tag{2-34}$$

这样阻力系数 C_S 成为尘粒雷诺数 Re_p 的函数，即：

$$C_S = f(Re_p) \tag{2-35}$$

前人的试验表明：阻力系数 C_S 与尘粒雷诺数 Re_p 之间的关系如图 2-2 所示。从图中可以看出，在不同的 Re_p 范围内，C_S 具有不同的性质和数值，因而通常根据 Re_p 的大小分成四个区段进行考虑，在每一区段都有不同的表达式来表示 C_S 与 Re_p 之间的关系。

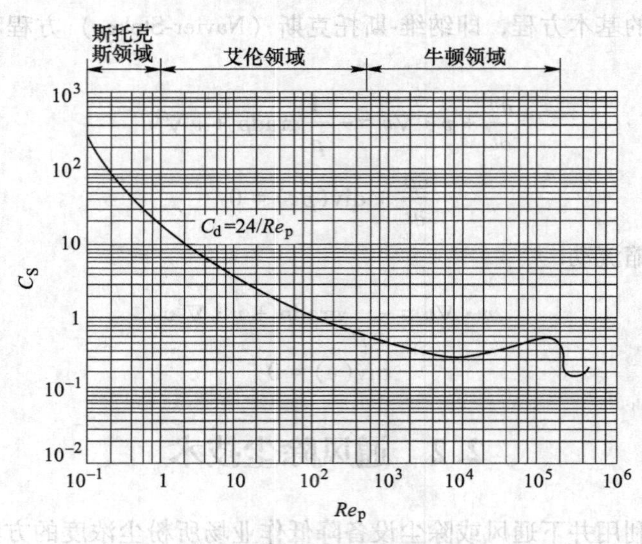

图 2-2　球形粒子的阻力系数

C　粉尘的最终沉降速度

在重力 F_g、浮力 F_f 和阻力 F_d 的作用下，则球形粒子的运动方程为：

$$m_p \frac{dv}{dt} = F_g - F_f - F_d \tag{2-36}$$

粒子在静止空气中从静止或某一速度开始沉降，沉降过程中粒子的速度不断变化，阻力也随之变化，当重力 F_g、浮力 F_f 和阻力 F_d 平衡时，尘粒以恒定速度沉降，此速度称为最终沉降速度。对于球形粒子，在式（2-36）中，令 $dv/dt=0$，得到最终沉降速度 v_t：

$$v_t = \sqrt{\frac{4(\rho_p - \rho_g)gd_p}{3\rho_g C_S}} \tag{2-37}$$

由于通风除尘中的粒径一般小于 50 μm，则 Re_p 也小于 1，属 Stokes 区，可按式（2-37）计算沉降速度，沉降速度随粒径的减小而急剧降低，粒径小于 7 μm 的尘粒其沉降速度很小，能够长时间悬浮于相对静止的空气中。如 1 μm 的石英粒子从人的呼吸带（离地面 1.5 m 高处）降落到地面需 6 h，但在生产条件下工作环境中常有气流运动，并且粒子形状极不规则（形状不规则尘粒的阻力系数大于球形粒子的阻力系数），所以小于 7 μm 的呼吸性粒子实际上几乎不能沉降，只能随风飘动。因此，需要通风或安设净化设备把这些粒子带走或除掉。

在矿山井巷中，流动的空气除了平均风速以外，还存在着脉动风速影响：一方面促进尘粒扩散下沉；另一方面又能阻止尘粒的重力沉降。所以风流中的尘粒沉降比在静止空气中复杂。粉尘在井巷内的沉积分布，经观察得知：悬浮于空气中的粉尘一部分随风流带出矿井，而大部分却沉积在井巷里，回风巷内沉积量最多。从尘源地开始，粒径大的先沉积下来，粒径小的则随风飘散沉积在较远的地方。就尘粒在巷道断面上分布来看，沉积在巷道顶板和两帮的粉尘粒径小的较多，而底板上的粉尘粒径大得较多，它们的重量分布：底板上最多，两帮次之，顶板最少。

2.2.1.2 矿尘的扩散

在生产条件下，矿尘在产生和扩散过程中所受的作用力主要有重力、机械力和风力。微细矿尘靠重力的沉降速度是很小的，与矿内一般风速相比相差很大，所以矿尘因重力作用是不能摆脱风流的控制而独立运动的。

矿尘受到机械力的作用可获得较高的初速度，依惯性作用而向某一方向运动，但速度的衰减非常快。根据计算可知：一个粒径为 $d_p=10\ \mu m$、密度为 $\rho_p=2700\ kg/m^3$ 的尘粒，在重力作用下自由下沉，其最大沉降速度约为 U_{pt}（最大）$=0.008\ m/s$，与一般矿井内空气流动速度大于 0.15 m/s 相比是很小的，说明粉尘的运动主要受矿内气流的支配。当一个粒径为 $d_p=10\ \mu m$ 的尘粒，在静止空气中受到机械力作用以速度 $U_0=5\ m/s$ 抛出后，在距抛射点（即尘源点）约 4.5 mm 处，其速度即降至 $U_g=0.005\ m/s$，很快失去动能。

以上说明，如果没有其他气流的影响，一次尘化（机械力）作用给予粉尘的能量是不足以使粉尘在巷道内散布的，它只能造成小范围的局部气流污染。造成粉尘进一步扩散的原因是二次气流，即巷道内空气的流动，它的方向、速度决定粉尘扩散的方向和范围，二次气流速度越大，粉尘扩散越严重。因此，采用削弱尘源强度、控制一次尘化气流、隔断二次气流和组织、吸捕气流，才能有效控制粉尘，达到控制粉尘扩散的目的。但在矿山井下要控制二次尘化气流所造成的污染必须采取合理的通风措施。

2.2.1.3 排尘风速

排除井巷中的浮尘要有一定的风速，能促使对人体最有危害的微小粉尘（呼吸性粉尘）保持悬浮状态并随风流运动而排出的最低风速，称为最低排尘风速。《煤矿安全规程》规定，掘进中的岩巷最低风速不得低于 0.15 m/s，掘进中的煤巷和半煤岩巷不得低于 0.25 m/s。

提高排尘风速，粒径稍大的尘粒也能悬浮被排走，同时增强了稀释作用。在产尘量一定的条件下，矿尘浓度将随之降低。当风速增到一定值时，作业地点的矿尘浓度将降到最低值，此时风速称最优排尘风速，如图 2-3 所示。风速再增高时，将扬起沉降的矿尘，使风流中含尘浓度增高。一般说来，掘进工作面的最优风速为 0.4~0.7 m/s，机械化采煤工作面的最优风速为 1.5~2.5 m/s。

2.2.1.4 扬尘风速

沉积于巷道底板、周壁以及矿岩等表面上的矿尘，当受到较高风速的风流作用时，可能再次被吹扬起来而污染风流，此风速称为扬尘风速。可参考下式计算：

$$v_f = K\sqrt{\rho_p d_p} \tag{2-38}$$

式中，v_f为扬尘风速，m/s；ρ_p为粉尘的密度，kg/m³；d_p为粉尘的粒径，m；K 为系数，取 10~16，粒径和巷道尺寸较大时取大值。

扬尘风速除与矿尘粒径与密度有关外。还与矿尘湿度、巷道潮湿状况、附着状况、有无扰动等因素有关。据试验，在干燥巷道中，在不受扰动情况下，赤铁矿尘的扬尘风速为

3~4 m/s，煤尘扬尘风速为1.5~2.0 m/s；在潮湿巷道中，扬尘风速可达到6 m/s以上。粉尘二次扬尘，成为次生矿尘，能造成严重污染矿井空气，除控制风速外，及时清除积尘和增加矿尘湿润程度是常用的除尘方法。所以，《煤矿安全规程》规定采掘工作面的最高允许风速为4 m/s。

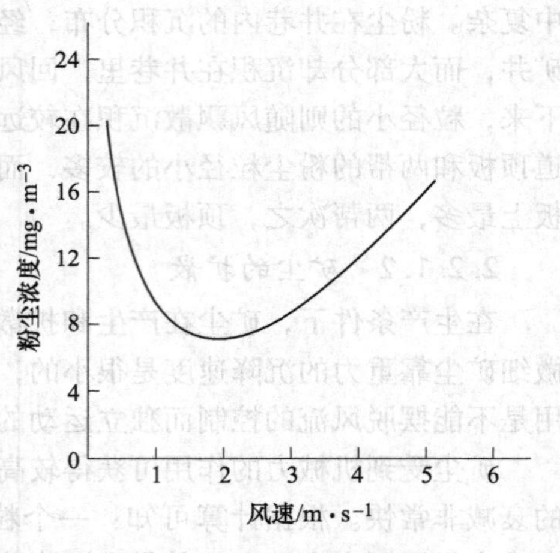

图2-3　最优排尘风风速

2.2.2　通风控尘

通风控尘是指利用通风风流场的方法，将矿山井下或地面作业场所产生的粉尘控制在一定的范围之内，预防产尘源的粉尘进一步扩散。目前，造成矿山作业场所粉尘治理较为困难的主要原因是产尘源的粉尘随风流运移和扩散，没有有效控制。因此，为有效解决作业场所的粉尘问题，须采取相应的控尘措施，改变工作点的风流形态，国内外矿山采用较为行之有效的控尘方式有密闭、附壁风筒、空气幕和隔尘帘等。

2.2.2.1　密闭

密闭的目的是把局部尘源所产生的矿尘限制在密闭空间之内，防止其飞扬扩散，污染作业环境，同时为抽尘净化创造条件。密闭净化系统由密闭罩、排尘风筒、除尘器和风机等组成。矿山用的密闭有以下形式。

（1）吸尘罩。尘源位于吸尘罩口外侧的不完全密闭形式，靠罩口的吸气作用吸捕矿尘。由于罩口外风速随距离增加而急速衰减，控制矿尘扩散的能力及范围有限，适用于不能完全密闭起来的产尘点或设备，如装车点、采掘工作面、锚喷作业地点等。

（2）密闭罩：将尘源完全包围起来，只留必要的观察或操作门。密闭罩防止粉尘飞扬效果好，适用于较固定的产尘点各设备，如皮带运输机转载点、干式凿岩机、破碎机、装载站、锚喷机、翻笼、溜矿井等。

密闭抽尘效果主要取决于抽尘风量的大小，目的是要以最小的抽风量达到最优控尘效果，抽尘风量的计算方法主要有如下。

（1）吸尘罩风量。为保证吸尘罩吸捕矿尘的作用，按下式计算吸尘罩的风量Q（m^3/s）：

$$Q = (10x^2 + F)v_x \tag{2-39}$$

式中，x为尘源距罩口的距离，m；F为吸尘罩口断面积，m^2；v_x为要求的矿尘吸捕风速，m/s，矿山风速一般取1~2.5 m/s。

（2）密闭罩风量。当矿岩有落差，产尘量大，矿尘可逸出时，需采取抽出风量的方法，在罩内形成一定的负压，使经缝隙向内造成一定的风速，以防止矿尘外逸。风量主要考虑如下两种情况。

1）罩内形成负压所需风量Q_1（m^3/s）可按下式计算：

$$Q_1 = (\sum F)v \tag{2-40}$$

式中，$\sum F$为密闭罩缝隙与孔口面积总和，m^2；v为要求通过孔隙的气流速度，m/s。

2）矿岩下落形成的诱导风量Q_2，某些产尘设备，如运输机转载点、破碎机供料溜槽、溜矿井等，矿岩从一定高度下落时，产生诱导气流，使空气量增加且有冲击气浪，所以，在风量 Q_1 的基础上，还要加上诱导风量 Q_2。

诱导风量 Q_2 与矿岩量、块度、下落高度、溜槽断面积和倾斜角度以及上下密闭程度等因素有关，目前多采用经验数值，可查阅相关设计手册给出的典型设备的参考数。

2.2.2.2 附壁风筒

针对长压短抽通风除尘系统的缺点，在压入风筒前增加附壁风筒。附壁风筒是利用气流的附壁效应，将原压入式风筒供给综掘工作面的轴向风流改变为沿巷道壁的旋转风流，并以一定的旋转速度吹向巷道的周壁及整个巷道断面，并不断向机掘工作面推进，在除尘器吸入含尘气流产生轴向速度的共同作用下，便形成一股具有较高动能的螺旋线状气流，在掘进机司机工作区域的前方建立起阻挡粉尘向外扩散的空气屏幕，封锁住掘进机工作时产生的粉尘，使之经过吸尘罩吸入除尘器中进行净化而不外流，从而提高了巷道综掘工作面的收尘效率。其出风状态示意图如图 2-4 所示。

附壁风筒的结构，根据使用地点生产技术条件的差异（巷道断面大小，供风量大小，除尘器配套方式等），通常分为三种。

A 螺旋出风附壁风筒

沿巷道螺旋式出风的附壁风筒是狭缝段长 2000 mm、直径 600 mm 的铁风筒，在风筒断面上，有三分之一的圆周做成半径增大的螺旋线状，形成狭缝状风流喷出口，其有效面积等于压入式风筒的断面积。附壁风筒轴向出风端设计一个蝶阀，并通过连杆与狭缝出口的出风阀门连动，可以利用手动或气动实现轴向经导风筒供风和径向螺旋出风的风流转换。当掘进机工作时，手动或者通过气动控制将阀门关闭，风流即从窄条喷口喷出，将压入的轴向风流改变为沿巷道壁旋转并前移的风流。一般适用于巷道大于 12 m² 的掘进通风。螺旋出风附壁风筒的结构如图 2-5 所示。

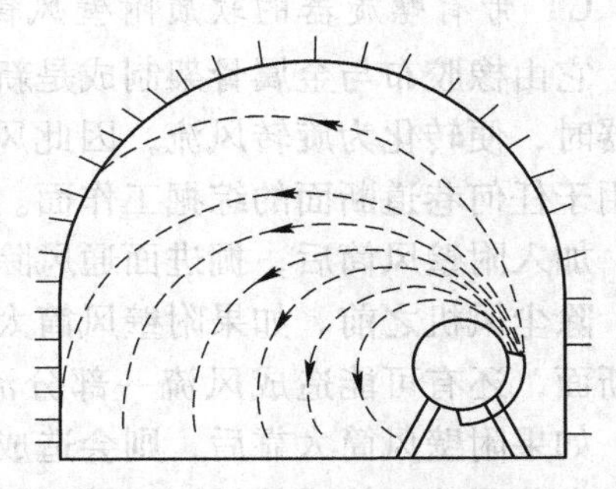

图 2-4 附壁风筒螺旋状出风状态示意图

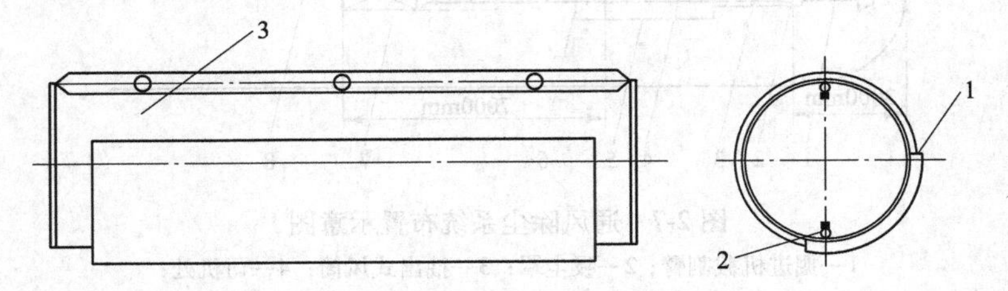

图 2-5 螺旋式附壁风筒结构示意图

1—狭缝状喷出口；2—出风阀门；3—筒体

B 径向出风附壁风筒

沿巷道螺旋式出风的附壁风筒虽然能造成较好的除尘效果，但体积较大，移动不方便，一般适用于巷道大于 12 m² 的综掘面通风，当巷道断面积小于 12 m² 时，可采用体积小、质量轻、移动方便的沿风筒径向出风的附壁风筒。这种附壁风筒是长 2000 mm、直径 600 mm 的胶皮风筒。这种风筒只能使压入风量的 20%左右沿轴向喷出，而 80%的风量则通过风筒壁上开的小孔径向出风。由于附壁风筒将普通风筒向巷道轴向供风方式改变为径向出风向工作面方向螺旋前进的供风方式，利用附壁效应大大地降低了沿巷道轴向的风流速度，增大巷道边沿区域风流速度，从而使巷道断面上的风流分布趋于均匀。径向出风附壁风筒结构如图 2-6 所示。

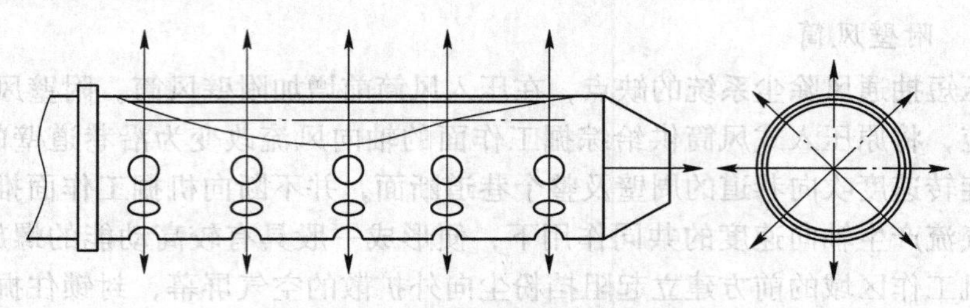

图 2-6　径向出风附壁风筒示意图

C　带有螺旋器的软质附壁风筒

它由橡胶布与金属骨架制成是新型产品，螺旋器紧连着附壁风筒，当轴向风流经过螺旋器时，便转化为旋转风流，因此风流一进入附壁风筒，便立即成为螺旋风流向外排出，可用于任何巷道断面的综掘工作面。

加入附壁风筒后，掘进面通风除尘系统的布置要求是：附壁风筒应置于掘进机司机之后，除尘风机之前。如果附壁风筒太靠近工作面，则从风筒出来的风流不能有效控制巷道全断面，还有可能造成风流一部分流进除尘风筒，一部分沿巷道流出，造成巷道局部污染；如果附壁风筒太靠后，则会造成循环风，不利于瓦斯管理。

安装附壁风筒后的长压短抽通风除尘系统布置如图 2-7 所示，通过计算和试验确定最佳的安装位置。

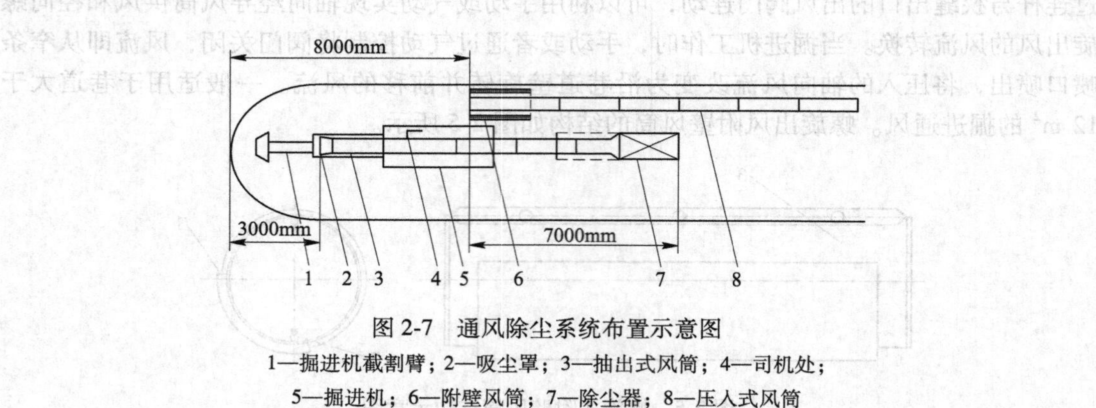

图 2-7　通风除尘系统布置示意图

1—掘进机截割臂；2—吸尘罩；3—抽出式风筒；4—司机处；
5—掘进机；6—附壁风筒；7—除尘器；8—压入式风筒

2.2.2.3　空气幕

空气幕是使空气以一定的风速从条缝风口吹出而形成的隔断气帘。空气幕隔尘就是利用喷射气流的射流原理使污染源散发出来的污染物与周围空气隔离，以保证工作区的卫生条件。采煤工作面空气幕的作用在于使滚筒截煤时向采煤机司机扩散的微尘折转向上，并携带周围的空气冲向顶板，气流同时向两侧分散，微尘被阻隔在煤壁侧，同时煤壁侧的粉尘被工作面风流带走。

空气幕在采煤工作面司机与煤壁之间形成一道“无形透明屏障”，其隔尘作用相当于在采煤司机与煤壁间增加一个附加阻力层，以阻止粉尘从煤壁侧向司机处扩散。空气幕的隔离作用并不是像固体壁一样阻挡尘粒的穿透，而是由空气幕不断卷吸煤壁侧的含尘空气，稀释和带走卷吸进来的含尘空气，使得尘粒不能穿透空气幕，只有少数尘粒可能由于气流的横向脉动进入空气幕的中心区，一部分穿透空气幕射流的尘粒又进入司机侧的空气幕卷吸流中而随空气幕气流运动上升扩散带到司机的非呼吸带，为了保证司机正常呼吸，达到隔尘的目的，如图2-8所示。

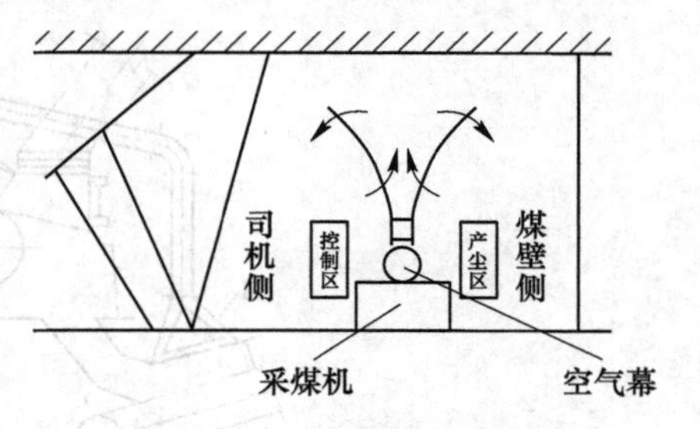

图2-8　空气幕隔尘示意图

2.2.2.4　隔尘帘

隔尘帘是指在作业场所产尘区域或者粉尘扩散路径上设置隔尘帘（风帘、风板、挡板），控制粉尘扩散或者改变粉尘运移路径的方式。隔尘帘控尘在产尘较集中和对于作业人员较少、粉尘浓度较大的区域，如采煤面转载点、放煤口等地点使用，可以起到简便、快捷的控尘效果，目前在采煤工作面、综掘工作面均有一定的应用。

隔尘帘具有成本低廉、经济实用、实施性较强的特点，在不影响正常运输的前提下，可以大幅减少巷道内浮尘扩散，但也存在遮挡人员视线的弊端，其应用存在一定局限性，尤其是在作业空间较小、施工进度快的地点，实施隔尘帘控尘困难，还会影响正常生产。

2.2.3　除尘器除尘

2.2.3.1　除尘机理及除尘器的分类

除尘器是从含尘气流中将粉尘颗粒予以分离的设备，也是通风除尘系统中的主要设备之一，它的工作好坏将直接影响到排入空气中的粉尘浓度，从而影响作业场所周围环境的卫生条件。为实现对含尘风流的净化处理，需构建如图2-9所示的通风除尘系统，该系统包括集尘罩、输送管路、除尘器以及动力设备。除尘器工作的原理就是利用动力设备产生的负压，将含尘气流通过集尘罩和输送管路吸入除尘器中，除尘器利用湿式或干式过滤等除尘方法将含尘气流中的粉尘分离出来，净化后的风流再排放到空气中。由于生产和环境保护的需要，在实践中采用了各种各样的除尘器，但各种除尘器的除尘机理各不相同，习惯上将除尘器分为机械式除尘器、过滤式除尘器、湿式除尘器和静电式除尘器四大类。

2.2.3.2　主要矿用除尘器

由于矿山的特殊工作条件（如工作空间狭小、分散、移动性强、环境潮湿等），除某些固定产尘点（如破碎硐室、装载硐室、溜矿井等）可以选用常用的标准产品外，常常要根据矿井工作条件与要求设计制造比较简便的除尘器。矿用除尘器的类型较多，结构各不相同，目前矿用除尘器的主要类型有冲击（自激）式除尘器、文丘里除尘器、矿用卧式自激式水浴水膜除尘器、干式布袋过滤除尘器、湿式纤维过滤除尘器、湿式旋流除尘风机、旋流粉尘净化器、SCF系列湿式除尘风机和水射流除尘风机等。

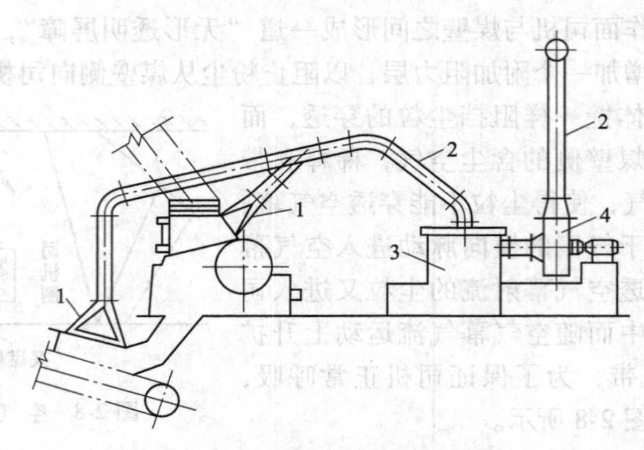

图 2-9　通风除尘系统示意图

1—局部排风罩；2—风管；3—净化设备；4—风机

2.3　喷雾降尘理论

2.3.1　喷嘴雾化及降尘机理

2.3.1.1　喷嘴雾化机理

喷嘴雾化的实质是液体经过喷嘴喷射后，在受到内外干扰力的共同作用下破碎成无数小液滴的一个物理变化过程。当外力（供水压力与空气剪切力）与液体表面张力与附着力不平衡时就会使液体撕裂破碎。喷嘴的雾化过程复杂，此外喷嘴也具有不同的结构形式及雾化形式，但喷嘴雾化一般分为三个阶段。第一阶段为液体从喷嘴入口到离开喷嘴阶段；第二阶段为液体从喷嘴口喷出时初次破碎阶段，称为一次雾化；第三阶段为一次雾化后，液滴与周围气体仍具有较大的相对速度，液滴在周围气体的继续扰动作用下而破碎形成更小的液滴阶段，称为二次雾化。

尽管喷嘴的形式多有不同，但它们使液体成雾状喷射出去的物理过程大都是相同的。如果想要使液体成雾状喷射出去某种液体，需首先使该液体碾成很细的射流或者很薄的薄膜，进而再使其变得不稳定，然后再将其射流或者薄膜破碎成细小大量的液体滴群。液体破碎所发生的物理过程，较为常见的基本形式有两种，即射流破碎与薄膜破碎。一般认为射流破碎与薄膜破碎均属于一次破碎雾化阶段。

A　一次雾化机理

喷嘴的雾化过程基本相似，可分为一次雾化和二次雾化。一次雾化是指液体破碎成液滴的过程，发生在液-气的交界面上，液体受到气体的扰动产生不稳定的波动，如图 2-10 所示。

根据表面波线性不稳定分析有：

$$A = A_0 e^{\omega t} \tag{2-41}$$

式中，A 为波的振幅，m；A_0为初振幅，m；ω 为波的角频率，Hz；t 为时间，s。

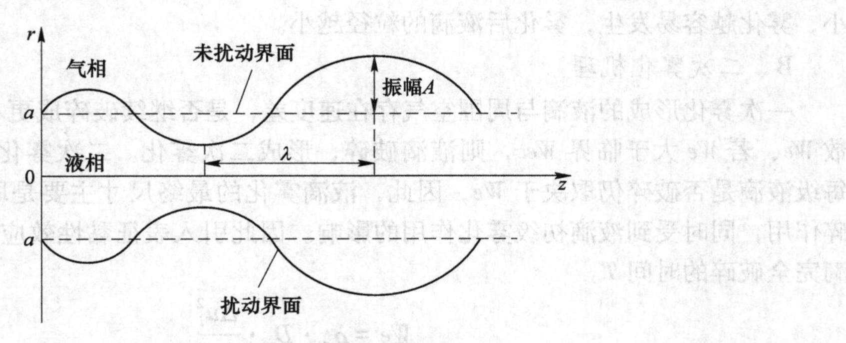

图 2-10 液体表面波示意图

角频率 ω 表达式为:

$$\omega = \frac{\beta\rho_g(u_l - u_g + c)^2}{2\rho_l c} \cdot k - \frac{2\mu_l}{\rho_l} \cdot k^2 \tag{2-42}$$

式中，k 为波数，$k=\frac{2\pi}{\lambda}$，m^{-1}；c 为波速，$c=\left(\frac{\sigma_l k}{\rho_l}\right)^{0.5}$，m/s；$\lambda$ 为波长，m；ρ_g、ρ_l为空气和液体的密度，kg/m^3；μ_l为液体的黏度，Pa · s；σ_l为液体的表面张力，N/m；β 为 Jeffrey 系数，取 0.3；u_g、u_l为空气和液体的速度，m/s。

由断面与流量的关系可知:

$$Q_g = u_g \cdot S_g \tag{2-43}$$

$$Q_l = u_l \cdot S_l \tag{2-44}$$

式中，Q_g为空气流量，m^3/s；Q_l为液体流量，m^3/s；S_g为进气孔断面积，m^2；S_l为液体出口孔截面积，m^2。

整理后得

$$\omega = \frac{0.3\rho_g\left[\left(\frac{Q_l}{S_l} - \frac{Q_g}{S_g}\right) + \left(\frac{2\pi\sigma_l}{\rho_l}\right)^{0.5}\right]^2}{2\rho_l\left(\frac{\sigma_l}{\rho_l}\right)^{0.5}} \cdot \left(\frac{2\pi}{\lambda}\right)^{0.5} - \frac{2\mu_l}{\rho_l}\left(\frac{2\pi}{\lambda}\right)^2 \tag{2-45}$$

定义临界波长 λ_c

$$\lambda_c = 2\pi\frac{4\mu_l\sqrt{\sigma_l/\rho_l}}{\beta\rho_g(u_l - u_g)^2} \tag{2-46}$$

空气产生的小扰动波的波长 $\lambda<\lambda_c$时，ω 为负值，波幅迅速衰减，而当 $\lambda>\lambda_c$时，ω 为正值，波幅 A 迅速增大形成细长的波峰，在空气剪切的作用下，波峰断裂，在液体表面张力的作用下形成液滴，液滴的粒径 D 与波长 λ 存在以下关系。

$$D = C \cdot \lambda \tag{2-47}$$

式中，C 为系数，由实验确定。

一次雾化受喷嘴的结构、液体和气体的流量、气体的密度、液体的表面张力、黏性和密度的影响。一次雾化需要克服液体的表面张力和黏性力。喷嘴的气流量远大于液体流量，在孔径相差不大的情况下，气体流速大于液体的流速，气体流速越大，临界波长 λ_c越小，雾化越容易发生，雾化后液滴的粒径越小。

B 二次雾化机理

一次雾化形成的液滴与周围空气存在速度差，是否继续破碎成更小的液滴取决于韦伯数 We，若 We 大于临界 Wec，则液滴破碎，形成二次雾化。二次雾化可能发生多级破碎，每级液滴是否破碎仍取决于 We，因此，液滴雾化的最终尺寸主要是取决于二次雾化的破碎作用，同时受到液滴初级雾化作用的影响。因此引入表征黏性效应的昂色格数 On 和液滴完全破碎的时间 T。

$$We = \rho_g \cdot D_i \cdot \frac{\Delta u_i^2}{\sigma_l} \tag{2-48}$$

$$On = \frac{\mu_l}{\sqrt{\rho_l \sigma_l D_i}} \tag{2-49}$$

$$T = t_i \cdot \Delta u_i \frac{\sqrt{\gamma}}{D_i} \tag{2-50}$$

式中，D_i为某初始液滴的直径，m；t_i为液滴 D_i的破碎时间，s；γ 为空气与液体的密度之比，$\gamma=\rho_g/\rho_l$；Δu_i为液滴与空气的相对速度，$\Delta u_i = u_i - u_g$，m/s。

临界韦伯数 Wec 和完全破碎时间 T 由下式给定

$$Wec = 12(1 + 1.077On^{1.6}) \tag{2-51}$$

$$T = 0.45(1 + 1.2On^{1.64}) \tag{2-52}$$

若液滴发生了一级破碎，则满足条件 $We>Wec$，即

$$\Delta u_i^2 > \frac{12\sigma_l}{\rho_g D_i} + \frac{12.924}{\rho_g \rho_l} \cdot \frac{\mu_l^{1.6} \sigma_l^{0.2}}{D_i^{1.8}} \tag{2-53}$$

假设液滴破碎成两部分，则破碎后的液滴直径 $D_{i+1} = D_i/1.26$，体积 $V_{i+1} = V_i/2$。发生一级破碎后形成的液滴粒径为 D_{i+1}，液滴速度为 u_{i+1}。则有，

$$\frac{1}{\sqrt{u_{i+1}}} - \frac{1}{\sqrt{u_i}} = C_{2i} \cdot t_i \tag{2-54}$$

$$C_{2i} = 9.375 \sqrt{\frac{\rho_g^2 v_g}{\rho_l^2 D_i^3}} \tag{2-55}$$

式中，u_i为一次雾化后生成的液滴 D_i的初速，m/s；v_g为空气运动黏度，m^2/s。

由式（2-54）和式（2-55）求得一级破碎后液滴 D_{i+1}和 u_{i+1}作为下次破碎的初值，若发生多级破碎则需判断每次的 We 是否大于该条件下的 Wec，直至不满足条件，二次雾化过程结束，雾滴稳定。

由以上分析可知，雾化主要取决于喷嘴的结构、气液体的物理特性、气液体的流量以及液滴与周围空气的速度差。对于空气辅助雾化喷嘴来说，工作的介质分别为空气和水，其物理特性随工作条件的变化改变不大，影响其雾化特性主要是喷嘴结构和气液流量特性。

2.3.1.2 喷雾降尘机理

喷雾降尘主要是靠雾化后的液滴与空气中的粉尘颗粒发生惯性碰撞、截留、扩散、重力和静电等作用，使粉尘湿润并沉降，从而达到控制粉尘浓度的目的。喷雾降尘机理如图 2-11 所示。

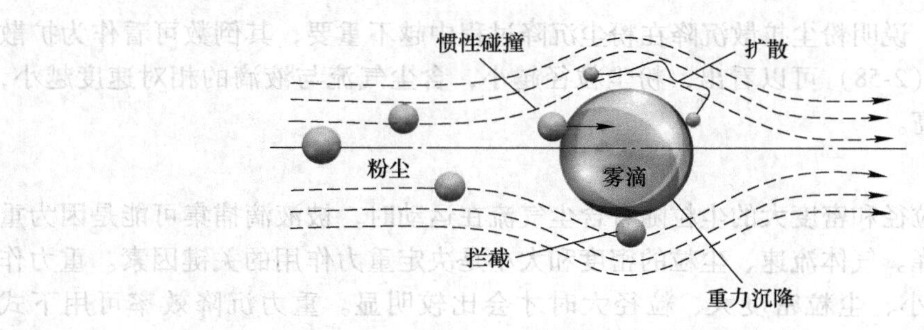

图 2-11 喷雾降尘机理示意图

A 惯性碰撞

当液滴遇到处于正在运动过程中的较大尘粒时，尘粒在自身惯性作用的影响下，仍然会保持原来的运动方向，因而它们不能沿气体流线绕过液滴，而是与雾滴发生了碰撞，从而被液滴捕集。

Herme 假设液滴为球体，当 $S_{tk} \geqslant 0.3$ 时，惯性碰撞的降尘效率表达式为：

$$\eta_r = \frac{s_{tk}^2}{(S_{tk} + 0.25)^2} \tag{2-56}$$

式中，S_{tk}为斯托克斯数，$S_{tk} = \rho_p d_p^2 v_0 / (18 \mu d_c)$；$\rho_p$为密度，kg/m^3；$d_p$为粒径，m；$v_0$为含尘气流与喷雾场内液滴的相对速度，m/s；$\mu$ 为气体动力黏度，Pa · s；d 为液滴粒径，m。

从式（2-56）可以看出，粉尘颗粒的粒径越大越容易与液滴发生碰撞，沉降粉尘的效率越高。此外，惯性碰撞效率受粉尘粒径、对流速度、液滴粒径等多种因素影响，在应用喷雾降尘技术时，增大供水压力减小液滴粒径是提高液滴与粉尘碰撞效率的关键。

B 截留捕集

含尘气流在围着液滴做绕流运动时，粒径和重量较小的粉尘会与含尘气流一起做绕流运动。虽然粉尘颗粒的重量较小，但是其具有一定的体积。粉尘在与气流一起做绕流运动时，当其与液滴的距离小于粉尘粒径时，粉尘与液滴发生碰撞进而被捕集沉降，达到降尘目的。

液滴拦截捕集粉尘的效率可用下列下式表达：

$$\eta_r = \left(1 + \frac{d_p}{d_c}\right)^2 - \frac{d_c}{d_c + d_p} \tag{2-57}$$

从式（2-57）可以看出，截留捕集效率的高低只考虑了液滴粒径与粉尘粒径大小的影响，粉尘粒径和重量较小，因此没有考虑其惯性，与含尘气流与液滴的相对速度无关。

C 扩散效应

当粉尘颗粒很小时，粉尘既不会随气流做绕流运动，也不会做惯性碰撞而被捕集，而是受到气流扰动的影响做布朗运动。当与液滴发生碰撞时，粉尘被液滴捕捉。一般以扩散效应被捕集的粉尘颗粒其粒径多小于 1 μm。

常用皮克莱数来表示粉尘因扩散效应而沉降在粉尘沉降中的重要性，表达式为：

$$P_e = v_0 d_c / D \tag{2-58}$$

式中，D 为粉尘扩散系数，m^2/s。

皮克莱数越大，说明粉尘扩散沉降在粉尘沉降过程中越不重要，其倒数可看作为扩散效率的参数。从式（2-58）可以看出，粉尘粒径越小，含尘气流与液滴的相对速度越小，粉尘沉降的效率越高。

D 重力沉降

重力沉降是指粒径和密度大的尘粒随着含尘气流在运动时，被液滴捕集可能是因为重力作用下的自然沉降。气体流速、尘粒的密度和大小是决定重力作用的关键因素。重力作用只有在空气流速小、尘粒密度大、粒径大时才会比较明显。重力沉降效率可用下式表达：

$$\eta_{G} = \frac{Cd_{p}g}{18\mu_{g}v_{0}} \tag{2-59}$$

从式（2-59）可以看出，重力沉降效率与粉尘的粒径、含尘气流的速度及粉尘浓度密切相关。粉尘颗粒粒径越大、含尘气流的运动速度越小，粉尘发生重力沉降的效率越高。对于粒径较小的粉尘颗粒尤其是呼吸性粉尘，其粒径往往小于 5 μm，很难利用重力沉降的方法来达到控制粉尘浓度的目的。

E 静电作用

静电捕集是指利用电荷之间的库仑力，用大量带电荷的液体雾粒，从而将微细粉尘有效地捕捉。粉尘上的电荷量、粉尘介电常数以及液体雾粒是决定静电捕集得关键因素。

研究表明喷雾荷电后，对粉尘的捕集效率会得到极大的增强。为使液滴荷电，可以采用高压喷雾的方式，喷雾荷电后独一流体颗粒地对细小尘粒的捕捉集合效率会提高两个数量级。

2.3.2 水喷雾降尘技术

把水雾化成微细水滴并喷射到空气中，使之与尘粒相接触碰撞，使尘粒被捕捉而附于水滴上或者被湿润尘粒相互凝集成大颗粒，从而提高其沉降速度，使粉尘颗粒从空气中分离出来，提高降低粉尘浓度的效果。

2.3.2.1 喷雾洒水过程

喷雾洒水过程是水雾粒与尘粒凝结沉降的过程，喷雾洒水的降尘效果是由水雾粒与尘粒的凝结效率决定的。资料表明，对直径为 10 μm 以下粉尘尤其是呼吸性粉尘，不荷电雾粒捕捉效率较低，而对直径约 10 μm 以上的粉尘降尘效率却较高。高压喷雾对非呼吸性粉尘（粒径大于 7.07 μm）具有较高的捕集效率，主要是因为其雾粒速度高，雾粒粒径小。试验表明，高压喷雾的雾粒速度随着水压的提高而提高，例如，离喷嘴喷雾降尘距离最远点雾粒的运动速度，雾粒速度可达 12~20 m/s，相比低压喷雾的 1 m/s 而言，可提高 12~20 倍，同时随着水压力的提高雾粒粒径减小。

喷雾体结构是指喷射出的雾体的几何形状。图 2-12 为水平喷雾体的几何结构形式，压力水从喷雾器中喷出后，雾粒开始做高速直线运动，直线运动的距离称为射程（L_{a}），此间水滴稠密并具有较大的动能，还能吸引周围的含尘空气进入雾体中，这个射程内的捕尘效果较好。以后，因动能减少和重力的作用，水滴速度减慢，水滴开始以抛物线做下落运动，其密度也逐渐降低，捕尘作用减弱。水滴运动的最大距离称为作用长度（L_{b}）。喷射面积用喷雾体的扩张角（α）表示，α 值越大，喷雾体的截面积也越大，水粒的密集程度则越小。喷雾体内的水雾密度与喷雾器的构造、水压、耗水量有关。

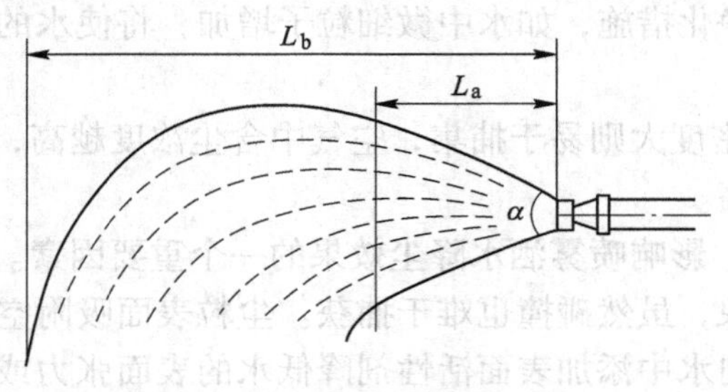

图 2-12 喷雾体作用范围

L_a—射程；L_b—作用长度；α—扩张角

2.3.2.2 喷雾洒水捕尘原理

喷雾洒水是将压力水通过喷雾器（又称喷嘴）在旋转或冲击作用下，使水流雾化成细微的水滴喷射于空气中。它的捕尘作用主要体现为：

（1）在雾体作用范围内，高速流动的水滴与浮尘碰撞接触后，尘粒被润湿，在重力作用下下沉；

（2）高速流动的雾体将其周围的含尘空气吸引到雾体内湿润下沉；

（3）将已沉落的尘粒湿润黏结，使之不易飞扬；

（4）增加沉积粉尘的水分，预防粉尘爆炸事故的发生。

2.3.2.3 影响喷雾洒水捕尘效率的主要因素

（1）雾体的分散度。雾体的分散度（即水滴的大小与比值）是影响捕尘效率的重要因素。低分散度雾体水滴大，水滴数量少，尘粒与大水滴相遇时，会因旋流作用而从水滴边绕过，不被捕获。过高分散度的雾体，水粒十分细小，容易汽化，捕尘率也不高。据实验，用 0.5 mm 的水滴喷洒粒径为 10 μm 以上的粉尘时，捕尘率为 60%；当尘粒直径为 5 μm 时，捕尘率为 23%；当尘粒直径为 1 μm 时，捕尘率只有 1%。将水滴直径减小到 0.1 mm，雾体速度提高到 30 m/s 时，对 2 μm 尘粒的捕尘率可提高 55%。因此，矿尘的分散度越高，要求水滴的直径也越小。一般说来，水滴直径为 10～15 μm 时的捕尘效果最好。

（2）水滴与尘粒的相对速度。相对速度越高，两者碰撞时的动量越大，有利于克服水的表面张力而将尘粒湿润捕获。但因风流速度高，尘粒与水滴接触时间缩短，也降低了捕尘效率。

（3）水压。喷雾洒水降尘的过程，是尘粒与水滴不断发生碰撞、湿润、凝聚、增重而不断沉降的过程。当提高供水压力（如采用高压洒水）时，由于在很大程度上提高了雾化程度，增加了雾滴密度和雾滴的运动速度，以及增加了射体涡流段的长度，无疑大大增加了尘粒与雾粒之间的碰撞机会和碰撞能量，使微细粉尘易于捕捉。同时，高压洒水能使射体雾滴增加带电性，产生静电凝聚的效果。这一综合作用，加速了尘粒与雾滴碰撞、湿润、凝聚的效果而提高了降尘效率。原苏联的研究表明，在掘进机上采用低压洒水时降尘率为 43%～78%，采用高压喷雾时降尘率达到 75%～95%；在炮掘工作面采用低压洒水时降尘率为 51%，而采用高压喷雾时降尘率达到 72%，且对微细粉尘的抑制效果明显。

（4）耗水量。单位体积空气的耗水量越多，捕尘效率越高，但所用动力也随之增加。使用循环水时，需采取净化措施，如水中微细粒子增加，将使水的黏性增加，且使分散水滴粒径加大，降低效率。

（5）粉尘的密度。密度大则易于捕集，空气中含尘浓度越高，总捕集效率越高，但排出的粉尘浓度也随之增高。

（6）粉尘的湿润性。影响喷雾洒水降尘效果的一个重要因素。不易湿润的粉尘与水滴碰撞时，能产生反弹现象，虽然碰撞也难于捕获。尘粒表面吸附空气形成气膜或覆盖油层时，都难被水滴捕获。向水中添加表面活性剂降低水的表面张力或使之荷电，均可提高湿润效果。

2.3.2.4　喷雾器结构

把水雾化成微细水滴一般是通过喷雾器实现的，雾体的雾化程度、作用范围和水粒运动速度，取决于喷雾器的构造、水压和安装位置。因此，为了达到较好的降尘效果，应根据不同生产过程中产生的矿尘分散度选用合适的喷雾器。喷雾器的技术性能可用喷雾体结构、雾粒的分散度、雾滴密度和耗水量等指标来表示。

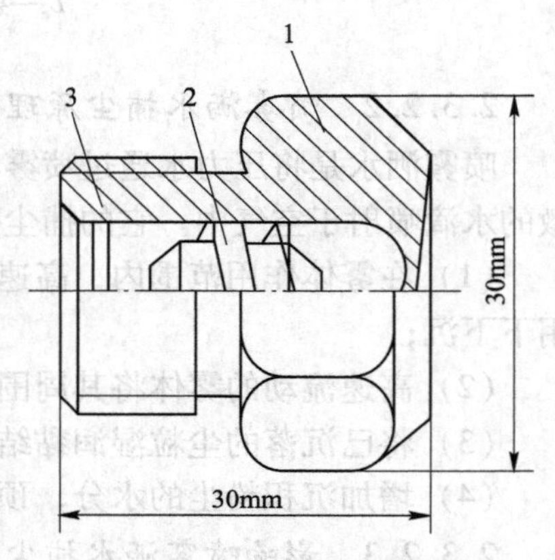

图 2-13　武安-4 型喷雾器

1—外壳；2—旋流导水芯；3—垫圈

我国煤矿采用的喷雾器工作原理是压力水经过喷雾器，靠旋转冲击作用，使之形成水雾喷出。水喷雾器的类型较多，目前市场有成品供应且使用较好的有武安-4 型喷雾器，如图 2-13 所示。压力水沿旋流导水芯 2 的螺旋沟槽流通时，产生旋转冲击作用，从喷嘴口喷出，形成中空圆锥形雾体。外壳 1 为尼龙压制或金属材料制作，喷嘴口直径分为 2.5 mm、3 mm 和 3.5 mm 三种。

水喷雾器结构简单、轻便，具有雾粒较细、耗水量少、扩张角大的特点。但射程较小，适于向固定尘源喷雾，如在采掘工作面运输机接头、翻车笼、煤仓、装车站等处喷雾降尘。

2.3.2.5　喷雾水射流雾化范围

雾化射流的直径对降尘效果有重大影响。以圆柱段射流为例，圆柱射流的雾化面积为 $S=\pi d^2/4$，无风流干扰的雾化空间：

$$V=S\cdot L=\frac{\pi d^2 L}{4} \tag{2-60}$$

式中，V 为雾化空间；S 为雾化面积；d 为圆柱形射流的直径；L 为圆柱形射流段的长度。

雾化面积和空间越大，对尘粒碰撞、拦截的范围就越大。碰撞与拦截概率也必然增大，捕尘效率也会提高。而射流直径与水压力有关，从高压雾化射流的结构和形式分析可知，这种射流具有一系列能大大提高除尘效果的特点，即：没有明显的衰减区，具有相当长的圆柱段和强烈涡流卷吸运动区，以及增加了雾化射流的直径。

2.3.3 气水喷雾降尘技术

2.3.3.1 气水喷雾降尘原理

气水喷雾是以压力水和压缩空气作为双动力的一种新型喷雾方式，相对于常规细水喷雾方式，其具有耗水量小、雾化效果好、对水压要求低及降尘效率高（特别针对呼吸性粉尘）等优势。目前，关于气水喷雾雾化特性方面的研究大多集中在内燃机燃烧领域，所研究的喷嘴均为小孔径、小流量喷嘴，而且研究的液相介质也均为燃油。近几年，大量矿井将气水喷雾应用于煤矿井下粉尘防治，取得了良好的降尘效果。

空气雾化喷嘴的结构如图 2-14 所示，其中液体帽和空气帽组成了喷雾装置。液体帽上有进气孔和进液孔，孔径大小影响雾滴粒径。空气帽不仅影响雾滴粒径，还决定了喷雾液束的形状，根据气液混合方式不同，可分为内混式和外混式。相对于外混式空气雾化喷嘴，内混式雾化喷嘴可获得良好的雾化效果和理想的液滴分布。煤矿井下喷雾降尘一般采用内混式喷嘴。内混式空气雾化喷嘴内部结构和工质流动较为复杂，影响喷嘴内部流场和流量特性的主要因素有喷嘴结构和运行参数。

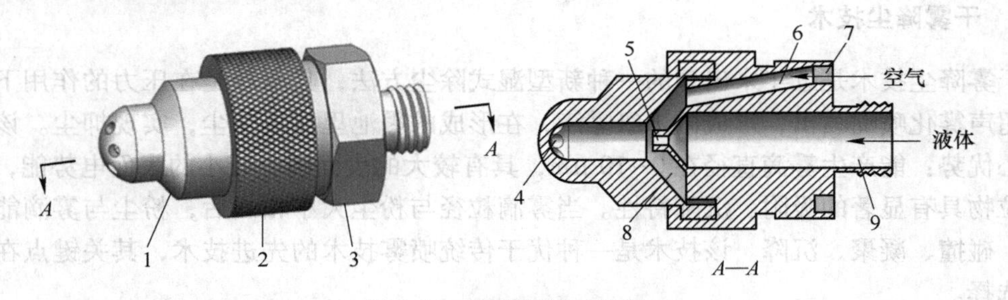

图 2-14 喷雾装置结构图

1—可调广角空气帽；2—护圈；3—液体帽；4—喷雾出口；
5—液体出口；6—进气孔；7—气槽；8—混合腔；9—进液孔

2.3.3.2 雾化粒径和雾滴运动速度

内混式空气雾化喷嘴雾滴平均粒径 D_c 的计算公式为：

$$D_c = 585.21\left(\frac{1}{V_r}\sqrt{\frac{\sigma}{\rho_L}}\right) + 5.97\left(\frac{\mu_L}{\sqrt{\sigma\rho_L}}\right)^{0.45}\left(1000\,\frac{Q_1}{Q_g}\right)^{1.5} \tag{2-61}$$

式中，D_c 为雾滴平均粒径，m；V_r 为混合室中气液两相相对流速，m/s；σ 为液体的表面张力系数，10^{-5} N/cm；μ_L为液体黏性系数，Pa·s；ρ_L为液体的密度，g/cm^3；Q_1/Q_g为液气流量比，其中 Q_1和 Q_g分别为液体和空气的体积流量，m^3/s。选择标准状态下水的相关参数，$\sigma=72\times10^{-5}$ N/cm，$\mu_L=0.00982$ Pa·s 及 $\rho_L=1.0$ g/cm^3 代入上式化简得：

$$D_c = \frac{4965.7}{V_r} + 0.284\left(1000\,\frac{Q_1}{Q_g}\right)^{1.5} \tag{2-62}$$

气液两相相对流速，可以采用下式进行计算：

$$V_r = \sqrt{(V_g\sin\alpha)^2 + (V_g\cos\alpha - V_1)^2} \tag{2-63}$$

式中，V_g和 V_1分别为气体和液体流速，m/s；α 为气液两相流速夹角，角度。将流量、流速

与断面积得关系式 $V=Q/A$，以及式（2-63）代入式（2-62）整理得：

$$D_{c}=\frac{4965.7}{\sqrt{\left(\frac{Q_{g}}{A_{g}}\sin\alpha\right)^{2}+\left(\frac{Q_{g}}{A_{g}}\cos\alpha-\frac{Q_{1}}{A_{1}}\right)^{2}}}+0.284\left(1000\frac{Q_{1}}{Q_{g}}\right)^{1.5} \tag{2-64}$$

式中，A_1为液体注入孔面积，m^2；A_g 为注气孔面积。煤矿井下常用空气雾化喷嘴注气孔直径为 2 mm，数量为 4 个，则 $A_g=1.256\times10^{-5}$ m^2；注水孔直径为 1.5 mm，$A_1=1.766\times10^{-6}$ m^2；注气孔和注水孔夹角 $\alpha=30°$。将相关数据代入式（2-64），化简整理得

$$D_{c}=\frac{1}{\sqrt{(16.034Q_{g})^{2}+(16.034Q_{g}-113.98Q_{1})^{2}}}+0.284\left(1000\frac{Q_{1}}{Q_{g}}\right)^{1.5} \tag{2-65}$$

气水喷雾过程是一个复杂的两相流过程，喷嘴出口速度的计算涉及混合室压力、截面含气率及气液两相密度等参数，很难用理论公式加以计算。雾滴从喷嘴出口射出后，由于受到环境空气阻力，其运动速度不断衰减，衰减规律较为复杂。

2.3.4　干雾降尘技术

干雾降尘技术是近年来出现的一种新型湿式除尘方法，其原理是在压力的作用下，将水从超声雾化喷嘴喷出，形成微米级雾滴，在形成的雾池里捕集灰尘，实现抑尘。该技术的核心优势：能产生雾滴直径在 0~10 μm，具有较大的表面积、较小的表面电势能，对微细颗粒物具有显著的吸附、沉降特性。当雾滴粒径与粉尘大小相当后，粉尘与雾滴能充分混合、碰撞、凝聚、沉降。该技术是一种优于传统喷雾技术的先进技术，其关键点在于喷嘴的选择。

2.3.4.1　干雾降尘原理

干雾降尘原理主要是基于一般大小的水和尘埃粒子碰撞、凝聚，规模和质量不断增长，凝聚成为较大和较重的粉体坠落。整个过程没有任何特殊处理。干雾抑尘由于水雾的雾化程度非常高，雾粒细小且浓密，在捕捉那些大小约 5 μm 以下的可吸入浮尘方面具有其他抑尘设备无法比拟的优点。如果护罩系统设计合理，微米级干雾抑尘装置在翻车机上的抑尘效率可高达 90%，在皮带传送转接塔的抑尘效率更高。

干雾是把水利用高频振荡或高压空气瞬时吹散，让颗粒处在 1 μm<干雾粒径<10 μm 之间的过程，同时大部分可吸入粉尘颗粒也处于 1 μm<粒径<10 μm 的粉尘因干雾颗粒密度增大，颗粒大小一致，比重相近，所受重力一样，故在空气中停留时间相等，这样粉尘颗粒与干雾颗粒就能同时充分凝结，粉尘颗粒起到凝结核的作用，在瞬间降尘。如果水雾颗粒大于 10 μm ，密度变小，体积大于粉尘颗粒（1 μm<粒径<10 μm ）即水雾颗粒比重，重力增加，在空气中停留时间短于粉尘颗粒，将快于粉尘颗粒降落，不利于凝结。如果干雾颗粒再小就会气化比重轻于空气粉尘形成对流从而绕过粉尘颗粒不利于凝结。干雾的关键技术是把水打散或吹散，使其颗粒在 1 μm<干雾粒径<10 μm 之间这样才能达到降尘抑尘的最佳效果。

2.3.4.2　干雾喷嘴的结构及参数

如图 2-15 所示，干雾降尘喷嘴主要包括进水腔、进气腔、气水混合室和超声共振室，其雾化机理是：喷雾时，气体由气体入口进入气体腔，由液体入口进入液体腔，在混合室

内，气液混合，液体被部分破碎。当气液两相流从环形喷嘴口喷出时，由于气体速度很高（一般为200~340 m/s），而液体的流速不大，因此两流体间有着相当大的相对速度，产生很大的摩擦力，气流对液体产生强烈的撕裂与剪切作用，液料从而被一次雾化。喷出后，混合的两相流体冲击到共振室，共振室能将气流反射产生强振波，形成二次撞击雾化。当小水珠颗粒随气流进入强烈的振荡波中，声波的能量将水珠分子“爆炸”成成千上万的1~10 μm大小的水雾颗粒，气流通过共振室后将水雾颗粒以柔软低速的雾状方式喷射出来，干雾喷嘴实物如图2-16所示，干雾喷嘴雾化效果如图2-17所示，不同类型干雾喷嘴参数见表2-1。

超声共振室是干雾降尘喷嘴的关键部位，它通过压缩空气交汇和振动部分的振动头产生高频率的机械声波。原理是在气流衔接部分，将冲动过去的空气速度加快。为了进一步提高雾化能力，共鸣腔的气流路径体现在喷头本身的气流放大功能——强大的冲击力。一旦产生这种强大的冲击波，水被剪切成相对小水滴，然后通过激烈的声能将这些小水滴转换成数千微米大小的液滴，在爆炸中被高速空气带走。干雾降尘喷嘴固有的设计特点也使得它非常可靠，从维护的角度来看，由于喷嘴不依赖于高压力，就达到最大雾化水的效果，大幅度降低了用水量，几乎完全消除高压水泵磨损问题，喷嘴振动的同时清洁喷头腔体。

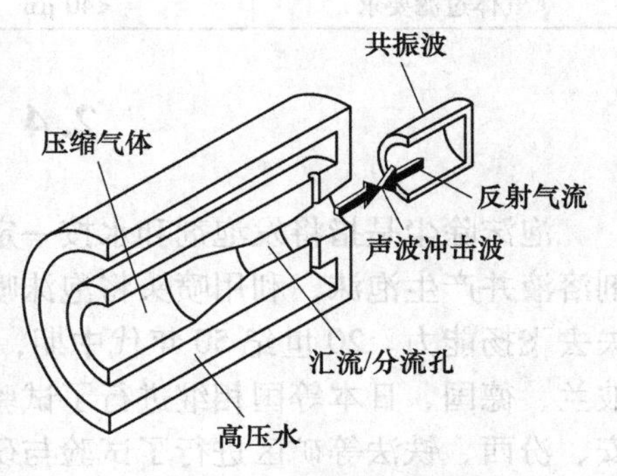

图 2-15 干雾喷嘴原理图

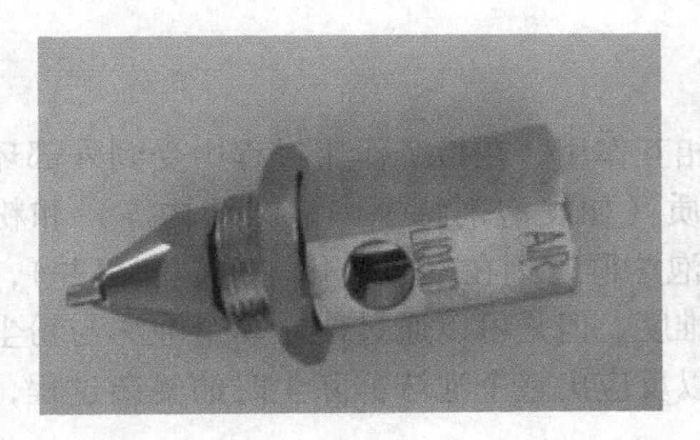

图 2-16 干雾喷嘴实物图

图 2-17 干雾喷嘴雾化效果图

表 2-1　干雾喷嘴参数

类别	ADG SV508 Nozzles80°	ADG SV980 Nozzles30°	ADG SV882 Nozzles60°
气体压力	0.52 MPa	0.35 MPa	0.52 MPa
水压力	0.12 MPa	0.06 MPa	0.12 MPa
气体消耗	115 L/min	260 L/min	240 L/min
水量消耗	7.1 L/h	45 L/h	20 L/h
雾化颗粒度	4~6 μm	4~10 μm	7~10 μm
气体过滤要求	<40 μm	<40 μm	<40 μm

2.4　泡沫降尘理论

泡沫除尘是指将发泡剂和水按一定比例混合，通过高倍数泡沫发生器将空气引入发泡剂溶液并产生泡沫，利用喷头将泡沫喷射于尘源，使刚产生的矿尘得以润湿、沉积，从而失去飞扬能力。20 世纪 50 年代中期，英国最先开展了这方面的研究，此后，美国、苏联、波兰、德国、日本等国相继进行了试验与研究，取得了一定的成果。近年来，我国已在潞安、汾西、铁法等矿区进行了试验与研究，取得良好效果。

无空隙的泡沫体几乎可以捕集所有与之相遇的粉尘，对微细尘更具有凝聚能力，宏观上能实现对粉尘的抑制和沉降。与水雾比较，泡沫具有接尘面积大、润湿粉尘能力强、吸附粉尘性能好的特点，可显著提高降尘效果。常用于综采机组、掘进机组、带式运输机及尘源较固定的场所。一般泡沫降尘率可达 90%以上。

2.4.1　泡沫降尘原理

泡沫除尘的本质就是泡沫与粉尘颗粒的相互作用，在整个作用过程中受到外部环境因素（如温度、湿度和风速等）、泡沫自身性质（如发泡剂特性和泡沫结构等）和粉尘性质（如粒径、形状和种类等）的影响，并且泡沫群时刻在发生变化（破裂和聚并），因此建立整个泡沫群准确的除尘模型具有很大的难度。但是可以通过建立单个泡沫与粉尘颗粒作用的模型并研究这个过程，一定程度上可以反应出整个泡沫群除尘时的复杂过程，可作为泡沫除尘理论的基础。

泡沫相比气水喷雾含水量少，黏附性好，对粉尘具有更强的捕捉及湿润作用。泡沫降尘过程主要涉及泡沫湿润、截留覆盖及黏附三个方面，并同时起到降尘作用。

2.4.1.1　泡沫湿润

粉尘被湿润的过程，从表面化学的角度可以被视为固体颗粒与空气接触转换为颗粒与空气及液体同时接触。即将固、气及液、气界面转换成固、液界面。在恒温恒压条件下，湿润作用导致单位面积固、液接触面的自由能差值可以表示为：

$$\Delta E = \varphi_{sl} - \varphi_{sg} - \varphi_{lg} \tag{2-66}$$

式中，φ_{sl}为单位面积固、液界面自由能，J；φ_{sg}为单位面积固、气界面自由能，J；φ_{lg}为单位面积液、气界面自由能，J。湿润过程的本质为液体黏附于固体表面，常用黏附功 W_a来表示：

$$W_a = -\Delta E = -\varphi_{sl} + \varphi_{sg} + \varphi_{lg} \tag{2-67}$$

由式（2-67）可以看出 φ_{sl}与 W_a呈负相关，W_a越大粉尘颗粒越容易被湿润。而发泡剂分子同时具备的疏水基和亲水基大大降低了固、液界面的表面张力，并在粉尘和溶液之间形成一层水化膜，而水化膜的存在能够迅速将粉尘的疏水性变为亲水性，即粉尘呈湿润状态，最终被沉降下来。

2.4.1.2 泡沫截留覆盖

对于直径为 d_s的粉尘（实心球体），当其运动轨迹在极限流线以下 h_0范围之内时，才有可能被泡沫截留，如图 2-18 所示。

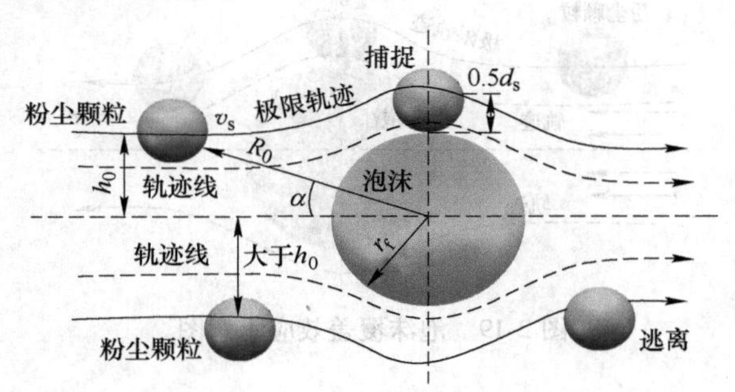

图 2-18 泡沫截留效应示意图

将泡沫视为球体，直径为 $d_f=2r_f$，并假设球体周围的气流为势流，则采用球坐标表示的流函数为：

$$\phi=\frac{v_s\sin^2\alpha\left(R_0^2-\frac{r_f^3}{R_0}\right)}{2} \tag{2-68}$$

可以得到速度分量为：

$$\begin{cases} u_{R_0}=\dfrac{1}{R_0^2\sin\alpha}\dfrac{\partial\phi}{\partial\alpha}=v_s\cos\alpha\left(1-\dfrac{r_f^3}{R_0^3}\right) \\ u_\alpha=\dfrac{1}{R_0\sin\alpha}\dfrac{\partial\phi}{\partial\alpha}=-\dfrac{v_s\sin\alpha\left(2+\dfrac{r_f^3}{R_0^3}\right)}{2} \end{cases} \tag{2-69}$$

在球的表面，存在关系式 $u_{R_0}=0$，$u_\alpha=-\frac{3}{2}v_s\sin\alpha$。在势流条件下，绕球体的截留效率为：

$$\eta_\delta=\left(1+\frac{d_s}{d_f}\right)^2-\frac{d_f}{d_f+d_s} \tag{2-70}$$

令拦截参数 $\delta=\frac{d_s}{2r_f}=\frac{d_s}{d_f}$，此时的截留效率可以换算为：

$$\eta_\delta=(1+\delta)^2-\frac{1}{1+\delta} \tag{2-71}$$

由于 $\eta_\delta\in[0,1]$，所以 d_s满足：

$$0\leqslant d_s\leqslant 0.324d_f \tag{2-72}$$

由于粉尘颗粒直径远小于泡沫直径，所以满足式（2-72）。截留效应宏观上表现为泡沫降尘的覆盖性能，当 n 个相距 $f<0.5d_S$ 的泡沫同时作用于尘源处，将有可能拦截泡沫 $4nh_0$ 范围内的粉尘，如图 2-19 所示。溜井矿仓内粉尘被泡沫大量、持续、无间隙地覆盖时，大部分粉尘被捕获。

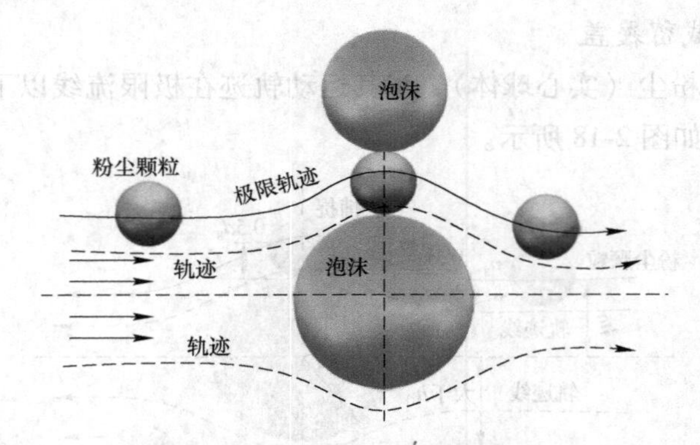

图 2-19　泡沫覆盖效应示意图

2.4.1.3　泡沫黏附

当泡沫与粉尘以一定速度发生相对运动时，产生碰撞后粉尘被泡沫捕捉。由于泡沫与粉尘积聚后质量逐渐增加，重力导致泡沫的上表面液膜逐渐变薄直至破裂，形成许多包裹粉尘的泡沫小碎片沉降到地面，如图 2-20 所示。

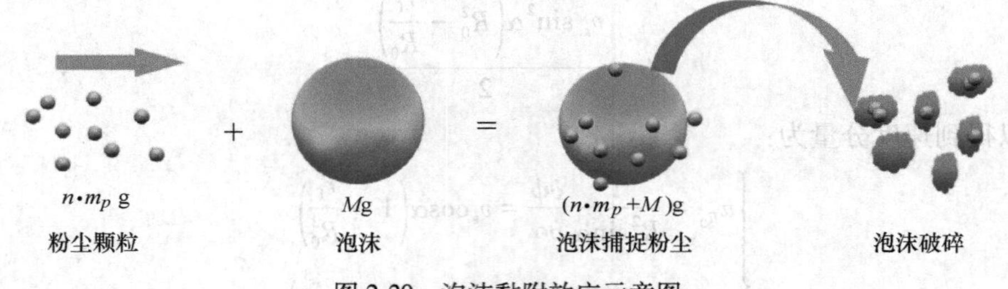

图 2-20　泡沫黏附效应示意图

黏附效应的效力可以用黏附力来表示：

$$F_a = k_f d_S \tag{2-73}$$

考虑到泡沫黏附力受发泡剂溶液内各成分的物理化学性质、黏度、湿度、pH 值以及粉尘自身性质等多个因素的影响，可以用经验公式表示为：

$$F_a = k_f d_S(0.5 + 0.45RH) \tag{2-74}$$

式中，F_a 为黏附力，N；k_f 为泡沫表面黏附系数；d_S 为粒子直径，m；RH 为泡沫相对湿度，%。

2.4.2　泡沫除尘的特点及效率

2.4.2.1　泡沫除尘的特点

通过对泡沫除尘原理的分析，泡沫除尘在多种捕尘机理的共同作用下具有高效的除尘特性。泡沫除尘不仅具有喷雾除尘和化学除尘的特点，而且具有独有的特点：(1) 泡沫喷射到尘源（矿堆或岩石），无间隙的泡沫体覆盖矿堆或岩石，抑制粉尘的产生；(2) 泡沫喷射到含尘空气中时，泡沫体具有较大的接触面积，增加了与粉尘颗粒的碰撞概率；(3) 泡沫的液膜中含有发泡剂溶液，能够有效降低水的表面张力，改变粉尘湿润性能，快速湿润粉尘；(4) 泡沫具有一定的黏性，能够黏附与泡沫接触的粉尘颗粒。

2.4.2.2 泡沫除尘效率

在泡沫除尘过程中，每种除尘机理都起到了一定的作用，但是在整个过程中一般是两个或以上的机理占优势，并共同主导作用的结果。如果将各种效应所对应的除尘效率直接叠加后得出的总除尘效率，不仅误差很大而且不合理。

例如：一般情况下，惯性碰撞与截留作用两种机理是很难分开的，由惯性作用捕获的粒子所处的极限位置比由截留作用捕获的粒子所处流线的极限位置距离轴线更远。研究惯性碰撞捕获粉尘的作用时，已经包括了截留作用。所以，可以将两种机理的除尘效率合在一起。

总的除尘效率是单一除尘机理除尘效率的函数，可以表示为：

$$\eta = f(E_{RI}, E_D, E_G, E_A) \tag{2-75}$$

式中，E_{RI}为截留与惯性碰撞除尘效率；E_D 为扩散除尘效率；E_G 为重力沉降除尘效率；E_A 为黏附除尘效率。

式（2-75）至今尚未完全研究清楚，可以使用近似经验公式来表示：

$$\eta_i = 1 - (1 - E_{RI})(1 - E_D)(1 - E_G)(1 - E_A) \tag{2-76}$$

前面建立的模型是针对单个泡沫的除尘效率，将泡沫体看作由许多不同直径的单个泡沫组成，除尘效率等于单个泡沫除尘效率的总和，可以将泡沫体的除尘效率写成：

$$\eta_f = 1 - \prod_{i=2}^{n_c}(1 - \eta_i) \tag{2-77}$$

由式（2-77）可知，单个泡沫的除尘效率和泡沫个数是影响总除尘效率的关键。尽可能地产生大量、致密且稳定的泡沫，并且对粉尘有很好湿润作用，才能实现良好的除尘效果。本实验主要从泡沫的发泡性和湿润性来衡量泡沫发泡剂的效果。

2.4.3 泡沫降尘发泡剂

降尘发泡剂是制备泡沫中用量最小，但却是最关键的物质，直接影响泡沫的性能、降尘效果和使用成本。

2.4.3.1 发泡剂的基本要求

发泡剂是多种表面活性剂的混合物。泡沫除尘效果主要取决于泡沫剂配方，即配方中各化学药剂的选择和含量的确定。一般泡沫剂配方中含有起泡剂、湿润剂、稳定剂、增溶剂等表面活性剂。从结构上看，所有表面活性分子都是由极性的亲水基和非极性的亲油基两部分组成。亲水基使分子引入水与水亲和，而亲油基使分子排斥水，与油亲和。根据亲水基团的结构分类，通常把表面活性剂分为离子型和非离子型，而离子型表面活性剂在水中电离，形成带阳电荷或带阴电荷亲油剂，又可分为阳离子表面活性剂和阴离子表面活性剂。故在泡沫剂配方中，不能把阳离子表面活性剂和阴离子表面活性剂混合使用。考虑到表面活性剂来源广泛，价格较低，易于加工制作和现场应用，最好选用阴离子表面活性剂或非离子型表面活性剂。实验证明，任何单一药剂根本不可能实现对各方面性能的要求，为此，发泡剂配方中也需要多种药剂混合后才能达到所需要的目的。由于配方中各药剂所起的作用不同，因而各药剂的含量也不一定相同，一般需要通过正交试验来确定。

2.4.3.2　发泡剂特性

表面活性剂按不同类型可分为阴离子型表面活性剂、阳离子型表面活性剂、非离子型表面活性剂等。

阴离子型表面活性剂一般具有较好的起泡性能，并且来源广泛，如十二烷基磺酸钠（SDS）、十二烷基苯磺酸钠（SDBS）、十二烷基硫酸钠（K12）和脂肪醇聚氧乙烯醚硫酸钠（AES）等。然而，阴离子表面活性剂的抗电解质和耐酸碱性能相对较差，溶解度易受温度影响，由于矿井水硬度和酸碱度较大，会降低此类发泡剂的活性和起泡性能，因此，以阴离子型表面活性剂为主要成分的发泡剂不适用于水质复杂的使用环境。

非离子表面活性剂在水中则不会发生电离，因而具有优良的抗硬水性能和耐酸碱性能。非离子表面活性剂由于不受电性斥力的影响，非离子表面活性剂分子在煤尘表面的吸附密度更大，亲水性转化程度更高，所以非离子表面活性剂通常比阴离子表面活性剂对煤尘具有更强的湿润性。因此，以非离子表面活性剂为主要成分的降尘发泡剂，能更好地满足煤矿降尘发泡剂的要求。

2.4.4　泡沫发生装置和喷嘴

2.4.4.1　泡沫发生装置

泡沫发生器种类很多，按照结构形式大致可以分为螺旋式、涡轮式、网式、同心管式、挡板式、射流泵式等，不同结构形式的泡沫发生器适用于不同的工作地点，结构复杂程度和维护难度也不同。按照发泡原理大致可以分为机械割裂成泡、射流分散成泡及液体混合成泡三类。

机械分割成泡的原理是利用运动部件或者微孔填充材料，将气体与液体混合产生气泡；液体混合成泡是利用气、液高速混合过程使得气液两相以适当的方式接触，将气体粉碎成气泡，产生泡沫的大小主要取决于液体紊流度及持续混合时间等；射流分散成泡原理的结构形式一般为射流泵，广泛应用于工业生产的各个部门，它是利用射流紊动的扩散作用，来传递能量和质量的流体机械和混合反应设备。

网式发泡装置的气体和液体也是从两个不同的入口进去发泡器内部，其工作原理是喷嘴把发泡液雾化喷洒在发泡网上形成液膜，风流鼓吹发泡网进行发泡。优点就是能够形成高倍数泡沫，缺点是对发泡液和风流的压力和速度要求比较苛刻。网式泡沫发生器的结构如图 2-21（a）、（c）所示。泡沫发生器主要由底座、混合腔（2 个）、发泡网（2 个）和汇流器四个部分组成。

该泡沫发生器的基本工作原理是：由空压机压出高压气体从泡沫发生器的气体入口进入，发泡剂溶液在高压的作用下从泡沫发生器底座的液体入口进入，二者在第一个混合腔内形成涡流并充分混合。发泡剂分子在气相和液相接触的界面上吸附，吸附层由沿切线方向直立的发泡剂和水分子组成，疏水基在气相、亲水基在液相，亲水基在气-液界面紧密排列。从而形成含有两相介质的泡沫群，之后经过第一道发泡网充分发泡。再进入第二个混合腔，泡沫群与高压气体再次进行混合，泡沫大小进一步减小，又经过第二道发泡网再次发泡，确保所有液体与气体充分混合发泡。最后，泡沫通过汇流器和高压管道输送到产尘源。液体、气体和泡沫流向如图 2-21（b）所示。

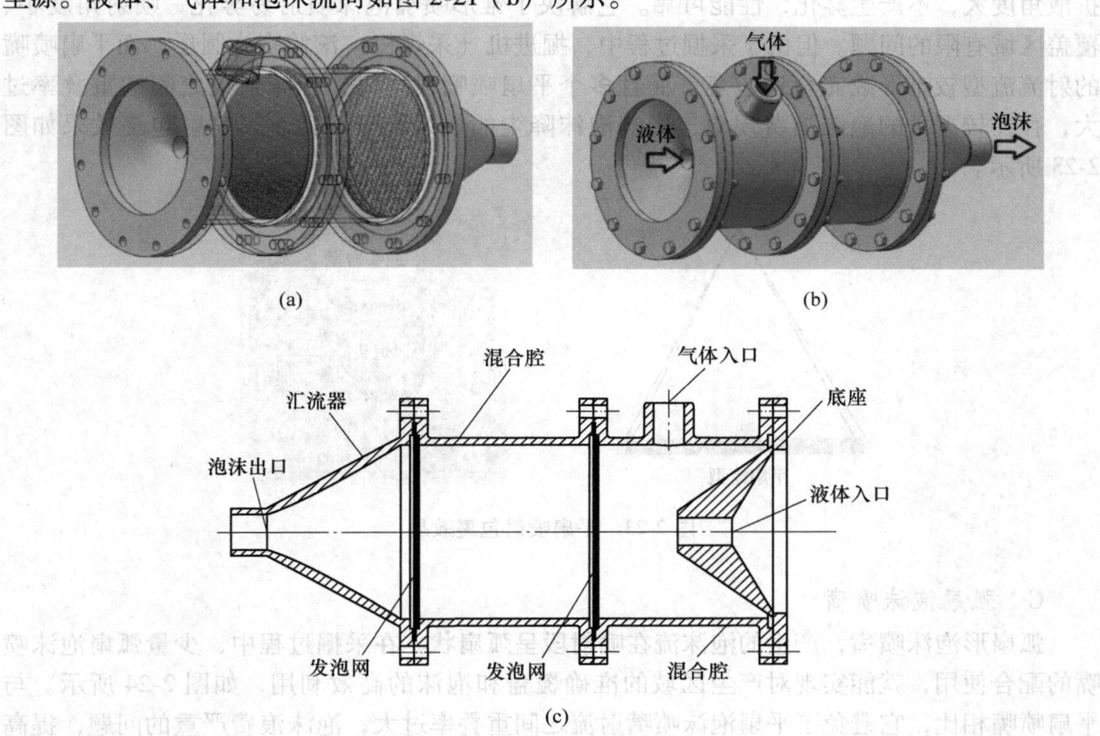

图 2-21 泡沫发生器结构示意图

2.4.4.2 泡沫喷嘴

泡沫喷射装置直接影响泡沫的降尘效果，是泡沫降尘系统的终端环节。常见的泡沫喷嘴有锥形喷嘴、平扇泡沫喷嘴、弧扇泡沫喷嘴三种。

A 锥形喷嘴

锥形喷嘴是最为常用的一类喷嘴，它可分为实心锥和空心锥喷嘴两种。由于其结构简单，加工方便，被广泛应用于各行各业，早期进行的泡沫喷射也曾采用该类喷嘴。其喷射包裹效果如图 2-22 所示。

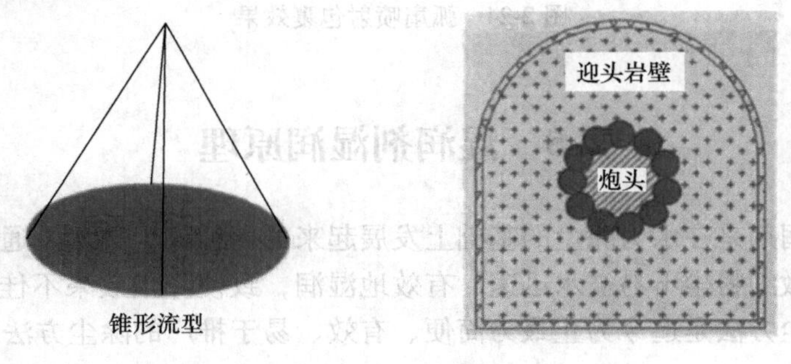

图 2-22 实心锥喷射包裹效果

B　平扇泡沫喷嘴

与锥形喷嘴相比，平扇泡沫喷嘴喷头结构简单，体积小，安装方便，泡沫喷洒均匀，扩散角度大，不产生雾化，性能可靠。它解决了锥形喷嘴泡沫喷射易雾化、喷射角度小、覆盖区域有限的问题。但由于采掘过程中，掘进机（采煤机）滚筒多为圆形，而平扇喷嘴的射流流型较难形成完全地包裹，而且多个平扇喷嘴喷射时，泡沫射流之间的重叠率过大，存在较严重的泡沫浪费现象，影响泡沫降尘的效果和经济性。其喷射包裹效果如图2-23所示。

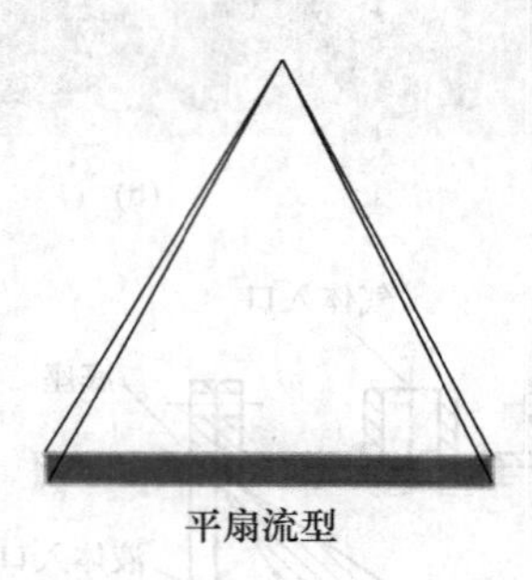

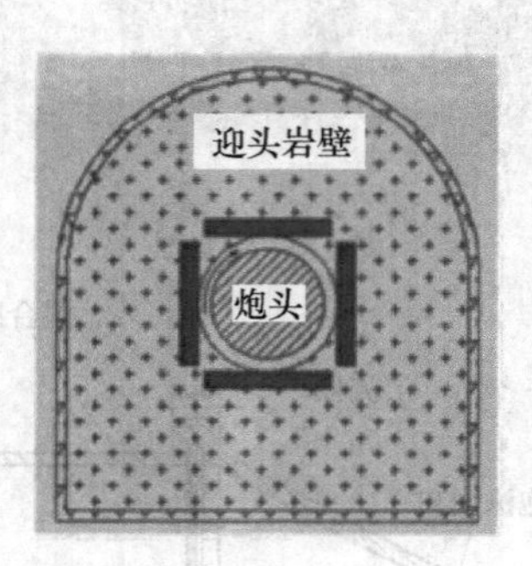

图2-23　平扇喷射包裹效果

C　弧扇泡沫喷嘴

弧扇形泡沫喷嘴，产生的泡沫流在喷射段呈弧扇状。在采掘过程中，少量弧扇泡沫喷嘴的配合使用，就能实现对产尘区域的准确覆盖和泡沫的高效利用，如图2-24所示。与平扇喷嘴相比，它避免了平扇泡沫喷嘴射流之间重叠率过大，泡沫浪费严重的问题，提高了泡沫降尘的效果和经济性。

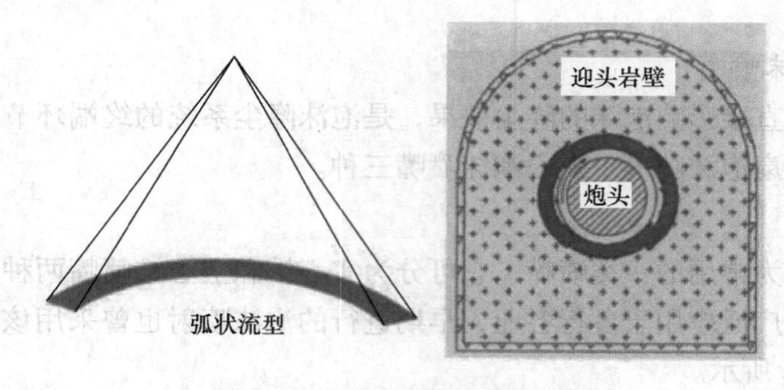

图2-24　弧扇喷射包裹效果

2.5　湿润剂湿润原理

水中添加湿润剂是在水力除尘的基础上发展起来的一种降尘技术。通常情况下，水的表面张力较高，微细粉尘不易被水迅速、有效地湿润，致使降尘效果不佳。但是，不可否认的是，水力除尘方法是迄今为止最为简便、有效、易于推广的除尘方法之一。

2.5.1 添加湿润剂机理

据实验，几乎所有的湿润剂都具有一定的疏水性，加之水的表面张力又较大，对粒径在2 μm以下的粉尘捕获率只有1%~28%。添加湿润剂后，可大大增加水溶液对粉尘的浸润性，即粉尘尘粒与原有的固-气界面被固-液界面所代替，形成液体对粉尘的浸润程度大大提高，从而提高降尘效率。

湿润剂主要由表面活性物质组成。矿用降尘剂大部分为非离子型表面活性剂，也存一些阴离子型表面活性剂，但很少采用阴离子型。表面活性剂是亲水基和疏水基两种活性剂分子完全被水分子包围，亲水基一端被水分子吸引，疏水基一端被水分子排斥。亲水基被水分子引入水中，疏水剂则被排斥伸向空气中，如图2-25所示。于是表面活性剂分子会在水溶液表面形成紧密的定向排列层，即界面吸附层。由于存在界面吸附层，使水的表层分子与空气接触状态发生变化，接触面积大大缩小，导致水的表面张力降低，同时朝向空气的硫水基与粉尘之间有吸附作用，而把尘粒带入水中，得到充分湿润。

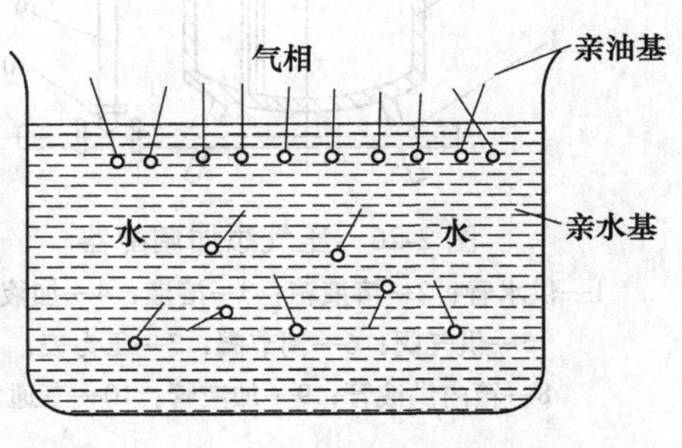

图2-25 在水中的降尘剂分子示意图

2.5.2 湿润剂的添加方法

湿润剂在实际使用中，不但要通过试验选择最佳浓度，而且还要解决添加的方法。一般分集中添加法和分散添加法两种。但每一种方法必须解决湿润剂的连续、自动、定量添加的方法问题。我国科研单位曾根据不同情况，采用过多种添加方法和添加装置。

2.5.2.1 分散添加法

分散添加法主要有定量泵、添加调配器（见图2-26）、负压引射添加器（见图2-27）、喷射泵添加器（见图2-28）和利用孔板减压调节器进行的湿润剂添加调配，如图2-29所示。

定量泵：通过定量泵把液态湿润剂压入供水管路，通过调节泵的流量与供水管流量配合达到所需浓度。

添加调配器（见图2-26）：其原理是在湿润剂溶液箱的上部通入压气（气压>水压），承压湿润剂溶液从底部供液管8的入口进入供液导管，经三通10添加于供水管路。调节阀门6用来调节添加湿润剂溶液的流量与供水流量相配合而达到所需的添加浓度。这种方法结构简单，操作方便，无供水压力损失，但必须以压气作动力。

负压引射添加器（见图2-27）：湿润剂溶液被引射器所造成的负压所吸入，并与水流混合添加于供水管路中，添加浓度由吸液管6上的调节阀进行调节，为使引射器具有较高的效能，其几何尺寸要合理。输液管出口端过长、过短都不能正常工作或溶液与水不能充分混合。

喷射泵添加器：喷射泵添加器与引射器相比，主要的区别在于喷射泵有混合室，而引射泵没有，因此用喷射泵调配比用引射器调配能得到更好的混合，具有压损小，工作状态稳定等特点。

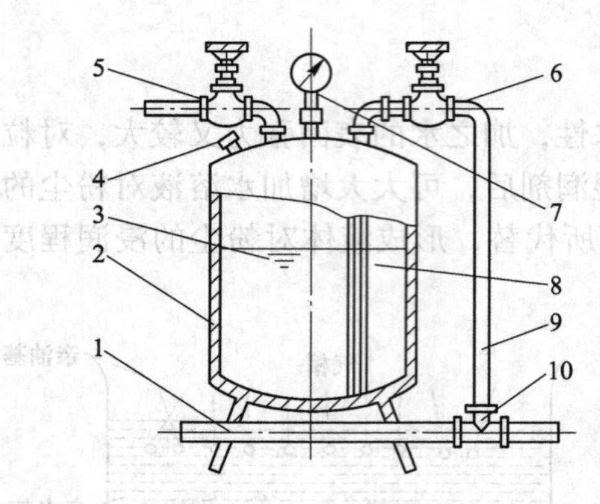

图 2-26 压气添加调配器

1—供水管；2—溶液箱；3—溶液；4—加液口；5—供气阀；6—调节阀；7—压力表；8—箱内供液管；9—加液管；10—三通

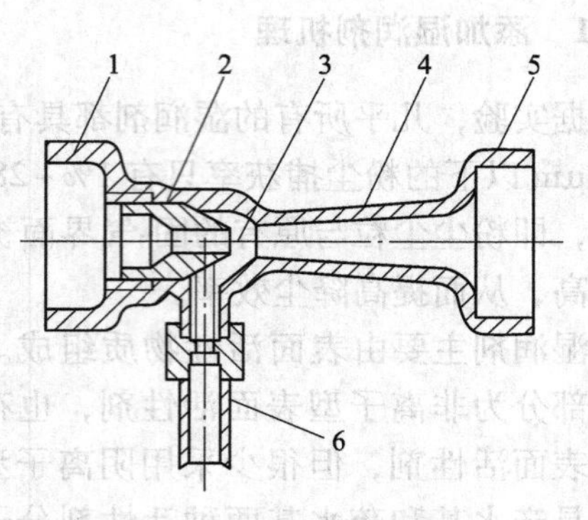

图 2-27 负压引射器结构图

1—进水箱；2—喷嘴；3—调节阀；4—扩散段；5—出液端；6—吸液管

利用孔板减压调节器进行的湿润剂添加调配（见图 2-28 和见图 2-29）：湿润剂溶液在孔板（减压孔板）10 前端高压水作用下（在溶液箱中，下部通入的高压水与上部的湿润剂溶液用橡胶薄膜 3 隔开），被压入孔板后端的低压水流中，调节阀门 5，则可获得所需溶液的流量。

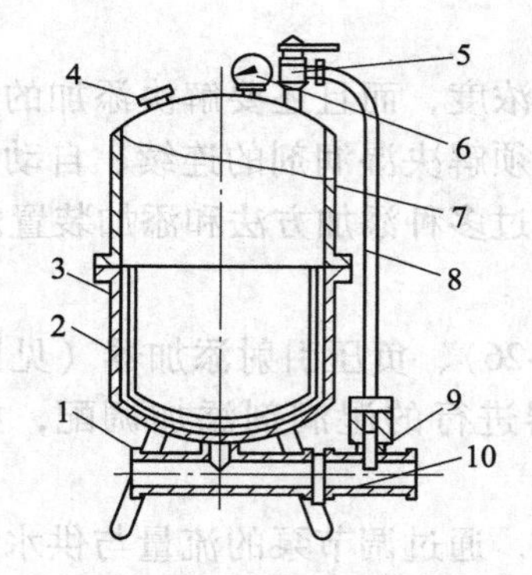

图 2-28 喷射泵添加器

1—进水管；2—喷嘴；3—泵体；4—出水管；5—止水阀；6—调节钉；7—调节套；8—吸液管；9—加液三通；10—减压孔板

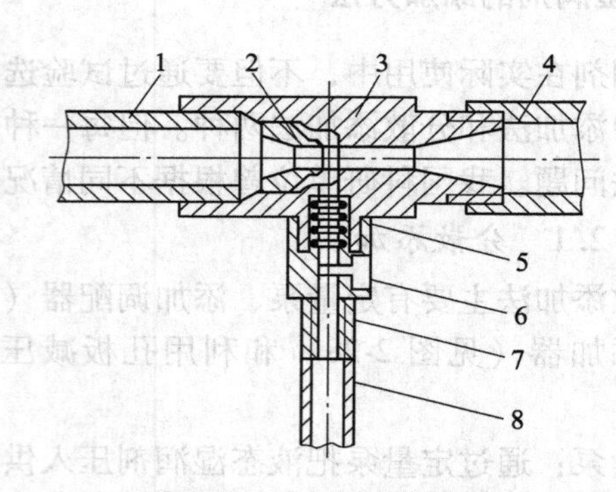

图 2-29 孔板减压添加器

1—进水三通；2—溶液箱下部；3—橡胶薄膜；4—进液口；5—调节阀；6—压力表；7—液箱下部；8—输液管

2.5.2.2 集中添加法

当工矿企业全面应用湿润水除尘时，防尘用水全部要添加湿润剂。最简单的办法就是将湿润剂直接加入集中供水的水池内。但各供水系统不尽相同，有的生产用水、生活用水、防尘用水共用一水池。有的则分设不同的专用水池。因此，集中添加湿润的方法要区别对待。

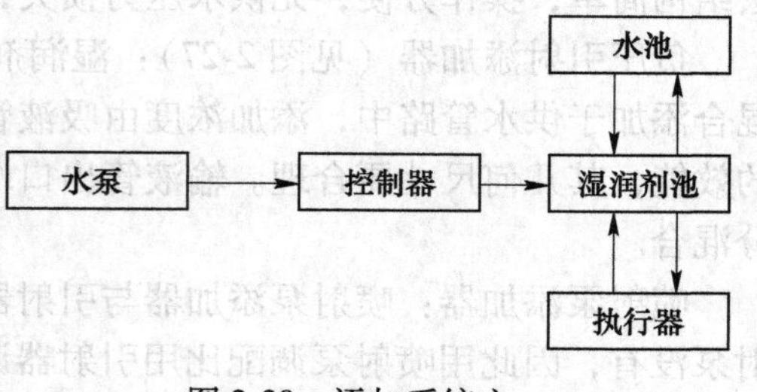

图 2-30 添加系统之一

对设有专供防尘用水水池的情况，可将湿润剂直接加入水池中。图2-30所示是一种简易添加系统的原理框图。其原理是当水泵给水池供水时，从水泵电机上引出一个电信号送至控制器，控制器就有电压输出作为执行器的工作电源，使执行器开启，湿润剂池内的湿润剂通过执行器流入水池中。根据水泵流量大小调节执行器的流量，可得到所需浓度的湿润水。当水泵停止向水池供水时，水泵电机无信号输出，执行器关闭。水泵与执行器联锁，实现了给水与加湿润剂同步，保证湿润浓度的稳定性和连续性。

对于生产生活防尘共用水池的情况，只允许将湿润剂加到防尘用水的管路中去。图2-31便是适用于此种情况的添加系统方框图。其工作原理是：当防尘用水流入流量采样器时，采样器即发出与水量成正比的频率脉冲信号送至流量指示积算器进行转换，并显示出瞬间流量与累计流量；每累计一定量（自己整定），就输出一个脉冲信号至控制器进行整形放大，然后推动执行器开启，每开启一次流出一定量（自定）的湿润剂，经加液管注入水管中便得到所需浓度的湿润水溶液。执行器开启频率与流量成正比，可保证湿润混合均匀稳定。

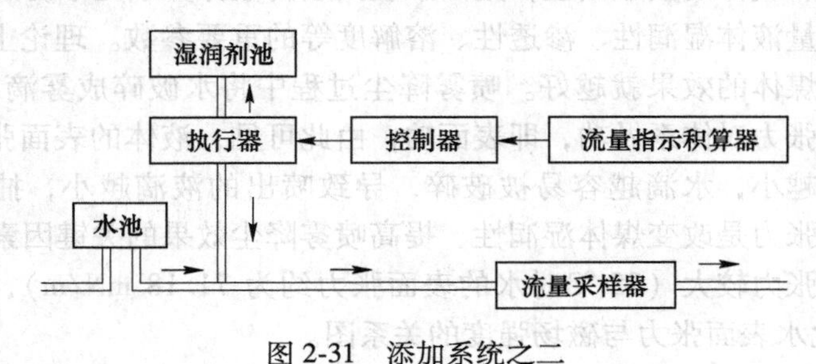

图2-31　添加系统之二

2.6　磁化水降尘原理

磁化水是指以一定的流速通过磁场，由于切割磁力线使自身的理化性质发生变化的水。由于磁化水的特殊理化性质，使它在工业、农业、医保等领域有着广泛的应用前景。

2.6.1　水的磁化机理分析

水经磁化处理后其理化性质及光学性质发生暂时性改变，这说明了磁化处理对水的分子结构、原子结构或水分子在水中的分布情况造成了一定的影响。多年来国内外学者在机理研究方面提出了不少假说和推论，主要有洛伦兹力原理、赛曼效应作用论、磁力键理论、分子动力学模拟理论及氢键磁化共振理论等。

质子传导理论是根据多年对冰中的氢离子或质子的非线性运动和质子传导特性研究出来的，将其推广到液态水中，再根据水的光谱特性建立起水的磁化理论。环形氢键链中存在运动着的质子，当水流经磁场时，它将受到磁场的洛伦兹力作用，从而迫使其沿环链运动，形成一个环形电流，水中大量存在的环状氢键链结构在磁场作用下也会变成一些具有不同磁性的磁性单元或分子电流，它们就像固体中的分子小磁体一样，在外部磁场的持续作用下进行有序的重排。因此，磁场对水的作用机理主要是通过改变液态水中的氢键链的状态和分布实现的，磁场作用于水体后，在局部将会出现有序的水分子簇（链），从而改变了水的某些性质。此外，磁场还能够改变分子的极化状态，促进水分子的重新分布，使水的极化作用增强，其结构也发生一定的变化，这种改变与磁场的磁感应强度密切相关，磁场的磁感应强度越大，对水体的定向有序作用越强，改变水的性质的程度也越大。因此，水的磁化机理实际上就是磁场对氢键链上水分子有序重排作用。

2.6.2　磁化水提高喷雾降尘效果的作用原理

水经磁化处理后，其理化特性会相应地发生变化，如氢键弯曲、化学键夹角发生变化、水的导电率和黏度降低、水的晶体结构也发生改变等。根据影响喷雾的主要参数分析，影响喷雾降尘效果主要是通过影响雾化性能及捕尘效果。下面研究磁化后水的一些性质，如表面张力、黏度、润湿性及蒸发率对雾化性能及捕尘效果有重要的影响。

2.6.2.1　表面张力

表面张力是液体表面层由于分子引力不均衡而产生的沿表面作用于任一界线上的张力，它发生在液体和气体的接触面上，是由于表面层的液体分子处于特殊情况所决定的。

表面张力是衡量液体湿润性、渗透性、溶解度等的重要参数。理论上来说，液体的表面张力越低，润湿煤体的效果就越好。喷雾降尘过程中将水破碎成雾滴，其表面积增大，该过程须克服表面张力对体系做功，即表面功，由此可见，液体的表面张力越低，喷雾时所需克服的表面功越小，水滴越容易被破碎，导致喷出的液滴越小，捕尘效果越好。因此，改变水的表面张力是改变煤体湿润性、提高喷雾降尘效果的关键因素。

常态水的表面张力较大（25 ℃时水的表面张力约为 71.18 mN/m），喷雾时雾化程度低。图 2-32 为磁化水表面张力与磁场强度的关系图。

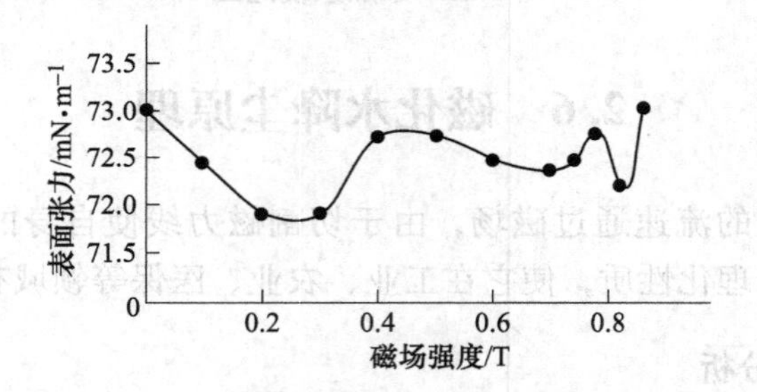

图 2-32　磁化水表面张力与磁场强度关系曲线

由图 2-32 可知，磁化水表面张力随着磁场强度的增加上下波动，但是总体上仍然比常态水小，在向水施加偏小的磁场强度时，表面张力变化较大，而当磁场强度超过 0.4 T 以后，随着磁场强度的继续增加，表面张力变化不明显，图中，水表面张力存在两个较为明显的极小值，一个出现在磁场强度为 0.2~0.3 T 时，另一个出现在表面张力磁场强度为 0.8~0.9 T，其中，第二个极小值较第一个稍大，这表明在这种实验水的条件下，磁场强度为 0.2~0.3 T 时，表面张力下降幅度最大，最低达到 71.8 mN/m，此时水磁化处理效果最好，而后随着磁场强度的增加，表面张力先开始回升后下降并开始不断上下波动。

2.6.2.2　黏度

水的黏度与水的雾化效果有着直接关系，黏度越小，雾化程度会越高，雾粒粒径就会越小，在空间中的分布会变得更加均匀。研究发现，磁化水黏度比常态水要小。磁化水黏度与磁场强度的关系如图 2-33 所示。

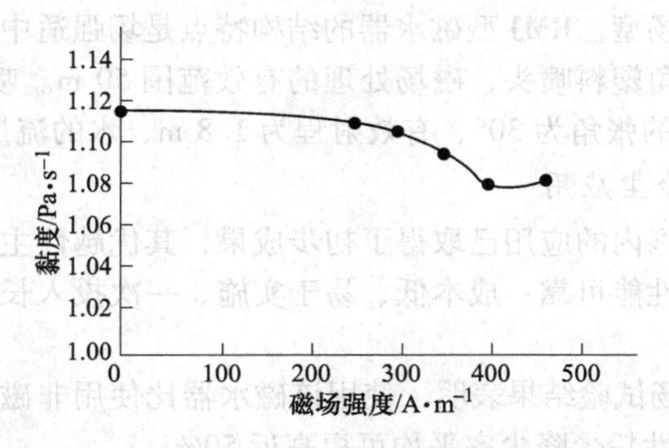

图 2-33 磁化水黏度与磁场强度的关系曲线

从图 2-33 中可以明显看出，磁化水的黏度随着所加磁场强度的提高而先是缓慢下降，当磁场强度超过 200 A/m 后，下降幅度越来越大，最后经过一个在极小值点后又开始呈现上升的趋势。

2.6.2.3 湿润性

湿润性即粉尘与液体相互附着难易的性质，粉尘的湿润性除了与粉尘自身的性质如成分、粒度等有关以外，还与液体的性质有着直接的联系。这也是应用磁化水喷雾降尘技术的一个重要因素。液体对粉尘的润湿性越好，越容易将捕集到的粉尘进行润湿，从而加快粉尘的凝聚及沉降，提高喷雾降尘率。

2.6.2.4 蒸发率

蒸发率即蒸发量，指在一定时间内，水分由液态（或固态）转变成气态散入大气中的量，即水分因蒸发而减少的质量。

水的蒸发率越高，空气中水蒸气的含量越高，空气的相对湿度就越大。在含尘空气中，水蒸发率的提高有利于增加水对粉尘的吸附性，当更多的水包裹粉尘后，使得粉尘的亲水性加强，粉尘容易被雾滴捕捉。相关研究表明当水经过磁化后，水的蒸发率提高，采用磁化水进行喷雾降尘，可进一步提高降尘效率。

由以上分析可知，磁化水主要通过降低水的表面张力、黏度、提高对粉尘的湿润性能和蒸发率来提高喷雾降尘率。

2.6.3 常见的磁水器以及在除尘方面的应用效果

2.6.3.1 TFL 高效磁化喷嘴降尘器

TFL 系列磁水器分为 TFL—A、TFL—BT、TFL—C 三种类型，是根据静磁学原理设计的。该磁水器选用钕铁硼高速磁铁。正交法使磁力线切割；通过折流真速度变换法假打水的磁化率；采用了切线注入法使喷嘴喷出的雾状呈 150°的空心圆锥形。因此具有磁化率高、体积小、雾化效果好、耗水量低等优点。

2.6.3.2 RMJ 型磁水器

RMJ 型磁水器按规格分为：RMJ—1 型、RMJ—2 型、RMJ—3 型三种类型。该磁水器是在原苏联的内磁式和美国的外磁式基础上开发的一种共振式磁场处理装置：它兼容了内外磁式的优点。据实验室测试表明，共振式磁场处理物对磁性的吸收率较高，从场型来看，共振场型优于交变场型。RMJ 型磁水器的结构特点是场强适中、中等流速、切割次数合理。喷雾装置采用六角塑料喷头，磁场处理的有效范围 50 m。喷雾时的技术参数如下：水压为 1 MPa 时，雾体的张角为 30°、有效射程为 1.8 m、水的流量为 1.9 L/min。

2.6.3.3　磁化水除尘应用

磁化水除尘技术在国内的应用已取得了初步成果，其优越性主要体现为：磁化水降尘设备简单、安装方便、性能可靠；成本低、易于实施、一次投入长期有效；降尘效率高于其他物理化学力法。

TFL 系列磁水器现场试验结果表明，使用该磁水器比使用非磁化喷嘴，全尘降尘率平均可提高 36.5%，呼吸性粉尘降尘率平均可提高近 50%。

RMJ 型磁水器现场试验结果表明：磁化后水的永久硬度由常水的 18.76 下降到 16.97 和 17.50；电导率由 0.95×10^3 S/m 下降为 0.78×10^3 S/m 和 0.72×10^3 S/m；pH 值为 7.04 和 7.02，符合矿井防尘用水要求。此外，磁化水较常水黏度有所降低，有助于雾化和捕尘率的提高。对磁化水和常水的渗透压进行对比测定结果表明，磁化水的渗透压比常水高约 10 Pa。

据现场测试表明，清水、添加湿润剂及磁化水降尘对比情况是：若以清水降尘效率 100%计，则湿润剂降尘率为 166%，而磁化水降尘率 282%。因此，随着此项技术的日趋完善，必将产生良好的社会、经济效益。

2.7　抑尘剂抑尘机理

2.7.1　抑尘剂作用基本原理

抑尘剂是由新型多功能高分子聚合物组合而成。聚合物分子间的交联度会形成网状结构，同时分子间存在各种离子基团，能与离子之间产生较强的亲合力。从 20 世纪 20 年代初期开始，化学型抑尘剂开始在西欧一些国家出现，用以减少地下开采矿石时所产生的粉尘。其后不断地向各领域延伸，露天开采、土石方挖掘、粉料运输及储存对抑尘剂的使用与需求都使其不断迭代，向着创新型的化学工艺与高分子材料方向发展。

抑尘剂主要利用粉尘的吸附性与潮湿性，采用化学方法使粉尘表面保持湿润，与周围环境中的水分子结合。另一种化学抑尘剂抑尘方法是利用粉尘的吸附性，通过抑尘剂表面的黏结性与粉尘结合，即使在干燥的环境下也可以发生黏结作用生成一层固化壳，使其与覆盖在其下方的粉尘不易受风载影响，避免对周围环境造成影响。化学抑尘剂的主要抑尘机理为：润湿机理、聚结机理以及固化机理。

2.7.1.1　润湿机理

润湿机理是指通过降低溶液体系的表面张力，使溶液的润湿能力大大增加，加快了粉尘颗粒的湿润速率，增加了粉尘颗粒的密度，从而抑制了粉尘。粉尘颗粒物在与抑尘剂结合后的下沉速度公式如下：

$$V_t = \frac{2r^2\rho_{粒}(\rho_{粒}-\rho_{流})(1+3\mu/\theta_r)}{[1+4\mu/\theta_r+6(\mu/\theta_r)^2]g} \tag{2-78}$$

式中，V_t 为煤尘的沉降速度，m/s^1；r 为粉尘颗粒的半径，m；$\rho_{粒}$ 为煤尘密度，kg/m^3；$\rho_{流}$

为空气的密度，kg/m^3；μ 为黏性系数；θ_r为外摩擦系数；g 为重力系数。

由式（2-78）可以得出，当 $V_t>0$ 时，粉尘颗粒产生沉降位移。其受变量 r 和 $\rho_{粒}$ 影响。为了得到更好的降尘效果，即获得更高的煤尘沉降速度 V_t，一方面是增大 r，让粉尘颗粒更易发生黏结作用；另一方面是增大 $\rho_{粒}$，使粉尘堆积即可保证其处于湿润的状态。最常使用的洒水抑尘方法便是通过增大粉煤密度来使其保持湿润以达到抑尘的目的。

2.7.1.2 聚结机理

聚结机理是指通过增加溶液系统的吸水能力，它可以在喷洒到粉尘颗粒的表面后连续从空气中吸收水，并形成水膜以捕集空气中的其他粉尘颗粒，从而增加了粉尘颗粒的比重并加速沉降。

2.7.1.3 固化机理

固化机理是指通过增加溶液系统的黏度，在喷涂后将粉尘颗粒彼此黏合，从而减少灰尘的分散并在喷涂材料的表面形成坚固的外壳以包裹粉尘颗粒，从而解决源头上的粉尘污染问题。当路面受到的外力作用均不能破坏路面表面结构时，路面具有一定的强度、能保持良好的固结层，如硬化混凝土路面及沥青路面，喷洒抑尘剂后则没有扬尘产生。

2.7.2 抑尘剂分类

目前，化学抑尘剂主要有润湿型抑尘剂、黏结型抑尘剂和凝聚型抑尘剂三种。润湿型抑尘剂是指使粉尘的表面保持湿润，增加粉尘的密度，提高沉降速度；黏结型抑尘剂是指提高粉尘颗粒之间的黏聚力，增大其颗粒粒径，提高其沉降速度；凝聚型抑尘剂是指提高粉尘颗粒与抑尘剂分子之间的黏聚力，在沉降稳定后可形成固化壳，避免二次扬尘增大工业成本。固结机理是采用化学方法在除尘表面上迅速形成粉尘颗粒表面。该表面具有一定的强度和硬度，并且可以承受风和机械操作等外力的干扰，以达到抑尘的目的。

2.7.2.1 润湿型化学抑尘剂

湿式化学粉尘抑制剂的主要成分包括：吸湿性化学物质，例如某些无机盐和卤化物，以及一些表面活性剂用作辅助材料。作为辅助材料的表面活性剂具有亲水基团和亲脂基团的特殊结构特征。具有亲水性基团的一端被水分子紧密吸引。亲油基团的一部分通过水分子的排斥而被迫向空气中扩散。这种结构特征减少了水表面与空气的接触面积，从而降低了整个混合溶液系统的表面张力。尘埃颗粒和亲脂性基团中存在的范德华力可以大大提高尘埃颗粒的亲水性；吸湿性化学品可以提高表面活性剂的湿润性，使溶液具有较好的吸湿与保水性。

目前润湿型煤尘抑尘剂能够有效地抑制疏水扬尘，主要应用于大气降尘及煤矿综掘面等一线高密度煤尘作业场所，但其有效期比较短，需要重复喷洒，否则会出现二次扬尘，因此要更加高效地提高疏水扬尘效果，应在选取合适表面活性剂的基础之上配选吸湿性无机盐来增强其保水吸湿能力，这样可以提高表面活性剂的吸附作用，同时延长抑尘的时间。

2.7.2.2 凝聚型化学抑尘剂

凝聚型化学粉尘抑制剂是通过增加粉尘颗粒的水分含量来控制粉尘的一种类型。这种防尘剂的主要成分是吸湿剂。抑尘剂溶液中所含的吸尘剂和粉尘可以使粉尘颗粒吸收大气中的水分，从而凝结并起作用，从而把细粉尘颗粒集合到一起，让他们相互融合，从而增加其直径以及粉尘颗粒水含量，可达到控制粉尘的效果。由于选择了不同种类的吸湿材料，因此可以将凝结的化学粉尘抑制剂分为两种：吸湿性无机盐粉尘抑制剂和高吸水性树脂粉尘抑制剂。

在日常生活中，常见的吸收材料如 NaCl、$MgCl_2$、$AlCl_3$、Na_2SiO_3和碳酸钠可用作吸湿性无机盐粉尘抑制剂的主要材料。因为这些材料可以和水很好地结合在一起，并且能结合更多的水。但是，由于抑尘剂溶液中含有无机盐，通常具有一定程度的腐蚀性，因此会损伤汽车的零件、轮胎、涂料等。另外，无机盐对水的亲和性极强，因此在下雨的天气中，会和雨水发生一些反应，导致周围的环境也随之发生变化。

高吸水性树脂是通过亲水性原料通过交联剂与引发剂的相互作用的一系列水解-交联-聚合反应而形成的高聚物。高吸收性吸水性树脂的分子量大，在遇到水的情况下，可以不断吸取周围环境的水分，质量甚至比原来要大上几十数千倍，并且具有很强的保湿能力和优异的吸水保湿性能。由高吸水性树脂和其他材料的组合形成的抑尘剂是高吸水性树脂的抑尘剂。常用的高吸水性树脂包括 SAP、LAS 和 LSP。高吸收性吸水性树脂粉尘抑止剂虽然具有良好的防尘效果，但材料昂贵，制备工艺高，成本高。但由于其优异的性能，高吸收性水性树脂粉尘抑止剂具有十分良好的市场环境。

2.7.2.3　黏结型化学抑尘剂

固结是水泥化学抑尘剂的主要抑尘机理。喷涂、硅化、黏结和聚合后，将抑尘溶液利用相关的设备喷洒到实验对象的表面上。根据要制备的原料分为有机和无机类型。

有机型黏结化学粉尘抑制剂可以按照与水的关系，即吸收水分的难易程度，分为亲水性和疏水性。它通常是有机黏性材料，例如原油、重油、煤渣油、石蜡和沥青。

氯化物和以氯化钙镁氯化物为代表的黏土，以及无机黏性材料，例如粉煤灰和高岭土等材料通常是用于制备无机结合型化学粉尘抑制剂的原料。

2.7.2.4　复合型化学抑尘剂

复合化学抑尘剂原理是将两种或多种抑尘材料复合制成的，可以有效地结合、润湿、吸收水分和凝结，通过集成和统一功能来工作。现代抑尘思想中的一种抑尘剂就是复合化学粉尘抑制剂。传统粉尘抑制剂的主要功能是湿润性、内聚性以及吸湿和脱湿性，而复合化学粉尘抑制剂同样具有以上三种相同的性质，并且可以在各种不同的环境中进行应用。有学者研究了一种复合粉尘抑制剂，现场应用测试结果表明，该粉尘抑制剂可以在冬季或 40 ℃的环境或大雪过后的-10 ℃的条件下固化。复合粉尘抑制剂的合成包含不同种类原材料的因素，而且各种原材料因素也有很多种情况。

2.7.2.5　生态环保型化学抑尘剂

随着科技的发展，环保产品越来越受到现代社会的欢迎和推崇。研究人员利用一些生物高分子和可生物降解的材料得到生态复合环保型煤尘抑尘剂，使其具有绿色环保、无二次污染等特点。同时，对人员、环境和设备的使用也不会构成威胁。澳大利亚的学者开发了一种环保型化学除尘剂，其主要成分为蔗渣、表面活性剂和其他材料作为赋形剂。防尘剂具有很高的水利用率。迄今为止，国内外学者已经开发出多种环保型抑尘剂，其中大多数是天然生物质以及一些工业生产的副产品。同时，一些可降解的聚合物材料也可用作环境保护的材料。

目前复合环保型煤尘抑尘剂由于其自身的环保性及制备成本较低，故可应用于多个领域，加之其自身没有腐蚀性、可以生物降解，并且保水吸湿性能更好，可有效缓解煤尘水分的快速蒸发，从而使抑尘期延长。若能利用更多的生物材料及可降解性材料，复合环保型煤尘抑尘剂在生产使用上会具有更为广泛的前景。

2.7.3　抑尘剂的使用方法

抑尘剂的使用一般可采取人工、机械或专业喷淋站及固定喷雾系统方法等，将抑尘剂稀释液均匀喷洒于物料表面或扬尘区间，即可实现防尘、降尘的效果。具体使用方法及用量可根据现场情况进行调节，以便达到理想的预期效果。

2.7.3.1　喷洒设备

小型料场可用背负式喷雾装置或打药车喷洒。大型堆料场可安装固定喷洒装置，也可用车载式或专业喷洒车进行喷淋，射程可达 18~200 m。移动的火车、汽车运输，需要建设抑尘剂喷洒基站，或购置移动喷洒车方能作业，传送带可安装干雾喷洒设备。井下和粉尘车间降尘，可安装雾化降尘喷雾装置。该装置可通过高压超细雾气捕捉空气中的细小粉尘，进而起到良好的雾化降尘效果。需要说明的是，抑尘剂选择不当会腐蚀设备或影响喷洒物质量。

2.7.3.2　稀释方法

固体抑尘剂稀释：新建标准喷洒基站建议配装多功能高混配液系统，以解决长期水包粉的困扰；边加水边搅拌，搅拌时间为 3~15 min，确保抑尘剂溶解均匀，搅拌时间略长为宜；将抑尘剂按比例投放于盛水的设备容器内，边投放边搅拌，搅拌均匀后即可使用。

液体抑尘剂稀释：直接将抑尘剂原液倒入设备容器内（容器内必须要有部分水，避免黏附容器底部），再一次性加入所需用水，利用水的冲击力稀释溶解即可使用。

2.7.3.3　喷施方法

根据不同的抑尘场所和微环境，方法皆有差异，效果也不同。要根据实际情况，向专业技术人员咨询并索取技术规程，必要时可进行现场技术服务。

2.8　煤层注水降尘理论

煤层注水是在采掘之前，利用钻孔向煤层注入压力水，使其沿着煤层的层理、节理和裂隙向四周扩散，然后渗入到煤的孔隙中去，增加煤的水分，使煤体预先得到润湿，以减少采掘时浮游煤尘的产生量。其本质在于通过润湿以及黏结原生煤尘、润湿与有效包裹煤体以及改变煤体的物理力学性质而达到减尘的目的。

2.8.1　煤层注水基本原理

煤体是多孔性物质中的一种，有非常多的裂隙和孔隙系统存在于煤体当中，这就给流体在煤体当中流动创造了前提条件。但是由于煤体内的孔隙和裂隙的直径大小区别很大，所以在不同的孔隙里，水的运动状态也会有较大的差异。

在较大的孔隙和裂隙当中，水的运动状态往往以渗透为主，而在较小的孔隙当中，毛细运动又成了主要的运动形式；在煤的超微结构的孔隙当中主要发生的就是水分子的扩散运动。以上所述的几种运动形式，不会同时发生在一种孔隙或者裂隙当中。而且这些运动形式对水分的运输速度也有着非常大的差异。在煤层注水的实践当中，所注的高压水先沿着裂隙和直径较大的孔隙运动，然后随着毛细作用力进入到较小的孔隙内。最后依靠扩散作用力，水才能进入到煤体内的微细孔隙里去。

一开始，压力水沿着裂隙和大孔隙进行渗透，当注水停止后，毛细运动以及扩散运动才会慢慢的完成，而且毛细运动和扩散运动只会出现在渗透范围内的煤层里。由此可以知道，毛细运动和扩散运动并不能说明煤层的湿润范围继续扩大，只是让湿润范围内的煤体内的水分能够比较均匀的分布。

煤体具有可压缩性，同时煤体内的孔隙里的气囊也具有可压缩性，因而当采取不同的注水方式和参数进行煤层注水的时候，所起的作用和得到的结果往往也会不同。在煤层注水的过程中，煤体中所包含的裂隙、孔隙的体积会发生变化，同时煤的结构也会变得不同，这些会使得煤层发生破裂以及松动，使得原来的煤体得到一定程度的疏松。这就会导致接近工作面的煤层的压力得到释放，并排放出瓦斯。

当压力水通过注水钻孔进入到煤体里以后，煤体的裂隙、孔隙以及一些超微细孔隙都会均匀地分布着水，这就使得煤体得到了湿润，从而减少了浮游煤尘的产生。

2.8.2　水在煤层中运移规律

2.8.2.1　水在煤体内运动

没有动力，水就不会在煤层的裂隙和孔隙里运动，煤层也就不会被湿润。水在煤层里的运动的动力可以分为两种，一种是外在动力，也就是注水钻孔孔口的注水压力；还有一种就是裂隙和孔隙对水的毛细作用力，这一部分力属于内在动力的范畴。所谓注水动力也就是内在动力加上外在动力的数值之和。由于有一部分瓦斯存在于煤层内，这些瓦斯所具有的压力会形成注水的阻力，所以瓦斯压力是不容忽视的注水阻力。

由此可知，在注水实践中，水的运动动力就是注水压力加上毛细作用力之和再减去瓦斯压力。

某一煤层的孔隙，作用于它两端的压力之差为：

$$\Delta h = P_Z + P_M - P_W \tag{2-79}$$

式中，Δh 为煤层孔隙两端的总压力之差，kPa；P_Z 为由于注水压力而形成的孔隙两端的压力之差，kPa；P_M 为毛细作用力，kPa；P_W 为瓦斯压力，kPa。

2.8.2.2　煤层内的压力水的运动状态

对于煤层注水的湿润过程来说，这一过程属于典型的由不饱和到饱和的渗流过程。而这个渗透过程又以不饱和状态为主。煤层注水的湿润过程是由三种运动共同作用所产生的结果，压力渗流、毛细运动以及扩散运动构成了整个湿润过程。尽管这三种运动的作用各不相同，但是它们的存在都有利于渗透运动的进行。

注水运动以及煤层的湿润状态决定于注水压力的大小。煤层注水实践中，压力水首先沿着裂隙和较大的且互相连通的孔隙前进。随着注水压力的增大和注水时间的增长，原先处于封闭状态的层理节理以及孔隙会由于注水动力和毛细作用力的而不断的裂开并互相连通。随着注水时间的不断增加，裂隙和孔隙内的水分也逐渐趋向于饱和。煤体的湿润范围也随之不断扩大。注入煤层中的水压会在煤体内不断地快速减弱，相应的，压力水对煤体的湿润作用也在不断地减弱。

根据现场实测，注水钻孔周围的煤体水分增加的是最多的，通常来讲，可以认为已经达到了饱和状态；其他部分的煤体水分增加值远小于饱和状态，显然这一部分煤体属于非饱和的状态。离钻孔布置位置越远的煤体，它的水分增值就越小。

在煤体湿润的过程中，钻孔的周围可以分为相对饱和区、非饱和区以及非湿润区三个区域，在整个煤层注水范围内占据了大部分区域的是非湿润区；在煤层注水的过程中，煤体自身的物理力学性质都会随着水的进入而发生改变。也就是说，压力水从裂隙和大的孔隙进入煤体、再到因毛细作用力均匀分布于煤体之中，这样一个过程是非常复杂的，也是煤的特有性质。

2.8.3 煤层注水减尘机理

煤层注水防尘的实质是用水预先湿润尚未采落的煤体，使其在开采过程中大量减少或基本消除浮游煤尘的产生。煤体通过注水钻孔，在压力的作用下，将水均匀分布于煤层中无数细微的裂隙和孔隙之中，被湿润的煤体降低了产生浮游煤尘的能力。此外，注水后的煤层，在装载、运输、提升到地面等的过程中均具有一定的减尘作用。注水减尘作用有以下三个方面。

2.8.3.1 润湿煤体内的原生煤尘

在煤体内部各种裂隙中，都或多或少存在着原生煤尘，它们随煤体破碎而飞扬于矿井空气中。水进入裂隙后，可将其中的原生煤尘在煤体未破碎前预先润湿，使其失去飞扬的能力，从而有效消除尘源。

2.8.3.2 润湿包裹煤体

水通过自运动和压差运动，不仅进入较大的构造裂隙、层理、节理，而且在极细微的孔隙中也有水的存在，这样整个煤体便有效地被水所包裹起来。当煤体在开采中受到破碎时，因为在绝大多数的破碎面均有水的存在，从而消除了细粒煤尘的产生和飞扬，即使煤体破碎得极细，渗入细微孔隙的水也能使之预先湿润，达到预防浮游煤尘产生的目的。

2.8.3.3 改变煤体的物理力学性质

水润湿煤体后，煤体的塑性增强，脆性降低。采煤时许多脆性破碎变为塑性形变，因而煤体破碎为尘粒的可能性减小，煤尘的产生量降低。例如，通过对抚顺胜利矿浸水后的煤样进行物理力学性质的研究发现，当湿煤样试块水分增加值为 0.58%~0.75%时，其垂直于层理面方向的单向压缩变形量比干煤样增加 13.4%~14.5%，另外，对浸水后煤试样做的落锤破碎试验结果也证明了浸水后的湿煤塑性韧性增大，脆性减弱，受冲击时减少了煤炭破碎程度。

一般情况，采煤工作面进行煤层注水后，煤尘浓度大幅度降低，劳动条件改善，表现在以下两个方面。

(1) 降低了工作面浮游煤尘浓度。在进行煤层注水降尘的工作面，一般都取得较好的降尘效果，降尘率为60%~90%。注水后浮游煤尘浓度最低可降至数毫克/立方米。随着工作面浮游煤尘的大幅度下降，井巷系统的沉积煤尘也相应减少，冲洗和清扫工作量减轻，全矿井煤尘管理局面将得到根本改善。

（2）解决了采煤工作面前方某些临时性回采巷道的掘进防尘问题。在采煤生产中，由于地质构造或其他原因，常常在已准备好的煤体内需要掘进一些临时性小断面巷道。这些巷道施工期短、断面小、质量较差、边探边掘，因而掘进头的通风防尘是全矿管理中最薄弱的环节之一，极易形成瓦斯煤尘的事故隐患。工作面实现超前注水后，这类巷道在预先湿润的煤体中进行掘进作业，掘进头的防尘问题得到解决。当煤体湿润很好时，掘进过程中甚至无须采用放炮洒水喷雾等措施。

2.8.4　影响煤层注水效果的因素

理论分析和现场实践表明，注水影响因素主要包括煤的裂隙和孔隙的发育程度、上覆岩层压力及支撑压力、煤的物理力学性质、煤层瓦斯压力以及液体性质等。这些因素也是分析煤层注水难易程度、选择注水方式、确定注水各项工艺参数以及提高注水减尘效果的重要依据。

2.8.4.1　煤层裂隙、孔隙的发育程度

注入煤层的水主要是通过孔隙和裂隙进入煤体、润湿原生煤尘，因此，煤体的多孔性和裂隙性是煤层注水的先决条件，直接影响到注水效果。

煤层的裂隙系统包括由内部应力变化所产生的内生裂隙、在地质构造和开采形成的集中应力作用下产生的外生裂隙和次生裂隙等。煤层的裂隙系统的发育程度决定了煤层的透水性，裂隙越发育的煤层透水性越好，越易于注水。但对于注水区域内存在断层、破裂面等裂隙情况，由于水易从发达的裂隙中迅速流动而散失于远处或煤体之外，预湿煤体的效果不佳。

对于煤体的孔隙系统，其发育程度一般用孔隙率表示，即孔隙的总体积与煤的总体积的百分比。煤层的孔隙率与煤层透水性、煤层天然充水程度都具有一定的函数关系，而煤层透水性和天然充水程度直接影响湿润效果，因而煤层孔隙率是影响注水效果的重要因素。根据实测资料，煤层的孔隙率小于4%时，透水性较差，注水无效果；当孔隙率为15%时，煤层透水性及注水后充水程度最高，注水效果最佳；而当孔隙率达40%时，煤层成为多孔均质体，天然水分丰富无需注水，多属褐煤煤层。事实上，由于煤层水分大于4%的煤层进行注水后效果不大明显（降尘率10%左右），所以原有自然水分或防灭火灌浆后水分大于4%的煤层可不再实施注水措施。

2.8.4.2　上覆岩层压力及支撑压力

上覆岩层压力及支撑压力影响着煤体的孔隙率和透水性。煤层埋藏深度不同所承受的地层压力也不同，当埋藏深度增加时，煤层承受地层压力也随之增加，裂隙和孔隙变小，煤体透水性能降低，所需的注水压力也将提高。在长壁采煤工作面的超前应力集中带或其他大面积采空区附近的应力集中带内，煤层因承受的压力增高，孔隙率比受采动影响的煤体要小60%~70%，煤层的透水性减弱。

2.8.4.3　煤的物理力学性质

煤体的硬度、强度、韧性和脆性等物理力学性质对注水均会有影响，主要通过煤体的

坚固性系数体现。它是反映煤体破碎难易程度的综合指标，既可概括煤体的韧性、脆性等物理性质，也可体现煤的裂隙、孔隙情况。实践证明，若其他条件相似，坚固性系数较小的煤层，较易注水，而坚固性系数大的煤层较难注水。

2.8.4.4 煤层内瓦斯压力

煤层内的瓦斯压力是注水的附加阻力，水克服了瓦斯压力的阻力后所剩余的压力才是注水的有效压力。在瓦斯压力较大的煤层，为了取得相同的注水流量，往往需要提高注水压力。此外，在具有突出危险性的煤层，尤其是有突出煤层的掘进面不适合用煤层注水防尘。因为在有突出危险性煤层中，会导致煤与瓦斯突出的地应力、瓦斯压力以及煤层性质这三个因素都处于不稳定状态，而煤层注水工艺的过程本身就带有振动力和冲击力，这些外力会加速瓦斯解吸，从而导致工作面前方应力发生突变，造成煤与瓦斯突出。

2.8.4.5 液体性质

当煤层条件一定时，水的性质决定着煤体的湿润效果。煤是极性小的物质，水的极性较大，而两者的极性差越小，煤体越易湿润，因而为提高水对煤体的湿润效果，需减小水的极性，降低水的表面张力，可以在水中添加表面活性剂。

2.8.5 煤层注水方式

煤层注水中，按注水方式、注水压力和供水方式不同，煤层注水方法有以下几种。

2.8.5.1 按注水方式分类

煤层注水分为短孔注水、深孔注水和长孔注水三种，如图 2-34 所示。

(1) 短孔（浅孔）注水是在采煤工作面垂直煤壁或与煤壁斜交打钻孔注水，注水孔长度一般为 2~3.5 m。由于注水是在煤层的卸压带内进行，煤体内裂隙较发育，煤体的透水性强，水容易从煤壁泄出，不利于煤体的均匀湿润；另外，注水作业在采面内进行，与采煤作业互相交叉。

(2) 深孔注水是在采煤工作面垂直煤壁打钻孔注水，注水孔长度一般为 5~25 m；钻孔垂直于工作面煤壁进入集中压力区，由于集中应力带地应力比原岩应力高 2.0~3.5 倍，原生裂隙处于压紧状态，而次生裂隙尚未大量形成，因此，通常在较高的注水压力下，水进入煤体裂隙后也不易流失，能够较均匀地湿润煤体，且不易发生跑水。

(3) 长孔注水是从采煤工作面的运输巷或回风巷，沿煤层倾斜方向平行于工作面打上向孔或下向孔，注水孔长度一般为 30~100 m；一般布置在回采、掘进工作面前方的原岩应力区内，可以大范围预先湿润煤体，同时避免与采掘作业交叉，而且可以长时期缓慢进行低压注水，煤体湿润的效果较好。当工作面长度超过 120 m 而单项孔达不到设计深度或煤层倾角有变化时，可以采用上向、下向钻孔联合布置钻孔注水。

2.8.5.2 按注水压力分类

煤层注水压力是指作用于注水钻孔孔口的水压。在我国，按注水压力大小，煤层注水可分为三类：

(1) 低压注水，指注水压力为 2.5~3.0 MPa 的注水方式；

(2) 中压注水，注水压力范围为 3.0~10.0 MPa 的注水方式；

(3) 高压注水，指高于中压注水压力的注水方式。

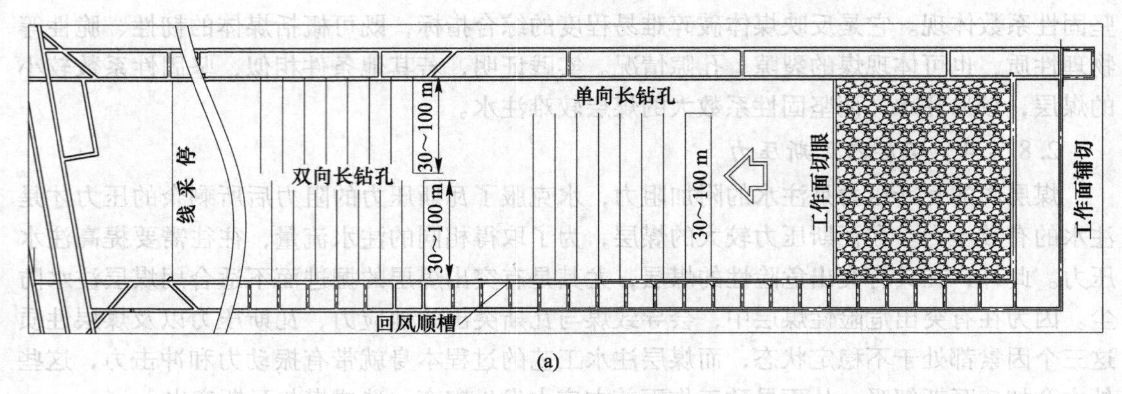

(a)

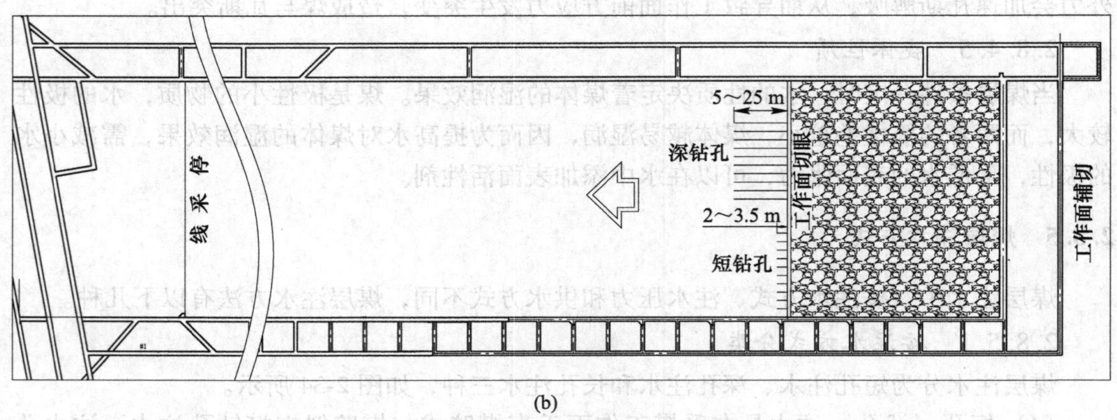

(b)

图 2-34　注水方式

（a）单、双向长孔注水示意图；（b）短、深孔注水示意图

2.8.5.3　按供水方式分类

煤层注水方法又分为静压注水和动压注水两种。

静压注水方式是指利用地面水池或水平水池与井下注水地点高差所造成的压力，通过矿井防尘管路直接将水引进钻孔进行注水。因各矿井煤层埋藏深度不同，静压注水压力亦有较大的差别。动压注水是指通过水泵或增压泵等矿山机械造成的压差进行注水的方法。

2.8.6 煤层注水工艺

钻孔、封孔以及注水是煤层注水技术三个重要环节，本节将结合目前广泛使用的长钻孔注水方法对煤层注水工艺进行阐述。

2.8.6.1　钻孔工艺

A　钻孔布置

长钻孔注水的钻孔方式应因地制宜地选取。以下主要阐述钻孔位置和钻孔参数的确定，其中钻孔参数主要包括钻孔直径、钻孔倾角、钻孔长度、钻孔间距。

（1）钻孔位置。钻孔位置应选择在裂隙发育且裂隙张开量不大的区域进行钻孔注水。同时，考虑到钻杆的下沉，开孔位置一般在煤层厚度的中上部。

（2）钻孔直径。我国在采用岩石电钻打孔时，钻孔直径较小，孔径一般为 $\phi40\sim50$ mm；用钻机打孔时，钻孔直径较大，孔径为 $\phi53\sim60$ mm，少数大于 $\phi70$ mm。

（3）钻孔间距。钻孔间距可根据煤层注水的湿润半径计算，合理的钻孔间距应为湿润半径的两倍。

（4）钻孔长度。单向钻孔时，钻孔长度一般按式（2-80）计算：

$$L = L_1 - S \tag{2-80}$$

式中，L 为钻孔长度，m；L_1 为工作面长度，m；S 为随煤层透水性与钻孔方向而变的参数，m。对于透水性强的煤层，上向钻孔时取 $S\geqslant20$ m，下向钻孔可取 $S=(1/3\sim2/3)L_1$。对于透水性弱的煤层，上下向钻孔取 $S=20$ m。

（5）钻孔倾角。在确定钻孔倾角时，应根据钻孔的下沉情况，按煤层倾角做出相应调整。

B 钻孔施工

目前煤层注水钻孔常用矿用地质钻机和岩石电钻，短钻孔注水多用煤电钻。如果巷道宽度不能满足钻孔施工操作要求，或为了避免钻孔施工与生产互相干扰，则需准备钻场。

2.8.6.2 封孔工艺

钻孔封孔是注水工艺技术中的一个重要环节，封孔质量直接影响注水效果。

A 封孔方式

从国内外情况看，目前封孔方式主要以水泥砂浆封孔和封孔器封孔为主，同时还有聚氨酯封孔和高压气囊封孔等封孔方式。当钻孔壁不平整、孔形不规则、煤壁较破碎的条件下，水泥砂浆封孔可较好保证封孔质量。封孔器封孔对钻孔质量要求较高，要求孔径要圆，孔壁要平，弯曲要小等。随着研究的进展，也出现了瓦斯抽放与煤层注水两用的封孔器、分段式注水用封孔器等。

B 封孔长度

长钻孔封孔长度一般要求超过煤壁的破碎裂隙带，在煤体较软，裂隙发育或高压注水的情况下均要深封。我国煤矿封孔长度一般为2.5~10 m。

2.8.6.3 注水工艺

A 注水系统

注水系统分为静压注水系统和动压注水系统。

（1）静压注水系统。静压注水是利用地面水源至井下用水地点的静水压力，通过矿井防尘管网直接将水引入钻孔向煤体注水，其充分利用了自然条件，无需加压设备，节约注水电耗，可长时间连续自行注水，能实现长时间缓慢的毛细渗透，因而可取得良好的湿润效果。但由于静压水的压力有限，因此多适用于透水性强的煤层。

（2）动压注水系统。对于透水性差的煤层，注水过程常需要较高的注水压力以提高注水效果，这时需要采用动压注水系统。可利用固定泵（水泵固定在地面或井下硐室）或移动泵（水泵设在注水地点，随注水工作的移动而移动）注水。我国采用的动压注水泵是移动式的小流量注水泵，水泵的选型应根据各矿对注水流量、压力参数要求进行选取。

B　注水参数

a　注水压力

注水压力是水进入煤体的主要动力，主要与煤的透水性有关，透水性强的煤层通常采用低压注水（小于 3 MPa）；透水性弱的煤层采用中压注水（3～10 MPa），必要时采用高压注水（大于 10 MPa）。实践证明，在一般情况下，当煤层中不存在较大断层面或较大断裂面时，无论开采深度的大小，只要注水压力不超过地层压力，都不致发生泄水跑水现象。考虑到注水过程中瓦斯压力是注水的附加阻力，注水压力应能克服瓦斯压力等阻力，以保证在规定的时间向煤层注入规定的水量。所以适宜的注水压力应高于煤层瓦斯压力而低于地层压力。

b　注水流量

注水流量是影响煤体湿润效果及决定注水时间的主要因素。它是指单位时间内的注水量，常以单位时间内每米钻孔的注水量来衡量。通常注水流量随着注水压力的升高而增大。我国静压注水流量一般为 0.001～0.027 $m^3/(h \cdot m)$，动压注水流量为 0.002～0.24 $m^3/(h \cdot m)$。若静压注水速度太低，可在注水前进行孔内爆破，提高钻孔的透水能力，然后再进行注水。

c　注水量

煤层的注水量或煤体的水分增量是决定煤层注水减尘率高低的重要因素。注水量与煤层孔隙率、注水压力、钻孔深度、钻孔间距、煤层厚度、煤层原生水分等多种因素有关。一般来说，中厚煤层的吨煤注水量为 0.015～0.03 m^3/t；厚煤层为 0.025～0.04 m^3/t。机采工作面及水量流失率大的煤层取上限值，炮采工作面及水量流失率小或产量较小的煤层取下限值。

d　注水时间

每个钻孔的注水时间与钻孔注水量成正比，与注水速度成反比。在实际注水中，常以湿润范围内煤壁是否出现均匀“出汗”的现象作为判断煤体是否全面湿润的辅助方式，“出汗”或“出汗”后再过一段时间便可结束注水。

此外，对于多孔注水，需确定同时注水的钻孔数量。可按下式计算：

$$n = \frac{vt}{24B} \tag{2-81}$$

式中，n 为同时注水的钻孔数量；v 为采煤工作面的推进速度，m/d；t 为注水时间，h。

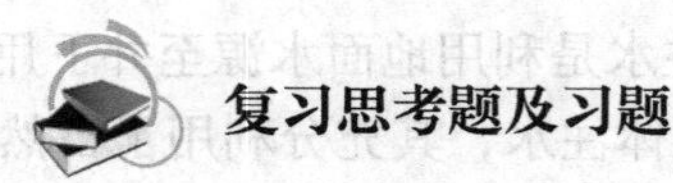

复习思考题及习题

2-1　粉尘颗粒在气流中受到的作用力有哪些，如何推导其最终沉降速度。

2-2　何谓通风排尘、排尘风速和扬尘风速？

2-3　通风控尘有哪几种方式？

2-4　何谓通风除尘系统，有几个部分组成？

2-4　简述喷嘴雾化及降尘机理。

2-5　影响喷雾洒水捕尘效率的主要因素有哪些？

2-6　简述气水喷雾和干雾降尘原理。

2-7 简述泡沫降尘原理及其降尘的特点。

2-8 泡沫发生器按照结构形式和发泡原理大致可以分为几类?

2-9 简述湿润剂的湿润原理和添加方法。

2-10 简述磁化水降尘机理及提高喷雾降尘效果的作用原理。

2-11 简述抑尘剂的抑尘机理及分类。

2-12 简述煤层注水基本原理及减尘机理。

2-13 简述影响煤层注水效果的主要因素及注水方式。

3 有毒有害气体净化理论

3.1 概　　述

3.1.1 有毒有害气体的概念

有毒有害气体是生产作业环境中产生的或生产作业过程中产生的对人类具有毒性或腐蚀性强到对健康造成危害的气体或推定对人类具有毒性或腐蚀性的气体。有毒气体是指通过呼吸道和皮肤吸入，且作用人体并能引起人体机能发生暂时或永久病变的一切气体。例如：氨气、氯气、一氧化碳、二氧化硫、硫化氢；有害气体是有些有毒的气体在特定环境中，由于温度、压力、浓度等发生变化、也会破坏人的生存环境或直接对人体造成伤害；氮气、氖气、氦气等惰性气体虽然没有毒，但如果在空气中的含量过高，也可能导致人体窒息，从而引起人体机能发生病变，造成伤害；氧气在空气中含量过低，能够造成人体缺氧性中毒，造成伤害。氧的含量过高有极易发生火灾，爆炸及其他危害，因此，在特定的环境中，把这些有毒的气体统称为有害气体。

另外，对某些气体种类范围更小，主要指一些存在于大气中，但是量不大，毒性强，容易被忽视的气体。这些气体毒性与气体浓度和暴露时间有关。当讨论某一种有毒有害气体的毒性时不单独以气体的种类来确定，需要考虑气体浓度和暴露时间两个重要的参数。一般而言，气体浓度越大、暴露其中的时间越长，对人类的危害也就越大。大多数情况下人们会重视高浓度有毒有害气体造成的后果，当人体处在高浓度有毒有害气体环境中时会产生明显直接的反应，这可以看作是有毒有害气体的“急性”危害。但往往会忽视低浓度气体的存在，实际上大部分有毒气体，即使在很低的浓度下也会对经常接触它们的人员造成巨大的危害，如致残、癌变等等，这可以看作是有毒有害气体对人体的“慢性”危害。除此之外这些有毒有害气体如果不经处理就直接排放到空气中，会对植物、建筑物、器材、大气环境等造成危害。

常见的有毒有害气体按照对人身伤害的不同分为刺激性气体和窒息性气体两种。

（1）刺激性气体是指对人体或是动物的眼睛和呼吸道黏膜有刺激作用的气体，一般以局部损伤为主，但也可以引起全身反应。这是化学工业生产中最常见类型的气体。刺激性气体的种类有很多，最常见的有氨气（NH_3）、硫化氢（H_2S）、磷化氢（PH_3）等气体。这些气体不仅刺激呼吸道黏膜，还可引起皮肤灼烧，造成牙齿的酸蚀症。如果将这些气体吸入到体内，在呼吸道黏膜溶解，会直接刺激黏膜，引起呼吸道黏膜充血、水肿以及分泌物增加，产生化学性炎症等反应，出现流涕、喉痒、咳嗽等症状，严重时甚至出现肺水肿等。

（2）窒息性气体是指对人体造成窒息性缺氧的气体。窒息性气体又可以分为单纯窒息性气体、血液窒息性气体和细胞窒息性气体。常见的气体有一氧化碳（CO）、氰化氢（HCN）以及硫化氢（H_2S）等。这些气体进入到人体后，使血液的运输氧气的能力和组织利用氧气的能力发生故障，造成人体组织缺氧进而对人身造成损伤。

3.1.2 有毒有害气体的净化方法

为防治空气（作业）环境质量恶化，降低空气环境中气态污染物的浓度，达到作业环境空气质量标准，必须对排入空气中的气体状态污染物进行净化处理。排入大气环境空气的有害气体净化方法主要有燃烧法、冷凝法、吸收法和吸附法；排入室内（作业）空气污染物的净化方法主要有吸收法、吸附法、燃烧法、冷凝法、催化转化法、生物净化法、非平衡等离子体法、光催化转化法。

3.1.2.1 吸收法

吸收法是利用混合气体中不同组分在吸收剂溶液中具有不同溶解度的性质来分离分子状态污染物的一种净化方法。吸收法常用于净化含量为百万分之几百到几千的无机污染物，吸收法净化效率高，应用范围广，是气态污染物净化的常用方法。在该操作过程中，被吸收的气体组分称为溶质或吸收剂，所用的液体称为溶液或吸收液。

3.1.2.2 吸附法

吸附法是利用多孔性固体吸附剂对废气中各组分的吸附能力不同，选择性地吸附一种或几种组分，从而达到分离净化目的。吸附法适用范围很广，可以分离回收绝大多数有机气体和大多数无机气体，尤其在净化有机溶剂蒸气时，具有较高的效率。吸附法也是气态污染物净化的常用方法。

3.1.2.3 燃烧法

燃烧法是利用废气中某些污染物可以氧化燃烧的特性，将其燃烧变成无害物的方法。燃烧净化仅能处理那些可燃的或在高温下能分解的气态污染物，其化学作用主要是燃烧氧化，个别情况下是热分解。燃烧法只是将气态污染物烧掉，一般不能回收原有物质，但有时可回收利用燃烧产物。燃烧法可分为直接燃烧和催化燃烧两种。直接燃烧就是利用可燃的气态污染物作燃料来燃烧的方式；催化燃烧则是利用催化剂的作用，使可燃的气态污染物在一定温度下氧化分解的净化方法。

燃烧法的工艺简单，操作方便，现已广泛应用于石油工业、化工、食品、喷漆、绝缘材料等主要含有碳氢化合物（HC）废气的净化。燃烧法还可以用于CO、恶臭、沥青烟等可燃有害组分的净化。

3.1.2.4 冷凝法

冷凝法是利用物质在不同温度下具有不同的饱和蒸气压的性质，采用降低系统的温度或提高系统的压力，使处于蒸汽状态的污染物冷凝并从废气中分离出来的过程。适用于净化浓度大的有机溶剂蒸气。还可以作为吸附、燃烧等净化高浓度废气时的预处理，以便减轻这些方法的负荷。

根据所使用的设备不同，可以将冷凝法流程分为直接冷凝和间接冷凝两种。冷凝法所用的设备主要分为表面冷凝器和接触冷凝器两大类。

3.1.2.5 催化转化法

催化转化法是利用催化剂的催化作用将废气中的气态污染物转化成无害的或比原状态

更易去除的化合物，以达到分离净化气体的目的。根据在催化转化过程中所发生的反应，催化转化法可分为催化氧化法和催化还原法两类。催化氧化法是在催化剂的作用下，使废气中的气态污染物被氧化为无害的或更易去除的其他物质。催化还原法则是在催化剂的作用下，利用一些还原性气体，将废气中的气态污染物还原为无害物质。催化转化法常在各类催化反应器中进行。

3.1.2.6　生物净化法

气体生物净化是利用微生物的生命活动将废气中的污染物转化为二氧化碳、水、硫酸盐和细胞物质等无害或少害物质。但与废水生物处理相比，气态污染物首先要经历由气相转移到液相或生物膜表面的传质过程，然后才能在液相或固相表面被微生物吸收降解。气态污染物的生物净化过程的速度取决于：气相向液相、生物相的传质速率；能起降解作用的活性生物质的量；生物降解速率。生物净化法作为一种新型的气态污染物的净化工艺自20世纪90年代已得到越来越广泛的研究与应用。与传统的物理化学净化方法相比，生物净化法具投资运行费用低、较少二次污染等优点。

3.1.2.7　非平衡等离子体法

非平衡等离子体法是采用气体放电法形成非平衡等离子体，可以分解气态污染物，并从气流中分离出微粒。净化过程分为预荷电集尘、催化净化和负离子发生等作用。其催化净化机理包括两个方面：一是在产生等离子体过程中，放电产生的瞬间，高能量打开某些有害气体分子化学键，使其分解成单质原子或无害分子；二是离子体中包含大量的高能电子、离子、激发态粒子和具有强氧化性的自由基，这些活性粒子的平均能量高于气体分子的键能，它们和有害气体分子发生频繁碰撞，打开气体分子的化学键，同时还产生大量OH、HO_2、O等自由基和氧化性极强的O_3，它们与有害气体分子发生化学反应生成无害产物。

3.1.2.8　光催化转化法

光催化转化是基于光催化剂在紫外线照射下具有的氧化还原能力而净化污染物。由于光催化剂氧化分解挥发性有机物可利用空气中的O_2作氧化剂，而且反应能在常温、常压下进行，在分解有机物的同时还能杀菌和除臭，特别适合于室内挥发性有机物的净化。

3.2　气体吸收原理

3.2.1　吸收过程的理论基础

3.2.1.1　物理吸收和化学吸收

物理吸收一般没有明显的化学反应，可以看作是单纯的物理溶解过程，例如用水吸收氨。物理吸收是可逆的，解吸时不改变被吸收气体的性质。化学吸收则伴有明显的化学反应，例如，用碱溶液吸收二氧化硫。

$$SO_2 + 2NaOH = Na_2SO_3 + H_2O$$

化学吸收的效率要比物理吸收高，特别是处理低浓度气体时。要使有害气体浓度达到排放标准要求，一般情况下，简单的物理吸收是难以满足要求的，常采用化学吸收。由于化学吸收的机理较为复杂，本章主要分析物理吸收的某些机理，有关化学吸收的机理可参考有关资料。

3.2.1.2 浓度的表示方法

（1）摩尔分数。摩尔分数是指气相或液相中某一组分的摩尔数与该混合气体或溶液的总摩尔数之比。

液相
$$x_A = \frac{n_A}{n_A + n_B} \tag{3-1}$$

$$x_B = \frac{n_B}{n_A + n_B} \tag{3-2}$$

气相
$$y_A = \frac{n_A}{n_A + n_B} \tag{3-3}$$

$$y_B = \frac{n_B}{n_A + n_B} \tag{3-4}$$

$$n_A = \frac{G_A}{M_A} \tag{3-5}$$

$$n_B = \frac{G_B}{M_B} \tag{3-6}$$

式中，x_A、x_B 为液相中组分 A、B 的摩尔分数；y_A、y_B 为气相中组分 A、B 的摩尔分数；G_A、G_B 为组分 A、B 的质量，kg；M_A、M_B 为组分 A、B 的分子量；n_A、n_B 为组分 A、B 的摩尔数。

（2）摩尔比。在吸收操作中，被吸收气体称为吸收质，气相中不参与吸收的气体称为惰气，吸收用的液体称为吸收剂。由于惰气量和吸收剂量在吸收过程中基本上是不变的，以它们为基准表示浓度，对今后的计算比较方便。

液相
$$X_A = \frac{n_A}{n_B} = \frac{\text{液相中某一组分的摩尔数}}{\text{吸收剂的摩尔数}} \tag{3-7}$$

$$X_A = \frac{x_A}{1 - x_A} \tag{3-8}$$

气相
$$Y_A = \frac{n_A}{n_B} = \frac{\text{气相中某一组分的摩尔数}}{\text{惰气的摩尔数}} \tag{3-9}$$

$$Y_A = \frac{y_A}{1 - y_A} \tag{3-10}$$

式中，X_A 为液相中组分 A 的比摩尔数；Y_B 为气相中组分 B 的比摩尔数。

【例 3-1】 已知氨水中氨的质量分数为 25 %，求氨的摩尔分数和摩尔比。

【解】 氨的分子质量为 17，水的分子质量为 18

摩尔分数
$$x_{NH_3} = \frac{n_A}{n_A + n_B} = \frac{\frac{0.25}{17}}{\frac{0.25}{17} + \frac{0.75}{18}} = 0.26 \tag{3-11}$$

摩尔比

$$X_{NH_3}=\frac{n_A}{n_B}=\frac{\frac{0.25}{17}}{\frac{0.75}{18}}=0.352 \tag{3-12}$$

3.2.1.3　吸收的气液平衡关系

在一定的温度、压力下，吸收剂和混合气体接触时，由于分子扩散，气相中的吸收质要向液体吸收剂转移，被吸收剂所吸收。同时溶液中已被吸收的吸收质也会通过分子扩散向气相转移，进行解吸。开始时吸收是主要的，随着吸收剂中吸收质浓度的增高，吸收质从气相向液相的吸收速度逐渐减慢，而液相向气相的解吸速度却逐渐加快。经过足够长时间接触，吸收速度与解吸速度达到相等，气相和液相中的组分就不再变化，此时气液两相达到相际动平衡，简称相平衡或平衡。在平衡状态下，吸收剂中的吸收质浓度达到最大，称为平衡浓度，或吸收质在溶液中的溶解度。某一种气体的溶解度除了与吸收质和吸收剂的性质有关外，还与吸收剂温度、气相中吸收质分压力有关。

溶液中吸收了某种气体后，由于分子扩散会在溶液表面形成一定的分压力，该分压力的大小与溶液中吸收质浓度（简称液相浓度）有关。该分压力的大小表示吸收质返回气相的能力，也可以说是反抗吸收的能力。当气相中吸收质分压力等于液面上的吸收质分压力时，气液达到平衡，把这时气相中吸收质的分压力称为该液相浓度（即溶解度）下的平衡分压力。试验结果表明，在一定的温度、压力下，气液两相处于平衡状态时，液相吸收质浓度与气相的平衡分压力之间存在着一定的函数关系，即每一个液相浓度都有一个气相平衡分压力与之对应。

图 3-1 是用水吸收氨时的气液平衡关系。从图 3-1 可以看出，$t=20$ ℃、气相中氨的分压力为 10 kPa 时，每 100 g 水中最大可以吸收 10.4 g 氨。或者说，$t=20$ ℃，水中氨的溶解度为 10.4 g NH_3/100 gH_2O 时，其对应的气相平衡分压力为 10 kPa。从该图还可以看出，在气相吸收质分压力相同的情况下，吸收剂温度越高，液相平衡浓度（溶解度）越低。

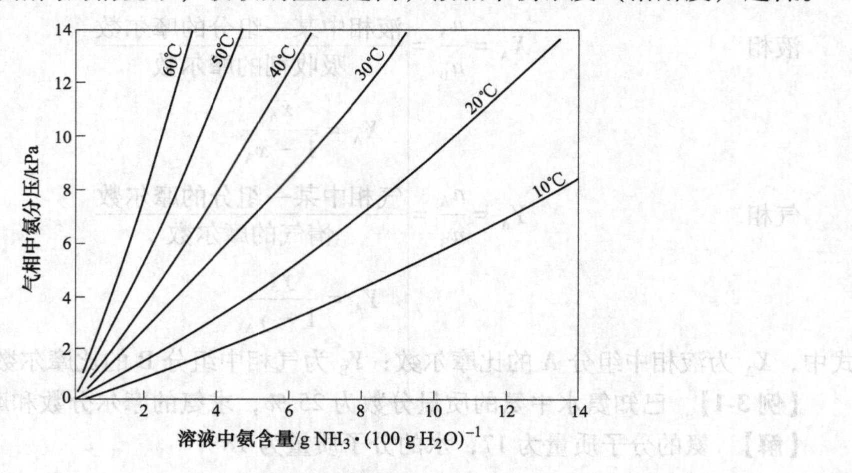

图 3-1　氨-水气液平衡关系

综上所述，气体能否被液体所吸收，关键在于气相中吸收质分压力和与液体中吸收质浓度相对应的平衡分压力之间的相对大小。气相中吸收质分压力高于该液体对应的平衡分压力，吸收就能进行。例如 $t=20$ ℃时用水吸收氨，水中氨的含量为 10.4 $gNH_3/100\ gH_2O$ 时，其对应的平衡分压力为 10 kPa，因此只有当气体中氨的分压力大于 10 kPa 时，吸收才能继续进行。

对于稀溶液，气体总压力不高的情况（<506.625 kPa），气液之间平衡关系可用下式表示：

$$P^* = Ex \tag{3-13}$$

式中，P^* 为气相吸收质平衡分压力，kPa；x 为液相中吸收质浓度（用摩尔分数表示）；E 为亨利常数，kPa/mol。

式（3-13）称为亨利定律。因通风排气中有害气体浓度较低，亨利定律完全适用。

某些工业上常见气体被水吸收时的亨利常数列于表 3-1 中。E 值的大小反映了该气体吸收的难易程度。E 值大，对应的气相平衡分压力 P^* 高（如 CO、O_2 等），难以吸收；反之，如 SO_2、H_2S 等则易于吸收。

表 3-1　某些气体在不同温度下被水吸收时的亨利常数 E　（kPa/mol）

气体	温度/℃				
	10	20	30	40	50
CO	434.25	528.99	611.89	680.98	740.19
O_2	325.68	394.77	468.79	513.20	572.42
NO	217.12	260.55	305.95	355.29	384.90
CO_2	9.87	14.31	18.75	22.70	28.62
Cl_2	3.89	5.23	6.51	7.80	8.78
H_2S	3.65	4.74	6.02	7.20	8.78
SO_2	0.27	0.38	0.49	0.64	0.79

在实际应用时，亨利定律还有其他的表达形式。

（1）液相中吸收质浓度用 $C(kmol/m^3)$ 表示：

$$P^* = \frac{C}{H} \quad 或 \quad C = HP^* \tag{3-14}$$

式中，C 为平衡状态下液相中吸收质浓度（即气体溶解度），$kmol/m^3$；H 为溶解度系数，$kmol/(m^3 \cdot kPa)$。

H 值是随温度的上升而下降的。

（2）气液两相吸收质浓度用摩尔分数和摩尔比表示：

平衡分压力 P^* 就是平衡状态下气相中吸收质分压力，根据道尔顿气体分压力定律，即

$$P = P_z y \tag{3-15}$$

式中，P 为混合气体中吸收质分压力，kPa；P_z 为混合气体总压力，kPa；y 为混合气体中吸收质摩尔分数。

将式（3-15）代入式（3-13）得

$$P_z y^* = Ex \quad 得 \quad y^* = \frac{E}{P_z}x \tag{3-16}$$

$$m = \frac{E}{P_z} \tag{3-17}$$

将式（3-17）代入式（3-16）得

$$y^* = mx \tag{3-18}$$

式中，y^* 为平衡状态下气相中吸收质的摩尔分数；m 为相平衡系数。

在通风工程中 P_z 近似等于当地大气压力。对于稀溶液，m 近似为常数。

根据式（3-8）和式（3-10）得

$$x = \frac{X}{1 - X} \tag{3-19}$$

$$y = \frac{Y}{1 - Y} \tag{3-20}$$

将式（3-19）和式（3-20）代入式（3-18），转换后得

$$Y^* = \frac{mX}{1 + (1 - m)X} \tag{3-21}$$

式中，Y^* 为与液相浓度相对应的气相中吸收质平衡浓度，kmol(吸收质)/kmol(惰气)；X 为液相中吸收质浓度，kmol（吸收质)/kmol(吸收剂)。

对于稀溶液，液相中吸收质浓度很低（即 X 值相当小），式（3-21）可以简化为

$$Y^* = mX \tag{3-22}$$

如果将式（3-22）用图 3-2 表示，这条直（曲）线称为平衡线。已知气相中吸收质浓度 Y_A，可以利用该图查得对应的液相中吸收质平衡浓度 X_A^*；已知液相中吸收质浓度 X_A，可以由该图查得对应的气相吸收质平衡浓度 Y_A^*。m 值越小，说明该组分的溶解度大，易于吸收，吸收平衡线较为平坦。

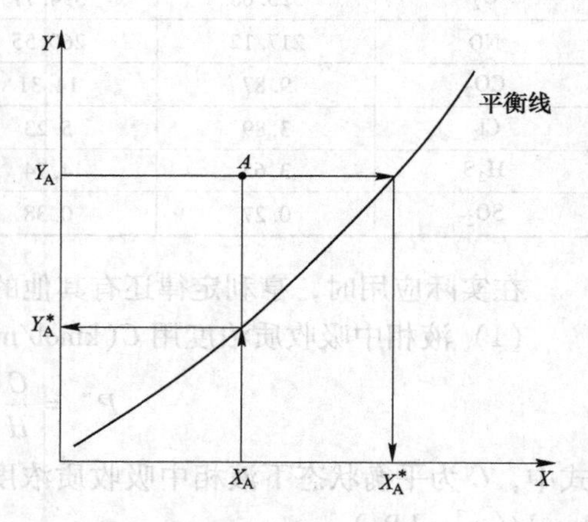

图 3-2　气液平衡关系

m 值是随温度的升高而增大的。掌握了气液平衡关系，可以帮助解决以下两方面的问题。

（1）在设计过程中判断吸收的难易程度。吸收剂选定以后，液相中吸收质起始浓度 X 是已知的，从平衡线可以查得与 X 相对应的气相平衡浓度 Y^*，如果气相中吸收质浓度（即被吸收气体的起始浓度）$Y>Y^*$，说明吸收可以进行，$\Delta Y = Y - Y^*$ 越大，吸收越容易进行。把 ΔY 称为吸收推动力，吸收推动力小，吸收难以进行，必须重新选定吸收剂。

（2）在运行过程中判断吸收已进行到什么程度。在吸收过程中，随液相中吸收质浓度的增加，气相平衡浓度 Y^* 也会不断增加，如果发现 Y^* 已接近气相中吸收质浓度 Y，说明吸收推动力 ΔY 已很小，吸收难以继续进行，必须更换吸收剂，降低 Y^*，吸收才能继续进行。

【例 3-2】　求 $P_z = 1$ atm、$t = 20$ ℃时二氧化硫和水的气液平衡关系。

【解】　由表 3-1 查得 $t = 20$ ℃时，$E = 38$ atm/mol（0.38 kPa/mol）

相平衡系数　　$$m = \frac{E}{P_z} = 38$$

气液平衡关系为 $P^* = 38x$ 或 $Y = 38X$

【例 3-3】 某排气系统中 SO_2 的浓度 $y_{SO_2} = 50\ g/m^3$，用水吸收 SO_2，吸收塔在 $t = 20\ ℃$、$P_z = 101.325\ kPa$ 的工况下工作，求水中可能达到的最大 SO_2 浓度。

【解】 SO_2 的分子质量 $M_{SO_2} = 64$，每立方米混合气体中 SO_2 所占体积

$$V_{SO_2} = 50 \times 10^{-3} \times \frac{22.4}{64} = 0.0175\ m^3$$

SO_2 摩尔比

$$Y_{SO_2} = \frac{0.0175}{1 - 0.0175} = 0.0178\ kmol(SO_2)/kmol(空气)$$

平衡状态下的液相浓度即为最大浓度。由例 3-2 有，$m = 38$。液相中 SO_2 最大浓度（摩尔比）

$$X^*_{SO_2} = \frac{Y_{SO_2}}{m} = \frac{0.0178}{38} = 0.00047\ kmol(SO_2)/kmol(H_2O)$$

3.2.2 吸收过程的机理

研究吸收过程的机理是为了掌握吸收过程的规律，并运用这些规律去强化和改进吸收操作。由于吸收过程涉及的因素较为复杂，目前尚缺乏统一的理论可以完善地反映相间传质的内在规律。下面对目前应用较广的双膜理论做简要介绍。双膜理论适用于一般的吸收操作和具有固定界面的吸收设备（如填料塔等）。

3.2.2.1 双膜理论的基本点

（1）气液两相接触时，它们的分界面称为相界面。在相界面两侧分别存在一层很薄的气膜和液膜（见图 3-3），膜层中的流体均处于滞流（层流）状态，膜层的厚度是随气液两相流速的增加而减小的。吸收质以分子扩散方式通过这两个膜层，从气相扩散到液相。

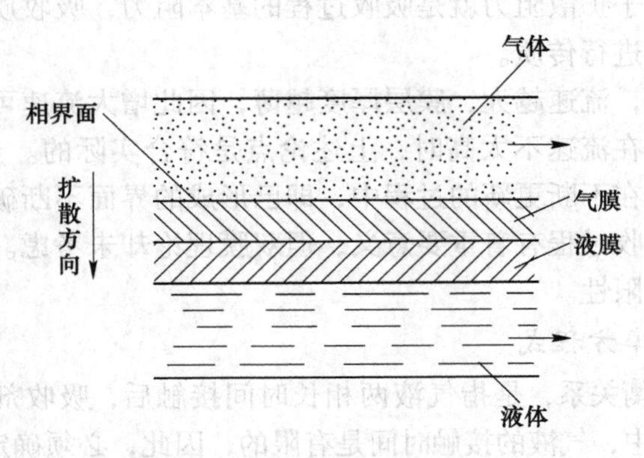

图 3-3 双膜理论示意图

（2）两膜以外的气液两相称为气相主体和液相主体。主体中的流体都处于紊流状态，由于对流传质，吸收质浓度是均匀分布的，因此传质阻力很小，可以略而不计。吸收过程的阻力主要是吸收质通过气膜和液膜时的分子扩散阻力，对不同的吸收过程气膜和液膜的阻力是不同的。

（3）不论气液两相主体中吸收质浓度是否达到平衡，在相界面上气液两相总是处于平衡状态，吸收质通过相界面时的传质阻力可以略而不计，这种情况称为界面平衡。界面平衡并不意味着气液两相主体已达到平衡。

图 3-4 是双膜理论的吸收过程示意图，Y_A、X_A 分别表示气相和液相主体的浓度，Y_i^*、X_i^* 分别表示相界面上气相和液相的浓度。因为在相界面上气液两相处于平衡状态，Y_i^*、X_i^* 都是平衡浓度，即 $Y_i^* = mX_i^*$。当气相主体浓度 $Y_A > Y_i^*$ 时，以 $Y_A - Y_i^*$ 为吸收推动力克服气膜阻力，从 a 到 b，在相界面上气液两相达到平衡，然后以 $X_i^* - X_A$ 为吸收推动力克服液膜阻力，从 b'到 c，最后扩散到液相主体，完成了整个吸收过程。

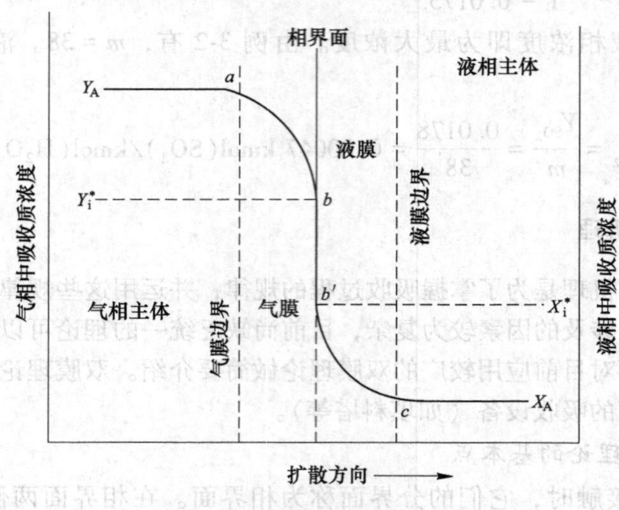

图 3-4　双膜理论的吸收过程

根据以上假设，复杂的吸收过程被简化为吸收质以分子扩散方式通过气液两膜层的过程。通过两膜层时的分子扩散阻力就是吸收过程的基本阻力，吸收质必须要有一定的浓度差，才能克服这个阻力进行传质。

根据流体力学原理，流速越大，膜层厚度越薄，因此增大流速可减小扩散阻力、增大吸收速率。实践证明，在流速不太高时，上述论点是符合实际的。当流体的流速较高时，气、液两相的相界面处在不断更新的过程中，即已形成的界面不断破灭，新的界面不断产生。界面更新对改善吸收过程有着重要意义，但双膜理论却未考虑。因此，双膜理论在实际应用时，有一定的局限性。

3.2.2.2　吸收速率方程式

前面所述的气液平衡关系，是指气液两相长时间接触后，吸收剂所能吸收的最大气体量。在实际的吸收设备中，气液的接触时间是有限的，因此，必须确定单位时间内吸收剂所吸收的气体量，把这个量称为吸收速率。吸收速率方程式是计算吸收设备的基本方程式。

与对流传热相类似，单位时间从气相主体转移到界面的吸收质量用下式表示：

$$G_A = k'_g F(P_A - P_i^*) \tag{3-23}$$

式中，G_A 为单位时间通过气膜转移到界面的吸收质量，kmol/s；F 为气液两相的接触面积，m^2；P_A 为气相主体中吸收质分压力，kPa；P_i^* 为相界面上吸收质的分压力，kPa；k'_g

为以（$P_A - P_i^*$）为吸收推动力的气膜吸收系数，kmol/(m^2·kPa·s)。

为便于计算，式（3-23）中的吸收推动力以摩尔比表示时，该式可写为

$$G_A = k_g F(Y_A - Y_i^*) \tag{3-24}$$

式中，Y_A 为气相主体中吸收质浓度，kmol(吸收质)/kmol(惰气)；Y_i^* 为相界面上的气相平衡浓度，kmol(吸收质)/kmol(惰气)；k_g 为以 ΔY 为吸收推动力的气膜吸收系数，kmol/m^2·s。

同理，单位时间通过液膜的吸收质量（kmol/s）：

$$G'_A = k_1 F(X_i^* - X_A) \tag{3-25}$$

式中，k_1 为以 ΔX 为吸收推动力的液膜吸收系数，kmol/(m^2·s)；X_A 为液相主体中吸收质浓度，kmol(吸收质)/kmol(吸收剂)；X_i^* 为相界面上液相的平衡浓度，kmol(吸收质)/kmol(吸收剂)。

在稳定的吸收过程中，通过气膜和液膜的吸收质量应相等，即 $G_A = G'_A$。要利用式(3-24)或式（3-25）进行计算，必须预先确定 k_g 或 k_1 以及相界面上的 X_i^* 或 Y_i^*。实际上相界面上的 X_i^* 和 Y_i^* 是难以确定的，为了便于计算，下面提出总吸收系数的概念。

$$G_A = k_g F(Y_A - Y_i^*) = k_1(X_i^* - X_A) \tag{3-26}$$

根据双膜理论，$Y^* = mX_i^*$，因此

$$X_i^* = \frac{Y^*}{m} \tag{3-27}$$

由于 $Y_A^* = mX_A y$，所以

$$X_A = \frac{Y_A^*}{m} \tag{3-28}$$

式中，Y_A^* 为与液相主体浓度 X_A 相对应的气相平衡浓度，kmol(吸收质)/kmol(惰气)。

将式（3-27）和式（3-28）代入式（3-26）得

$$G_A = k_g F(Y_A - Y_i^*) = k_1\left(\frac{Y_i^*}{m} - \frac{Y_A^*}{m}\right) \tag{3-29}$$

所以

$$Y_A - Y_i^* = \frac{G_A}{k_g F} \tag{3-30}$$

$$Y_i^* - Y_A^* = \frac{G_A}{\frac{k_1}{m}F} \tag{3-31}$$

将上面两式相加

$$Y_A - Y_A^* = \frac{G_A}{F}\left(\frac{1}{k_g} + \frac{m}{k_1}\right)$$

$$\frac{G_A}{F} = \frac{1}{\frac{1}{k_g} + \frac{m}{k_1}}(Y_A - Y_A^*) \tag{3-32}$$

令

$$\frac{1}{\frac{1}{k_g} + \frac{m}{k_1}} = K_g \tag{3-33}$$

将式（3-33）代入式（3-32）得

$$G_A = K_g(Y_A - Y_A^*)F \quad (3\text{-}34)$$

式中，K_g 为以（$Y_A - Y_A^*$）为吸收推动力的气相总吸收系数，kmol/(m^2·s)。

同理，可以推导出以下公式

$$K_l = \frac{1}{\frac{1}{mk_g} + \frac{1}{k_l}} \quad (3\text{-}35)$$

$$G_A = K_l(X_A^* - X_A)F \quad (3\text{-}36)$$

式中，X_A^* 为与气相主体浓度 Y_A 相对应的液相平衡浓度，kmol(吸收质)/kmol(吸收剂)；K_l 为以（$X_A^* - X_A$）为吸收推动力的液相总吸收系数，kmol/(m^2·s)。

式（3-34）和式（3-36）就是吸收速率方程式，这两个公式算出的结果是一样的。类似于传热过程的热阻，把吸收系数的倒数称为吸收阻力。

$$\frac{1}{K_g} = \frac{1}{k_g} + \frac{m}{k_l} \quad (3\text{-}37)$$

$$\frac{1}{K_l} = \frac{1}{mk_g} + \frac{1}{k_l} \quad (3\text{-}38)$$

式中，$\frac{1}{K_g}\left(或\frac{1}{K_l}\right)$称为总吸收阻力；$\frac{1}{k_g}$称为气膜吸收阻力；$\frac{1}{k_l}$称为液膜吸收阻力。通过上式可以看出，气体的相平衡系数 m 较小时，$\frac{m}{k_l}$很小可以忽略而不计，此时 $K_g \approx k_g$，这说明吸收过程的阻力主要是气膜阻力，计算时用式（3-34）较为方便。m 值较大时，$\frac{1}{mk_g}$很小可以忽略而不计，此时 $K_l \approx k_l$，说明吸收过程的阻力主要是液膜阻力，计算时用式（3-36）较为方便。

在设计和运行过程中，如能判别吸收过程的阻力主要在哪一方面，会给设备的选型、设计和改进带来很多方便。某些吸收过程的经验判别可见表 3-2。

表 3-2　部分吸收过程中膜控制情况

气膜控制	液膜控制	气、液膜控制
（1）水或氨水吸收氨 （2）浓硫酸吸收三氧化硫 （3）水或稀盐酸吸收氯化氢 （4）酸吸收 5%氨 （5）碱或氨水吸收二氧化硫 （6）氢氧化钠溶液吸收硫化氢 （7）液体的蒸发或冷凝	（1）水或弱碱吸收二氧化碳 （2）水吸收氧气 （3）水吸收氯气	（1）水吸收二氧化硫 （2）水吸收丙酮 （3）浓硫酸吸收二氧化氮 （4）水吸收氨① （5）碱吸收硫化氢

① 用水吸收氨，过去认为是气膜控制，经实验测知液膜阻力占总阻力的 20%。

从上面的分析可以看出，要强化吸收过程可以通过以下途径实现：

（1）增加气液的接触面积；

（2）增加气液的运动速度，减小气膜和液膜的厚度，降低吸收阻力；

(3) 采用相平衡系数小的吸收剂;

(4) 增大供液量,降低液相主体浓度 X_A,增大吸收推动力。

3.3 气体吸附原理

在日常生活中,经常利用某些固体物质去吸附气体,例如,在精密天平或其他的精密仪表中放上一袋硅胶可以去除空气中的水蒸气,这种现象称为吸附。具有较大吸附能力的固体物质称为吸附剂,被吸附的气体称为吸附质。

3.3.1 吸附原理

吸附过程是通过吸附剂表面的分子进行的。单位质量吸附剂具有总表面积(m^2/kg)称为吸附剂的比表面积,比表面积越大,吸附的气体量越多。例如,工业上应用较多的吸附剂——活性炭,其比表面积为 100 m^2/kg。吸附过程分为物理吸附和化学吸附两种,在吸附过程中,当吸附剂和吸附质之间的作用力是范德华力(或静电引力)时称为物理吸附;当吸附剂和吸附质之间的作用力是化学键时称为化学吸附。

物理吸附的特点是:(1)吸附剂和吸附质之间不发生化学反应;(2)吸附过程进行较快,参与吸附的各相之间迅速达到平衡;(3)物理吸附是一种放热过程,其吸附热较小,相当于被吸附气体的升华热,一般为 20 kJ/mol 左右;(4)吸附过程可逆,无选择性。因此,采用物理吸附时,吸附剂的再生,吸附质的回收比较容易。

吸附剂的物理吸附量是随气体温度的下降,比表面积的增加而增加的。由于分子间的吸引力是普遍存在的,一种吸附剂可以同时吸附多种气体。活性炭对不同气体的吸附量见表 3-3。

表 3-3 $t=15$ ℃, $p=1$ atm 时活性炭对各种单一气体的吸附量

气体	吸附量/$cm^3 \cdot g^{-1}$	沸点/℃	气体	吸附量/$cm^3 \cdot g^{-1}$	沸点/℃
SO_2	380	−10	CO_2	48	−78
NH_3	181	−33	CH_4	16	−164
H_2S	99	−62	CO	9	−190
HCl	72	−83	O_2	8	−182
N_2O	54	−90	N_2	8	−195
C_2H_2	49	−84	H_2	5	−252

从表 3-3 可以看出,同一种吸附剂对不同气体的吸附量是与该气体的沸点成正比,即气体的沸点越高越容易吸附,掌握这一规律,有利于确定有害气体的吸附净化方案。

化学吸附的特点是:(1)吸附剂和吸附质之间发生化学反应,并在吸附剂表面生成一种化合物;(2)化学吸附过程一般进行缓慢,需要很长时间才能达到平衡;(3)化学吸附也是放热过程,但吸附热比物理吸附热大得多,相当于化学反应热,一般在 84 ~ 417 kJ/mol;(4)具有选择性,常常是不可逆的。

在实际吸附过程中,物理吸附和化学吸附一般同时发生,低温时主要是物理吸附,高温时主要是化学吸附。

活性炭是目前应用较多的一种吸附剂，用于气体净化的活性炭是以煤粉等为原料，煤焦油作调和剂，成型后经干燥、炭化、活化等工序制成。活化后的活性炭经过筛选就成了 $\phi=1.5$ mm、$l=2\sim4$ mm 的圆柱形粒状炭。这种炭能有效吸附各种有害气体，例如苯、二甲苯、汽油、氯气以及二硫化碳等。

3.3.2　吸附特性

吸附剂吸附一定量的气体后，会达到饱和，达到饱和时单位质量吸附剂所吸附的气体量称为吸附剂的静活性。气体流过固定的吸附层时，从开始吸附，到气体出处出现吸附质时为止，单位质量吸附剂平均吸附的气体量称为吸附剂的动活性。

在固定的吸附器内，吸附质浓度沿吸附层的变化如图 3-5 所示。该图的纵坐标是气体中吸附质浓度，横坐标是吸附层厚度 l。开始时，吸附质浓度按曲线 A 变化，在 b 点吸附质浓度已降到零，只有 $0b$ 这一层吸附剂在进行工作。经过一段时间后，$0a$ 内的吸附剂已全部饱和，吸附质浓度曲线向前移动，按 B 变化。再经过一段时间，浓度曲线由 B 移到 C，在吸附器出口开始出现吸附质，这种现象称为穿透。从开始工作到出现穿透，每千克吸附剂平均吸附的气体量称为吸附剂的动活性。从图 3-5 可以看出，当吸附器出口处出现吸附质时，吸附剂内总会有部分吸附剂尚未达到饱和（如 cf 层），因此，吸附器内吸附剂的动活性总要比静活性小。

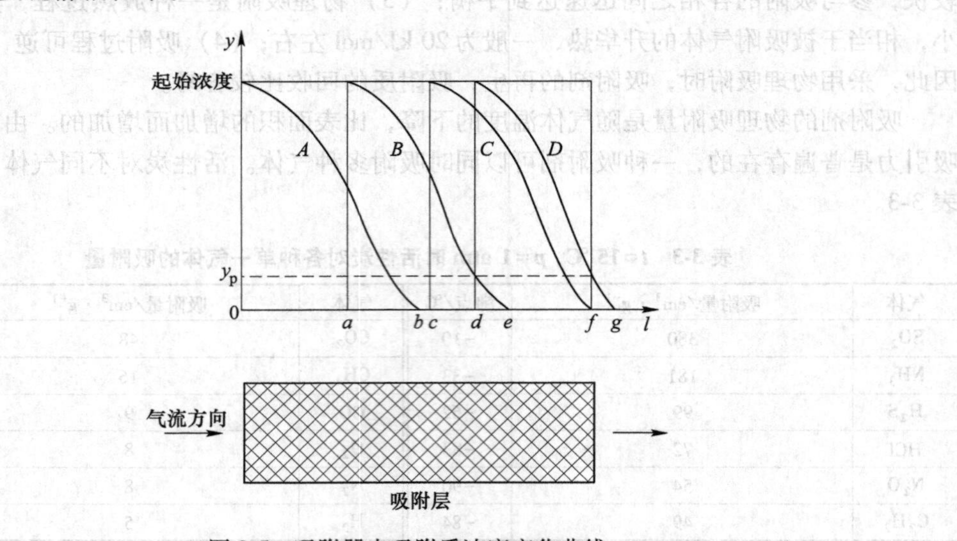

图 3-5　吸附器内吸附质浓度变化曲线

吸附器穿透后，出口处的吸附质浓度会迅速增加，但是，只要不超过排放标准，吸附剂仍可继续使用。当浓度曲线移到 D 时，出口处吸附质浓度已等于规定的容许排空浓度 y_p，这时吸附器应停止工作，吸附剂进行更换或再生。

吸附器内气体的平均流速以及吸附器断面上的速度分布对浓度曲线的变化有很大影响。气体的流速低，有害气体在吸附器内停留的时间长，吸附剂可以充分进行吸附，因此，吸附质浓度曲线比较陡直。气体的流速高，有害气体在吸附器内停留的时间短，吸附剂没有充分发挥作用，因此，浓度曲线比较平缓。如果吸附器断面上的流速分布不均匀，流速高的局部地点会很快出现穿透，影响整个吸附器的继续使用。浓度曲线平缓说明吸附器穿透时，还有较多的吸附剂没有达到饱和。设计吸附器时，希望浓度曲线尽量陡直，其动活性应不小于静活性75%~80%。

3.4 有害气体吸收剂和吸附剂的要求

3.4.1 吸收剂

（1）常用的吸收剂。水是常用的吸收剂，用水吸收可以除去废气中的SO_2、HF、NH_3、HCl及煤气中的CO_2等。碱金属和碱土金属的盐类、铵盐等属于碱性吸收剂，由于它能与SO_2、HF、HCl、NO_x等气体发生化学反应，从而使吸收能力大大增强。硫酸、硝酸等属于酸性吸收剂，可以用来吸收SO_3、NO_x等。表3-4列出了工业上净化有害气体所用的吸收剂。

表3-4 常用气体的吸收剂

有害气体	吸收过程中所用的吸收剂
SO_2	H_2O、NH_3、NaOH、Na_2CO_3、Na_2SO_3、$Ca(OH)_2$、$CaCO_3/CaO$、碱性硫酸铝、MgO、Zn、MnO
NO_x	H_2O、NH_3、NaOH、Na_2SO_3、$(NH_4)_2SO_3$、$FeSO_2$-EDTA
HF	H_2O、NH_3、Na_2CO_3
HCl	H_2O、NaOH、Na_2CO_3
Cl_2	NaOH、Na_2CO_3、$Ca(OH)_2$
H_2S	NH_3、Na_2CO_3、乙醇胺、环丁砜
含Pb废气	CH_3COOH、NaOH
含Hg废气	$KMnO_4$、NaClO、浓H_2SO_4、KI-KI_2

（2）吸收剂的选择。一般来说，选择吸收剂的基本原则是：吸收容量大；选择性高；饱和蒸气压低；适宜的沸点；黏度小，热稳定性高，腐蚀性小，廉价易得。

在选择吸收剂时要根据吸收剂的特点权衡利弊，有的吸收剂虽然具有很好的性能，但不易得到或价格昂贵，使用就不经济。有的吸收剂虽然吸收能力强，吸收容量大，但不易再生或再生时能耗较大，在选择时应慎重。

3.4.2 吸附剂

（1）吸附剂的种类和性质。吸附剂的种类很多，可分为无机和有机吸附剂，天然和合成吸附剂。天然矿产品如活性白土和硅藻土等经过适当的加工，就可以形成多孔结构，可直接作为吸附剂使用。合成无机材料吸附剂主要有活性炭、活性炭纤维、硅胶、活性氧化铝及合成沸石分子筛等。近年来还研制出多种大孔吸附树脂，与活性炭相比，它具有选择性好、性能稳定、易于再生等优点。

（2）吸附剂的选择。有大的比表面积和孔隙率；选择性要好，有利于混合气体的分离；具有一定的粒度、较高的机械强度、化学稳定性和热稳定性；大的吸附容量，易于再生；来源广泛，价格低廉。

3.5 典型有害气体净化技术

3.5.1 氨气（NH_3）净化技术

依据NH_3不同来源可采用不同的处理方法，目前处理NH_3的方法可分生物法、物理法和化学法。如利用生物过滤器吸收溶液中的NH_3，水处理方法、后燃烧控制技术和活性炭纤维技术吸收NH_3，但这些方法都为物理变化过程，还需要对反应后的物质进行二次处理（生物过滤法需对吸收NH_3后的生物物质进行处理；水处理、活性炭纤维技术等需除去吸附质中NH_3才能再次应用），因此，用物理方法和生物方法去除NH_3不仅后续还需要工作并且会造成所需的整体费用偏高。针对NH_3排放量与浓度的差异，采用不同的处理方法治理NH_3污染，主要的处理技术有水洗法、酸洗法、生物法、吸附吸收法、光催化氧化法、催化分解法和选择性催化氧化法等方法。

（1）水洗法。利用氨气易溶于水的特性，因此在处理氨气废气时常采用喷淋法。喷淋塔内部含有填料过滤和水喷淋，伴有加药系统，添加稀硫酸溶液进行吸收。

（2）酸洗法。在喷淋塔内，伴有加药系统，添加稀硫酸溶液进行喷淋吸收。可分为直接饱和器法、间接饱和器法和无饱和器法。

（3）生物法。它主要是通过微生物的硝化与反硝化作用将NH_3转化为硝酸盐，最终释放出分子态N_2，该技术处理效率保持在70%~95%。生物处理法主要有活性污泥法、生物滴滤法和生物过滤法等。

（4）吸附法。利用多孔固体吸附剂处理有害NH_3的一种常用处理工艺。具有工艺简单、能满足不同尾气控制标准、常温下即可进行吸附、吸附质可循环回用等优点。同时，此方法并非真正去除NH_3，而是仅仅实现NH_3的转移，需对吸附剂进行二次处理。

（5）吸收法。它是用溶液、溶剂或清水吸收工业中的有害气体，以去除有害废气组分的一种分离方法。吸收法包括化学吸收法和物理吸收法。

（6）催化分解法。它是将氨气在催化剂作用下彻底分解为氮气和氢气，是一种有效脱除低浓度氨、减少环境污染的方法。氨分解反应是一个吸热且体积增大的反应，所以氨分解反应宜在高、低压的条件下进行。

（7）光催化氧化法。它是利用空气中的O_2作为氧化剂，并采用人工紫外线灯产生的真空波紫外光来活化光催化剂，驱动氧化-还原反应，从而有效地降解有毒有害废气。光催化氧化可在室温下将废气完全氧化成无毒无害物质，适用于处理高浓度、稳定性强的有毒有害废体。

（8）选择性催化氧化法。它是在有氧条件下将氨催化氧化为无害的氮气和水，可以完全消除氨的危害。该催化反应在300 ℃即可进行，是一种理想的、具有潜力的治理技术。

3.5.2 硫化氢（H_2S）净化技术

硫化氢（H_2S）净化技术可分为干法处理技术和湿法处理技术。干法处理技术主要有克劳斯法（英国科学家克劳斯于1933年开发的H_2S氧化制硫技术）、吸附法、低温分离法和催化-分解法。H_2S湿法处理技术主要有物理吸收法、化学吸收法、物理化学吸收法。

另外还有微生物法脱硫、电化学法脱硫和分解法脱硫等技术。

3.5.2.1 物理吸收法

物理吸收法是利用不同组分在特定溶剂中溶解度的差异而脱除 H_2S，然后通过降压闪蒸等措施析出 H_2S 而再生，溶剂循环使用。该法适合于较高的操作压力，与化学吸收法相比，其需热量一般较低，主要由于溶剂依靠闪蒸再生，很少或无须供热，也由于 H_2S 溶解热比较低，大部分物理溶剂对 H_2S 均有一定的选择脱除能力。因 H_2S 溶解度随温度降低而增加，故物理吸收一般在较低温度下进行。但物理溶剂对烃类的溶解度较大，因此不适合处理烃含量较高的气体。能够用于对 H_2S 进行物理吸收的溶剂必须具备以下特征：对 H_2S 的溶解度要比水高数倍，而对烃类、氢气溶解度要低；蒸气压必须要低，以免蒸发损失；必须具有很低的黏度和吸湿性；对普通金属基本不发生腐蚀；价格必须相对较低。物理吸收法流程简单，只需吸收塔、常压闪蒸罐和循环泵，不需蒸气和其他热源常用的物理溶剂法包括低温甲醇法、聚乙二醇二甲醚法、N-甲基吡咯烷酮法等。

（1）低温甲醇法。低温甲醇法工艺（Rectisol Process）是德国林德（Linde）公司和鲁奇（Lurgi）公司共同开发的采用物理吸收方法的一种酸性气体净化工艺。具有代表性的低温甲醇法（Rectisol）以甲醇为溶剂，在高压低温（-55～-45 ℃）下操作。主要用于氨厂或甲醇厂在液氮洗涤前净化合成气以及在液化天然气深冷前进行净化。该法可脱除煤制原料气中 H_2S、CO_2、NH_3、HCN 、H_2O、高级烃和其他杂质；也可对转化气，特别是由部分氧化而生产的气体脱除 H_2S、COS 和 CO_2。其优点是净化度高，即使在 H_2S 与 CO_2 比例小的情况下，该法对 H_2S 的选择性也可使 H_2S 浓缩进而作后续处理之用。当甲醇溶液中含 CO_2 时，H_2S 溶解度约比无 CO_2 时降低 10%～15%。甲醇溶液中 CO_2 含量越高，H_2S 的溶解度减少也越显著。

（2）聚乙二醇二甲醚法（sele-xol 法）。该法于20世纪60年代创始于美国联合化学公司。作为物理吸收剂，它能选择性地脱除合成氨原料气中的硫化物及 CO_2。聚乙二醇二甲醚法用聚乙二醇二甲醚作溶剂，旨在脱除气体中的 CO_2 和 H_2S。这种溶剂对 H_2S 的溶解度远远大于 CO_2。由于聚乙二醇二甲醚具有吸水性能，因而该法还能同时产生一定的脱水效果。该法在工业上的应用至今仍限于相对低的 H_2S 负荷气（2.29 g/m^3）。其优点是溶剂无腐蚀，损耗小，存在缺点是溶剂还能吸收重烃。

（3）N-甲基吡咯烷酮法（Purisol 法）。该法采用物理溶剂——N-甲基吡咯烷酮，用于对酸性气体进行粗脱。处理后的 H_2S 含量可降至符合管输标准。H_2S 在该溶剂中的溶解度较 CO_2 高，即使在 H_2S 与 CO_2 的比例相对小的情况下，也可用来选择性地除去 H_2S。Purisol 溶剂可溶解低级硫醇、H_2S、COS 和 CO_2，酸性气体不会使溶剂降解。该法用于碳钢设备中，无明显腐蚀。

3.5.2.2 化学吸收法

化学吸收法是利用 H_2S（弱酸）和化学试剂（弱碱）之间发生的可逆反应来脱除 H_2S，适用于较低的操作压力或原料气中烃含量较高的场合，因化学吸收较少依赖于组分的分压，同时化学溶剂具有较低的吸收烃的倾向。化学吸收比物理吸收应用更为广泛。化学吸收法是被吸收的气体吸收质与吸收剂中的一个或多个组分发生化学反应的吸收过程，适合处理低浓度大气量的废气。目前化学吸收法一般不采用强碱性溶液作为吸收剂，而大多用 pH 值为 9~11 强碱弱酸盐溶液。常用乙醇胺法、氨法和碳酸钠法。该法适用于高压下的天然气脱硫，具有碱性强、与酸气反应迅速、有一定的有机硫脱除能力、价格相对便宜等优点，但不足之处是无脱硫选择性、与 H_2S、CO_2 反应热较大、存在化学降解和热降解、通常装置腐蚀较严重、溶剂只能够在低浓度下使用，导致溶液循环量大、能耗高。

化学吸收法工艺简单，技术成熟，占地面积小。硫化氢为酸性气体，故可采用碱性溶液或碱性固体物质来吸收，如碳酸盐、硼酸盐、磷酸盐、酚盐、氨基酸盐等的溶液。除此之外，还可采用一些弱碱，如氨、乙醇胺类、二甘醇胺等。化学吸收的溶剂一般常压加热再生，再生所释气体分离其中水分，如采用分流再生可降低再生的能耗。在脱除 H_2S 中，化学吸收法较物理吸收用得较多。

（1）碳酸钠吸收法。含硫化氢的气体与碳酸钠溶液在吸收液塔内逆流接触，一般用 2%~5%的碳酸钠溶液从塔顶喷淋而下，与从塔底上升的硫化氢反应，生成 $NaHCO_3$ 和 NaHS。吸收 H_2S 后的溶液送入再生塔，在减压条件下用蒸汽加热再生，即放出硫化氢气体，同时碳酸钠得到再生。从再生塔流出溶液返回吸收塔循环使用。从再生塔顶放出的气体中硫化氢的浓度可达 80%以上，可用于制造硫黄或者硫酸。

碳酸钠吸收法流程简单，药剂便宜，适用于处理硫化氢含量高的气体，缺点是脱硫效率不高，一般为 80%~90%，动力消耗也较大。

（2）氢氧化钠吸收法。氢氧化钠吸收法主要是用于硫化氢废气量不太大的情况下，例如染料厂、农药厂废气的处理。此法可以得到 Na_2S 和 NaHS 副产品，如某染化厂用 30% NaOH 溶液在循环塔内部循环吸收，使 Na_2S 浓度控制在 25%左右时，即作为原料用于生产过程，用 30%的 NaOH 溶液吸收 H_2S 废气制取 NaHS 产品。

（3）胺法。胺法一般采用烷醇胺类作为溶剂，是迄今最常用的方法。该法从 20 世纪 30 年代问世以来，已有近百年的历史，先后采用的溶剂主要有：一乙醇胺（MEA）、二乙醇胺（DEA）、二甘醇胺（DGA）、二异丙醇胺（DIPA）、甲基二乙醇胺（MDEA）等。它们可同时脱除气体中 H_2S 和 CO_2。

（4）石灰乳吸收法。利用石灰乳吸收废气中的 H_2S 而生成硫氢化钙，再用石灰氮与之反应生成硫脲，硫脲是有用的工业原料，可以用制造磺胺类药物，用于冶金、印染和照相行业。石灰乳吸收法的缺点是吸收效率不高，用石灰乳吸收后的废气还需进一步净化后才能排放。

（5）碱液管道喷射法。1985 年美国莫拜尔石油公司公布了碱液管道喷射法脱除 H_2S 的专利，这个方法实质是在管道内喷射碱液与同向流动的含 H_2S 接触，是气体的雷诺数（*Re*）大于 50000，使流动的液体的韦伯数（Weber）在 16 以上，气体和碱液接触时间在 0.1 s 以内，这样可以高精度地选择性吸收 H_2S。

3.5.2.3　物理化学吸收法

物理化学吸收法是一种将化学吸收剂与物理吸收剂联合应用的脱硫方法，使其兼备两者的性质，既有化学溶剂（特别是达到较大净化度的能力）和物理溶剂（主要是再生热耗低）的特性，但也具备两者的缺点，目前以环丁砜法为常用。环丁砜脱硫法是一种较新的脱硫方法，具有明显的优点，近年来在国内外引起了普遍的重视。环丁砜法的独到之处在于兼有物理溶剂法和胺法的特点，其溶剂特性来自环丁砜，而化学特性来自 DIPA（二异丙醇胺）和水。在酸性气体分压高的条件下，物理吸收剂环丁砜容许很高的酸性气体负荷，给予它较大的脱硫能力，而化学溶剂 DIPA 可使处理过的气体中残余酸气浓度减小到最低。所以环丁砜法明显超过常用的乙醇胺溶液的能力，特别在高压和酸性组分浓度高时处理气流是有效的。环丁砜脱硫法所用溶剂一般是由 DIPA、环丁砜和水组成。实验表明，溶液中环丁砜浓度高，适于脱除 COS，反之，低的环丁砜浓度则使溶液适合于脱除 H_2S。

3.5.2.4 吸收氧化法

吸收氧化法的脱硫机理和干式氧化法相同，而操作过程又和液体吸收法类似。该法一般都是在吸收液中加入氧化剂或者催化剂，使吸收的 H_2S 在氧化塔（再生塔）中氧化而使溶液再生。常用的吸收液有碳酸钠、碳酸钾和氨的水溶液：常用的氧化剂和催化剂有氧化铁、硫代砷酸盐、铁氰化合物复盐及有机催化剂组成的水溶液或水悬浮液。近年来该法发展较快，得到广泛利用。

有机催化剂的吸收氧化法是采用适量水溶液酚类化合物盐类作催化剂或载体的碱性溶液，这些有机化合物能借二氧化碳转变成还原态而使 H_2S 很快转化成硫，而本身与空气接触很容易再氧化，所以可循环使用，与其他氧化法相比，该类方法的吸收液无毒且排出物无污染物，副产硫的质量好，净化效率高。因此得以广泛利用。常用的方法是对苯二酚催化法和 APS 法两种。

3.5.2.5 液相催化氧化法

液相催化氧化法处理硫化氢的研究是国内外研究最多的领域之一。各种液相催化氧化法的工艺流程大致相同，均以含氧化剂的中性或弱碱性溶液吸收气流中的硫化氢，溶液中的氧载体将 H_2S 氧化为单质硫，溶液以空气再生后循环使用。此法将脱硫和硫回收连为一体，具有流程较简单、投资较低等优点。根据硫氧化催化剂的不同，液相催化氧化法主要有铁基工艺、钒基工艺、砷基工艺等几种工艺。目前，液相催化氧化法主要的研究方向是新型高效催化剂的研制，并取得了一定的进展。

3.5.2.6 微生物法脱硫

微生物分解法的原理是通过微生物菌群的作用，经生物化学过程将硫化物氧化为单质硫并回收。自然界中能够氧化硫化物的微生物主要有丝状硫细菌、光合硫细菌与硫杆菌。它们能将硫化物氧化成硫酸盐，同时以单质硫、硫代硫酸盐、连多硫酸盐、亚硫酸盐等为中间产物。微生物法是近年来才发展起来的脱硫新工艺，用以替代常规脱硫技术，但是提高单质硫的产率、优化工艺等方面仍需加大研究力度。微生物脱硫的基本原理是将硫化物溶解于水中，然后利用微生物对硫的氧化作用将之催化氧化成单质硫或硫氧化物而除去。

3.5.2.7 电化学法脱硫

电化学法是利用电极氧化还原反应脱除硫化氢和二氧化硫的一种新方法。该方法因其处理效率高、操作简便、易实现自动化、环境兼容好、无副产物产生和二次污染等优点，所以发展前景非常广阔。其脱除 H_2S 原理是：首先将硫化氢溶于碱性水溶液中生成硫化物溶液，电解该水溶液，在阳极可得到单质硫，阴极产生氢气。

3.5.2.8 分解法脱硫

高温热分解法工艺是在非催化条件下，通过热裂解，将 H_2S 分解为硫的过程。H_2S 分解为强吸热反应，即使在反应温度很高（1000 K 以上）的条件下，分解反应的平衡转化率仍很低（小于 10%）。

3.5.3　一氧化碳（CO）净化技术

目前，对空气中 CO 污染的控制方法主要包括源头控制和末端控制两种方法。源头控制，就是要从释放 CO 的污染源入手进行污染物的控制与消除。CO 的主要来源包括人为来源和自然来源。对于 CO 的自然来源，无法控制其产生过程，因此在这不做考虑。就 CO 的人为来源来说，要想从源头控制 CO 污染可以采取以下措施：(1) 淘汰部分耗油量大、污染物排放量严重超标的机动车；(2) 强化机动车生产及使用过程，进行车用燃料清洁化；(3) 对于化学工业，改进生产过程中所使用的燃料结构或生产工艺，选用清洁燃料，降低 CO 的排放量；(4) 对路边烧烤等餐饮业加大管制力度，改革居民生活中使用的燃具灶具等。CO 污染的末端控制是指在污染物 CO 被排放到空气中之前，对其采取的一些物理的、化学的或是生物的手段和方法，从而减少其最终排放到环境中的量或减轻其对人体的危害。目前，对于 CO 污染的末端控制主要包括物理方法和化学方法。

3.5.3.1　物理方法

物理方法主要包括变压吸附法、多孔材料吸附法。变压吸附（PSA）工艺对高浓度 CO 工业废气（20% V/V）有较好的回收利用价值，可适用于工厂的集中制氨。但 PSA 技术使用的设备庞大，不仅初期投资大而且运行管理成本也很高，而且回收低浓度（低于 20% V/V）气体 CO 产生的经济价值很低。多孔材料（如活性炭）吸附法在室内小范围低浓度 CO 的处理中用得比较多，其缺点是需要定期更换吸附饱和的吸附剂，且对吸附剂的回收处理难度大、成本高。

3.5.3.2　化学方法

化学方法主要包括铜氨溶液吸收法、水煤气变换法、甲烷化法和高效催化氧化（催化燃烧）法。铜氨溶液吸收工艺吸收产品分离难度大，产生的经济价值低，废液的处理需额外投资，很难适用于 CO 浓度大、持续排放时间长的行业。水煤气变换法是将 CO 和水蒸气在催化剂作用下生成 CO_2 和 H_2 的方法，该方法优点是能去除高浓度 CO，缺点是对低浓度 CO 去除效果不理想。甲烷化法是利用催化剂催化 CO 和 CO_2 与 H_2 反应生成甲烷的一种方法，这个过程会消耗大量的氢气，且容易与水煤气变换反应同时发生而影响 CO 的去除。目前，对于浓度为 10%左右甚至更低的低浓度 CO 的处理，催化氧化法不仅可使尾气 CO 排放浓度低于 100×10^{-6}，还可用尾气热量作为工业生产的能源。

A　催化氧化法

工业上主要采用催化氧化法来净化 CO。因为该法具有工艺设备简单、易操作、脱除效率高等优点。CO 催化氧化反应是一个表面的双分子反应，许多学者将其作为一个典型的催化氧化模型。目前常见的 CO 催化氧化机理主要包括 Langnuir-Hinshelwood 机理，Eley-Rideal 机理，氧化-还原机理，金属-载体相互作用（IMSI）机理等。

(1) Langmuir-Hinshelwood（L-H）机理。金属表面吸附 CO 分子，当 CO 分子脱附时为 O_2 分子打开吸附位点，从而使部分 O_2 分子和 CO 分子同时吸附金属表面，吸附的 O_2 分子解离为吸附态 O 原子，与化学吸附在金属表面的 CO 分子反应生成 CO_2，此类反应无需晶格氧的参与。近年来，Cu 催化剂表面 CO 的氧化反应机理已被广泛研究。

(2) Eley-Rideal（E-R）机理。在氧化性的条件下（即 $CO/O_2\approx1$），金属表面以氧气

分子的吸附为主，抑制了 CO 分子的吸附。是吸附在金属表面的 O_2 解离为吸附态 O 原子和吸附性弱的 CO 进行的反应。在氧化性的条件下，金属 Ru 催化 CO 氧化表现为 Eley-Rideal(E-R) 机理。Langrnuir-Hinshelwood(L-H) 机理与 Eley-Rideal(E-R) 机理是绝大多数气-固相催化反应最常见的机理。

(3) 氧化还原机理。CO 吸附在催化剂表面且被活化，与催化剂表面的晶格氧发生反应，消耗掉的晶格氧由气相中的氧补充，形成气相氧-吸附态氧-晶格氧的循环，实现 CO 的持续氧化。

(4) 金属-载体相互作用（IMSI）机理。负载在活性载体（如 CeO_2）上的金属氧化物，其 CO 催化氧化活性往往较高。这是因为对于这类催化剂，载体与金属之间存在相互作用。O_2 在界面（金属 - 载体接触面）的吸附起到了非常重要的作用。在金属和载体的界面处，由于载体上产生氧空穴，形成了非常活跃的活性中心，从而有利于提高催化活性。

催化氧化法的核心是脱除 CO 的高效催化剂，CO 氧化催化剂的种类繁多，例如贵金属催化剂（Pt、Pd、Ru、Au 等），非贵金属催化剂（Cu、Mn、Ni、Fe、Co、Cr 等），金属氧化物催化剂（Cu_2O、ZnO 等），尖晶石型催化剂（亚络酸铜、锰钴酸盐等），钙钛矿型催化剂等。

B 吸附法

吸附法利用分子之间的作用力，将含有污染物的空气通过有吸附能力的固体吸收剂，使气相中的污染分子与固体之间形成作用力吸附固体表面，实现气体的净化。常用的具有吸附能力的物质包括活性炭、硅胶、分子筛、活性氧化铝等。根据吸附机理，一般分为物理吸附、化学吸附和离子交换三种，离子交换法对于 CO 体系不适用。

C 溶液吸收法

由于 CO 的化学性质非常稳定，因而很难溶于多数极性或者非极性的溶剂，更不溶于常规溶剂。但科学家们很早就发现 CO 很容易与一些金属离子（以及铁离子或金属本身）形成络合物，最早发现的是 CO 可以与 Cu^{2+} 形成稳定的络合物，并将其应用到了合成氨工业的原料气中 CO 的脱除，并在此基础上发展了一系列 CO 分离提纯以及合成气的净化技术，其中已经实现工业化的有铜氨溶液法，Cosorb 法等方法。

3.5.4 二氧化碳（CO_2）净化技术

3.5.4.1 物理吸附法

物理吸附法主要是利用固态吸附剂对原料气体中的 CO_2 的选择性可吸附作用来分离回收 CO_2，吸附剂一般为一些特殊的固体材料，如：沸石、活性炭、分子筛等，吸附过程又分为变压吸附（PSA）和变温吸附（TSA）。PSA 法的再生时间比 TSA 法短很多，且 TSA 法的能耗是 PSA 法的 2~3 倍。因此，工业上普遍采用的是 PSA 法。

变压吸附技术的基本原理是利用气体组分在固体吸附剂上吸附特性的差异，通过周期性的压力变化过程实现气体的分离。吸附剂具有两个基本性质：一是不同组分的吸附能力不同；二是吸附质在吸附剂上的吸附容量随吸附质的分压上升而增加，随吸附温度的上升而下降。利用吸附剂的第一个性质，可实现对混合气体中某些组分的优先吸附而使其他组分得以提纯；利用吸附剂的第二个性质，可实现吸附剂在低温、高压下吸附而在高温、低压下解吸再生。通过研发和选择不同功能的吸附剂，可实现不同气体的分离。工业上采用多个吸附床，使得吸附和再生交替或依次循环进行，保证整个吸附过程的连续。常采用的工艺流程是四步循环，即吸附、降压、抽真空、升压。

变压吸附分离过程一般在中等压力（0.3～6.0 MPa）下进行，全系统压差<0.25 MPa。每个过程按照设定的程序自动运行，自动化程度高，操作简单，设备不需要特殊材料。可同时去除原料气中的 H_2O 以及硫化物等工业上常见的有害组分，流程简单，操作费用低。

3.5.4.2　溶剂吸收法

溶剂吸收法是通过化学反应有选择性地吸收易溶于溶液的气体。有机胺溶液吸收 CO_2 的原理是利用碱性吸收剂与 CO_2 接触并发生化学反应，形成不稳定的盐类，其在一定条件下逆向解吸出 CO_2，于是将烟道气中的 CO_2 分离提纯脱除。依据氮原子上取代基的空间结构可将有机胺分为链状取代胺和空间位阻胺，同时依据氮原子上氢原子的个数，取代胺可分为伯胺、仲胺和叔胺。

伯胺、仲胺和叔胺吸收 CO_2 的机理：有机胺吸收 CO_2 的情况可以分为有水参与和无水参与两种，无水或有水情况下，伯胺和仲胺都能与 CO_2 反应。无水时，叔胺无法与 CO_2 反应，所以叔胺在无水时不能吸收 CO_2，而伯胺和仲胺易于和 CO_2 生成氨基甲酸盐，伯胺和仲胺无水吸收 CO_2。

3.5.4.3　光催化法

光催化法净化 CO_2 是在常温常压下，利用太阳光和半导体光催化材料将 CO_2 高效地转化为碳氢化合物（如甲烷、甲醇等）。这一技术的实现：一方面可以减少空气中 CO_2 的浓度，降低温室气体效应；另一方面 CO_2 可能取代石油和天然气成为化工中的碳源，能够部分缓解日益紧张的能源危机。因此将大气中 CO_2 合理地开发和利用，将其转化为有价值的产品，将对环境保护、碳资源的合理利用及人类社会的可持续发展具有非常重要的意义。

光催化 CO_2 还原研究的核心是光催化材料，它是决定光催化还原 CO_2 过程得以实际应用的重要因素之一，因此，探索和开发各种潜在的高效光催化材料是当今重要的研究方向。

光催化还原 CO_2 基本原理：光催化还原 CO_2 是基于模拟植物的光合作用。绿色植物光合作用固定 CO_2 是有机物质合成的出发点，它既是人类赖以生存的基础，同时也为人工光合成还原 CO_2 提供了借鉴。植物光合作用过程的关键参与者是叶绿素，它以太阳光作为动力，把经由气孔进入叶子内部的 CO_2 和由根部吸收的水转变成为淀粉，同时释放 O_2。

光催化还原 CO_2 合成碳氢燃料主要依赖于光催化材料和光源。由于光源为外部条件，因此半导体光催化研究的焦点和核心是光催化材料。目前所报道的光催化材料几乎涵盖了元素周期表中的 s、p、d 区及 La 系元素，如：s 区有 Na、K、Sr 等，p 区有 Ga、In、Ge、Bi 等，d 区有 Ti、Nb、Co、Zn 等，La 系有 La、Ce、Sm，主要通过复合、担载或掺杂等方法来提高材料的光催化活性。主要的光催化材料有 TiO_2、钙钛矿（ABO_3）型、尖晶石型、掺杂氧化物型、复合光催化材料等。

3.5.4.4 低温蒸馏法

低温蒸馏法是通过低温冷凝分离 CO_2 的物理过程，一般是将原料气经过多次压缩和冷却，引起组分相变而分离其中的 CO_2，主要用于从油田伴生气中分离提纯。蒸馏法对于高浓度的 CO_2(60%，体积分数）分离回收较为经济，适用于油田现场。

与其他分离方法相比，低温蒸馏法最大的优势在于产物是液态 CO_2，便于管道和槽罐车运输，但是蒸馏工艺需较大能耗以保持系统冷却的能量。另外，低温工艺也无法单独使用，SO_2、NO_2、水蒸气和 O_2 等杂质气体需要预脱除，以保证 CO_2 分离的顺利进行。

3.5.4.5 膜分离法

相比于前面几种净化方法而言，膜分离法具有一次性投资较少、设备紧凑、占地面积小、能耗低、操作简便、维修保养容易等优点。气体膜分离技术的原理是在压力的驱使下，借助混合气体中不同组分在高分子膜上渗透速率的差异来进行分离的，渗透率高的气体以较高的速率通过薄膜，而渗透率低的气体则在薄膜的进气侧形成残留气体。现阶段，膜分离法更适用于 CO_2 浓度相对较高的场合，如天然气中 CO_2 的去除及燃烧前 CO_2 捕捉。因而，从实际效果和发展前景看，膜分离法具有明显优势。根据传递机制的不同将膜分离法分离 CO_2 技术分为膜吸收、气体渗透和支撑液膜。

3.5.5 二氧化氮（NO_2）净化技术

二氧化氮净化技术一般有催化还原法、液体吸收法、吸附法、液膜法、等离子体法与微生物法。

3.5.5.1 催化还原法

催化还原工艺是一种广泛用于废气脱硝的成功技术，主要作用原理是在高温、催化剂存在的条件下，将废气中的 NO_2 还原成无污染的 N_2，由于反应温度较高，同时需要催化剂，设备投资较大，运行成本较大。影响催化脱硝的因素有催化剂、还原剂用量、空间速度与反应温度。

不同的催化剂具有不同的活性，催化剂活性强代表着选择性弱，会伴随副反应，同时反应温度与影响脱硝效果；应选择合适的催化剂和控制反应温度，使主反应速度大大超过副反应速度，则有利于 NO_2 的脱除；目前，大都采用非贵金属作催化剂，如 Al_2O_3 为载体的铜铬催化剂、TiO_2 为载体的钒钨和亚铬酸铜催化剂、氧化铁载体催化剂等，贵金属催化剂多采用铂。

选择性催化还原法（SCR）通常用 NH_3 作为还原剂，还原剂不与 O_2 发生反应，NH_3 用量采用 NH_3 与 NO_2 的摩尔比来衡量，催化剂可选铂或非重金属，不同催化剂使用 NH_3/NO_2 的范围不同，生产上一般控制为1.4~1.5。非选择性催化还原法（SNCR）用 H_2、CH_4、CO 或由它们组成的燃料气为还原剂，还原剂发生氧化反应生成 CO_2 和 H_2O，催化剂为贵金属铂、钯等。

空间速度标志废气在反应器内的停留时间，一般由实验确定，空间速度过小，催化剂和设备利用率低，空间速度大，气体和催化剂的接触时间短，反应不充分，则 NO_2 脱除率下降。

采用选择性催化还原法（SCR）工艺时，对温度应实施严格控制，SCR 的最佳温度为

300~400 ℃，这时仅有主反应能够进行，若温度低于200 ℃，可能生成硝酸铵（NH_4NO_3）和有爆炸危险的亚硝酸铵（NH_4NO_2），严重时会堵塞管道；采用非选择性催化还原法（SNCR）时，反应温度为550~800 ℃，将废气中的NO_2还原为N_2，该法NO_2脱除率可达90%，但还原剂耗量大，需采用贵金属催化剂和装设热回收装置，费用高，以及还原剂发生氧化反应时导致催化剂温度急剧升高，工艺操作复杂，因此逐渐被淘汰，多改用选择性催化还原法。

3.5.5.2 *液体吸收法*

用水或酸、碱、盐的水溶液来吸收废气中的NO_2，使废气得以净化。该方法设备投资省，运行成本较低。NO_2吸收方法有水吸收法、酸吸收法、碱吸收法、氧化-吸收法、吸收还原法及液相配合法等。

水吸收NO_2时，水与NO_2反应生成硝酸（HNO_3）和亚硝酸（HNO_2）。生成的HNO_2很不稳定，快速分解后会放出部分NO。常压时NO在水中的溶解度非常低，0 ℃时为7.34 mL/100 g水，沸腾时完全逸出，它也不与水发生反应。因此常压下该法效率很低，不适用于NO占总NO_x 95%的燃烧废气脱硝。提高压力（约0.1 MPa）可以增加对NO_2的吸收率，通常作为硝酸工厂多级废气脱硝的最后一道工序。

酸吸收法普遍采用的是稀硝酸吸收法。由于NO在12%以上硝酸中的溶解度比在水中大100倍以上，故可用硝酸吸收NO_2废气。硝酸吸收NO_2以物理吸收为主，最适用于硝酸尾气处理，因为可将吸收的NO_2返回原有硝酸吸收塔回收为硝酸。

影响酸吸收效率的主要因素如下。

（1）温度。温度降低，吸收效率急剧增大。温度从38 ℃降至20 ℃，吸收率由20%升至80%。

（2）压力。吸收率随压力升高而增大。吸收压力从0.11 MPa升至0.29 MPa时，吸收率由4.3%升至77.5%。

（3）硝酸浓度。吸收率随硝酸浓度增大呈现先增加后降低的变化，即有一个最佳吸收的硝酸浓度范围。当温度为20~24 ℃时，吸收效率较高的硝酸浓度范围为15%~30%。

此法具有工艺流程简单，操作稳定，可以回收NO_2为硝酸，但气液比较小，酸循环量较大，能耗较高。由于我国硝酸生产吸收系统本身压力低，至今未用于硝酸尾气处理。

碱液吸收法的实质是酸碱中和反应。在吸收过程中，首先，NO_2溶于水生成硝酸HNO_3和亚硝酸HNO_2；然后HNO_3和HNO_2与碱（NaOH、Na_2CO_3等）发生中和反应生成硝酸钠$NaNO_3$和亚硝酸钠$NaNO_2$。对于不可逆的酸碱中和反应，可不考虑化学平衡，碱液吸收效率取决于吸收速度。

碱液吸收法广泛用于我国的NO_x废气治理，其工艺流程和设备较简单，还能将NO_x回收为有用的亚硝酸盐、磷硝酸盐产品，但一般情况下吸收效率不高。考虑到价格、来源、不易堵塞和吸收效率等原因，碱吸收液主要采用NaOH和Na_2CO_3，尤以Na_2CO_3使用更多。但Na_2CO_3效果较差，因为Na_2CO_3吸收NO_x的活性不如NaOH，而且吸收时产生的CO_2将影响NO_2的溶解。

液相还原吸收法普遍采用碱-亚硫酸铵吸收法，属于湿式分解法，采用液相还原剂将NO_2还原为N_2，常用的还原剂有亚硫酸盐、硫化物、硫代硫酸盐、尿素水溶液。其净化原理是通过两级碱液吸收 NO_2，废气通过第一级碱液（NaOH、Na_2CO_3 等），反应生成 $NaNO_3$ 和水或 $NaNO_2$ 和 CO_2，第二级碱液采用 NH_4SO_3、NH_4HSO_3 等，反应后生成 $(NH_4)_2SO_4$ 和 N_2 或 NH_4HSO_4 和 N_2。

氧化吸收法一般采用硝酸氧化-碱液吸收法，其净化原理第一级用浓硝酸将 NO 氧化成 NO_2，使废气或尾气中氮氧化物（NO_x）的氧化度大于或等于 50%，第二级再采用碱液（$NaCO_3$）吸收 NO_2。

3.5.5.3 吸附法

吸附法主要利用吸收材料、吸附剂吸附废气中的 NO_2，由于吸附容量小，故该法用于 NO_2 浓度低、气量小的废气处理。常用工业吸附剂有活性氧化铝、硅胶、活性炭和沸石分子筛。

3.5.5.4 液膜法

液膜法利用液体对气体的选择性吸收从而使低浓度的气体在液相富集，液膜为含水液体，置于两组多微孔憎水的中空纤维管之间，构成渗透器，这种结构可消除操作中时干时湿的不稳定性，可延长设备的寿命。

3.5.5.5 等离子体法

等离子体法通常采用高能电子活化氧化法——电子束照射法，利用高能电子撞击烟气中的 H_2O、O_2 等分子，产生氧化性很强的自由基，将烟气中的 SO_2，氧化成 SO_3，并生成硫酸。将 NO 氧化成 NO_2 并生成硝酸，硝酸与加入的 NH_3 反应生成硝酸铵。

复习思考题及习题

3-1 摩尔比的物理意义是什么，为什么在吸收操作计算中常用摩尔比？

3-2 画出吸收过程的操作线和平衡线，且利用该图简述吸收过程的特点。

3-3 为什么下列公式都是亨利定律表达式，它们之间有何联系？

$$\begin{cases} C = HP^* \\ P^* = Ex \\ Y^* = mx \end{cases}$$

3-4 什么是吸收推动力，吸收推动力有几种表示方法，如何计算吸收塔的吸收推动力？

3-5 在 $P=101.3$ kPa、$t=20$ ℃时，氨在水中的溶解度见表 3-5。

表 3-5 题 3-5

NH_3 的分压力/kPa	0	0.4	0.8	1.2	1.6	2.0
溶解浓度（kg NH_3/100 kgH_2O）	0	0.5	1	1.5	2.0	2.5

把上述关系换算成 Y^* 和 X 的关系，并在 Y-X 图上绘出平衡图，求出相平衡系数 m。

3-6 双膜理论的基本点是什么？根据双膜理论分析提高吸收率及吸收速率的方法。

3-7 吸附层的静活性和动活性是什么，提高动活性有何意义？

3-8 某排气净化系统中含 SO_2，如果用大量的初始含量（摩尔比）为 2.63×10^{-5} kmol(SO_2)/kmol(H_2O)的水去吸收气，问排气中可达到的 SO_2 最低浓度是多少 mg/m^3（水吸收 SO_2 和相平衡系统 $m=38$）。

3-9 吸收法和吸附法各有什么特点，它们各适用于什么场合？

3-10　SO_2 和空气混合体在 $P=101.325$ kPa、$t=20$ ℃时与水接触，当水溶液中 SO_2 含量达到 2.5%（质量分数），气液两相达到平衡，求这时气相中 SO_2 分压力(kPa)？

3-11　常见的有害气体吸收剂和吸附剂有哪些？

3-12　简述氨气（NH_3）、硫化氢（H_2S）、一氧化碳（CO）、二氧化碳（CO_2）和二氧化氮（NO_2）净化技术。

4 尘毒控制装置

4.1 除尘器性能及分类

4.1.1 除尘器性能的指标

除尘器是从含尘气流中将粉尘颗粒予以分离的设备。也是通风除尘系统中的主要设备之一，它的工作好坏将直接影响到排往空气中粉尘浓度，从而影响周围环境的卫生条件。除尘器的类型众多，在选择除尘器时，必须从各类除尘器的除尘效率、阻力、处理风量、漏风量、耗钢量、一次投资、运行费用等指标加以综合评价后才确定。

4.1.1.1 除尘效率

除尘器的总除尘效率是指含尘气流在通过除尘器时，所捕集下来的粉尘量（包括各种粒径的粉尘）占进入除尘器的粉尘量的百分数 $\eta(\%)$，即

$$\eta = \frac{G_c}{G_i} \times 100\% \tag{4-1}$$

式中，G_i 为进入除尘器的粉尘量，kg/s；G_c 为被捕集的粉尘量，kg/s。

除尘效率是衡量除尘器清除气流中粉尘的能力，一般根据总除尘效率的不同，除尘器可分为：

(1) 低效除尘器，除尘效率为 50%~80%，如重力沉降式、惯性除尘器等；

(2) 中效除尘器，除尘效率为 80%~95%，如低能湿式除尘器、颗粒层除尘器等；

(3) 高效除尘器，除尘效率为 95%以上，如电除尘器、袋式除尘器、文丘里除尘器等。

除尘器的除尘效率除了与其结构有关，还取决于粉尘的性质、气体的性质、运行条件等因素。如果除尘器结构严密不漏风，式（4-1）可写成：

$$\eta = \frac{Q_1 C_1 - Q_2 C_2}{Q_1 C_1} \times 100\% = \frac{C_1 - C_2}{C_1} \times 100\% \tag{4-2}$$

式中，Q_1、Q_2 分别为除尘器进口和出口的风量，m^3/s；C_1、C_2 分别为除尘器进口和出口空气中粉尘浓度，mg/m^3。

式（4-1）要通过称重求得除尘器的除尘效率，称为质量法，这种方法得到的结果比较准确，多用于实验室或产品的鉴定。由于生产过程的连续性，质量法在生产现场往往难以进行，因此，在生产现场一般采用浓度法，也就是先同时测出除尘器进出口的风量和含尘浓度，然后再按式（4-2）计算除尘效率。

4.1.1.2 分级除尘效率

分级除尘效率是指某一粒径（或粒径范围）下的除尘效率 η_d，可用下式表示：

$$\eta_{\mathrm{d}} = \frac{G_{\mathrm{cd}}}{G_{\mathrm{id}}} \times 100\% \tag{4-3}$$

式中，G_{id}为除尘器入口气流中粒径 d 的粉尘量，kg/s；G_{cd}为除尘器被捕集的粉尘量，kg/s。

分级效率与总除尘效率的关系如下式表示

$$\eta = \sum_{\mathrm{i}}^{n} \eta_{\mathrm{i}} \varphi_{\mathrm{id}} \tag{4-4}$$

式中，φ_{id}为除尘器进口气流中粒径为 d 的粉尘质量分数，%。

4.1.1.3　穿透率

除尘效率是从除尘器所捕集的粉尘的角度来评价除尘器性能，而穿透率是从除尘器未被捕集的粉尘的角度来评价除尘器性能，这是一个问题的两方面。穿透率（P）是指气流中未被捕集的粉尘占进入除尘器粉尘量的百分数，可用下式表示

$$P = (1 - \eta) \times 100\% \tag{4-5}$$

穿透率反映了排入大气中粉尘量的概念，根据穿透率可以直接计算出排入大气的总尘量。

4.1.1.4　多级除尘器的总除尘效率

如果两台或两台以上除尘器串联运行时，假定第一级除尘器的总除尘效率为 η_1，第二级除尘器的总除尘效率为 η_2，其他依次类推，第 n 级除尘器的总除尘效率为 η_n，则 n 台除尘器串联运行时，其总除尘效率 η 为：

$$\eta = 1 - (1 - \eta_1)(1 - \eta_2)\cdots(1 - \eta_n) \tag{4-6}$$

4.1.1.5　除尘器的阻力

除尘器阻力是评定除尘器性能的重要指标，它也是衡量除尘设备的能耗和运行费用的一个指标。根据除尘器的阻力可分：

(1) 低阻力除尘器，$\Delta P<500$ Pa，一般指重力除尘器、电除尘器等；

(2) 中阻力除尘器，$500\ \mathrm{Pa}<\Delta P<2000$ Pa，如旋风除尘器、袋式除尘器、低能耗型湿式除尘器等；

(3) 高阻力除尘器，$\Delta P>2000$ Pa，主要有高能耗文丘里除尘器。

除尘器的阻力 ΔP 是以除尘器前后管道中气流的平均全压差来表示：

$$\Delta P = P_{\mathrm{ti}} - P_{\mathrm{to}} + P_{\mathrm{H}} \tag{4-7}$$

$$P_{\mathrm{H}} = (\rho_{\mathrm{a}} - \rho_{\mathrm{g}}) gH \tag{4-8}$$

式中，P_{ti}、P_{to}分别为除尘器前后管道内的平均全压，Pa；P_{H} 为高温气体在大气中的浮力校正值，Pa；ρ_{g} 为管道内气体的密度，kg/m^3；ρ_{a} 为大气密度，kg/m^3；g 为重力加速度，m/s^2；H 为除尘器前后管道测点的高差，m。

当除尘器前后管道的测点在同一高度或相差不大时，可忽略高度的影响。式（4-7）可写成：

$$\Delta P = P_{\mathrm{ti}} - P_{\mathrm{to}} \tag{4-9}$$

当除尘器出入口管道的直径相同时，阻力即可直接用静压表示：

$$\Delta P = P_{\mathrm{i}} - P_{\mathrm{o}} \tag{4-10}$$

式中，P_i、P_o 分别为除尘器前后管道内的平均静压，Pa。

在通风除尘中经常采用阻力系数 ζ 来评定除尘器的性能，即

$$\zeta = \frac{\Delta P}{\frac{1}{2}\rho_g u^2} \quad 或 \quad \Delta P = \zeta\left(\frac{1}{2}\rho_g u^2\right) \tag{4-11}$$

式中，u 为除尘器进口气流速度，m/s。

从式（4-11）可以看出，阻力系数与速度平方成正比，因此用阻力系数 ζ 来比较各种除尘器的性能是比较方便的。

4.1.1.6 除尘器的经济性

除尘器的经济性包括除尘器的设备费和运行维护费两部分，它是评定除尘器的重要指标之一。设备费主要指除尘器的材料消耗费（如耗钢量、滤袋、耐磨材料）、加工制作费、安装费用以及除尘器的各种辅助设备（如反吹风机、电控装置、水处理设备、压缩空气等）的费用。

运行维护费主要有气流通过除尘器所做的功、清灰时所消耗的能量、以及易损件的更换、维修材料等。

除尘器的运行费主要是指除尘器的耗电量，取决于除尘器的阻力和处理风量，可按下式计算。

$$N = \frac{Q\Delta P}{1000 \times \eta}\tau \tag{4-12}$$

式中，N 为耗电量，kW·h；Q 为除尘器的处理风量，m^3/s；ΔP 为除尘器的阻力，Pa；η 为运行效率（包括风机、电动机和传动效率），%；τ 为运行时间，h。

4.1.2 除尘机理及除尘器的分类

由于生产和环境保护的需要，在实践中采用了各种各样的除尘器，但各种除尘器的除尘机理各不相同，习惯上将除尘器分为机械式除尘器、过滤式除尘器、湿式除尘器和静电除尘器四大类。这四大类都有优缺点。

4.1.2.1 机械式除尘器

它是利用质量力（重力、惯性力和离心力等）的作用使粉尘从气流中分离出来的。结构简单、造价低、维护方便，除尘效率不高。如重力沉降室、惯性除尘器、旋风除尘器。

4.1.2.2 过滤式除尘器

它是利用织物或多孔填料层的过滤作用使粉尘从气流中分离出来的。除尘效率高，对呼吸性粉尘也可保持较高的除尘效率，经济性好，便于回收有价值的颗粒。一次性投资高，附属部件多，滤料容易堵塞，损坏，工作性能不稳定。如袋式除尘器、颗粒层除尘器等。

4.1.2.3 湿式除尘器

它是利用液滴或液膜洗涤含尘气流，使粉尘从气流中分离出来。设备简单、造价低、除尘效率高。有时会消耗较高的能量，需要进行污水处理，处理风量受脱水器性能的限制。如低能湿式除尘器、高能文丘里除尘器等。

4.1.2.4 静电除尘器

它是利用高压电场使尘粒荷电，在库仑力的作用下使粉尘从气流中分离出来的。具有除尘效率高（特别对呼吸性粉尘），消耗动力少的优点。同时由于设备复杂，投资大，维护要求严，不宜应用于有爆炸性的粉尘。如干式除尘器、湿式除尘器。

理论和实验已证明各种除尘器都具有一定的除尘效率，不同类型的除尘器对不同粒径的除尘效率是不一样的，见表 4-1，从表中可以看出，对于大于 50 μm 的粗尘，各种类型的除尘器都有一定效果；对于小于 5 μm 的呼吸性粉尘，使用文丘里除尘器、袋式过滤除尘器、自激式湿式除尘器和静电除尘器等高效除尘器能得到满意的效果。因此，要根据粉尘产生的实际条件，选择合理的除尘器类型。

表 4-1 各种除尘器对不同粒径粉尘的除尘效率

类别	除尘器名称	除尘效率/%		
		50μm	5μm	1μm
机械式除尘器	惯性除尘器	95	16	3
	中效旋风除尘器	94	27	8
	高效旋风除尘器（多管除尘器）	96	73	
	重力除尘器	40		27
过滤式除尘器	振打袋式除尘器	>99	>99	99
	逆喷袋式除尘器	100	>99	99
湿式除尘器	冲击式除尘器	98	85	38
	自激式除尘器	100	93	40
	空心喷淋塔	99	94	55
	中能文丘里除尘器	100	>99	97
	高能文丘里除尘器	100	>99	99
	泡沫除尘器	95	80	
	旋风除尘器	100	87	42
静电除尘器	干式除尘器	>99	99	86
	湿式除尘器	>99	98	92

4.1.3 选择除尘器时应注意事项

4.1.3.1 除尘器必须满足所要求的净化程度

除尘器需要达到的除尘效率可根据除尘器入口含尘浓度与生产技术上的要求、限制烟尘排放浓度的标准按式（4-2）求得。如果除尘器出口气体排入大气，要满足《环境空气质量标准》（GB 3095—2012）修改单的要求，该标准中限定了 33 种大气污染物的排放限值，其指标体系为最高允许排放浓度、最高允许排放速率和无组织排放监测浓度限值。同时该标准中的二氧化硫、二氧化氮、一氧化碳、臭氧、氮氧化物等气态污染物浓度为参比状态下的浓度。细小颗粒物（粒径小于等于 10 μm）、微细颗粒物（粒径小于等于 2.5 μm）、总悬浮颗粒物及其组分铅、苯并［a］芘等浓度为监测时大气温度和压力下的浓度。如果除尘器出口气体直接排入作业场所，要满足中华人民共和国国家职业卫生标准 GBZ 2.1—2019 的要求，即工作场所空气中粉尘职业接触限值。

4.1.3.2 除尘设备的运行条件

选择除尘器时必须考虑除尘系统中所处理烟气、烟尘的性质，使除尘器能正常运行，达到预期效果。

烟气性质：如温度、压力、黏度、密度、湿度、成分等对除尘器的选择有直接关系。

烟尘性质：如烟尘的粒度、密度、吸湿性和水硬性、磨损性对除尘器的选择及其正常运行都具有直接影响。

4.1.3.3 其他因素

选择除尘器时应考虑的其他因素主要有除尘设备的经济性、占地面积、维护条件以及安全因素等，因此，在除尘器的选择时，必须在满足所处理烟尘达到排放标准的基础上，确保除尘器运行中的技术、经济合理性。

4.2 机械式除尘器

机械式除尘器是利用重力、惯性力及离心力等机械作用，使含尘气流中的粉尘被分离捕集的除尘装置，包括重力沉降室、惯性除尘器和旋风除尘器。

4.2.1 重力沉降室

4.2.1.1 沉降速度

尘粒在静止空气中靠重力沉降如图 4-1 所示，则尘粒的运动方程为：

$$m_p \frac{du_p}{dt} = F_g + F_c + F_f \tag{4-13}$$

式中，m_p 为尘粒的质量，kg；u_p 为尘粒的速度，m/s；F_g 为尘粒所受的重力，N；F_c 为气体对尘粒的阻力，N；F_f 为气体对尘粒的浮力，N。

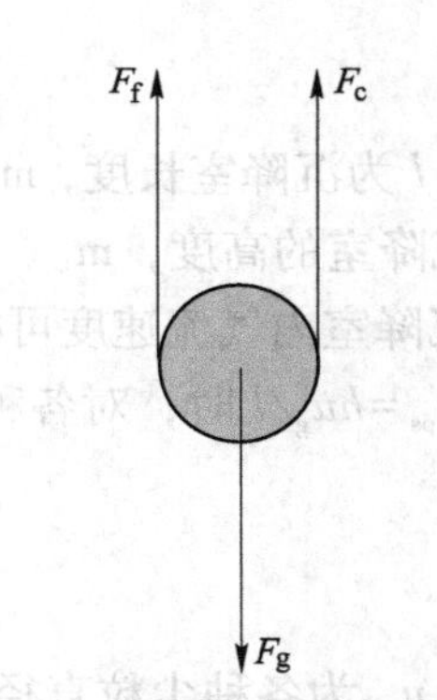

图 4-1 单个颗粒的沉降

F_g—重力；F_f—浮力；F_c—阻力

尘粒在静止空气中从静止或某一速度开始沉降，沉降过程中尘粒的速度不断变化，阻力也随之变化，当阻力 F_c、浮力 F_f 和重力 F_g 平衡时，尘粒以恒定速度沉降，此速度称为最终沉降速度 u_{ps}，在式（4-13）中，令 $du_p/dt=0$，$u_g=0$，则得：

$$u_{ps} = \sqrt{\frac{4(\rho_p - \rho_g) g d_p}{3C_p \rho_g}} \tag{4-14}$$

式中，ρ_p、ρ_g 分别为尘粒和空气的密度，kg/m^3；d_p 为尘粒的直径，m；C_p 为阻力系数。

根据分析和实验，球形尘粒的阻力系数 C_p 是尘粒雷诺数 Re_p 的函数，当 $Re_p \leqslant 1$

（Stokes 区），尘粒周围的流体大致呈层流状态，C_p 与 Re_p 呈直线关系，即

$$C_p = \frac{24}{Re_p} = \frac{24\mu_g}{u_p d_p \rho_g} \tag{4-15}$$

式中，μ_g 为气体的动力黏度，Pa · s。

将式（4-15）代入式（4-14）得：

$$u_{ps} = \frac{(\rho_p - \rho_g) g d_p^2}{18\mu_g} \tag{4-16}$$

由于 $\rho_p \gg \rho_g$，则由式（4-16）得：

$$u_{ps} = \frac{\rho_p g d_p^2}{18\mu_g} \tag{4-17}$$

4.2.1.2　沉降室的工作原理

重力沉降室是利用粉尘本身的重量使粉尘从空气中分离的一种除尘设备，如图 4-2 所示。含尘气流从风管进入一间比风管截面大得多的空气室后，流速大大降低，在层流或接近层流的状态下运动，其中的粉尘在重力作用下缓慢下降，落入灰斗。

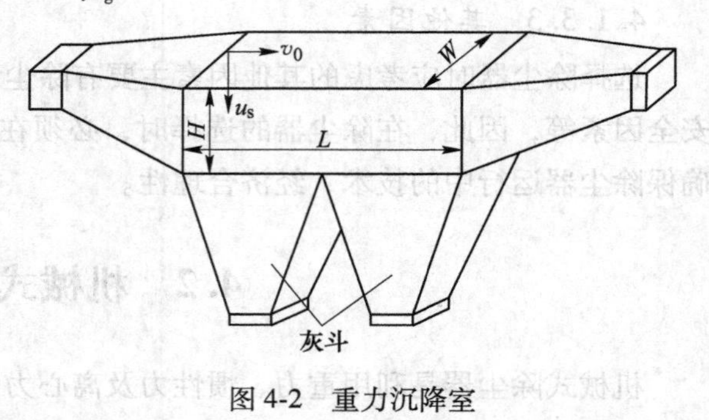

图 4-2　重力沉降室

在沉降室内，尘粒一方面以沉降速度 u_{ps} 下降，另一方面以气流在沉降室的流速 u_g 继续前进，要使沉降速度 u_{ps} 的尘粒在重力沉降室内全部除掉，含尘气流在沉降室的停留时间应大于或等于尘粒从沉降室顶部沉降到灰斗所需时间，即

$$\frac{l}{u_g} \geqslant \frac{H}{u_{ps}} \tag{4-18}$$

式中，l 为沉降室长度，m；u_g 为沉降室内气流的速度，m/s；u_{ps} 为尘粒的沉降速度，m/s；H 为沉降室的高度，m。

沉降室内气流速度可根据尘粒的比重和粒径确定，一般取 $u_g = 0.5$ m/s。当尘粒沉降速度 $u_{ps} = hu_g/l$ 时，对各种尘粒直径的分级效率 η_i 为：

$$\eta_i = \frac{l u_{psi}}{u_g H} \tag{4-19}$$

式中，u_{psi} 为各种尘粒直径的沉降速度，m/s。

将式（4-17）代入式（4-18）可求得重力沉降室能够分离出来的尘粒最小粒径 d_{min}，即：

$$d_{min} = \sqrt{\frac{18\mu_g H u_g}{\rho_p l g}} \tag{4-20}$$

由式（4-20）可以看出，尘粒的最小分离直径 d_{min} 与尘粒的下降高度 h 和水平气流速

度 u_g 成正比。因此，在处理微细粉尘时，为提高除尘效率就要降低尘粒的下降高度 H 或进入沉降室的水平气流速度 u_g。欲使 H 减小可在沉降室内沿高度上加隔板，即把单层沉降室改为多层沉降室，如图 4-3 所示。另外可用不同大小的垂直重力沉降室组合起来，用作粉尘的分级处理，如图 4-4 所示。

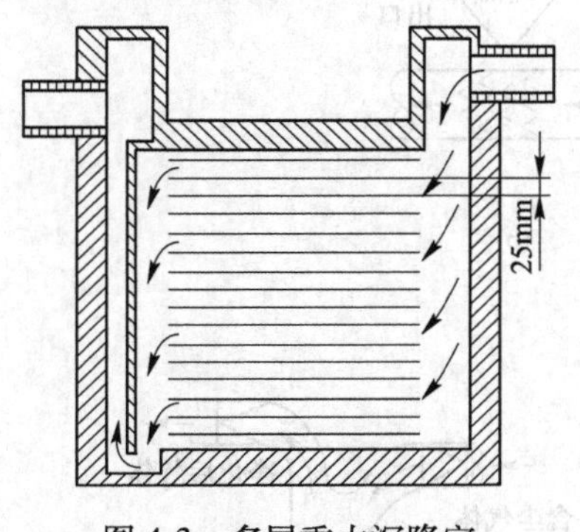

图 4-3　多层重力沉降室

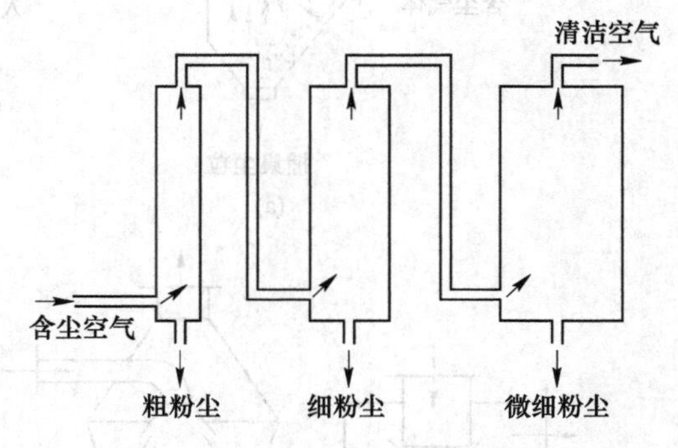

图 4-4　多级沉降室

4.2.1.3　沉降室的设计计算

设计重力沉降室时，先根据式（4-16）或式（4-17）算出需要捕集尘粒的沉降速度 u_{ps}，再假定沉降室高度 H，并确定沉降室内气流的速度 u_g，然后根据下列公式计算沉降室的长度 l 和宽度 B。

沉降室的长度为：

$$l \geqslant u_g \frac{H}{u_{ps}} \tag{4-21}$$

沉降室的宽度为：

$$B = \frac{Q}{Hu_g} \tag{4-22}$$

式中，Q 为沉降室处理的空气量，m^3/s。

沉降室内气流最好是层流，风速不宜太高，否则因紊流脉动将影响粉尘的沉降，且容易产生二次扬尘现象。

重力沉降室仅适用于除去 50 μm 以上粉尘，沉降室的压力损失约为 50~100 Pa，气流速度 u_g 通常取 1~2 m/s，除尘效率约为 40%~60%。

重力除尘器构造简单，施工方便，投资少，收效快，但体积庞大，占地多，效率低，不适于除去细小尘粒。故工程上应用不广泛，仅作多级除尘系统的第一级除尘装置（即前置除尘器）。

4.2.2　惯性除尘器

惯性除尘器是含尘气流在运动过程中，遇到障碍物（如挡板、水滴、纤维等）时，气流的运动方向将发生急剧变化，如图 4-5 所示。由于尘粒的质量比较大，仍保持向前运动的趋势，故有部分粉尘撞击到障碍物上而被沉降分离。

惯性除尘器较重力除尘器占地面积小些，能除掉粒径 20~30 μm 以上尘粒，除尘效率为 50%~70%，多作为高性能除尘器的前一级除尘器，用它先除去较粗的尘粒或炽热状态

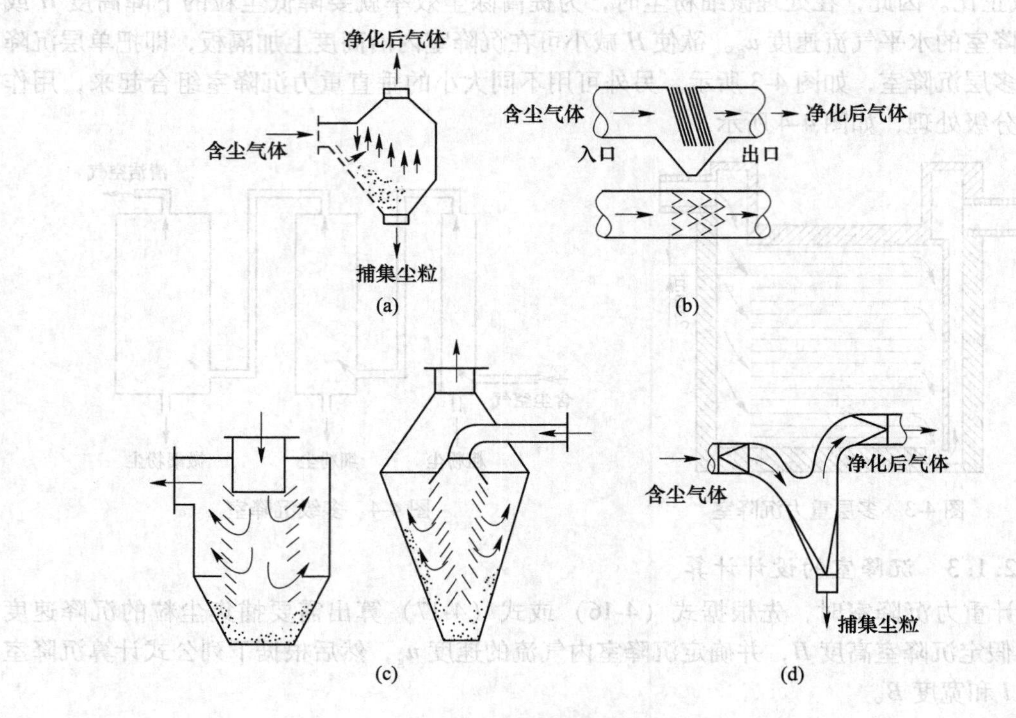

图 4-5 惯性除尘器

（a）单级冲击式；（b）多级冲压式；（c）百叶窗式；（d）反转式

的粒子。而气流速度及其压力损失随除尘器的型式不同而不同。

4.2.3 旋风除尘器

4.2.3.1 旋风除尘器的工作原理

旋风除尘器是利用离心力从含尘气体中将尘粒分离的设备。其除尘原理与反转式惯性力除尘器相类似。但惯性力除尘器中的含尘气流只是受设备的形状或挡板的影响，简单地改变了流线方向，尘粒只做半圈或一圈旋转，故尘粒所受到的离心力不大。而在旋风除尘器中，由于含尘气流做高速多圈旋转运动，因此旋转气流中的尘粒所受到离心力比较大。对于小直径、高阻力的旋风除尘器，离心力比重力大 2500 倍；对大直径、低阻力旋风除尘器，离心力比重力约大 5 倍。因此，用旋风除尘器从含尘气体中除下的粒子比用沉降室或惯性力除尘器除下的粒子要小得多。

旋风除尘器由筒体、锥体、排出管三部分组成，如图 4-6 所示。含尘气体由除尘器进口沿切线方向进入除尘器后，沿外壁由上而下做旋转运动，这股向下旋转的气体称为外旋涡。外旋涡随圆锥体的收缩而转向除尘器轴心，受底部所阻而返回，沿轴心向上转，最后经排出管排出，这股向上旋转的气流称为内旋涡。向下的外旋涡和向上的内旋涡旋转方向是相同的。气流做旋转运动时，尘粒在离心力作用下向外壁移动，到达外壁的尘粒在重力和向下气流带动下，沿壁面落入灰斗内。

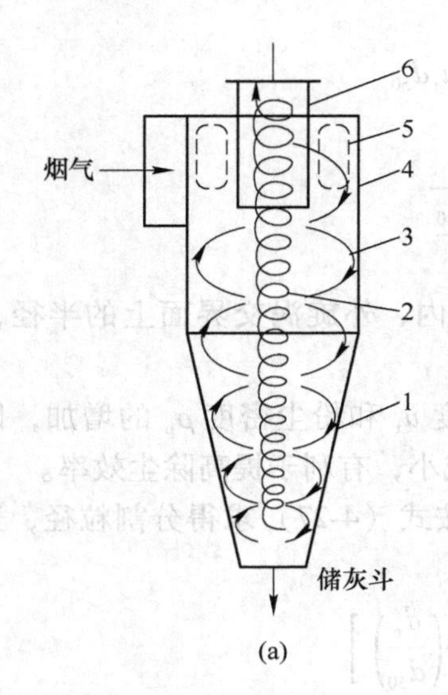

(a)

(b)

图 4-6 旋风除尘器

(a) 原理图；(b) 实物图

1—锥体；2—内旋涡；3—外旋涡；4—筒体；5—上旋涡；6—排出管

4.2.3.2 旋风除尘器的临界粒径

旋风除尘器所能捕集的最小粉尘直径，称为临界粒径 d_c。一般情况下临界直径越小，旋风除尘器的除尘性能越好，反之越差。从理论上说，小于临界粒径的尘粒是完全不能被捕集的。实际上，尘粒进入除尘器后，由于颗粒间的相互碰撞，细小微粒的凝聚，以及夹带、静电和分子引力作用等因素，使一部分小于临界粒径的细粉尘也被捕集。

在旋风除尘器内，外旋涡中尘粒所受的力有：惯性离心力 F_1(N) 和径向受到的气流对尘粒的阻力 P(N)，在不考虑其他力的作用时，尘粒在径向所受的合力 F(N) 为：

$$F = F_1 - P \tag{4-23}$$

尘粒所受的离心力 F_1 为：

$$F_1 = m\frac{u_t^2}{R} = \frac{\pi}{6}d_p^3\rho_p\frac{u_t^2}{R} \tag{4-24}$$

式中，m 为尘粒的质量，kg；u_t 为尘粒的切向速度，m/s，可以近似等于该点气流的切向速度；R 为尘粒的旋转半径，m。

当尘粒雷诺数 $Re_p \leqslant 1$ 时，尘粒受到的径向阻力 P 为：

$$P = 3\pi\mu_g u_r d_p \tag{4-25}$$

式中，u_r 为外旋涡中气流的径向平均速度，m/s。

在假想的正圆柱面上的尘粒，在离心力作用的同时还受有相反方向的阻力。在交界面上，如果 $F_1>P$ 时，尘粒向外运动；当 $F_1<P$ 时，则尘粒向内运动流入内旋涡，排出除尘器外；当 $F_1=P$ 时，尘粒进入内外旋涡机会相等，此时的除尘效率为 50%。除尘器的分级效率等于 50%所对应的尘粒粒径叫分割粒径，以 d_{50} 表示，它是旋风除尘器的一个重要指标。d_{50} 越小说明除尘器的除尘效率越高。

当 $F_1=P$ 时，将式（4-62）和式（4-63）代入式（4-61）得：

$$\frac{\pi}{6}d_{50}^{3}\rho_{p}\frac{u_{t}^{2}}{R}=3\pi\mu_{g}u_{r}d_{50} \tag{4-26}$$

由式（4-26）得分割粒径（50%）为：

$$d_{50}=\sqrt{\frac{18\mu_{g}u_{r}R_{0}}{\rho_{p}u_{t0}^{2}}} \tag{4-27}$$

式中，u_{t0}为交界面上气流的切向速度，m/s；R_0 为内、外旋涡交界面上的半径，约等于0.6倍排出管的半径，m。

由式（4-27）可知，随交界面上气流的切向速度 u_t 和粉尘密度 ρ_p 的增加，以及随外旋涡径向速度 u_r 及排气管半径的减小，都会使 d_{50}减小，有利于提高除尘效率。

当除尘器的结构尺寸及进口风速确定后，即可按式（4-27）求得分割粒径，这样可按下列实验公式近似地求得旋风除尘器的分级效率：

$$\eta_{p}=1-\exp\left[-0.693\left(\frac{d_{p}}{d_{50}}\right)\right] \tag{4-28}$$

应当指出的是，尘粒在旋风除尘器内的分离过程是很复杂的现象，难以用一个公式来表达。因此，根据某种假设条件得出的理论公式还不能进行较精确的计算。目前旋风除尘器的效率一般是通过实验确定。

4.2.3.3　影响旋风除尘器性能的因素

影响旋风除尘器性能的因素很多，使用条件和结构形式对旋风除尘器的性能都有不同程度的影响。

在使用方面，影响旋风除尘器性能的因素有进口风速、含尘气体的性质、除尘器底部的严密性等。

在结构方面，影响旋风除尘器性能的因素有入口形式、筒体直径、排出管直径、筒体和锥体高度和排尘口直径等。

现将旋风除尘器各组成部分的尺寸对除尘器性能的影响列入表4-2中。需要指出的是，这些尺寸的增加或减少不是无限的，达到一定程度后，其影响显著减少，甚至有可能因其他因素的影响而由有利因素转化为不利因素，这是设计中要引起注意的。有的因素对阻力有利，但对效率不利，因此在设计时必须加以兼顾。

表4-2　旋风除尘器结构尺寸对性能的影响

增　加	阻　力	效　率	造　价
筒体直径	降低	降低	增加
进口面积（风量不变）	降低	降低	—
进口面积（风速不变）	增加	增加	—
筒体高度	略降	增加	增加
锥体高度	略降	增加	增加
圆锥开口	略降	增加或降低	—
排出管插入长度	增加	增加或降低	增加
排出管直径	降低	降低	增加
相似尺寸比例	几乎无影响	降低	—
圆锥角	降低	20°~30°为宜	增加

4.2.3.4 多管旋风除尘器

旋风除尘器具有设备结构简单，造价低；没有传动机构及运动部件，维护修理方便而被广泛采用。可用于净化高温热烟气，能捕集粒径 10 μm 以上的尘粒，效率达 80%以上。

旋风除尘器的结构形式有很多，如组合式、旁路式、扩散式、直流式、平旋式、旋流式等。到目前为止，其结构方面的研究工作一直在进行，新的形式仍在不断出现。这里仅介绍一种常用的旋风除尘器。

由于旋风除尘器的效率是随筒体直径的减小而增加的，但直径减小，处理风量也减小。当要处理风量大时，如将几台旋风除尘器并联起来使用，占地面积太大，管理也不方便，因此就产生了多管组合形式。多管旋风除尘器是把许多小直径（100~250 mm）的旋风子并联组合在一个箱体内，合用一个进气口、排气口和灰斗，进气和排气空间用一倾斜隔板分开，使各个旋风子之间的风量分配均匀，如图 4-7 所示。为了使除尘器结构紧凑，含尘气体由轴向经螺旋导流片进入旋风子，并依靠螺旋导流片的作用做旋转。

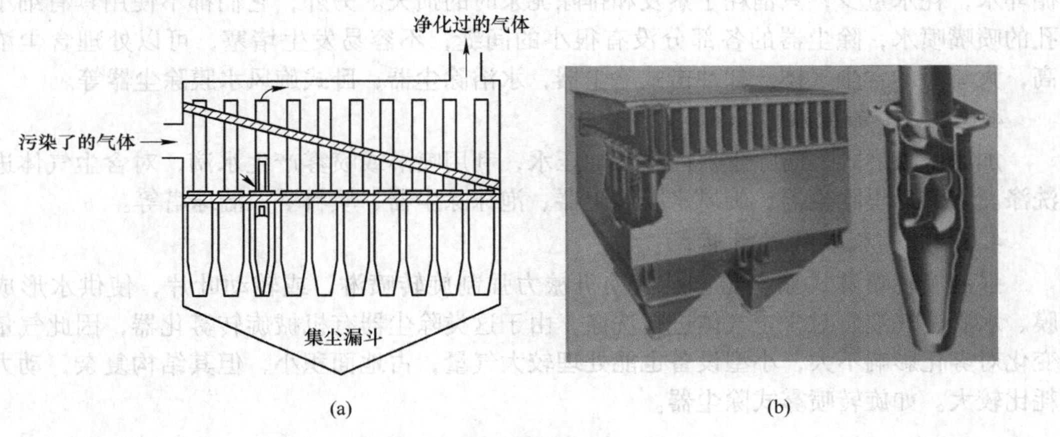

图 4-7 多管旋风除尘器

（a）原理图；（b）实物图

4.3 湿式除尘器

4.3.1 湿式除尘器的工作原理

湿式除尘器也称洗涤器，它是利用液体来净化气体的装置。湿式除尘的机理可概括为两个方面：一是尘粒与水接触时直接被水捕获；二是尘粒在水的作用下凝聚性增加。这两种作用使粉尘从空气中分离出来。

水与含尘气流的接触主要有水滴、水膜和气泡三种形式，在实际应用的湿式除尘器中，可能兼有两种，甚至三种方式。具体表现如下：

（1）通过惯性碰撞、接触阻留，尘粒与液滴、液膜发生接触，使尘粒加湿、增重、凝聚；

（2）细小尘粒通过扩散与液滴、液膜接触；

（3）由于烟气增湿，尘粒的凝聚性增加；

（4）高温烟气中的水蒸气冷却凝结时，要以尘粒为凝结核，形成一层液膜包围在尘粒表面，增强了粉尘的凝聚性。对疏水性粉尘能改善其可湿性。

依靠液滴捕集尘粒的机理，主要有惯性碰撞、截留、布朗扩散等，这种方法简单有效，因而在实际中得到广泛应用。

下面仅介绍几种常用的湿式除尘器的结构和除尘原理。

4.3.2 湿式除尘器的分类及其特性

湿式除尘器按其结构形式分类，大致可以分为贮水式、加压水喷淋式和强制旋转喷淋式三类。

4.3.2.1 贮水式

贮水式除尘器内有一定量的水，由于高速含尘气体进入后，冲击贮水槽的水，形成水滴、水膜和气泡，对含尘气体进行洗涤。这类除尘器具有一个共同的特点是：一般都使用循环水，耗水量少，只消耗于蒸发和排除泥浆时的损失。另外，它们都不使用具有细小喷孔的喷嘴喷水，除尘器的各部分没有很小的间缝，不容易发生堵塞，可以处理含尘浓度高，大流量的含尘气体。如冲击式除尘器，水浴除尘器，卧式旋风水膜除尘器等。

4.3.2.2 加压水喷淋式

加压水喷淋式是向除尘器内供给加压水，利用喷淋或喷雾产生水滴，对含尘气体进行洗涤。如文丘里除尘器、旋风水膜除尘器、泡沫除尘器、填料塔、湍球塔等。

4.3.2.3 强制旋转喷淋式

强制旋转喷淋式除尘器，是借助机械力强制旋转喷淋，或转动叶片，使供水形成水膜、水滴、气泡、对含尘气体进行洗涤，由于这类除尘器有机械旋转雾化器，因此气量的变化对雾化影响不大，小型设备也能处理较大气量，占地面积小，但其结构复杂，动力消耗比较大。如旋转喷雾式除尘器。

4.3.3 重力喷淋塔

湿式除尘器中结构最简单的是重力喷淋塔。它的结构是一个里面设置喷嘴的圆形或方形截面空塔体，依靠喷嘴产生的分布在整处截面上的大量液滴来清洗通过塔体的含尘空气。喷嘴可以安装在同一个截面上，也可以分几层安装在几个截面上。有的在一个截面上设置十多个喷嘴，有的只沿中心轴线安装喷嘴。

喷淋塔中的含尘气流流动型式有顺流、逆流和错流三种。顺流是气体和水滴以相同的方向流动；逆流是液体逆着气流喷射；错流是垂直于气流方向喷淋液体，喷淋塔典型结构如图 4-8 所示。在喷淋塔中往往设置空气分配格栅或多孔板，使空气在塔的截面上分布均匀。

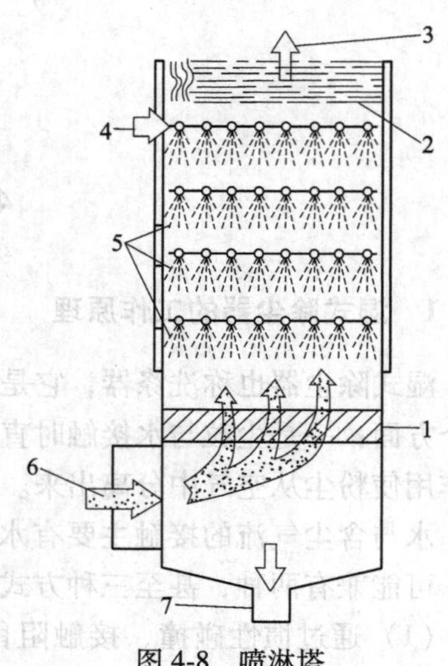

图 4-8 喷淋塔

1—气流分布板；2—除雾器；3—清洁气体出口；4—供水口；5—喷嘴；6—含尘气体进口；7—污水出口

喷淋塔除尘的主要机理是将水滴作为捕集体，在惯性、截留、扩散等作用下将粉尘捕集，其中以惯性作用为主。除尘效率取决于液滴大小和气体与液滴之间的相对运动。为了提高捕尘效率，就需要提高水滴与气流的相对速度，同时要减少水滴的大小。然而在重力喷淋塔中，这二者是相互矛盾的，即小水滴的末速度较小，因此对给定的尘粒大小有一个最优的水滴直径，使惯性碰撞的效率最高。

4.3.4 离心式洗涤器

离心式洗涤器是利用离心力的湿式除尘器。一种是借离心力来加强液滴与尘粒的碰撞作用，另一种是用固定的导流叶片使气流旋转。其中应用得比较多的除尘器是旋风水膜除尘器。

4.3.4.1 立式旋风水膜除尘器

立式旋风水膜除尘器的入口位于筒体下方，含尘气体切向进入除尘器，旋转上升，最后由上部出口排出。旋转气流所产生的离心力将尘粒甩向器壁，这与干式旋风除尘器的工作原理相同。但是水膜除尘器上部设有供水设施，使除尘器筒体内表面形成一层均匀的水膜，粉尘一旦到达器壁，即进入水膜中，以防止粉尘从器壁弹回气流中去。因此，水膜除尘器的净化效率高于干式旋风除尘器，一般在90%以上，管理得好可达到95%以上。立式旋风水膜除尘器结构如图4-9所示。

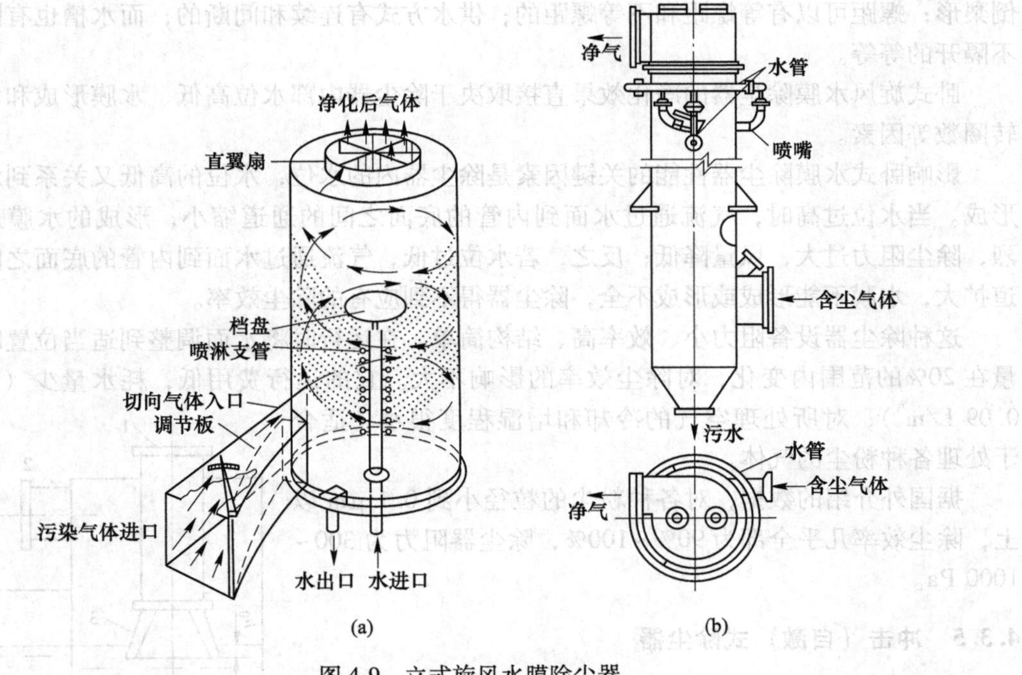

图4-9 立式旋风水膜除尘器
(a) 中心喷雾；(b) CLS型

立式水膜除尘器进口的最高允许含尘浓度为2000 mg/m^3，否则应在其前加一级除尘器，以降低进口含尘浓度；入口气流速度的选取原则同干式旋风除尘器，通常为15~22 m/s，速度过高，阻力激增，而且还可能破坏水膜层，造成严重带水现象。

4.3.4.2　卧式旋风水膜除尘器

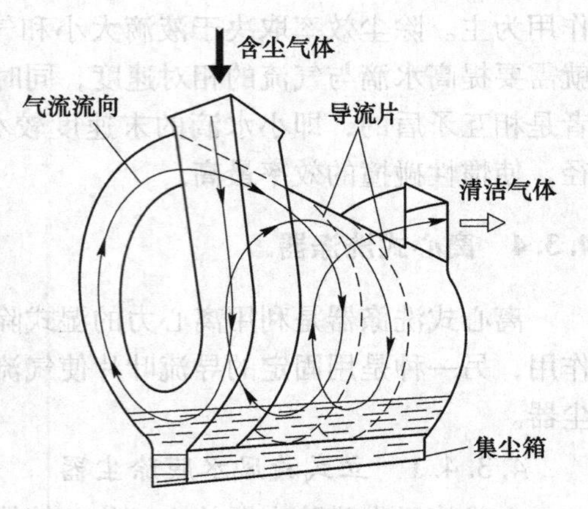

图 4-10　卧式旋风水膜除尘器

卧式旋风水膜除尘器也称水鼓除尘器、旋筒式水膜除尘器等，它主要有内筒、外筒、螺旋形导流片、集尘水箱、脱水器等组成，如图 4-10 所示。内、外筒之间的导流叶片将除尘器内部分成若干个螺旋形通道。含尘气流沿器壁以切线方向导入，沿螺旋通道流动，当气流以较高速度冲击集尘水箱的水面时，部分尘粒被水吸收，同时激起水花；气流夹带着水滴继续向前旋转，在离心力的作用下，把水滴和尘粒甩向外筒内壁，并在其上形成一层厚度为 3~5 mm 的水膜，甩至器壁的尘粒则被水膜所捕集。含尘气体连续流经几个螺旋形通道，得到多次净化，使绝大部分尘粒被分离。净化后的气体经脱水器脱除水滴后，排出器外。该种除尘器的除尘机理具有旋风、水膜和水浴三种，从而达到较高的除尘效率。其外筒内壁的水膜不是由喷嘴或溢流槽所形成的，而是靠气流冲击水面激起的水花形成的。

卧式旋风水膜除尘器在国内已普遍应用，形式也各不相同。断面几何形状有倒卵形和倒梨形；螺距可以有等螺距和不等螺距的；供水方式有连续和间断的；而水槽也有隔开和不隔开的等等。

卧式旋风水膜除尘器的净化效果直接取决于除尘器内部水位高低、水膜形成和气流旋转圈数等因素。

影响卧式水膜除尘器性能的关键因素是除尘器内的水位，水位的高低又关系到水膜的形成。当水位过高时，气流通过水面到内管的底面之间的通道缩小，形成的水膜过分强烈，除尘阻力过大，风量降低；反之，若水位过低，气流通过水面到内管的底面之间的通道扩大，水膜不能形成或形成不全，除尘器得不到应有的除尘效率。

这种除尘器设备阻力小、效率高、结构简单。在运行时将水面调整到适当位置时，风量在 20%的范围内变化，对除尘效率的影响不大。它的运行费用低，耗水量少（0.05~0.09 L/m^3），对所处理空气的冷却和增湿程度很小。适合于处理各种粉尘的气体。

据国外介绍的数据，对各种粉尘的粒径小到 0.1 μm 以上，除尘效率几乎全部为 90%~100%，除尘器阻力为 300~1000 Pa。

4.3.5　冲击（自激）式除尘器

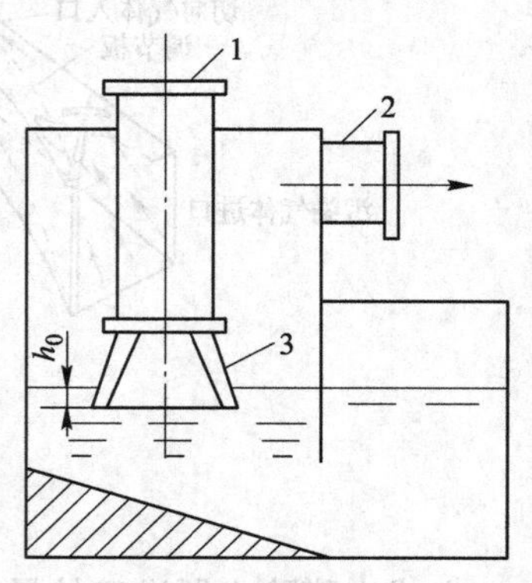

图 4-11　简易冲击式除尘器
1—含尘气体进口；
2—清洁气体出口；3—喷头

冲击式除尘器最简单的形式如图 4-11 所示。含尘气流以一定的流速从喷头（或散流器）冲入水中，然后折转 180°改变其流动方向。在惯性作用下，部分尘粒被分离。由于气流冲击溅起水花、水雾，可使气流得到进一步的净化。净化后的气流经挡水板脱水后排出。

冲击式除尘器的效率与阻力取决于气流的冲击速度和喷头的插入深度。当冲击速度一定时，除尘效率和阻力随喷头插入深度的增加而增加。当插入深度一定时，除尘效率和阻力随冲击速度的增加而增加。但在同一条件下，当冲击速度和插入深度增大到一定值后，如继续增加，其除尘效率几乎不变化，而阻力却急剧增加。这种除尘器结构简单，可在现场因地制宜用砖或混凝土砌筑，耗水量少只有 0.1～0.3 L/m^3，但对细小粉尘的除尘效率不高，泥浆较难清理。此外当气流通过喷头冲击入水中时，引起水面频繁地剧烈波动，使除尘器工作不稳定，不能保证必需的除尘效率。

图 4-12 所示是罗托克伦（Roto-Clone）型自激式（冲击式）除尘器，含尘气体进入除尘器后，先撞击在洗涤液的表面上，有一部分粗尘粒沉降下来，然后被迫通过一个或两个并联的 S 形固定通道，使其速度增加到 15 m/s 左右。S 形通道是由两块弯曲的叶片组成，其下部浸没在水里。因为通道中气流速度比较高，激起一片混乱的水幕，然后破裂成许多水滴，尘粒与水滴相碰撞而被捕获。设计成 S 形的目的，是使气流迅速转变方向而增加离心力，提高液体的混乱程度。当气流离开 S 形通道时，由于上叶片的限制而向下拐弯，然后再上升。这时一部分水滴和灰尘因惯性的缘故就和气体分离而落入水中。上升的气流再经檐板脱水器脱除其中剩余的水滴和灰尘，便流出除尘器，达到高效除尘的目的。

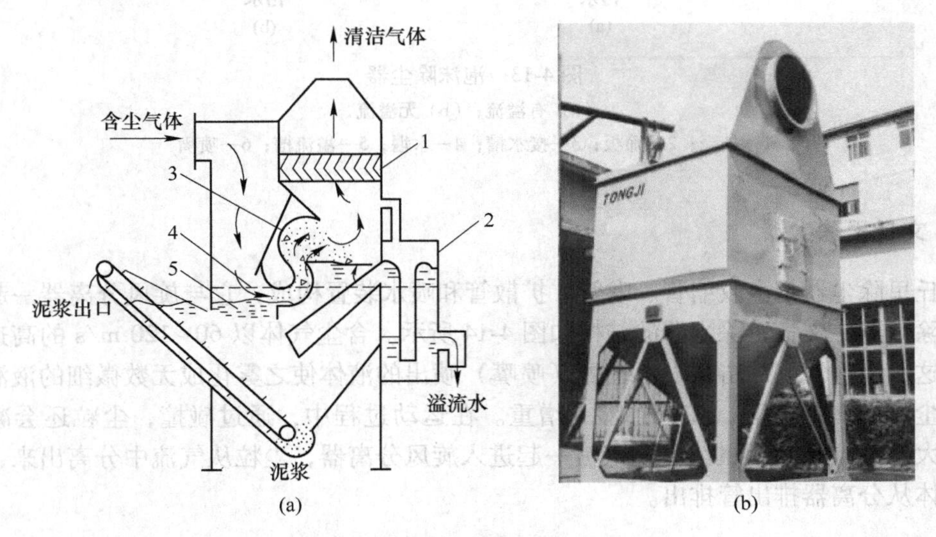

图 4-12　冲击式除尘机组结构示意图

（a）原理图；（b）实物图

1—除雾器；2—溢流箱；3—S 形通道；4—静水位；5—工作水位

4.3.6　多孔洗涤器

此类洗涤器中设有多孔层。多孔层有用板构成的，称板式洗涤器；也有用填充物构成的，称填充式洗涤器。它们之间有各种不同的构造，下面仅介绍泡沫除尘器的结构原理。

在泡沫除尘器中，气流由下往上通过筛板上的水层。当气流速度控制在一定范围内时（与水层高度有关），可以在筛板上形成泡沫层，在泡沫层中的气泡不断地破裂、合并，又重新生成。气流在通过这层泡沫层后，粉尘被捕集，气体得到净化。水通过筛板泄漏至除尘器下部的水槽中，在筛板上部不断地补充水，当补充的水量与漏泄的水量相等时，泡沫层保持稳定的高度，此时称为无溢流泡沫除尘器，如图 4-13（a）所示。当采用溢流以保持泡沫层高度时，称为有溢流泡沫除尘器，如图 4-13（b）所示。

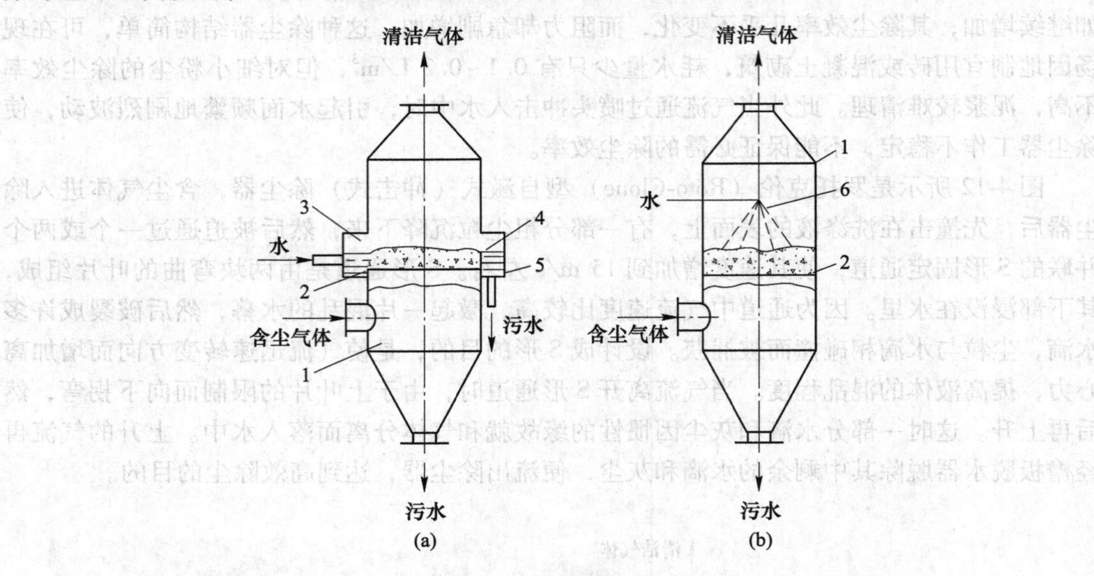

图 4-13　泡沫除尘器

（a）有溢流；（b）无溢流

1—外壳；2—筛板；3—接水槽；4—水堰；5—溢流槽；6—喷嘴

4.3.7　文丘里除尘器

文丘里除尘器是由收缩管、喉管、扩散管和喷水装置构成，它与旋风分离器一起构成文丘里除尘器。文丘里除尘器的结构如图 4-14 所示。含尘气体以 60~120 m/s 的高速通过喉管，这股高速气流冲击从喷水装置（喷嘴）喷出的液体使之雾化成无数微细的液滴，液滴冲破尘粒周围的气膜，使其加湿，增重。在运动过程中，通过碰撞，尘粒还会凝聚增大，增大（或增重）后的尘粒随气流一起进入旋风分离器，尘粒从气流中分离出来，净化后的气体从分离器排出管排出。

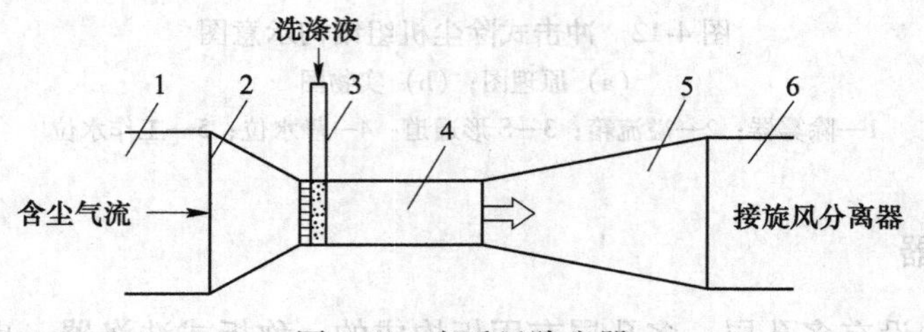

图 4-14　文丘里除尘器

1—进气管；2—收缩管；3—喷嘴；4—喉管；5—扩散管；6—连接管

文丘里除尘器的除尘效率，主要取决于喉管的高速气流将水雾化，并促使水滴和尘粒之间的碰撞，因此，在设计合理高效文丘里除尘器时，必须根据尘粒的粒径，掌握好喉管速度以及雾化后水滴大小的相互关系。

文丘里除尘器是一种效率较高的除尘器，具有体积小，结构简单，布置灵活等特点。该种除尘器对粒径为 1 μm 的粉尘除尘效率达 99%。它的缺点是阻力大，一般为 6000~7000 Pa。目前，在化工和冶金企业中得到广泛的应用。如烟气温度高，含湿量大或比电阻过大等原因不宜采用电除尘器或袋式除尘器时，可用于文丘里除尘器。

4.4　袋式除尘器

过滤式除尘器是使含尘气流通过过滤材料，粉尘被滤料分离出来的一种装置。袋式除尘器是过滤式除尘器的一种。从 19 世纪中叶开始用于工业生产以来，不断发展，特别是 20 世纪 50 年代，脉冲喷吹的清灰方式以及合成纤维滤料的应用，为袋式除尘器的进一步发展提供了有利条件。袋式除尘器是一种高效除尘器，对微细粉尘有较高的效率，一般可达 99% 以上。目前广泛应用的是袋式除尘器，实物照片如图 4-15 所示。

图 4-15　脉冲袋式除尘器实物图

4.4.1　袋式除尘器的工作原理

4.4.1.1　袋式除尘器的滤尘过程

含尘气体进入除尘器后，通过并列安装的滤袋，粉尘被阻留在滤袋的内表面上，净化后的气体从除尘器上部排出。随着滤袋上捕集的粉尘增厚，阻力渐渐加大，到达到规定压力（通常为 1200~1500 Pa）时，要及时清灰，以免阻力过高，处理风量减少。图 4-16 是通过机械振打机构进行清灰的。

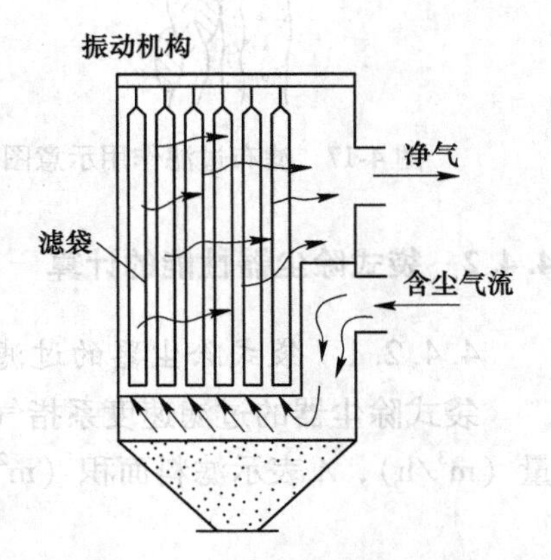

图 4-16　袋式除尘器的工作简图

4.4.1.2　袋式除尘器的滤尘原理

袋式除尘器是用滤布的过滤作用进行除尘的。滤布与纤维层滤料不同，滤布是用纤维织成比较薄而致密的材料，主要是表面过滤作用，含尘空气通过滤布后，由于过滤、碰撞、拦截、扩散、静电作用，粉尘被阻留在滤料内表面上，净化后的气体由除尘器风机口排出。新滤布在开始时粉尘被捕集沉积于纤维间，产生架桥作用，使滤布孔隙更加缩小并均匀化，逐渐在滤布表面形成一层初始粉尘层。在过滤的过程中，初始粉尘层起着重要的作用，由于初始粉尘层的孔隙小而均匀，捕集效率增强，对粗细粉尘都有很好的捕集效果。图 4-17 表示初始粉尘层的形成及过滤作用；而图 4-18 表示滤布在不同条件下的分级除尘效率。

从图 4-18 中可以看出，新滤布或清洗后的清洁滤布的捕尘效率是很低的。但在形成初始粉尘层后，效率有很大提高，继续沉积粉尘，效率仍有增加，振打清灰后，仍需保持着初始粉尘层，并能在较高效率下运转。另外，对亚微米粉尘也有较高捕尘效率，而对 0. 2~0. 4 μm 粉尘的捕集效率却很低，这是由于惯性和扩散作用都较弱的原因；对 1 μm 以上粉尘，效率可达 99%以上。而随着沉积粉尘的加厚，阻力将增高，阻力过高将使风机工作风量减少，并且能把滤布空隙处沉积粉尘吹走而使除尘效率降低，所以，要把阻力控制在一定数值之内。一般为 1000~2000 Pa。为此，需要采取清落积尘的措施，称为清灰。清灰的目的：一是清落沉积的粉尘层，使过滤阻力大大降低；二是不致破坏初始粉尘层，使滤布仍保持较高的捕集效率。清灰是袋式除尘器工作过程中的一项主要工序，对过滤效率、阻力、滤布寿命、维护管理等都有直接影响，采用这样的清灰方法是设计和研究袋式除尘器的一个重要问题。

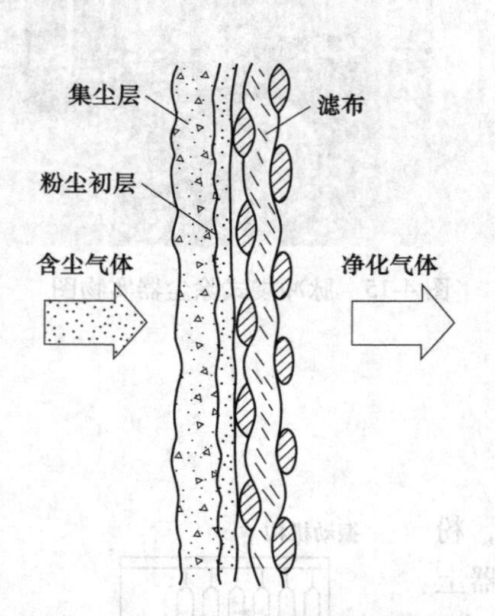

图 4-17　滤布过滤作用示意图

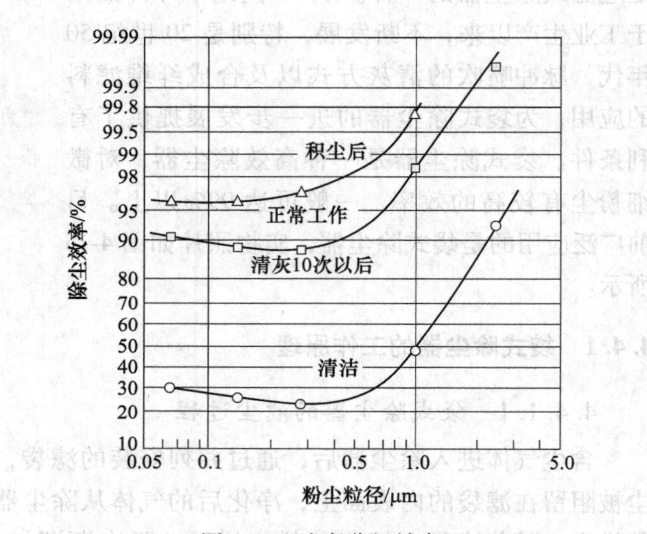

图 4-18　滤布分级效率

4. 4. 2　袋式除尘器性能的计算

4. 4. 2. 1　袋式除尘器的过滤速度

袋式除尘器的过滤速度系指气体通过滤料的平均速度。若以 Q 表示通过滤料的气体流量（m^3/h），A 表示滤料面积（m^2），则过滤速度 u_f（m/min）为：

$$u_f = \frac{Q}{60A} \tag{4-29}$$

在工程应用中还常用每单位过滤面积、单位时间内过滤气体的量（m^3），其关系为：

$$q_f = \frac{Q}{A} \tag{4-30}$$

式中，q_f 为每小时平方米滤料的气量，称比负荷，$m^3/(m^2 \cdot h)$。

从式（4-29）、式（4-30）可知：

$$q_f = 60u_f \tag{4-31}$$

过滤速度 u_f（或比负荷 q_f）是表征袋式除尘器处理气体能力的重要技术经济指标。过滤速度的选择要考虑经济性和对滤尘效率的要求等各方面因素。一般对纺织滤布滤料的过滤速度取0.5~2 m/min，毛毡滤料取1~5 m/min。

4.4.2.2　袋式除尘器的阻力

袋式除尘器阻力是袋式除尘器的一项重要性能指标：一方面它决定了除尘器的能量消耗；另一方面决定了除尘效率和清灰时间间隔。

袋式除尘器的总阻力 P 为：

$$P = \Delta P_c + \Delta P_f + \Delta P_d \tag{4-32}$$

式中，ΔP_c 为机械设计阻力，Pa；ΔP_f 为滤袋本身的阻力，Pa；ΔP_d 为滤袋上粉尘层的阻力，Pa。

机械设计阻力 ΔP_c 是气流通过袋式除尘器进、出口、除尘器箱体及清灰机构等所造成的流动阻力，在正常过滤风速下，此项阻力为200~500 Pa。清洁滤料本身的阻力 ΔP_f 可按下式计算：

$$\Delta P_f = \frac{\zeta_f \mu_g u_f}{60} \tag{4-33}$$

式中，ζ_f 为清洁滤料的阻力系数，m^{-1}，涤纶为 7.2×10^7 m^{-1}，呢料为 3.6×10^7 m^{-1}；μ_g 为空气的动力黏度，Pa·s。

除尘器的结构、滤料和处理风量确定后，阻力 ΔP_c、ΔP_f 是一个定值。滤袋上粉尘层的阻力 ΔP_d 可按下式计算：

$$\Delta P_d = \alpha \mu_g \left(\frac{u_f}{60}\right)^2 C_1 t \tag{4-34}$$

式中，C_1 为除尘器进口粉尘浓度，kg/m^3；t 为过滤时间，s；α 为粉尘层的平均比阻力，m/kg，可按下式计算：

$$\alpha = \frac{180(1-\xi)}{\rho_d d^2 \varepsilon^3} \tag{4-35}$$

式中，ε 为粉尘的空隙率。一般长纤维滤料约为0.6~0.8，短纤维滤料约为0.7~0.9；ρ_d 为尘粒的密度，kg/m^3；d 为球形粉尘的体面积平均径，m。

除尘器处理的粉尘和气体确定后，α、μ_g 都是定值。从式（4-34）可以看出：粉尘层的阻力取决于过滤风速、气体的含尘浓度和连续运行的时间。当处理含尘浓度低的气体时，清灰时间间隔（即滤料连续的过滤时间）可适当加长；当处理含尘浓度较高的气体时，清灰时间间隔应尽量缩短。含尘浓度低、清灰时间间隔短、清灰效果好的除尘器，可选用较高的过滤风速；相反，则应选用较低的过滤风速。滤袋上粉尘层的阻力决定了袋式除尘器总阻力的变化，当该值达到一定值后，必须进行清灰。

4.4.2.3　除尘效率

(1) 清洁滤布的除尘效率 η，可按下式计算：

$$\eta = \eta_e(1-\varepsilon) \tag{4-36}$$

式中，η_e 为单一纤维的除尘效率，%；ε 为滤布的孔隙率，%。

(2) 有粉尘负荷时的除尘效率：滤布经常是在粉尘负荷情况下工作的，其经验公式如下：

$$\eta_m = \eta_e\left(1 + \frac{\Delta\eta_e}{\eta_e}\right)(1 - \varepsilon) \tag{4-37}$$

式中，$\Delta\eta_e$ 为单一纤维由于捕集粉尘效率后的增加量。

4.4.3　影响袋式除尘器除尘效率的因素

（1）滤料上沉积粉尘的厚度：要保证使滤料达到一定阻力后及时清灰，清灰后还能保持初始粉尘层，最理想的阻力是控制为 1000~2000 Pa。

（2）滤料种类：滤料是袋式除尘器主要组成部分之一。常用的滤料按所用的材质可分天然滤料（如棉毛织物）、合成纤维滤料（如尼龙、涤纶等）、无机纤维滤料（如玻璃纤维、耐热金属纤维等）和毛毡滤料四类。一般要根据处理烟尘的性质选用不同的滤料，达到高效除尘的目的。目前广泛应用的滤料是涤纶绒布，它是国内性能较好的一种滤布，滤尘效率高，阻力较小而又容易清灰，其滤料编织方式如图 4-19 所示。

（3）滤速的选取：滤布过滤风速的大小取决于滤料的种类和清灰方式。一般取作用于滤布全表面的平均风速，实际上多采用 0.5~2 m/min 过滤风速，风速过高时，不仅使阻力增高，也能吹掉滤布空隙中沉积的粉尘而使除尘效率降低，亦可采用气布比表示过滤风速，即单位面积滤布单位时间通过的风量［$m^3/(s \cdot m^2)$］。

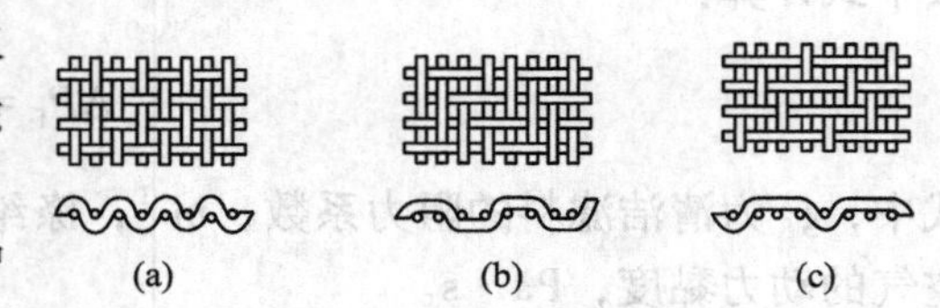

图 4-19　滤料编织方式
（a）平纹编织；（b）斜纹编织；（c）缎纹编织

4.4.4　袋式除尘器的分类和清灰过程

4.4.4.1　袋式除尘器的分类

袋式除尘器的形式、种类很多，可以根据它的不同特点进行分类：

（1）按清灰方式分，机械清灰、逆气流清灰、脉冲喷吹清灰和声波清灰除尘器；

（2）按除尘器内的压力分，负压式和正压式除尘器；

（3）按滤袋形状分，圆袋和扁袋除尘器；

（4）按含尘气流进入滤袋的方向分，内滤式和外滤式除尘器；

（5）按进气口的位置分，下进风式和上进风式除尘器。

4.4.4.2　袋式除尘器的清灰过程

袋式除尘器的清灰方式和清灰效果的好坏是影响除尘效率、阻力、滤袋寿命及工作状况的重要环节，清灰的基本要求是能从滤布上迅速地、均匀地清落适量的沉积粉尘，并仍能保持一定的初始粉尘，而不损坏滤袋和消耗较少的动力。

袋式除尘器过滤过程中阻力逐渐升高，当达到一定值（约 2000 Pa）开始清灰，阻力降低到规定的残留阻力（约 700~1000 Pa）清灰终止，清灰周期和阻力随工作时间变化如图 4-20 所示。

（1）连续工作：袋式除尘器正常工作，清灰时不切断过滤风流。脉冲喷吹，气环喷吹中清灰方式常用这种工作制度。清灰时，只是喷吹的滤袋气流暂时停止，可保持整个滤袋

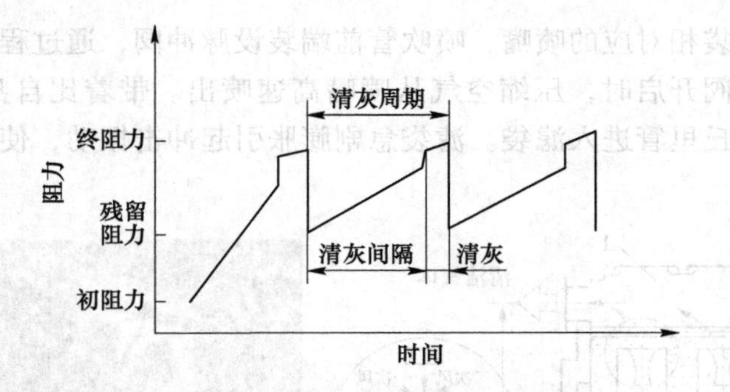

图 4-20 袋式除尘器阻力随时间变化

器工作状态和风流比较稳定，但清灰时可使排出粉尘浓度增加。

(2) 间歇工作：清灰时整个袋式除尘器停止过滤，间歇循环工作，以避免透过的灰尘被风流带走而不能连续抽尘过滤。

(3) 分隔室工作：将袋式除尘器分成若干个互相隔开的分隔室，顺序切断风流进行清灰，其余各室正常进行。

4.4.5 袋式除尘器的结构形式

4.4.5.1 机械振打袋式除尘器

机械振打袋式除尘器，如图 4-21 所示，是利用机械振打机构使滤袋产生振动，将滤袋上的积尘抖落到灰斗中的一种除尘器。使滤袋振动一般有以下两种振打方式。

A 垂直方向振打

采用垂直方向振打，如图 4-21 (a) 所示，清灰效果好，但对滤袋的损伤较大，特别是在滤袋下部。

B 水平方向振打

水平方向振打可分为上部水平方向振打 [见图 4-21 (b)] 和腰部水平方向振打 [见图 4-21 (c)]。水平方向振打虽然对滤袋损伤较小，但在滤袋全长上的振打强度分布不均匀。采用腰部水平振打可减少振打强度分布不均匀性。在高温烟气净化中，如果用抗弯折强度较差的玻璃纤维作滤料时，应采用腰部水平振打方式。机械振打袋式除尘器的过滤风速一般取 0.6~1.6 m/min，阻力约为 800~1200 Pa。

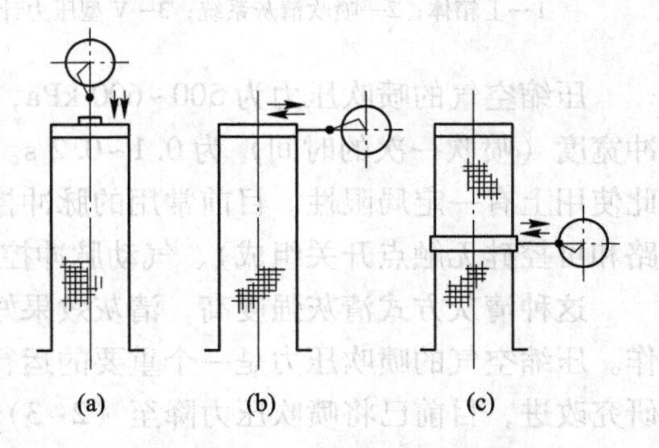

图 4-21 机械振打清灰方式
(a) 垂直方向振打；(b) 上部水平方向振打；
(c) 腰部水平方向振打

4.4.5.2 脉冲喷吹袋式除尘器

脉冲喷吹袋式除尘器是目前国内生产量最大、使用最广的一种带有脉冲机构的袋式除尘器，它有多种结构形式，如中心喷吹、环隙喷吹、顺喷和对喷等。

图 4-22 是脉冲喷吹袋式除尘器的工作示意图。含尘空气通过滤袋时，粉尘阻留在滤袋外表面，净化后的气体经文丘里管从上部排出。每排滤袋上方设一根喷吹管，喷吹

管上设有与每个滤袋相对应的喷嘴，喷吹管前端装设脉冲阀，通过程序控制机构控制脉冲阀的启闭。脉冲阀开启时，压缩空气从喷嘴高速喷出。带着比自身体积大 5~7 倍的诱导空气一起经文丘里管进入滤袋。滤袋急剧膨胀引起冲击振动，使附在滤袋外的粉尘脱落。

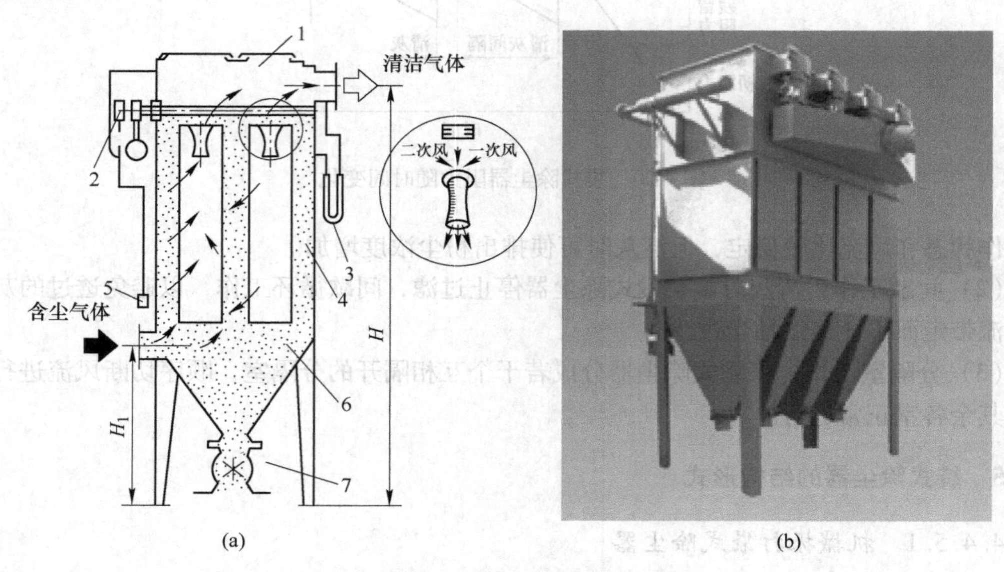

图 4-22　脉冲喷吹袋式除尘器

(a) 原理图；(b) 实物图

1—上箱体；2—喷吹清灰系统；3—V 型压力计；4—中箱体；5—控制仪；6—下箱体；7—排灰系统

压缩空气的喷吹压力为 500~600 kPa，脉冲周期（喷吹的时间间隔）为 60 s 左右，脉冲宽度（喷吹一次的时间）为 0.1~0.2 s。采用脉冲袋式除尘器必须要有压缩空气源，因此使用上有一定局限性。目前常用的脉冲控制仪有无触点脉冲控制仪（采用晶体管逻辑电路和可控硅无触点开关组成）、气动脉冲控制仪和机械脉冲控制仪三种。

这种清灰方式清灰强度高，清灰效果好。由于清灰时间短，除尘器可以不间断连续工作。压缩空气的喷吹压力是一个重要的运行参数，在早期喷吹压力为 $(5\sim6)\times10^5$ Pa。经研究改进，目前已将喷吹压力降至 $(2\sim3)\times10^5$ Pa，仍可达到良好的清灰效果。它的过滤风速，可达 2~4 m/min。阻力采用定时控制或定压差控制，一般为 1000~1500 Pa。

脉冲袋式除尘器已有多种形式，如图 4-22（b）所示为 LHZ 型脉冲袋式除尘器实物图，如采用坏喷文氏管的环隙式，喷吹气流与含尘气流方向一致的顺喷式，在滤袋上、下同时喷吹的对喷式和脉冲扁袋除尘器等。

4.4.5.3　逆气流反吹（吸）风袋式除尘器

它是利用与过滤气流反向的气流进行清灰。由于反向气流的直接冲击和滤袋在反向气流作用下产生胀缩振动（滤袋变形），导致粉尘层崩落。

清灰的逆气流可以由系统主风机供给，也可设置专门的反吸（吹）风机。反吹（吸）空气可取自系统外或采用已净化的气体。采用逆气流清灰时气流在整个滤袋上的分布较均匀，但清灰强度小。过滤风速小于 1 m/min，通常采用分室间歇清灰。

图 4-23 是反吹（吸）风袋式除尘器的示意图。它有三个室在工作，一个室在清灰。通过主风机吸入端的负压作用，对滤袋进行反吸清灰。这种除尘器的特点是处理风量大，可达 $10^5\ m^3/h$ 以上。常分成 3~20 个室，采用分室清灰。

反吸风量通常为滤袋过滤风量的 0.25~0.5 倍。反吸风压要大于滤袋阻力的两倍，或大于 4000 Pa。滤料常采用经过处理的玻璃纤维滤布或涤纶 729，过滤风速为 0.6~1.0 m/min，阻力为 1800~2000 Pa。

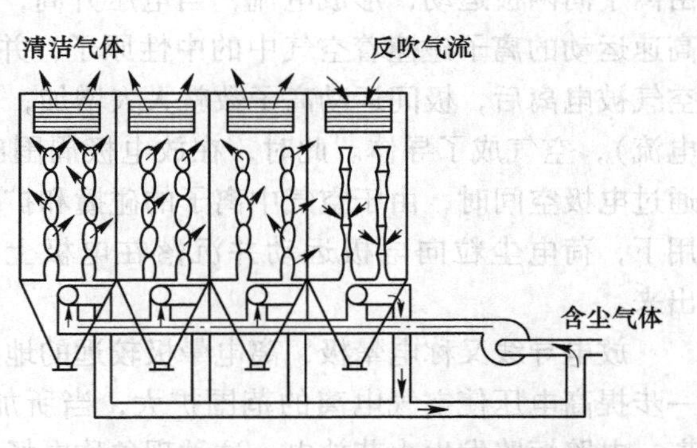

图 4-23 反吹（吸）风袋式除尘器的示意图

4.5 静电除尘器

静电除尘器是利用高压电场产生的静电力使粉尘从气流中分离出来的除尘设备。由于粉尘从气流中分离的能量直接供给粉尘，所以电除尘器比其他类型的除尘器消耗的能量小，压力损失仅为 200~500 Pa，目前在冶金、火力发电厂、水泥等工业部门获得广泛应用。

4.5.1 静电除尘器的工作原理

静电除尘器是利用直流高压电源和一对电极——放电极与集尘极，造成不均匀电场，以分离捕集通过气流中的粉尘。放电极一般用金属线悬吊于集尘极中心。集尘极用金属板作成圆筒形（管式电除尘器）或平行平板形（板式电除尘器）。一般放电极为阴极、集尘极为阳极并接地，如图 4-24 所示。

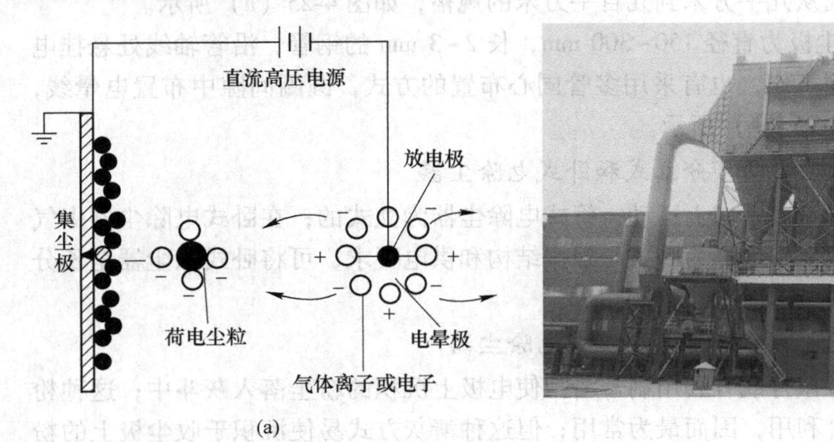

图 4-24 静电除尘器

（a）工作原理图；（b）实物图

高压直流电源在集尘极和放电极间造成不均匀电场。在电场力的作用下，空气中的自由离子向两极运动，形成电流，当电压升高，电场强度增大时，自由电子运动速度增高，高速运动的离子碰撞着空气中的中性原子，并使后者电离为正、负离子，称为空气电离。空气被电离后，极间运动离子数就大大增加，因而极间电流急剧增大（这个电流称为电晕电流），空气成了导体。此时，在放电极周围出现一个淡蓝色光环，称为电晕。含尘空气通过电极空间时，由于空气中离子的碰撞和扩散，尘粒获得带电离子的电荷，在库仑力作用下，荷电尘粒向电极运动并沉落在电极上，放出所带电荷，于是尘粒从气体中分离出来。

放电导线又称电晕极，离电晕极较远的地点，电场强度低，空气没有被全部电离。进一步提高电压使空气电离的范围扩大，当所加电压增至一定数值时，极间空气被全部电离，电路短路发生火花放电，这种现象称电场击穿，此时，电除器就不能工作了，为了保证除尘器正常工作，应使电晕区局限在电晕极附近的较小范围内。

电除尘器中各点的电场强度是不均匀的，这种现象称为不均匀电场。只有保证不均匀电场，才能使电除尘器正常工作。

由上可知，电除尘器工作过程是：电晕放电，气体电离，尘粒荷电（charged particle），尘粒捕集，振打清灰。

在工业上采用大型电除尘器时，一般采用负电晕。因为负电晕起晕电压低，击穿电压高，负离子运动速度大，所以负电晕除尘效率高。而正电晕产生臭氧等副产物较少，所以在生活和空调净化用的电除尘器中多被采用。

4.5.2　电除尘器的结构形式

4.5.2.1　按集尘极的形式可分为板式和管式电除尘器

板式电除尘器是由许多压成各种有利于积尘的表面形状的铜板连接而成。同极间距约200~400 mm，高达2~10 m的两列平行钢板中间设置电晕线。板式电除尘器结构较灵活，根据需要可以组成横断面从几平方米到几百平万米的规格，如图4-25（a）所示。

管式电除尘器的集尘极为直径150~300 mm，长2~3 mm的钢管，沿管轴线处悬挂电晕线，通常采用多管并联工作，也有采用多管同心布置的方式，圆圈间隙中布置电晕线，这样可节约钢材，如图4-25（b）所示。

4.5.2.2　按气体流动方向可分立式和卧式电除尘器

在立式电除尘器中气流由下向上运动，管式电除尘器为立式的；在卧式电除尘器中气流沿水平方向运动，板式电除尘器为卧式。根据结构和供电要求，可将卧式除尘器全长分为2~3个单独电场，每个电场有效长度约3 m。

4.5.2.3　根据清灰方式可分干式和湿式电除尘器

干式电除尘器是通过振打或者利用刷子清扫使电极上沉积的粉尘落入灰斗中；这种粉尘后处理简单，便于综合利用，因而最为常用；但这种清灰方式易使沉积于收尘极上的粉尘再次扬起而进入气流中，造成二次扬尘，致使除尘效率降低。湿式电除尘器是采用溢流或均匀喷雾等方式使收尘极表面经常保持一层水膜，当粉尘到达水膜时，顺着水流走，从而达到清灰的目的；湿法清灰完全避免了二次扬尘，故除尘效率很高，同时没有振打设备，工作也比较稳定，但是产生大量泥浆，如不加适当处理，将会造成二次污染。

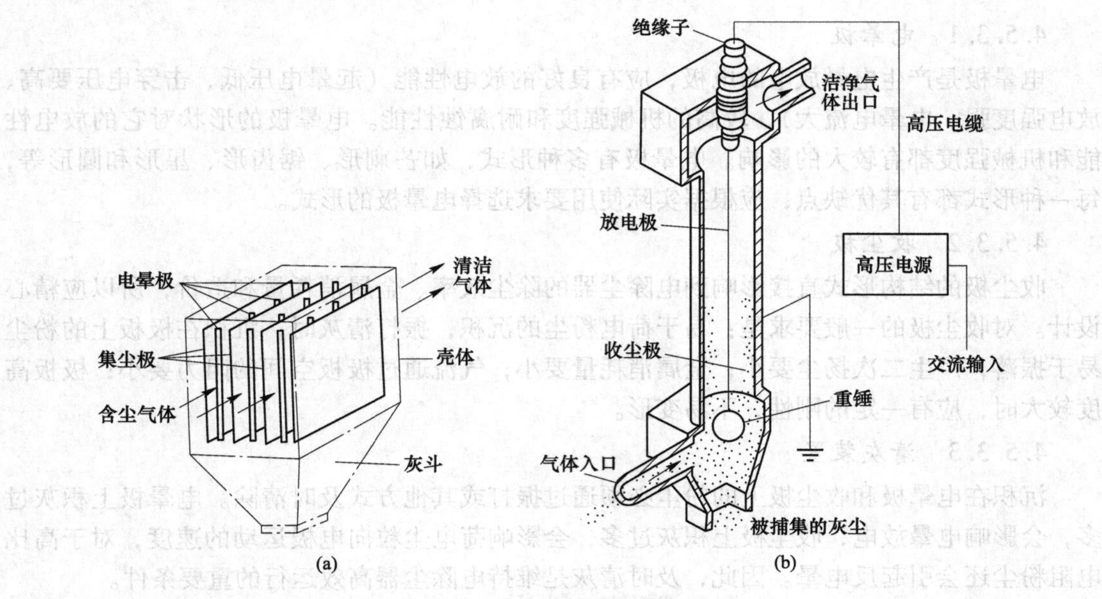

图 4-25 板式和管式电除尘器

（a）板式；（b）管式

4.5.3 电除尘器的主要部件

电除尘器的结构形式如图 4-26 所示。电除尘器由除尘器本体和供电装置两大部分组成。除尘器本体包括电晕极、收尘极、清灰装置、气流分布装置和外壳等。

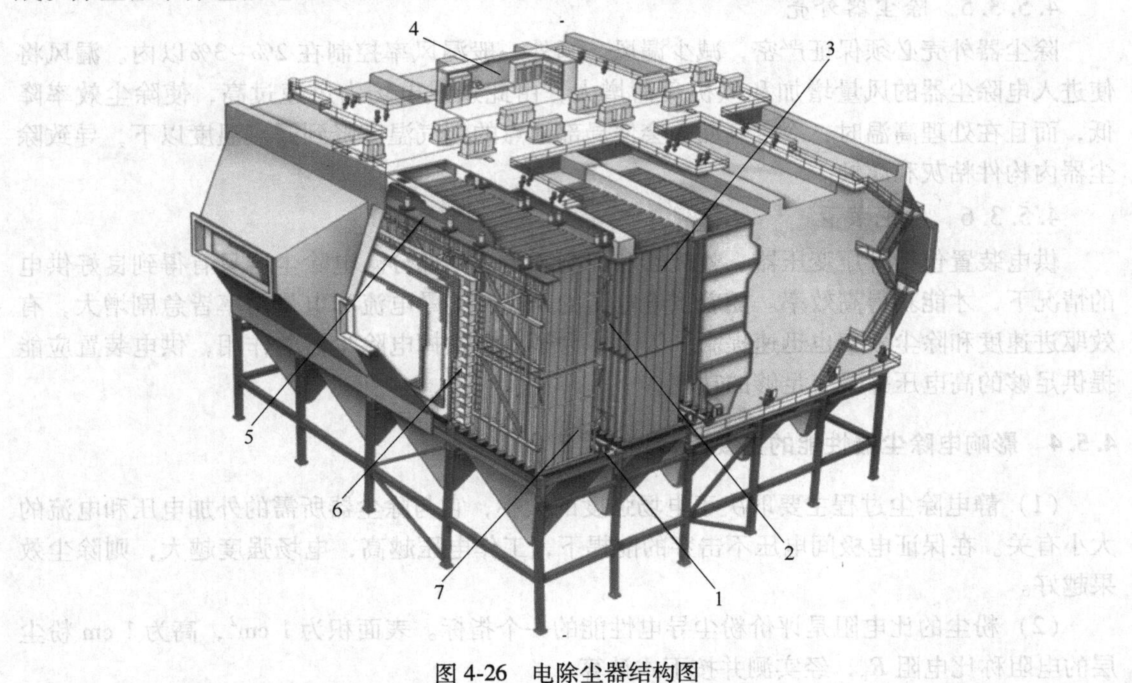

图 4-26 电除尘器结构图

1—集尘板振打处；2—放电极振打处；3—集尘板；4—除尘器控制；
5—支撑系统；6—进口风流分布装置；7—刚性放电极框架

4.5.3.1　电晕极

电晕极是产生电晕放电的电极，应有良好的放电性能（起晕电压低、击穿电压要高、放电强度强、电晕电流大），较高的机械强度和耐腐蚀性能。电晕极的形状对它的放电性能和机械强度都有较大的影响。电晕极有多种形式，如芒刺形、锯齿形、星形和圆形等，每一种形式都有其优缺点，应根据实际使用要求选择电晕极的形式。

4.5.3.2　收尘极

收尘极的结构形式直接影响到电除尘器的除尘效率、金属消耗量和造价，所以应精心设计。对收尘极的一般要求是：易于荷电粉尘的沉积，振打清灰时，沉积在极板上的粉尘易于振落，产生二次扬尘要小；金属消耗量要小；气流通过极板空间的阻力要小；极板高度较大时，应有一定的刚性，不易变形。

4.5.3.3　清灰装置

沉积在电晕极和收尘极上的粉尘必须通过振打或其他方式及时清除。电晕极上积灰过多，会影响电晕放电，收尘极上积灰过多，会影响荷电尘粒向电极运动的速度，对于高比电阻粉尘还会引起反电晕。因此，及时清灰是维持电除尘器高效运行的重要条件。

4.5.3.4　气流分布装置

电除尘器内气流分布的均匀程度对除尘效率有很大影响，气流分布不均匀，在流速低处所增加的除尘效率，远不足以弥补流速高处的效率的降低，因此总效率就降低了。据国外资料介绍，有的电除尘器由于改善了气流分布，使除尘效率由原来的 80% 提高到 99%。

4.5.3.5　除尘器外壳

除尘器外壳必须保证严密，减少漏风。国外一般漏风率控制在 2%~3% 以内。漏风将使进入电除尘器的风量增加和风机负荷增大，由此造成电场内风速过高，使除尘效率降低，而且在处理高温时，冷空气漏入会使局部地点的烟气温度降到露点温度以下，导致除尘器内构件粘灰和腐蚀。

4.5.3.6　供电装置

供电装置包括升压变压器、整流器和控制装置三个部分。电除尘器只有得到良好供电的情况下，才能获得高效率。随着供电电压的升高，电晕电流和电晕功率皆急剧增大，有效驱进速度和除尘效率也迅速提高。因此，为了充分发挥电除尘器的作用，供电装置应能提供足够的高电压并具有足够的功率。

4.5.4　影响电除尘器性能的主要因素

（1）静电除尘过程主要取决于电场强度的大小，它与除尘器所需的外加电压和电流的大小有关。在保证电极间电压不击穿的前提下，工作电压越高，电场强度越大，则除尘效果越好。

（2）粉尘的比电阻是评价粉尘导电性能的一个指标。表面积为 1 cm^2，高为 1 cm 粉尘层的电阻称比电阻 R_b，经实测并按下式计算：

$$R_b = \frac{U}{I} \times \frac{F}{\delta} \tag{4-38}$$

式中，U 为通过粉尘层的电压降，V；I 为通过粉尘层的电流，A；F 为粉尘层的横截面，cm^2；δ 为粉尘层厚度，cm。

比电阻 $R_b \leqslant 10^4 \Omega \cdot cm$ 的粉尘，导电性好，在集尘极上容易释放电荷，失去极板吸力，以致发生二次扬尘，降低除尘效果；$R_b = 10^4 \sim 10^{11}\ \Omega \cdot cm$ 的粉尘是电除尘器能正常工作的粉尘，它以适当速度释放电荷，不致发生二次飞扬；$R_b \geqslant 10^{11}\ \Omega \cdot cm$ 的粉尘在集尘极能长久地保持其电荷，形成能带负电的粉尘层（负电晕时），它使粉尘的驱进速度降低，除尘效率也随之降低。

(3) 电场中风速过大容易扬起积尘。

(4) 电场中气流速度不均匀对除尘效率影响较大。

(5) 除尘器主要部件的结构形式也会影响除尘效果。电晕线、集尘极和振打清灰装置是电除尘器的主要部件。

4.5.5 电除尘器的设计计算

4.5.5.1 尘粒的驱进速度

荷电粒子在电场内受到的库仑力 F_e 为：

$$F_e = E \cdot q \tag{4-39}$$

式中，q 为尘粒所带荷电量；E 为平均电场强度，V/m。

荷电粒子沿电场方向运动时要受到气流的阻力，气流阻力 F_d 为

$$F_d = 3\pi\mu_g d_p \omega \tag{4-40}$$

式中，μ_g 为空气的动力黏度，Pa · s；d_p 为尘粒直径，m；ω 为尘粒与气流在横向的相对运动，m/s。

当库仑力等于气流阻力时，尘粒在电场方向作等速运动，这时的尘粒运动速度为驱进速度。可用下式表示：

$$\omega = \frac{gE}{3\pi\mu_g d_p} \tag{4-41}$$

由此可见，尘粒驱进速度的大小与粒子荷电量、粒径、电场强度及气体黏度有关。特别值得提出的是，在不发生电场击穿的前提下，应尽量采用较高的工作电压，这样电场强度大，尘粒驱进速度也大。

4.5.5.2 除尘效率方程式

电除尘器的捕集效率与许多因素有关。多依奇在推导捕集效率方程时作了一系列基本的假设，主要有：(1) 电尘器中的气流为紊流状态，通过除尘器任一横断面的尘粒浓度是均匀的；(2) 进入除尘器的尘粒立即达到饱和电荷；(3) 忽略气流分布不均匀和二次扬尘等影响。在这些假设条件下多依奇提出通用的静电除尘效率 η 计算式为：

$$\eta = 1 - \frac{C_e}{C_i} = 1 - \exp\left(-\frac{A}{Q}\omega\right) \tag{4-42}$$

式中，C_e 为电除尘器进口粉尘浓度，mg/m^3；C_i 为电除尘器出口粉尘浓度，mg/m^3；A 为集尘极面积，m^2；Q 为气体流量，m^3/s；ω 为尘粒的驱进速度，m/s。

从上式可知，除尘效率随极板面积和驱动速度的增加而增加，随流量的增加而降低。

这一公式型式简单，应用比较广泛，可用此式计算除尘效率，也可根据要求的效率计算除尘器的尺寸。重要的是确定正确的驱进速度，采用理论计算的驱进速度，计算的效率偏高，故多选用经验的有效驱进速度。

4.5.5.3　收尘极和电场断面积的确定

由于理想假定与实际的偏离，使得理论方程式计算的捕集效率要比实际高得多。但是理想方程式概括地说明了捕集效率与几个主要因素间的关系。为了能够在实际中应用这一方程进行计算，引入有效驱进速度（effective drift velocity）ω_p 的概念，它是根据在一定的除尘器结构型式和运行条件下测得的捕集效率值，代入多依奇方程反算出的驱进速度值。对于不同类型的粒子，可以求得相应的 ω_p。在工业电除尘器中，有效驱进速度值的大致范围为 0.02~0.2 m/s，而理论计算的驱进速度值一般要比实测得到的有效驱进速度值大 2~10 倍左右。设计和选用类似电除尘器时，以 ω_p 为依据，将式（4-42）中的 ω 用 ω_p 来代替，即采用下列方程

$$\eta = 1 - \frac{C_e}{C_i} = 1 - \exp\left(-\frac{A}{Q}\omega_P\right) \tag{4-43}$$

已知有效驱进速度后，可以根据设计对象所要求达到的除尘效率和处理风量，按下式算出必须的收尘面积，然后对除尘器进行布置和设计（或选型）。

电场断面积可按下式计算：

$$F = \frac{Q}{u} \tag{4-44}$$

$$A = \frac{Q}{\omega_p}\ln(1 - \eta) \tag{4-45}$$

式中，u 为电场风速，m/s。

电场风速（电除尘器内气体的运动速度）的大小对电除尘器的造价和效率都有很大影响。风速低，除尘效率高，但除尘器体积大，造价增加；风速过大容易产生二次扬尘，使除尘效率低。根据经验，电场风速最高不宜超过 1.5~2.0 m/s，除尘效率要求高的电除尘器不宜超过 1.0~1.5 m/s。

4.6　气体吸收与吸附装置

4.6.1　吸收装置

为了强化吸收过程，提高吸收效率，降低设备的投资和运行费用，吸收设备必须达到以下基本要求：

（1）气液之间有较大的接触面积和一定的接触时间；

（2）气液之间扰动强烈，吸收阻力低，吸收速率高；

（3）气液逆流操作，增大吸收推动力；

（4）气体通过时阻力小；

（5）耐磨、耐腐蚀、运行安全可靠；

（6）构造简单，便于制作和检修。

用于气体净化的吸收设备种类很多，下面介绍几种常用的设备。

4.6.1.1　喷淋塔

喷淋塔的结构如图 4-27 所示，有害气体从下部进入，吸收剂从上向下分层喷淋。喷淋塔上部设有液滴分离器，喷淋的液滴应控制在一定范围内，液滴直径过小，容易被气流携走，液滴直径过大，气液的接触面积过小，接触时间短，使吸收速率降低。

气体在吸收塔横断面上的平均流速为空塔速度，喷淋塔的空塔速度一般为 0.5~1.5 m/s。喷淋塔的优点是阻力小，结构简单，塔体内无运动部件，但是它的吸收效率低，仅适用于有害气体浓度低，处理气体量不大的情况，近年来发展了大流量的高速喷淋塔，改善提高喷淋塔的吸收效率。

4.6.1.2　填料塔

填料塔的结构如图 4-28 所示，在喷淋塔内填充适当的填料就成了填料塔，放置填料后，主要是增大气液接触面积。当吸收剂自塔顶向下喷淋，沿填料表面下降，润湿填料，气体沿填料的间隙向上运动，在填料表面产生气液接触吸收口。

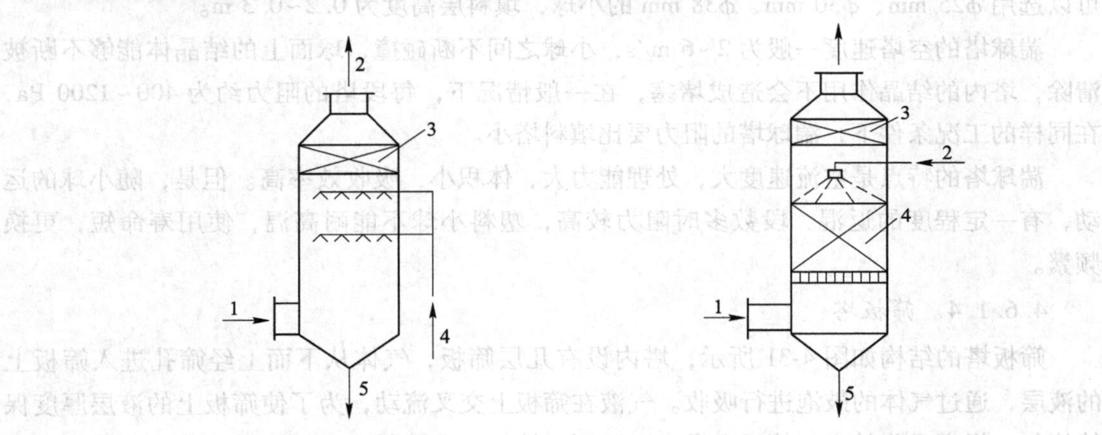
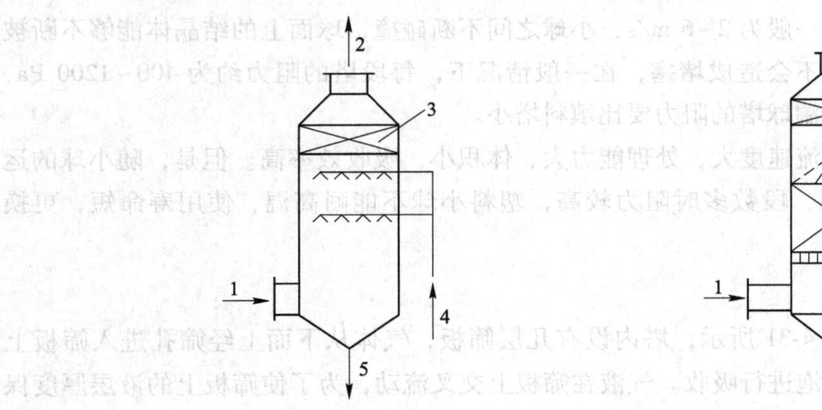

图 4-27　喷淋塔

1—有害气体入口；2—净化气体出口；
3—液滴分离器；4—吸收剂入口；5—吸收剂出口

图 4-28　填料塔

1—有害气体入口；2—吸收剂入口；
3—液滴分离器；4—填料；5—吸收剂出口

常用填料有拉西环（普通的钢质或瓷质小环）、鲍尔环、弧鞍形和波纹填料等，如图 4-29 所示。对填料的基本要求是，单位体积填料所具有的表面积大，气体通过填料时的阻力低。

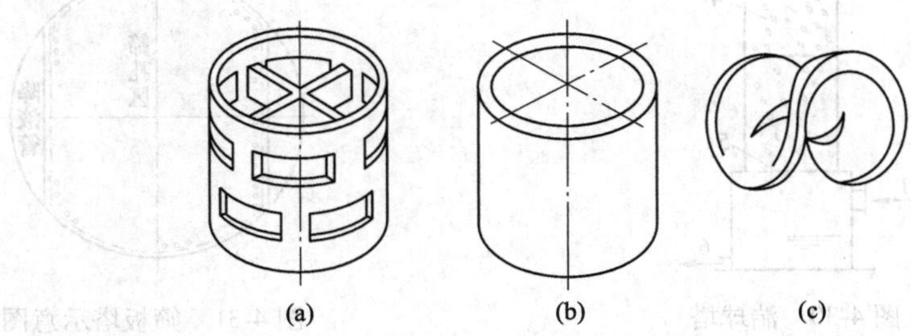

图 4-29　常用的几种填料

（a）鲍尔环；（b）拉西环；（c）弧鞍形

液体流过填料层时，有向塔壁汇集的倾向，中心的填料不能充分加湿。因此，当填料层的高度较大时，常将填料层分成若干层，使所有的填料都能充分加湿。填料塔的空塔速度一般为0.5~1.5 m/s，每米填料层的阻力 $\Delta p/z$ 一般为400~600 Pa/m。

填料塔结构简单，阻力小，是目前应用较多的一种气体净化设备。填料塔直径不宜超过800 mm，直径过大会使效率下降。

4.6.1.3　湍球塔

湍球塔是近年来新发展的一种吸收设备，它是填料塔的特殊情况，使塔内的填料处于运动状态中，以强化吸收过程。图4-30是湍球塔的结构示意图，塔内设有筛板，筛板上放置一定数量的轻质小球。气流通过筛板时，小球在其中湍动旋转，相互碰撞运动，吸收剂自上向下喷淋，润湿小球表面，产生吸收作用由于气、液、固三相接触，小球表面的液膜在不断更新，增大了吸收推动力，吸收效率高。

小球应耐磨，耐腐、耐温，通常用聚乙烯和聚丙烯制作，当塔的直径大于200 mm时，可以选用 ϕ25 mm、ϕ30 mm、ϕ38 mm的小球，填料层高度为0.2~0.3 m。

湍球塔的空塔速度一般为2~6 m/s，小球之间不断碰撞，球面上的结晶体能够不断被清除，塔内的结晶作用不会造成堵塞，在一般情况下，每段塔的阻力约为400~1200 Pa，在同样的工况条件下，湍球塔的阻力要比填料塔小。

湍球塔的特点是空流速度大，处理能力大，体积小，吸收效率高。但是，随小球的运动，有一定程度的返混，段数多时阻力较高，塑料小球不能耐高温，使用寿命短，更换频繁。

4.6.1.4　筛板塔

筛板塔的结构如图4-31所示，塔内设有几层筛板，气体从下而上经筛孔进入筛板上的液层，通过气体的鼓泡进行吸收。气液在筛板上交叉流动，为了使筛板上的液层厚度保持均匀，提高吸收效率，筛板上设有溢流堰，筛板上液层厚度一般为30 mm左右。

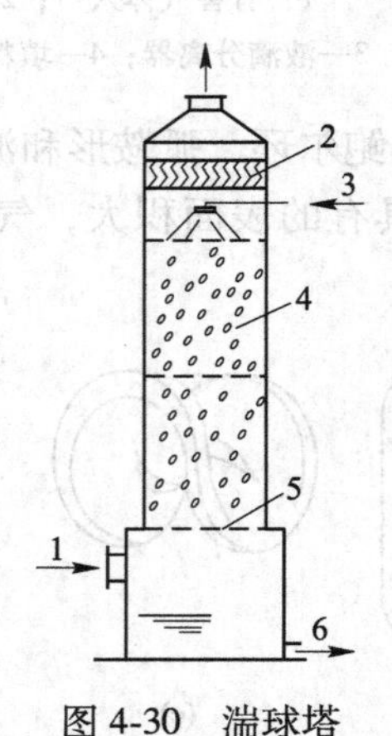

图4-30　湍球塔

1—有害气体入口；2—液滴分离器；3—吸收剂入口；
4—轻质小球；5—筛板；6—吸收剂出口

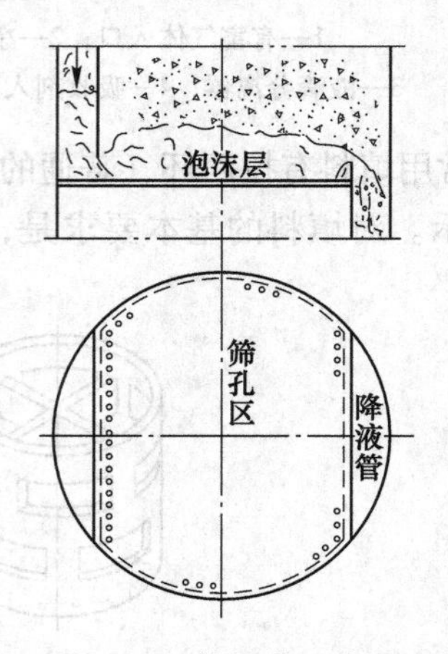

图4-31　筛板塔示意图

从图 4-31 可以看出，在泡沫层中气流和气泡激烈地搅动着液体，使气液充分接触，此层是传质的主要区域。操作时随气流速度的提高，泡沫层和雾沫层逐渐变厚，鼓泡层逐渐消失，而且由气流带到上层筛板的雾滴增多。把雾滴带到上层筛板的现象称为“雾沫夹带”。气流速度增大到一定程度后，“雾沫夹带”相当严重，使液体从下层筛板倒流到上层筛板，这种现象称为“液泛”。因此筛板塔的气流速度不能过高，但是流速也不能过小，以免大量液体从筛孔泄漏，影响吸收效率。筛板塔的空塔速度一般为 1.0~3.5 m/s，筛板开孔率为 10%~18%，每层筛板阻力约为 200~1000 Pa。筛孔直径一般为 3~8 mm，筛孔直径过小不便加工。近年来发展大孔径筛板，筛孔直径为 10~25 mm。

筛板塔的优点是构造简单，吸收效率高，处理风量大，可使设备小型化。在筛板塔中液相是连续相、气相是分散相，适用于以液膜阻力为主的吸收过程。筛板塔不适用于负荷变动大的场合，操作时难以掌握。

4.6.1.5 文丘里管吸收器

文丘里除尘器也可应用于气体吸收。它能使气液两相在高速紊流中充分接触，使吸收过程大大强化。文丘里吸收器具有体积小、处理风量大、阻力大等特点。

4.6.2 吸附装置

目前使用的吸附净化设备主要有固定床吸附器、移动床吸附器和流化床吸附器三种类型。流化床吸附器中，吸附剂在气流中呈流态化；移动床吸附器中，吸附剂与气流一起移动；固定床吸附器由于结构简单、操作简便，因而被广泛采用。

4.6.2.1 固定床吸附装置

处理通风排气用的吸附装置大多采用固定的吸附层（固定床），其结构如图 4-32 所示，吸附层穿透后要更换吸附剂，在有害气体浓度较低的情况下，可以不考虑吸附剂再生，在保证安全的条件下把吸附剂和吸附质一起丢掉。

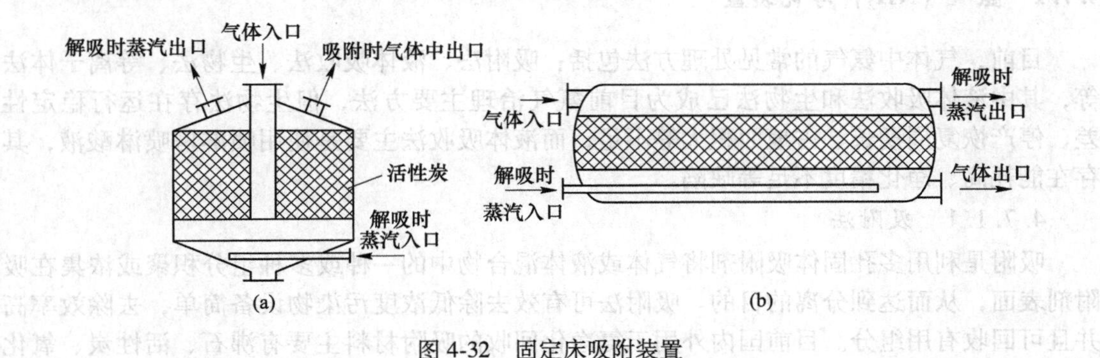

图 4-32 固定床吸附装置

(a) 立式；(b) 卧式

工艺要求连续工作的，必须设两台吸附器，一台工作，一台再生备用。

4.6.2.2 蜂轮式吸附装置

蜂轮式吸附装置是一种新型的有害气体净化装置，适用于低浓度、大风量、具有体积小、质量轻、操作简便等优点。图 4-33 是蜂轮式吸附装置示意图。蜂轮用活性炭素纤维加工成 0.2 mm 厚的纸，再压制成蜂窝状卷绕而成。蜂轮的端面分隔为吸附区和解吸区，使用时，废气通过吸附区，有害气体被吸附。然后把100~140 ℃的热空气通过解吸区，使有害气体解吸，活性炭素纤维再生。随蜂轮缓慢转动，吸附区和解吸区不断更新，可连续工作。浓缩的有害气体再用燃烧、吸收等方法进一步处理。图4-34是实际应用的工艺流程图，该装置的工艺参数为：废气中HC浓度不大于1000 mg/m^3；废气中油烟、粉尘含量不大于0.5 mg/m^3；吸附温度不大于50 ℃；蜂轮空塔速度2 m/s左右；蜂轮转速1.6 r/h；再生热风温度100~140 ℃；浓缩倍数10~30倍。

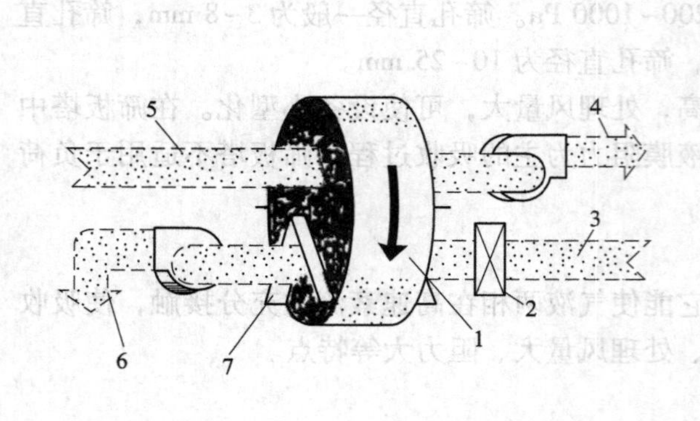

图4-33　蜂轮式吸附装置

1—蜂轮；2—再生加热器；3—再生空气入口；4—净化空气出口；5—污染空气入口；6—再生空气出口；7—固定分隔板

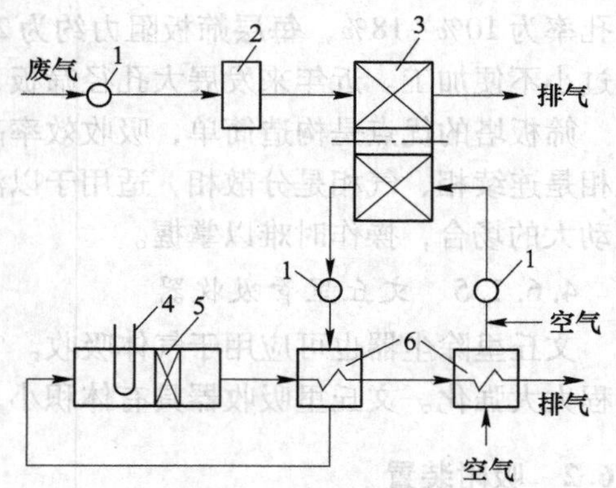

图4-34　浓缩燃烧工艺流程

1—风机；2—过滤器；3—蜂轮；4—预热器；5—催化层；6—换热器

4.7　典型有害气体净化装置

4.7.1　氨气（NH_3）净化装置

目前，气体中氨气的常见处理方法包括：吸附法、液体吸收法、生物法、等离子体法等，其中液体吸收法和生物法已成为目前氨气治理主要方法，但生物法存在运行稳定性差、停产恢复周期长、占地面积大等不足；而液体吸收法主要是使用喷淋塔喷淋酸液，其存在能耗高、净化精度不足等缺陷。

4.7.1.1　吸附法

吸附是利用多孔固体吸附剂将气体或液体混合物中的一种或多种组分积聚或浓集在吸附剂表面，从而达到分离的目的。吸附法可有效去除低浓度污染物设备简单，去除效率高并且可回收有用组分。目前国内外用于氨净化回收的吸附材料主要有沸石、活性炭、氧化石墨烯、氧化铝、硅胶、金属有机框架（MOFs）材料及多孔有机聚合物等。

沸石是一种含碱土金属或碱金属的硅铝酸盐晶体，独特的四面体骨架结构和丰富的均匀微孔使其具有离子交换性、吸附选择性、催化活性、高热稳定性、耐酸性及吸附效率高等特点。晶态沸石是一种特殊的吸附材料，其内部具有较大的空腔和通道入口，直径较小的分子可通过孔道或被吸附在孔道中。沸石中的孔道具有独特的几何结构，可对小分子选择性吸附。其孔道有一定尺寸，因此沸石也具有分子筛的性能，目前已用于气体净化、污染控制等环境保护领域，图4-35为沸石转轮工作原理。

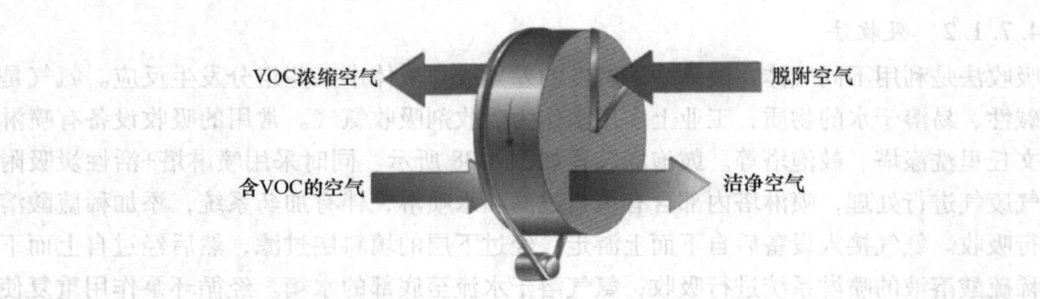

图 4-35 沸石转轮工作原理

氧化铝是氧化铝水合物加热脱水形成的多孔物质，目前已发现的氧化铝有八种晶型，通常所说的活性氧化铝是指 γ-Al_2O_3 或 η-、γ-型 Al_2O_3 的混合物。活性氧化铝多孔、比表面积大、吸附性能良好，常用作干燥剂、气体吸附剂、工业污水颜色消除剂、除氟剂和气味消除剂等。但活性氧化铝的热稳定性较差，主要用碱土金属、稀土金属、过渡金属和其他氧化物等改性，使其在较高的稳定能力下仍具有较大的比表面积。图 4-36 为氧化铝吸附装置工作原理。

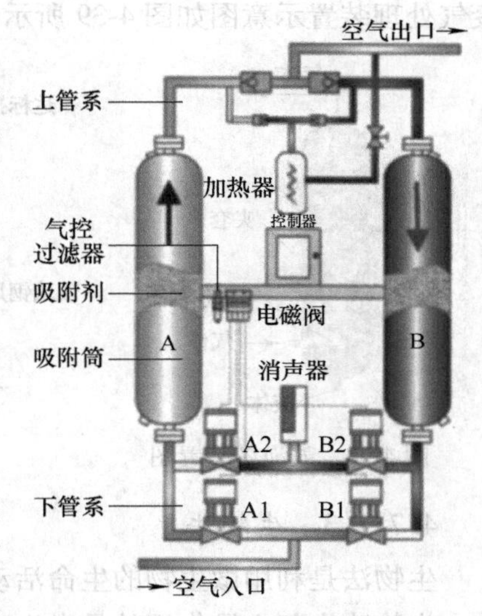

图 4-36 氧化铝吸附装置原理

活性炭（Activated Carbon，AC）主要由 C、H、O、N 和 S 等元素组成，其中 C 元素占 90%以上，具有优良的吸附性能，比表面积大，具有丰富的孔结构，对 H_2S、SO_2 和 NH_3 等大多数污染物都具有很好的吸附效果。制备活性炭的原料来源广泛，如煤炭、木质素、石油焦等。活性炭孔分为微孔、介孔和大孔，孔类型、大小、形状和分布因制备前体原料、制备方法和加热方式不同而不同。工业上往往根据不同需要对活性炭进行活化改性，常用的方法是用水蒸气、CO_2、酸、碱、氧化剂、过渡氧化物或氯化物等进行改性，随改性温度、浓度变化，吸附性能也会发生一定程度改变。图 4-37 为活性炭吸附装置。

图 4-37 活性炭吸附装置

4.7.1.2　吸收法

吸收法是利用不同气体在液体中溶解度的差异或与液体中某些组分发生反应。氨气是一种碱性、易溶于水的物质，工业上多用水作为吸收剂吸收氨气。常用的吸收设备有喷淋塔、文丘里洗涤塔、鼓泡塔等。鼓泡塔装置如图 4-38 所示。同时采用喷淋塔+活性炭吸附对氨气废气进行处理，喷淋塔内部含有填料过滤和水喷淋，伴有加药系统，添加稀硫酸溶液进行吸收。氨气接入设备后自下而上游走，经过下层的填料层过滤，然后经过自上而下加了稀硫酸溶液的喷淋系统进行吸收，氨气溶于水流至底部的水箱。经循环泵作用重复使用，经过一段时间，更换水箱中的水。最后经过后端活性炭吸附箱吸附后达到排放标准。废气处理装置示意图如图 4-39 所示。

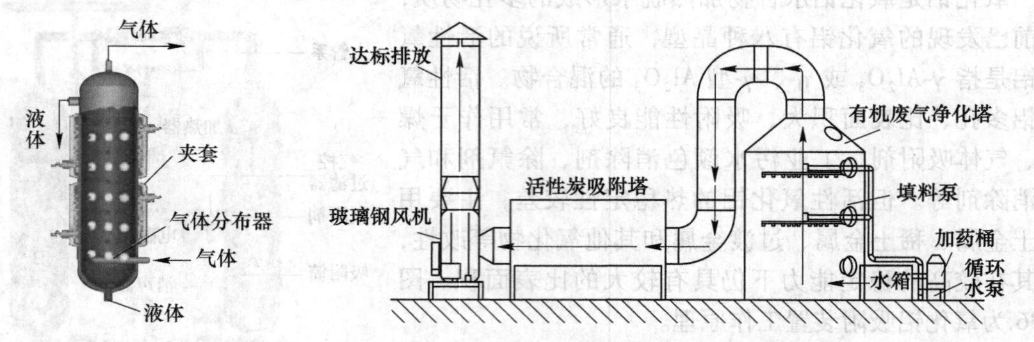

图 4-38　鼓泡塔装置图　　图 4-39　洗涤塔+活性炭吸附塔废气处理示意图

4.7.1.3　生物法

生物法是利用微生物的生命活动把废气中的有害气态污染物转化为低害或者无害的气体。生物法中起主导作用的是微生物，微生物利用由气液界面传递过的氨气作为生长必需的氮源，大量繁殖形成生物膜，附着在填料上，此时氨气也被转化为氮气和水。

常用的处理方法有生物滴滤法、生物洗涤法和生物过滤法等。

生物滴滤法装置如图 4-40（a）所示，氨气由塔底进入，与附着在填料上的生物接触而被去除，净化气体由塔顶排出。塔顶装有循环间接喷淋装置，为微生物提供生长必需的

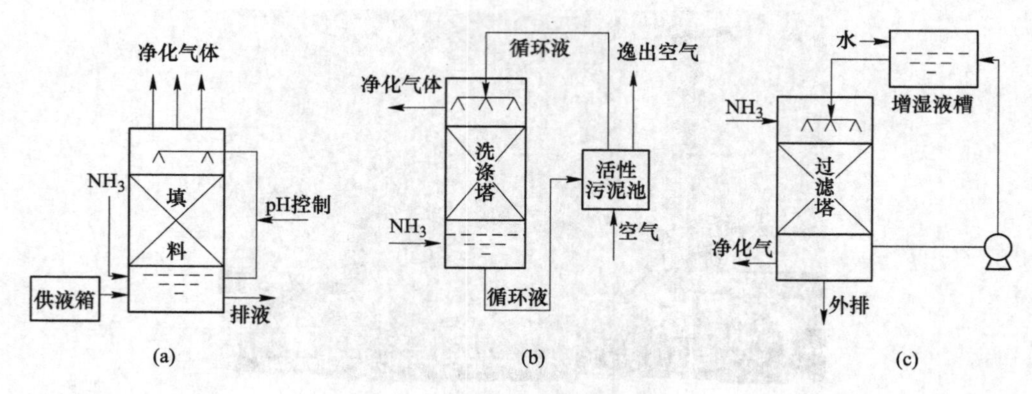

图 4-40　生物法处理 NH_3 装置

（a）滴滤法装置；（b）洗涤法装置；（c）过滤法装置

营养物质，调节微生物生长环境的 pH 和湿度，并冲走微生物代谢产物，保持生物膜厚度。其设备简单，运行成本低，去除效率高，但菌种易随流动相流失。

生物洗涤器由洗涤塔和活性污泥池组成，装置如图 4-40（b）所示。废气由生物洗涤塔底部进入反应器，与自上而下的循环液接触，实现气液传质过程。吸收了氨气的循环液进入活性污泥池，通过曝气进行再生，被吸收的氨气则在活性污泥池中被降解。生物洗涤法可以用来去除大气量的废气，操作简单，但其设备多，投资成本高，且需要投加钠、磷、钾等营养物质。

生物过滤器如图 4-40（c）所示，由生物过滤塔和增湿液槽构成。增湿液槽的作用是去除废气中的颗粒物，对废气进行降温增湿。废气首先进入增湿液槽，然后进入生物过滤塔填料表面附着的大量微生物，废气通过气液传质作用被附着在填料上的微生物降解。生物过滤法具有操作简单、去除效率高、运行费用低等优点，但废气浓度过高时易堵塞填料，同时其湿度、pH 值等不易调节。

4.7.2 硫化氢（H_2S）净化装置

气体中硫化氢废气的常见处理方法包括燃烧法、吸附法、液体吸收法、氧化法、电化学法、生物法和联合工艺净化法等，其中液体吸收法和生物法已成为目前硫化氢治理主要方法，但生物法存在运行稳定性差、停产恢复周期长、占地面积大等不足。

图 4-41 所示是一种硫化氢尾气吸收处理装置。包括尾气吸收单元，碱液循环单元通过碱液输送管道与尾气吸收单元连通，负压抽空单元通过负压抽空管道与尾气吸收单元连通；尾气吸收单元包括尾气吸收塔，尾气吸收塔下部连接有尾气吸收管线；碱液循环单元包括烧碱储罐，烧碱储罐与尾气吸收塔顶部通过碱液输送管道连通，碱液输送管道上设置有水泵；负压抽空单元通过负压抽空管道与尾气吸收塔连通，负压抽空管道上设置真空泵。其中水泵向喷淋塔内部泵入的水量保持恒定，当废气中硫化氢浓度较低时，仍保持原先水量供应造成能耗较高，当废气中硫化氢浓度较低时，保持原先水量供应将不能彻底吸收废气中的硫化氢气体。

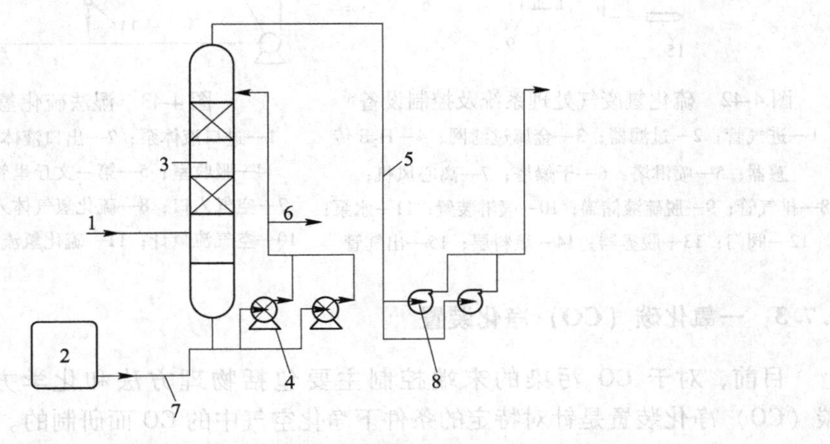

图 4-41 硫化氢尾气吸收处理装置

1—尾气吸收塔；2—烧碱储罐；3—尾气吸收塔；4—水泵；
5—负压抽空管道；6—富液吸收管；7—碱液输送管道；8—真空泵

图4-42所示为一种硫化氢废气处理系统及控制设备。硫化氢废气处理系统，包括：喷淋塔，喷淋塔的进气口与进气管相连接，喷淋塔内部由上至下依次设置有第一喷淋装置、第二喷淋装置及第三喷淋装置，第一喷淋装置、第二喷淋装置及第三喷淋装置上分别连接有第一水泵、第二水泵及第三水泵；干燥塔，干燥塔的进气口与喷淋塔的排气口相连接；离心风机，离心风机的进气口与干燥塔的排气口相连接，离心风机的排气口上设置有排气管；脱硫液储罐，第一水泵、第二水泵及第三水泵的输入端均与脱硫液储罐相连接；硫化氢传感器；能够根据处理废气中硫化氢气体的浓度调整不同数量的喷淋装置进行喷淋吸收，减小功耗，保证硫化氢吸收彻底。

图4-43所示为一种湿法硫化氢废气净化装置及其方法。包括第一文丘里管、第二文丘里管的入口，分别通过对应的进口液体泵和气液固分离罐相连，第一文丘里管的收缩段上设有空气入口，第一文丘里管的扩散段和撞击吸收室相连；第二文丘里管的收缩段上设有硫化氢气体入口，第二文丘里管的扩散段和撞击吸收室相连，气液固分离罐内设有铁基离子液体，撞击吸收室的出口端通过出口液体泵连接到气液固分离罐。该装置大大强化了气液传质过程，促进脱硫与再生反应；整个过程加大了硫化氢的溶解，传质推动力增大，促进硫化氢分子向离子液体液膜扩散，进一步提高铁基离子液体中三价铁离子利用率。

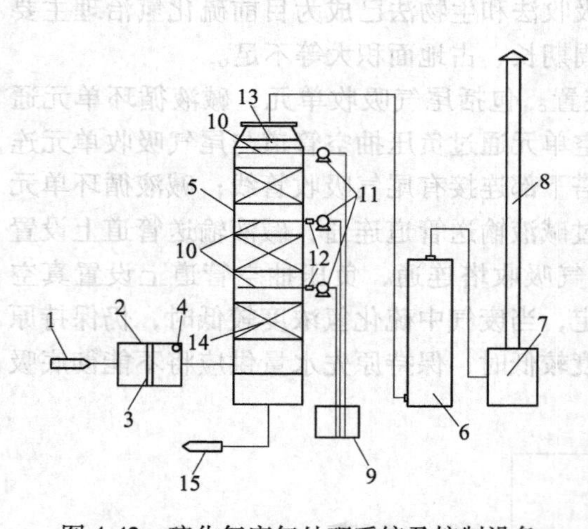

图4-42　硫化氢废气处理系统及控制设备

1—进气管；2—过滤器；3—金属过滤网；4—H_2S传感器；5—喷淋塔；6—干燥塔；7—离心风机；8—排气管；9—脱硫液储罐；10—喷淋装置；11—水泵；12—阀门；13—脱雾器；14—填料层；15—出气管

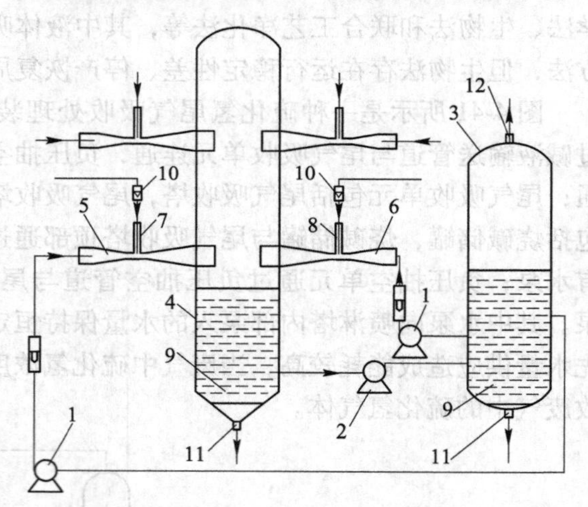

图4-43　湿法硫化氢废气净化装置

1—进口液体泵；2—出口液体泵；3—气液固分离罐；4—吸收室；5—第一文丘里管；6—第二文丘里管；7—空气入口；8—硫化氢气体入口；9—铁基离子液体；10—空气流量计；11—硫化氢流量计；12—净化尾气出口

4.7.3　一氧化碳（CO）净化装置

目前，对于CO污染的末端控制主要包括物理方法和化学方法。大部分一氧化碳（CO）净化装置是针对特定的条件下净化空气中的CO而研制的。

4.7.3.1　一氧化碳催化氧化燃烧净化装置

利用催化剂将工业废气中残留的一氧化碳于较低温度下氧化分解的处理方法。但在完成该处理后，所产生的尾气中往往存在一定量的粉尘、异味或其他有害物质，需要二次进行净化处理，避免直接排放外界造成环境污染。图 4-44 所示为一种一氧化碳催化氧化燃烧净化装置，包括箱体、过滤组件以及网筒。箱体的底端固定有桁架，箱体的左右两端分别设置有进气口、排气口，箱体顶端的左右两侧皆开设有通槽，且通槽中皆安插有过滤组件，并且过滤组件的底端皆竖直延伸至箱体内部的底端，过滤组件之间的箱体内部等间距安装有若干个网筒，且网筒的上下两端皆与箱体的外部相互连通。该装置不仅使得尾气在输入、输出时分别经过多重过滤、除尘，并利用多组柱状填充的活性炭块来高效吸附有毒物质，从而有效提高了净化效果，而且实现了多种滤材的快捷拆装或更换，从而提高了该装置的维护效率。

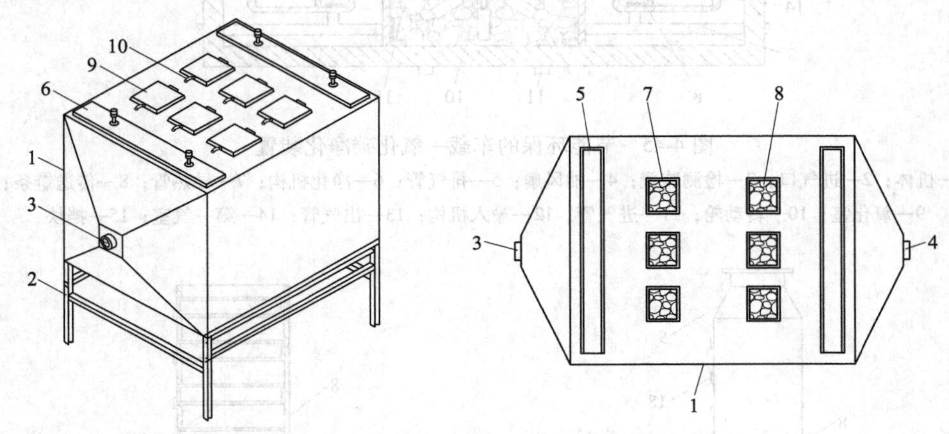

图 4-44 一氧化碳催化氧化燃烧净化装置

1—箱体；2—桁架；3—进气口；4—排气口；5—通槽；6—过滤组件；7—网筒；8—活性炭块；9—密封盖；10—弹簧卡扣

4.7.3.2 车载一氧化碳净化装置

汽车发动机在运行过程中，因为发动机长时间怠速或者低速行驶的过程中，汽车发动机中的汽油无法得到充分燃烧，容易产生一氧化碳物质，夏季人们喜欢在车内休息并打开车载空调，发动机长时间怠速工作产生的一氧化碳会严重威胁人们的生命安全。图 4-45 为一种节能环保的车载一氧化碳净化装置，包括机体、移动杆和阀门，移动杆的上端活动安装有阀门，阀门的下方设置有还原室，净化机构的下方固定安装有导热管，传送链条的外侧转动安装有铲斗，机体的底部设置有氧化室，氧化室的内部固定安装有滑轨，滑轨的外侧滑动安装有挡块。该节能环保的车载一氧化碳净化装置，通过还原室中氧化铜在高温环境下与一氧化碳发生还原反应，同时铲斗将还原铜输送到氧化室中，然后还原铜在氧化室与氧气发生氧化反应，然后氧化铜进入到铲斗中输送至还原室中，使得氧化铜原料不会产生消耗，实现了无须更换滤芯的效果，达到了节能环保和降低成本的作用。

4.7.3.3 生活垃圾一氧化碳净化去除装置

在低温热解后会产生大量的烟气，这些烟气中包含二噁英、氮氧化物、一氧化碳、灰尘颗粒物等对空气质量造成危害的物质。因此，生活垃圾热解后产生的烟气需经过烟气处理系统的一系列的处理工序进行净化，最终排出烟气处理系统。图 4-46 所示为一种一氧化碳净化去除装置，包括：底座，底座的上端安装有加热室，加热室的一侧端密封连接有

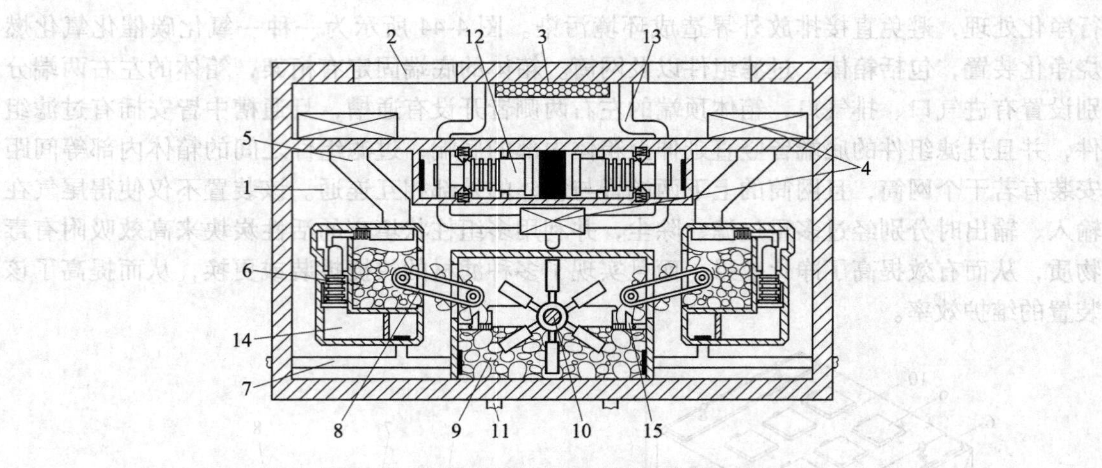

图 4-45　节能环保的车载一氧化碳净化装置

1—机体；2—进气口；3—检测装置；4—抽风扇；5—排气管；6—净化机构；7—导热管；8—传送链条；9—氧化室；10—转动轮；11—进气管；12—输入机构；13—出气管；14—第一气室；15—挡块

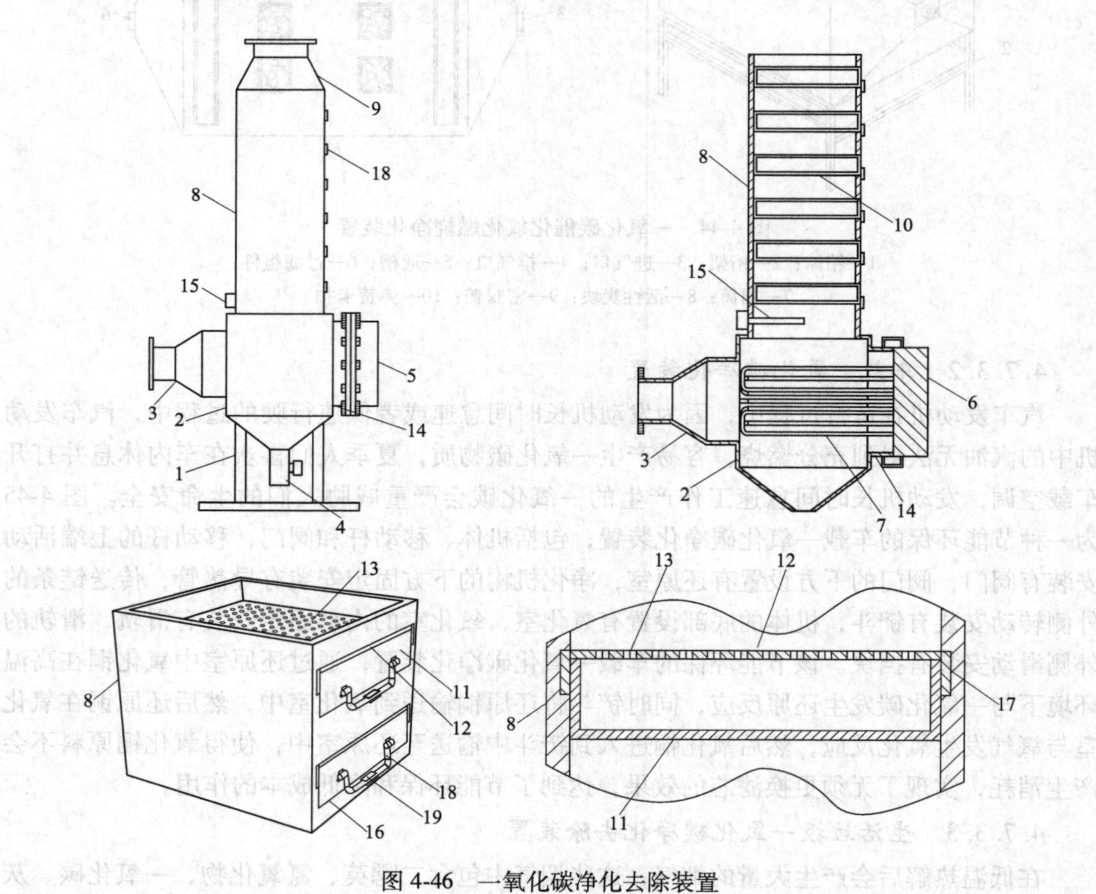

图 4-46　一氧化碳净化去除装置

1—底座；2—加热室；3—进烟管；4—新风阀；5—加热装置；6—安装座；7—电加热管；8—催化室；9—排烟管；10—催化盒；11—盒体；12—盒盖；13—通气孔；14—安装管；15—温度传感器；16—安装口；17—插槽；18—把手；19—塑料卡扣

与其连通的进烟管，加热室的底部密封连接有用于提供空气的新风阀，加热室的另一侧端安装有延伸至其内部的加热装置，加热室的上端密封连接有与其连通的催化室，催化室的上端连接有与其连通的排烟管，催化室的内部可拆卸安装有多个上下均匀分布且与其适配的催化盒，催化盒上设有多个均匀分布的通气孔，且催化盒下方的气体能通过通气孔流动至催化盒的上方，催化盒内填充有一氧化碳催化剂。该装置能够高效净化去除烟气中的一氧化碳，实现了一氧化碳的排放达标，避免了空气的污染。

4.7.4 二氧化碳（CO_2）净化装置

4.7.4.1 化工工艺二氧化碳净化装置

在目前常见的化工工艺中，对于大量的二氧化碳的生产多采用回收工业尾气的技术路线。而二氧化碳的气源主要有以下几种：（1）来源于含碳燃料，主要指焦炭、煤、燃料油和含碳气体燃料燃烧时产生的废气；（2）合成氨和制氢厂以碳氢化合物制氨、制氢时产生的二氧化碳；（3）来源于发酵气体，例如啤酒厂和工业酒精厂生产时副产大量的二氧化碳；（4）石灰窑排放的气体中二氧化碳的含量约40%；（5）天然二氧化碳。二氧化碳来源不同，杂质种类也不同，但通常其主要杂质是硫、水以及甲醇等，特别是二氧化碳原料气中的水分和甲醇含量较高，因此，在生产液体二氧化碳过程中需脱除水分。而现有的对二氧化碳原料气的提纯回收方法主要有吸收法、变压吸附法、吸附精馏法和膜分离法等。其中，通常使用变压吸附法，利用固体的吸附剂对水分的吸附作用即可到达脱除水分的目的，但该方式在二氧化碳原料气中水分含量较高时，极易出现吸附剂饱和的情况，进而需使用大量吸附剂，导致固废排放较多。

图4-47所示是一种二氧化碳净化装置，该二氧化碳净化装置包括进料管、出料管、水洗塔、循环水管以及循环冷却器；进料管的一端伸入水洗塔中，水洗塔通过进料管与外界的二氧化碳原料气连通，水洗塔的顶部通过出料管与外界的二氧化碳吸附提纯装置连通；进料管伸入水洗塔的位置位于水洗塔中远离出料管的一侧；循环水管的一端与水洗塔的底部连通，循环水管的另一端伸入水洗塔中，循环水管伸入水洗塔的位置位于进料管伸入水洗塔的位置以及出料管与水洗塔的连接处之间；循环冷却器设于循环水管上，循环冷却器内流通有冷媒。本申请提供的二氧化碳净化装置利用降温实现二氧化碳原料气的脱水，可减少后续变压吸附法中吸附剂的使用量，更节能环保。

4.7.4.2 汽车尾气二氧化碳净化装置

随着社会的不断发展，科技的不断进步，汽车成为人们出行的主要工具，但汽车会产生大量的尾气，对环境造成污染，对人们的身体健康带来危害，目前，汽车尾气净化装置会把有害气体净化成无害气体，常常把一氧化碳反应成二氧化碳，直接排放到大气中，而二氧化碳会加剧温室效应。现有的尾气二氧化碳净化装置固定方式单一，由于汽车在行驶过程中会产生振动，长时间处于振动下，容易造成尾气净化装置掉落，并且传统的尾气收集净化装置不便拆卸，在长期收集净化尾气，会在装置内部汇聚大量的固体颗粒，容易造成堵塞现象发生，影响汽车尾气净化装置的净化效果。为解决上述问题，研制了如图4-48所示的一种汽车尾气二氧化碳净化装置，涉及汽车尾气净化技术领域，其包括壳体，所述壳体内壁的上表面和下表面的左侧均开设有卡槽，且两个卡槽内分别卡接在滤网的上表面

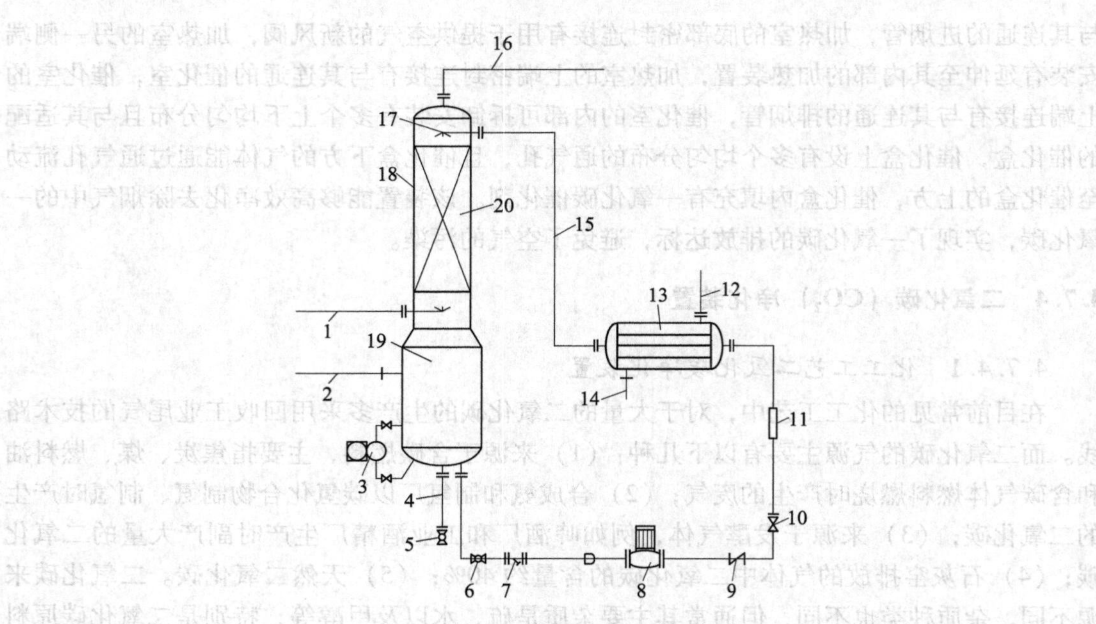

图 4-47　二氧化碳净化装置

1—进料管；2—补水管；3—液位计；4—排水管；5—排水阀；6—循环水阀；7—循环水过滤器；8—水循环泵；9—循环水单向阀；10—循环水出水阀；11—温控计；12—冷媒进管；13—循环冷却器；14—冷媒出管；15—循环水管；16—出料管；17—布水器；18—上部水洗塔；19—下部水洗塔；20—填料

和下表面，所述壳体内壁上表面和下表面的右侧均固定连接有两个限位板。该汽车尾气二氧化碳净化装置，通过设置壳体，由于壳体通过若干个第一螺丝、两个横板、两个侧板和两个立板拼接而成，使得人们利用工具能够方便地对壳体进行拆卸，清理壳体内部汇聚的固体颗粒，从而避免了壳体内部滤网长时间工作而导致其被堵塞，保证了尾气能够顺利地流向催化剂载体，催化剂载体上的催化剂能够与二氧化碳反应，降低二氧化碳的排放量。

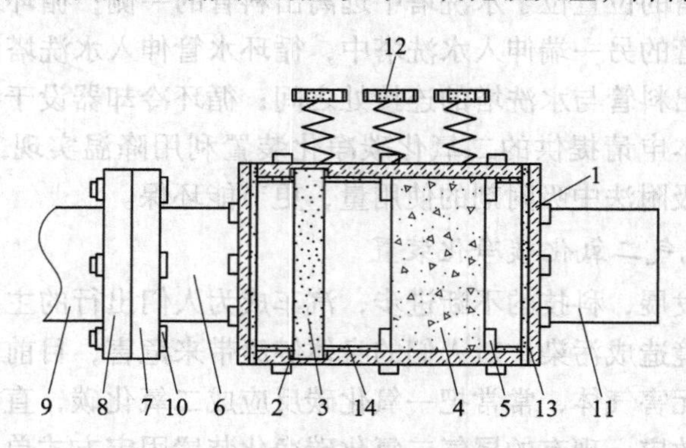

图 4-48　汽车尾气二氧化碳净化装置

1—壳体；2—卡槽；3—滤网；4—催化剂载体；5—限位板；6—连接管；7—第一法兰；8—第二法兰；9—尾气管；10—第二螺丝；11—排气管；12—加固装置；13—第一密封垫；14—第二密封垫

4.7.4.3　固体胺的二氧化碳吸收装置

固体胺吸附法。常用的吸附方法有变压吸附法和变温吸附法。在载人航天器中，采用

固体胺吸附 CO_2、用水蒸气解析 CO_2 再生成固体胺的方法，该方法是一种非常有前景的 CO_2 去除方法，吸附原理为固体胺与水蒸气反应生成胺的水合物，再与 CO_2 反应生成碳酸氢盐，用于吸附 CO_2 的固体胺可采用抽真空或加热等方式脱附再生。如图 4-49 是运用固体胺的二氧化碳吸收装置系统图。

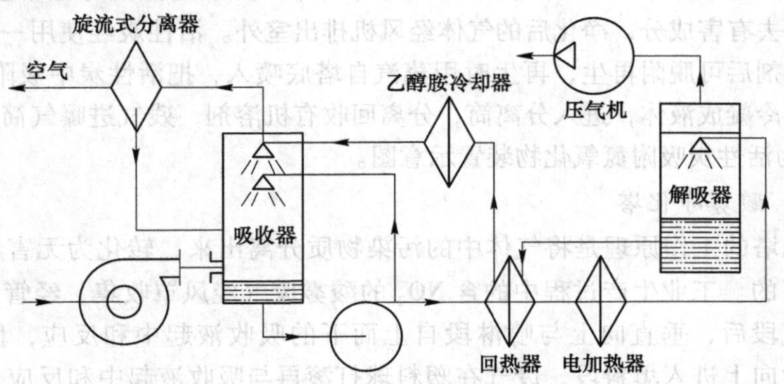

图 4-49 二氧化碳吸收装置系统图

4.7.4.4 金属化合物二氧化碳吸收装置

金属氧化物去除 CO_2 主要是通过化学方法，即金属化合物与 CO_2 气体反应生成碳酸盐。LiOH 密闭空间中较为常用的 CO_2 去除药剂。LiOH 首先吸收经过气流中的水蒸气，再与 CO_2 反应生成 Li_2CO_3 和 H_2O，放热反应产生的热量进而促使反应过程中生成的水汽化，从而进一步使 LiOH 水化。另外还可以采用 $Ca(OH)_2$、钠石灰等。这些方法往往属于非再生式处理方法，且伴随着大量热量的产生。但由于金属化合物单位体积对 CO_2 的吸收量较高，而且还往往可以去除处理气体的中水分，因此，在某些对净化系统体积有严格限制的场合，金属化合物用于 CO_2 的净化有非常明显的优势。图 4-50 为氢氧化锂净化装置结构简图。

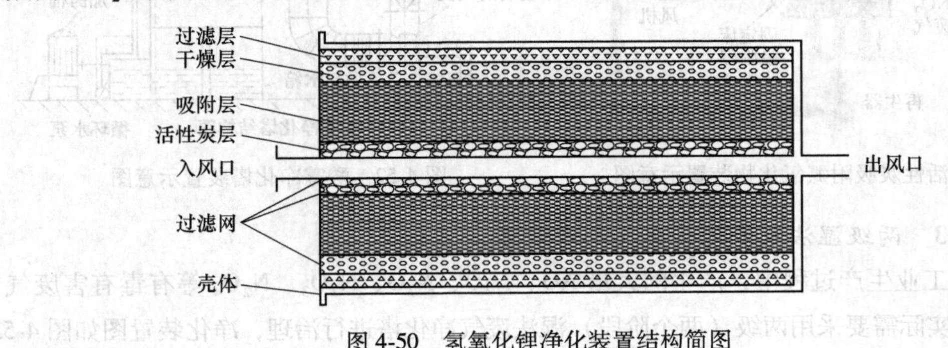

图 4-50 氢氧化锂净化装置结构简图

4.7.5 二氧化氮（NO_2）净化装置

4.7.5.1 活性炭吸附氮氧化物装置

活性炭内部孔穴十分丰富，比表面积巨大（可达到 1000 m^2/g），由于固体表面存在未平衡和未饱和的分子引力和化学键力，能吸附气体分子，使其浓聚并保持在固体表面，实践表明活性炭对氮氧化物吸附量大，但活性炭吸附氮氧化物的过程是可逆过程，在一定温度和气体压力下达到吸附平衡，在高温、减压条件下，被吸附的氮氧化物又被解吸出来，使活性炭得到再生。活性炭吸附氮氧化物更适用于小风量高浓度的废气治理，也可置于碱液喷淋塔或酸雾净化塔的末端联合使用，净化效果良好。

活性炭吸附塔工作原理为从酰洗槽排出的含 NO_2 等氮氧化物废气经固定床吸附器，活性炭吸附，除去有害成分，净化后的气体经风机排出室外。活性炭经使用一段时间后，吸附一定量的溶剂后可脱附再生，再生时用蒸汽自塔底喷入，把活性炭中吸附的溶剂蒸出，在经过冷凝器冷凝成液体，进入分离筒，分离回收有机溶剂，残气进曝气筒，经曝气后排出，图 4-51 为活性炭吸附氮氧化物装置示意图。

4.7.5.2 酸雾净化塔

酸雾净化塔的工作原理是将气体中的污染物质分离出来，转化为无害物质，以达到净化气体的目的。工业生产过程中的含 NO_2 的酸雾废气经风罩收集，经管道再进入碱液洗涤塔的进气段后，垂直向上与喷淋段自上而下的吸收液起中和反应，使废气浓度降低，然后继续向上进入填料段，废气在塑料球打滚再与吸收液起中和反应，使废气浓度进一步降低后进入脱水器段，脱去液滴，净化后的气体排出大气。图 4-52 为酸雾净化塔装置示意图。

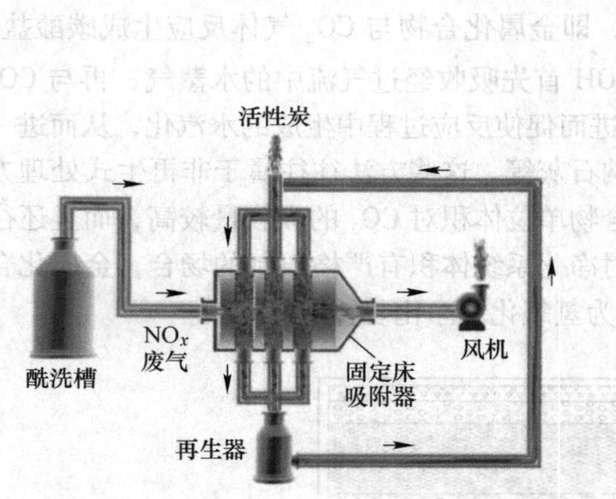

图 4-51 活性炭吸附氮氧化物装置示意图

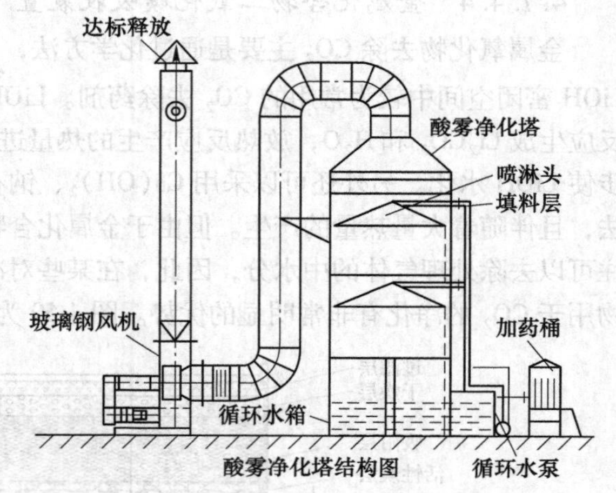

图 4-52 酸雾净化塔装置示意图

4.7.5.3 两级湿法氮氧化物废气治理装置

在特定工业生产过程中，产生的大量 NO、N_2O、N_2O、N_2O_3、N_2O_4 等有毒有害废气，需根据生产实际需要采用两级（两个阶段）湿法废气净化塔进行治理，净化装置图如图 4-53 所示。根据酸洗槽的敞口面积，计算实际需要的 NO_x 废气排风量，以及整个通风管道、吸风罩、净化塔的阻力损失，并选用合适的通风机排风量和风压损失。产生与排放的 NO_x 废气以 NO 和 NO_2 为主，废气经风罩进入引风管，再到第 1 级多功能净化塔，第 1 级采用水做吸收液，可节约化工原料，其机理是在高效离心式风机的引风旋流作用下，NO_x 被水吸收，生成硝酸与一氧化氮，即 $3NO_2+H_2O \rightarrow 2HNO_3+NO$，其反应中 2/3 的 NO_2 转化成 HNO_3，1/3 的 NO_2 转化成 NO，再与氧作用生成 NO_2，继续被水吸收，使得有毒气体的浓度降低，但水吸收只能作为初步处理，然后再进入第 2 级高效废气净化塔，吸收液采用专用配置的 NaOH 溶液吸收去除，浓度一般采用 4%～6%，其反应原理为 $2NO_2+2NaOH = NaNO_3+NaNO_2+H_2O$，$NO+NO_2+NaOH = 2NaNO_2+H_2O$。若 NO_x 废气成分复杂、浓度高，在工艺第 1 级净化塔中可采用 12%～30%的硝酸溶液吸收废气，即硝酸氧化-碱液吸收法，原理为 $2HNO_3+NO = 3NO_3+H_2O$，可强化吸收过程，增加反应速率，提高吸收率与净化效果，当 NO_2/ND 为 1～1.3 时，吸收速度最大。该装置适用于 NO_x 瞬时爆发性浓度高、废气量大的敞开作业的场景。

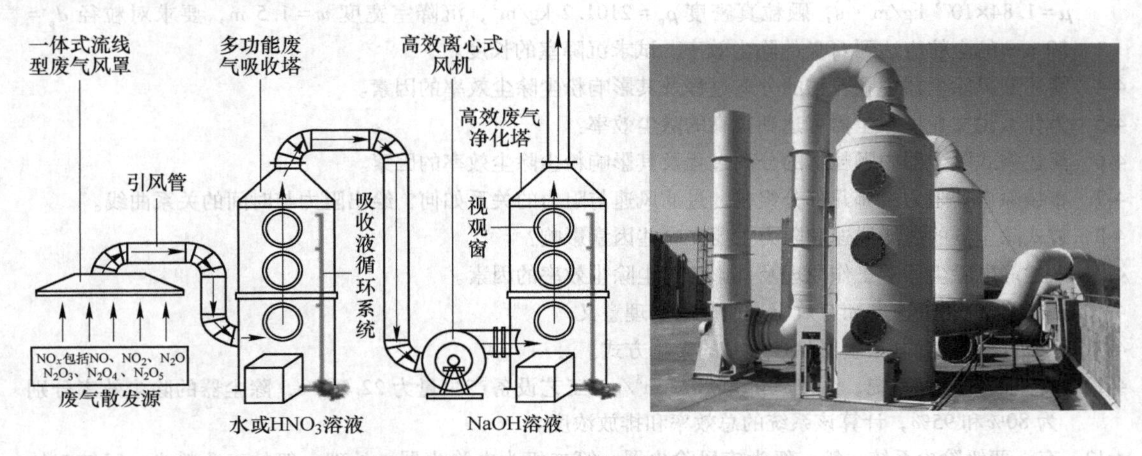

图 4-53 两级湿法氮氧化物废气治理装置

4.7.5.4 碱-亚硫酸铵净化氮氧化物装置

碱-亚硫酸铵吸收氮氧化物的方法是液相还原吸收法的一种，用液相还原剂将 NO_x 还原为 N_2，其净化原理为废气经过第 1 级碱液吸收塔后发生反应，其反应式为：$2NaOH+NO+NO_2 = 2NaNO_2+H_2O$，$Na_2CO_3+NO+NO_2 = 2NaNO_2+CO_2$，再进入第 2 级碱液吸收塔，其碱液为亚硫酸母液槽中注入氨气与水后反应生成的亚硫酸铵溶液，反应式为：

$4(NH_4)_2SO_3+2NO_2 = 4(NH_4)_2SO_4+N_2$，$4NH_4HSO_3+2NO_2 = 4NH_4HSO_4+N_2$，第 1 级吸收塔生成的亚硝酸铵通过贮液槽储存后送去浓缩回收 $NaNO_2$，第 2 级吸收塔生成的硫酸铵可作为硫铵肥料被再利用，装置示意图如图 4-54 所示。

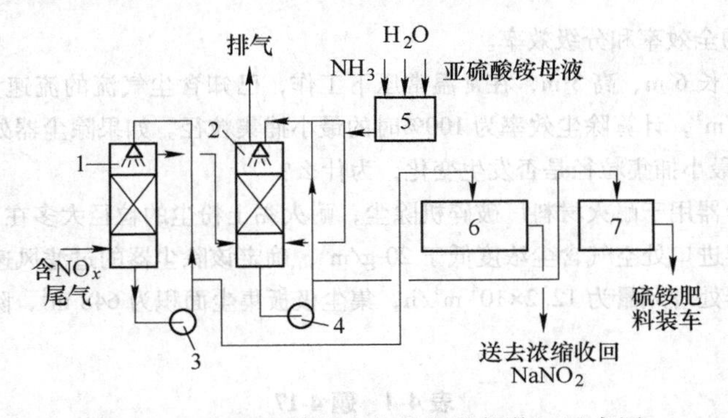

图 4-54 碱-亚硫酸铵净化氮氧化物装置示意图

1—碱液吸收塔；2—亚硫酸铵吸收塔；3—碱泵；4—亚硫酸铵泵；
5—亚硫酸铵母液槽；6—亚硝酸铵贮液槽；7—硫酸铵成品槽

复习思考题及习题

4-1 评价除尘器性能指标有哪些，它们之间有何关系？

4-2 何谓尘粒的最小分离直径和分割粒径，并写出相应的计算公式？

4-3 用一单层沉降室处理含尘气流，已知含尘气体流量 $Q=1.5\ m^3/s$，气体密度 $\rho=1.2\ kg/m^3$，气体黏度 $\mu=1.84\times10^{-5}\ kg/m\cdot s$，颗粒真密度 $\rho_p=2101.2\ kg/m^3$，沉降室宽度 $w=1.5\ m$，要求对粒径 $d_p=50\ \mu m$ 的尘粒应达到60%的除尘效率。试求沉降室的长度。

4-4 简述旋风除尘器中颗粒物的分离过程及其影响粉尘除尘效率的因素。

4-5 为什么说文丘里除尘器可达到很高的除尘效率？

4-6 简述袋式除尘器中颗粒物的分离过程及其影响粉尘除尘效率的因素。

4-7 布袋除尘器阻力由哪几部分组成，过滤风速与阻力的关系如何？绘出阻力与时间的关系曲线。

4-8 袋式除尘器的过滤风速和阻力主要受哪些因素影响？

4-9 简述静电除尘器的工作原理及其影响粉尘除尘效率的因素。

4-10 说明理论驱进速度和有效驱进速度的物理意义。

4-11 分析比电阻对电除尘器除尘效率的影响方式。

4-12 有一两级除尘系统，系统风量为 $2.22\ m^3/s$，工艺设备产尘量为 $22.2\ g/s$，除尘器的除尘效率分别为80%和95%，计算该系统的总效率和排放浓度。

4-13 有一两级除尘系统，第一级为旋风除尘器，第二级为电除尘器，处理一般的工业粉尘，已知起始的含尘浓度为 $15\ g/m^3$，旋风除尘器效率为85%，为了达到排放标准的要求，电除尘器的效率最少应是多少？

4-14 在现场对某除尘器进行测定，测得数据如下：除尘器进口含尘浓度为 $2800\ mg/m^3$、除尘器出口含尘浓度为 $200\ mg/m^3$，除尘器进口和出口的管道内粉尘的粒径频度分布见表4-3。

表4-3 题4-14

粒径范围/μm	0~5	5~10	10~20	20~40	>40
除尘器前/%	20	10	15	20	35
除尘器后/%	78	14	7.4	0.6	0

计算该除尘器的全效率和分级效率。

4-15 有一重力沉降室长6 m、高3 m，在常温常压下工作，已知含尘气流的流速为0.5 m/s，尘粒的真密度为2000 kg/m^3，计算除尘效率为100%时的最小捕集粒径。如果除尘器处风量不变，高度改为2 m，除尘器的最小捕集粒径是否发生变化，为什么？

4-16 某脉冲袋式除尘器用于耐火材料厂破碎机除尘，耐火黏土粉尘的粒径大多在5 μm左右，气体温度为常温，除尘器进口处空气含尘浓度低于 $20\ g/m^3$，确定该除尘器的过滤风速。

4-17 已知某电除尘器处理风量为 $12.2\times10^4\ m^3/h$，集尘极板集尘面积为 $648\ m^2$，除尘器进口处粒径分布见表4-4。

表4-4 题4-17

粒径范围/μm	0~5	5~10	10~20	20~30	30~40	>44
粒径分布/%	3	10	30	35	15	7

根据计算和测定：理论驱进速度 $\omega = 3.95\times10^4 d_c$（$d_c$ 为粒径，m），有效驱进速度 $\omega_c = 0.5\omega$，计算该电除尘器的除尘效率。

4-18 简述气体吸收与吸附装置类型有哪些。

4-19 举例说明氨气（NH_3）、硫化氢（H_2S）、一氧化碳（CO）、二氧化碳（CO_2）、二氧化氮（NO_2）净化装置的工作原理。

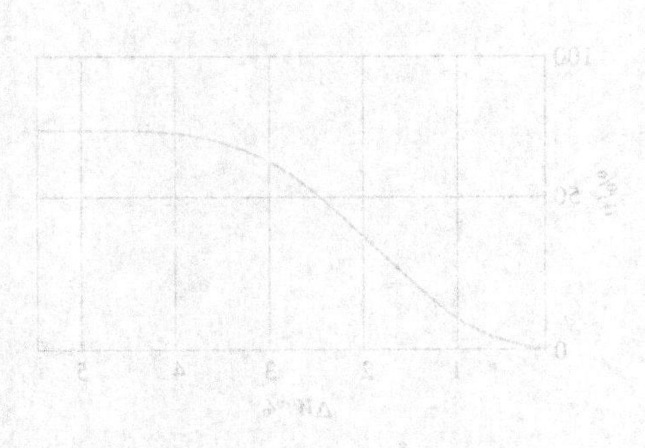

5 煤矿井下尘毒控制技术

5.1 回采工作面粉尘防治技术

采煤工作面是煤矿井下主要的生产场所，其产尘持续时间长、产尘量大，因此采煤工作面防尘是煤矿井下防尘的重中之重。采煤工作面分为炮采工作面和机采工作面。炮采工作面的主要产尘工序是打眼、放炮、装煤、回柱放顶及运煤等。机采工作面包括高档普采、综采和综采放顶工作面，主要产尘工序为采煤机割煤、回柱放顶或移架、放顶煤等。采煤工作面防尘的主要技术措施有煤层注水、机采工作面防尘和炮采工作面防尘三种。

5.1.1 煤层注水减尘

在煤炭回采前，预先润湿煤体的技术是回采工作面减尘的重要措施之一。在煤矿开采过程中，需要掘进两个顺槽，利用压力注水方式将压力水直接注入煤层，让水体沿着煤层的裂缝进行扩展性渗透，从而对煤层结构中存在的原煤资源进行湿润处理，有利于降低原煤开采过程中产生的粉尘。图 5-1 为煤层注水除尘率与煤的水分增量的关系。由图可知，利用煤层注水方式进行粉尘防治处理，是可以降低 60% 的区域粉尘浓度。

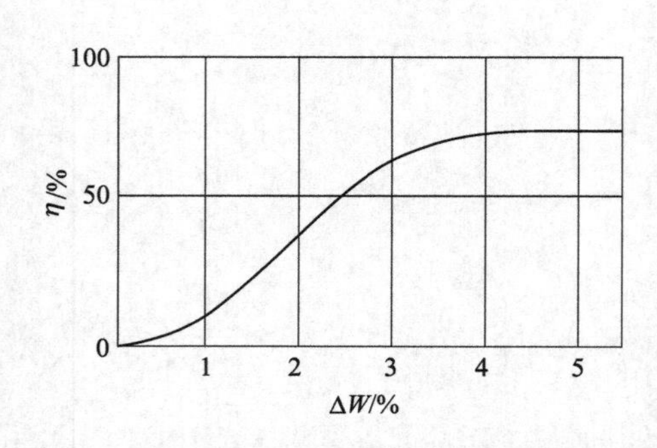

图 5-1 煤层注水除尘率与煤的水分增量关系

煤层预注水的钻孔布置方法、封孔工艺、注水方式、活性剂的选择均会影响注水的效果，注水前的准备应该充分考虑煤层的特性与瓦斯含量等基础参数。从当前的煤层注水技术应用情况分析来看，需要综合考虑到原煤结构中存在的缝隙问题。这种技术手段逐步发展成煤层脉冲式注水方式，在实现了润湿原煤结构的同时，有利于煤炭资源开采工作面中粉尘的抑制处理。随着大采高以及采煤工艺的不断进步，长钻孔煤层注水在我国有了广泛的应用。

5.1.2 机采工作面防尘

5.1.2.1 采煤机截割参数及工作参数

采煤机组割煤是机采工作面最大的产尘工序，是机采工作面防尘的关键，其防尘技术措施包括以下两个方面：一是要在机组割煤时，尽量地减少粉尘的产生；二是要尽可能地使所产生的粉尘在产生点就近凝聚而沉降下来。

A 截割参数

(1) 截齿可分为刀形截齿、镐形截齿和重形截齿（凿子形状）三种。对裂隙较发育的脆性硬煤，使用镐形齿比刀形齿产尘量小；对裂隙不发育的硬煤，宜用刀形齿；对夹矸多，强度大的煤层宜用重形截齿。

(2) 每个截齿必须有有效的工作空间，截齿数量要适当，如果太多，就会因截深太浅而产生大量粉尘。合理地减少齿数，增加齿距，可以减少产尘量。在截割中，为减少产尘，截齿必须锋利，截齿受到磨损后，在前角减到零之前必须更换新截齿。

(3) 截齿的安装方向分为径向截齿和切向截齿。螺旋滚筒的新式结构采用切向安装。当采用切向梭标型截齿时，可显著降低产尘量。

B 采煤机工作参数

采煤机的牵引速度、截割速度及截深是采煤机的主要工作参数，采用合理的工作参数可以大幅度降低产尘量。加大采煤机的牵引速度，同时降低滚筒转速，或同时增加截割深度，都可以降低截割时的产尘量。

5.1.2.2 采煤机内喷雾降尘

采煤机喷雾降尘是利用喷嘴使压力水高度扩散，使其雾化，形成尘源与外界隔离的水幕，将尘粒拦截、凝结并使其沉降，并具有冲淡瓦斯、冷却截齿、湿润煤壁和防尘截割火花等作用。

A 采煤机喷雾冷却供水系统

采煤机滚筒的喷雾系统和冷却系统组成冷却供水系统。内喷雾的水由安装在滚筒上的喷嘴喷出；外喷雾的水由安装在截割部的箱体上、摇臂上或挡板上的喷嘴喷出。

B 采煤机内喷雾

(1) 内喷雾水由采煤机内的供水系统供应，其送水方式有内部送水，即从空心滚筒轴中送水；以及外部送水，即从挡煤板架处将水送进滚筒。压力水送进喷嘴也有两种方式：一种是通过焊在叶片非运煤侧的水管送水；另一种是通过叶片内部的通路送水。

(2) 内喷雾的喷嘴在滚筒上的布置方式有安在叶片上分别喷向齿尖、齿背、两齿之间及齿尖和齿背的，有安在两排叶片间的轮上，有安在截齿上，也有安在叶片侧面的导管上的，还有安在齿座上喷向齿尖的。采煤机内喷雾布置方式及喷雾效果如图 5-2 所示。

图 5-2 采煤机内喷雾布置方式及喷雾效果图

5.1.2.3 采煤机外喷雾降尘

机组外喷雾主要是采用喷雾器或喷嘴向截割区喷雾，采煤机外喷雾如图5-3所示。要保证喷雾效果，就要合理选择喷雾器以及安设位置，同时要有充足的水量和水压。

图5-3 采煤机外喷雾现场布置及效果图

（1）喷雾器的选择。喷雾器的种类有单水喷雾器、组合喷雾器及引射喷雾器。组合喷雾器耗水量高，一般为单水喷雾器的3~5倍，扩散断面大，水雾密封尘源效果好。引射喷雾器是用压力水作动力造成引射风流，当压力水从喷嘴喷出后，由于水压和引射气流的综合作用，提高了水的雾化程度和雾粒的喷射速度，因而提高了降尘效果。不同型号的采煤机可根据割煤时的产尘量和煤尘飞扬量选择不同形式的喷雾器。

（2）外喷雾喷嘴的布置方式及喷射方向。采煤机外喷雾的安装位置对降尘效果有直接影响。外喷雾要求喷雾能覆盖截割全部位。外喷雾喷嘴的布置及喷射方向有：喷嘴安装在截割部箱体上，位于煤壁一侧或靠人行道一侧的端面上及箱体的顶部口；喷嘴安装在摇臂的顶面上，靠煤壁的侧面上及靠人行道一侧的端面上；喷嘴安装在挡煤板上。喷嘴的喷射方向要对准截割部位及扬尘点。

（3）喷雾参数。国内外各种型号的采煤机，都规定有所需的喷雾参数，配备喷雾泵和实施喷雾时，喷雾参数必须与采煤机所要求的喷雾参数相匹配。

5.1.2.4 采煤机除尘器除尘

采煤机除尘器的除尘原理是利用煤尘粒子的重力、惯性力、扩散黏附力及静电作用等将尘粒捕集起来，或将其沉降后集中处理，装有一套集尘装置的双端可调高联合采煤机如图5-4所示。整个除尘系统包括抽出通风装置和集尘除尘装置，根据其除尘原理划分为不同类型。

（1）湿式过滤除尘器。该类除尘器主要包括除尘板喷雾器和通风机。除尘板是由一层层金属网构成，喷雾器向网状滤尘板上喷雾。当截割空间的含尘空气被通风机负压吸入导风管后，通过网状滤尘板，煤尘被水雾黏结、过滤并带走，净化后的空气从右侧排出。

（2）干式过滤除尘器。采煤机截割部产生的煤尘在通风机负压作用下被吸入一个带网罩的导流筒中，然后经过人造纤维过滤器过滤，使煤尘沉积在一个便于清理的积尘盒中。

（3）旋流除尘器。工作原理为喷雾器在旋流前面喷水，水滴与含尘空气相混合，煤尘遇水后沉降、黏附在各旋流管的内壁上，变成浆状从导管排出。

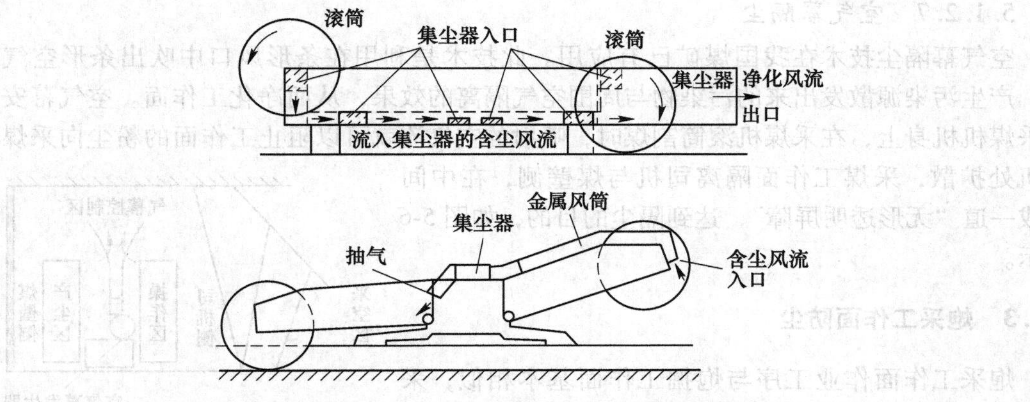

图 5-4 装有一套集尘装置的双端可调高联合采煤机

5.1.2.5 自移式液压支架移架防尘

普采工作面一般采用单体液压支柱和铰接顶梁支护顶板，回柱放顶之前应先向待回柱的顶板处和采空区喷雾预湿，在回柱的同时再用喷雾器顺风流向顶板尘源处进行喷雾降尘。综放工作面液压支架移架和放煤自动喷雾示意图及现场布置效果图，如图 5-5 所示。

图 5-5 综放工作面液压支架移架和放煤自动喷雾示意图及现场布置效果图

(a) 移架和放煤自动喷雾示意图；(b) 现场布置效果图

对于综采和综采放顶煤工作面，自移式液压支架在降架和移架过程中会产生大量的粉尘，在移架时必须采取有效的防尘措施。最理想的办法是在支架上安装与支架降架和移架液控阀联动的控制水阀，降架和移架时喷雾降尘。已投入使用而无喷雾系统的自移式液压支架，应尽可能安设自动控制喷雾系统；在此之前，可在控顶区内，每 10 m 左右安设两个伞形喷嘴，移架时手动打开控制下风侧喷嘴的阀门，形成净化水幕，以捕集移架时产生的浮游粉尘。

5.1.2.6 通风排尘

采煤工作面的通风强度直接影响到工作面的粉尘浓度。最佳排尘风速与煤体水分、采煤机生产能力和防尘措施及效果有关。一般最佳排尘风速约 1.5~2.2 m/s，但采取有效防尘措施后，最佳排尘风速有所增加。为适应高风速通风的状况，必须加强煤层注水等综合防尘措施，以降低采煤工作面的粉尘浓度。

5.1.2.7　空气幕隔尘

空气幕隔尘技术在我国煤矿已有应用。此技术是利用在条形风口中吹出条形空气射流，产生污染源散发出来的污染物与周围空气隔离的效果，从而净化工作面。空气幕安装在采煤机机身上，在采煤机滚筒割煤时，喷射的空气流就可以阻止工作面的粉尘向采煤机司机处扩散，采煤工作面隔离司机与煤壁侧，在中间形成一道“无形透明屏障”，达到隔尘的目的，如图 5-6 所示。

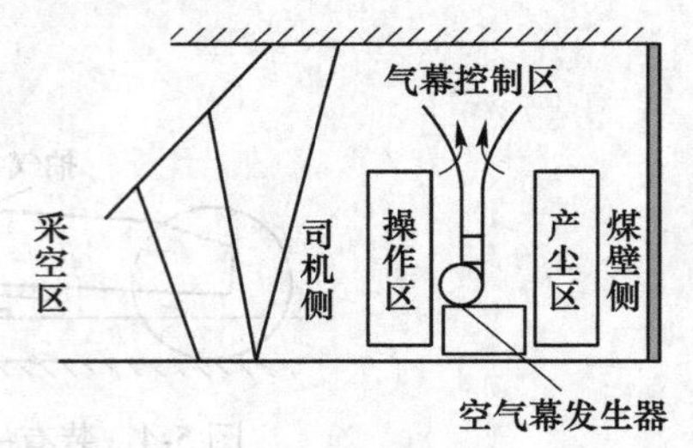

图 5-6　空气幕隔尘示意图

5.1.3　炮采工作面防尘

炮采工作面作业工序与炮掘工作面基本相似，采取的防尘措施也基本相同，主要是钻湿煤电式打眼、炮眼充填水炮泥放炮、放炮前后冲洗煤壁和顶板、装煤洒水、回柱放顶和运煤喷雾洒水等。

5.1.3.1　湿式煤电钻打眼

A　供水参数

打眼工序必须实施湿式作业。供水压力随煤电钻型号而异，一般为 0.2~1 MPa，耗水量为 5~6 L/min，使排出的煤粉呈糊状为宜。湿式煤电钻是实施湿式打眼的专用设备，与其配套的用具是中空麻花钻杆及湿式煤钻头，湿式煤电钻打眼如图 5-7 所示。

图 5-7　湿式煤电钻打眼及现场施工图

B　降尘效果

一般情况下的湿式煤电钻打眼的降尘率可达 95%~99%，最低为 90%，而且免除了掏干炮眼的工序，避免了煤尘的飞扬。所以，使用湿式煤电钻打眼时，通常都能保持空气中含尘量在 10 mg/m^3 以下。

5.1.3.2　水炮泥填塞炮眼

炮采工作面爆破工序虽然时间不长，但用于爆破落煤的炮眼众多，如果对炮眼处理不当，就会产生大量粉尘和炸药爆破后的有毒有害气体。为此，常用水炮泥填塞炮眼的方法解决上述问题。

水炮泥降尘的实质是在钻孔中填入水炮泥，爆破过程中充填于炮眼中的水袋破裂，并在爆破产生的高温高压冲击波作用下，一部分水被汽化，产生的雾粒与岩石爆破所形成矿尘相接触，矿尘被润湿从而达到降尘的效果。同时将降尘剂加入水炮泥袋中，能有效降低溶液的表面张力，改善岩尘的润湿能力，并与炮烟中有毒有害气体发生反应，能够明显改善水炮泥降低烟尘的效果。降尘剂一般由无机盐和表面活性剂单体等复配而成，必须要有良好的润湿性能才能保证起到降尘功效。

5.1.3.3 水封爆破落煤

水封爆破落煤是在炮眼底部装入炸药后，用木塞、黄泥（或用封孔器）封严孔口，然后向孔内注水，再进行爆破。水封爆破和“水炮泥”的作用相同，能降低煤尘与瓦斯的产生量，减弱爆破时的火焰强度，提高爆破的安全性和爆破效率。

A 短炮眼水封爆破

短炮眼水封爆破有两种情况：一种是无底槽炮采工作面采用的；另一种为有底槽炮采工作面采用的。

短炮眼无底槽的钻孔长度为 1.2~2.3 m。裂隙不发育煤层孔距取 0.9~1.8 m，裂隙发育煤层孔距取 3~3.6 m。向钻孔内注水可分两次进行，也可只注一次。若两次注水，则第一次注水在装填炸药前进行，第二次在装药后进行。水压为 0.7~2.1 MPa，流量为 13.6~22.7 L/min，每孔注水 60~120 L 左右，钻孔引爆时，应使水在孔内里承压状态下进行。注水爆破的降尘效果良好，爆破时降尘率可达 83%，装煤时浮尘也可大大降低。

短炮眼有底槽水封爆破，其技术条件与无底槽式相同，只是增加底槽后，能够提高爆破效率。

B 长炮眼水封爆破

长炮眼水封爆破落煤的最大特点就是在煤能自流或水力冲运的条件下，大大改善作业环境。长炮眼水封爆破先在炮眼装药，再将炮眼两端用炮泥、木塞堵严，然后通过注水管注水，最终爆破，如图 5-8 所示。

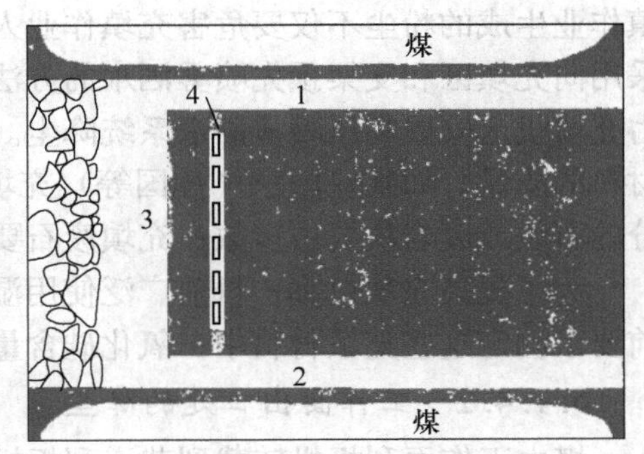

图 5-8 长炮眼水封爆破
1—进风巷；2—回风巷；
3—回采工作面；4—长炮眼

近年来，炮采工作面采用了爆破自动喷雾洒水、工作面运煤自动喷雾洒水和工作面上、下平巷净化水幕净化风流等防尘措施，取得较好的防尘效果。但也必须看到有些炮采工作面煤层较薄、采高较小，使得有些矿井的煤层注水流于形式，工作面干打眼现象也屡见不鲜。此外，由于炮采工作面上、下平巷一般高度较低。导致不少矿井炮采工作面上、下平巷的隔爆水槽吊挂多不符合要求，降低了防范煤尘爆炸的能力。这些都应引起煤矿安全工作者的高度重视。

5.1.3.4 泡沫除尘

泡沫除尘剂与水按一定比例混合在一起，通过发泡器产生大量高倍数泡沫状的液滴，喷洒到尘源或空气中。喷洒在矿石等物体上的无空隙的泡沫液体覆盖和隔断了尘源，使粉尘得以湿润和抑制；而喷射到含尘空气中的泡沫液中则形成大量总体积和总面积很大的泡沫粒子群，大大增加了雾液与尘粒的接触面积和附着力，提高了水雾的除尘效果。泡沫剂起到拦截、湿润、黏附、沉降粉尘的作用，可以捕集所有与泡沫相接触的粉尘，尤其对呼吸性粉尘有很强的凝聚能力。

在爆破前，由发泡器向爆堆处喷洒一定厚度的泡沫层，使爆破时矿石产生的大量粉尘和有毒气体与泡沫碰撞而被湿润、吸收，从而达到降尘除毒的目的。

5.1.3.5 其他可以降低粉尘的措施

（1）采用自溜运煤时，应向溜槽中的煤上喷雾。并在溜槽与刮板输送机的转载点安设喷雾装置，进行喷雾。

（2）采用刮板机运煤时，应在转载点设置手动式与刮板机联动控制水阀的喷雾装置。

（3）工作面回风顺槽应在距工作面 50 m 内设置净化风流水幕，并确保正常使用。

（4）在工作面上、下顺槽必须定期清扫或冲洗煤尘，并清除堆积的浮煤。

（5）采用射程较远、水滴较粗的扁头喷嘴，在放炮前后分别冲洗一次煤壁、顶板、并浇湿底板和落煤，在出煤过程中，边出煤边洒水。洒水量以控制在块煤的含水量达到 6% 的程度为宜。

5.1.4 回采作业面其他环节粉尘防治

5.1.4.1 充填作业的降尘

从环境保护及长远角度考虑，采空区充填势在必行。目前，国内外许多回采工作面采用风力充填方法充填采空区，造成充填作业的粉尘问题越来越严重。

由于充填作业的具体条件限制，充填材料必须经过运输巷道及回采工作面。因此，充填作业生成的粉尘不仅要危害充填作业人员，而且也要影响到其他作业人员。在采区通常采用向充填区和支架预先喷雾洒水的方法达到降尘目的。国外一般通过在胶带输送机和风力充填机上安置高压喷雾洒水系统降尘。但无论何种降尘方式，其降尘效率均取决于充填材料的质量，如某些国家（德国等）充填材料的粒径上限为 80 mm；充填材料中，含有水分的石块或废岩块要占多数；充填废石要预先被彻底湿润。

为了提高充填效率，目前广泛使用湿选的尾矿（浮选尾矿）、炉灰等充填材料。使用前要求测定这些充填材料中二氧化硅含量，低于国家卫生标准时方可使用。

5.1.4.2 工作面出口处的降尘

煤由工作面刮板机转载到巷道刮板机的过程，是煤炭运输线路上的第一个产尘点。在德国，采用弯曲的溜矿槽（全封闭的或半封闭的溜矿槽）大大减少了煤尘的生成。工作面出口处主要有三个产尘点，即工作面刮板机的卸料端、工作面下部清扫用小刮板机处和小刮板机卸料端。这三个地点均可通过喷雾洒水降尘，喷雾水量视刮板机的运煤量而定。

工作面出口附近另一个产尘点是连续式破碎机处。由于它是将煤块进一步破碎，因此，产尘强度高。为了减少破碎时的产尘强度，研制破碎机时应采用较长的冲击凸轮；虽然破碎机机辊较高，但尽量将其安装在传动装置内部并且要具备充足的破碎能力。为了减少空气中的粉尘含量，德国采取了密封破碎机罩壳的方法：首先用铁板（或铁皮）在留有必要孔口或缝隙的情况下将破碎机全部罩起来；然后用橡胶带将所有留下的孔口或缝隙封住；其他有可能遗漏的不必要的孔口或缝隙则用硅酮树脂密封。这样使降尘率达到 95% 以上。

5.1.4.3 刮板机与胶带机转载点的降尘

巷道刮板机与胶带输送机的转载点是回采运输时的又一产尘点。一般情况下，沉重的刮板机底座要高出胶带 1 m 左右高度，因此产尘量较高。我国通常采用在转载点喷雾洒水的方法降尘，这种方法简单易行，但降尘率较低。在德国则采用设置防尘罩与除尘器的方法。这种防尘罩为全封闭式，上部为刚性，下部则为弹性的橡胶漏斗，以缓解煤块崩落时的冲击力。这套安装在刮板机卸料端的防尘罩与除尘器闭锁在下部输送带上。

由于输送带的转载点越多，产尘点也越多，应在运输巷道采用尽可能长的输送带，如德国采煤工作面的运输巷道中已开始使用中心距为 2500 m 的输送带。

5.1.4.4 采区巷道风门处降尘

装有矿物的输送带穿过风门时，由于高速度的漏风吹激输送带上的矿物，致使大量矿尘飞扬。据德国试验表明，在密封良好的风门附近，即使投入风量达 2 m/s 的干式除尘风机，降尘效果仍不理想。但采用双层胶带封堵风门后，降尘效果却十分明显。在风门区域，输送带上方设置的双层胶带完全是摩擦闭合的，也就是说，胶带是通过摩擦力紧靠在输送带上方，并随输送带运动的。虽然只有很小的拉力负荷，但双层带的上部带面与托辊的接触情况良好。在双层带的下部胶带上压着几个橡胶隔离墙，它不仅具有良好的密封作用，而且对胶带压紧输送带起着一定作用。

实践表明，这种方法具有压缩比稳定、降尘率高等优点。为了减少不必要的摩擦力，双层带要求比输送带宽度窄 10%左右。两个测点在加设双层胶带前后，平均全尘浓度由 24.1 mg/m^3 下降到 4.8 mg/m^3。

5.2 掘进工作面粉尘防治技术

巷道掘进是矿井生产过程中的主要产尘环节之一。掘进工作面按掘进方式可分为炮掘工作面和机掘工作面。炮掘工作面主要包括打眼、放炮、装岩、转载运输、支护等生产工序，在机掘工作面中，掘进机割煤（岩）代替了打眼、放炮，其他工序基本一致。

巷道支护方式有架棚和锚喷等。现场检测表明，打眼、放炮和锚喷支护等生产工序产尘量大，是炮掘工作面的主要产尘工序。在机掘工作面各生产工序中，掘进机割煤（岩）是机掘工作面最主要的产尘工序。

针对每个生产工序的产尘特点，我国煤矿经过多年掘进工作面降尘技术实施及效果的总结分析，认为在掘进作业中实施了湿式打眼、放炮使用水炮泥、放炮喷雾、装岩洒水、净化风流和除尘器除尘等多项防尘技术措施，能取得了良好的防降尘效果。

5.2.1 炮掘工作面防尘

5.2.1.1 打眼防尘

打眼是炮掘工作面持续时间比较长、产尘量大的生产工序。干打眼时，工作面的粉尘浓度可达几百甚至上千毫克每立方米，因此打眼是炮掘工作面防尘的一个重要环节。目前采取的主要防尘措施是湿式打眼。

(1) 凿岩机湿式凿岩主要用于岩石巷道掘进。湿式凿岩机按供水方式可分为中心供水和侧式供水两种，目前使用较多的是中心供水式凿岩机。湿式凿岩的防尘效果取决于单位时间内送入钻孔底部的水量。湿式凿岩使用效果好的工作面，粉尘浓度可由干打眼时的

500~1400 mg/m³ 降至 10 mg/m³ 以下，降尘效率达 90%以上。但有的掘进工作面在湿式凿岩时仍出现粉尘浓度超标的现象，造成这种情况的原因主要是供水量和水压问题。水压直接决定供水量的大小。钻孔中水量越多，产生的粉尘在向外排出的过程中接触水的时间越长，湿润效果越好。但水压过高，也会造成钎尾返水，降低凿岩效果。此外粉尘的产生量还与钻头是否锋利、压风的风压有关，保持钻头锋利，保证足够风压（0.5 MPa 以上），都可以减少细微粉尘的产生量。

（2）煤电钻湿式打眼适用于煤巷、半煤岩巷及软岩巷道掘进。采用煤电钻湿式打眼，工作面粉尘浓度可由干打眼时的 50~140 mg/m³ 降至 9~18 mg/m³，降尘率可达 75%~90%。煤电钻湿式打眼不仅具有良好的降尘效果，而且还能起到减轻钻头磨损、提高打眼速度的作用。

（3）干式凿岩捕尘对于没有条件进行湿式凿岩的矿井，如因受条件限制（岩石遇水膨胀、岩石裂隙发育而使湿式凿岩效果不明显），或受气象条件限制（高寒地区的冰冻季节），或水源缺乏时，应采用干式捕尘装置（干式孔口或孔底捕尘器）进行捕尘，以降低作业场所的粉尘浓度，如图 5-9 所示。

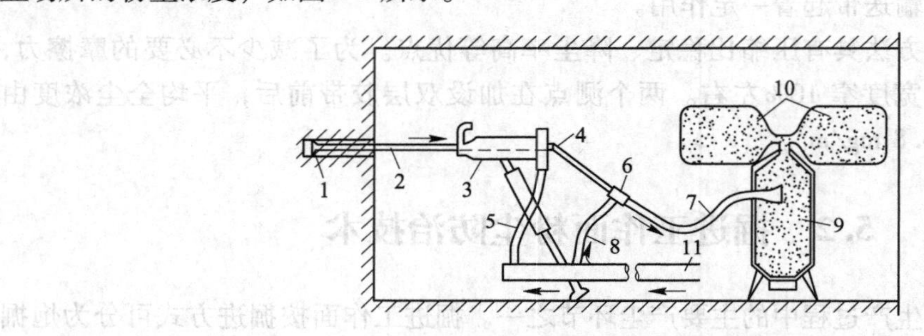

图 5-9　干式凿岩捕尘系统示意图

1—钎头；2—钎杆；3—凿岩机；4—接头；5，8—压风管；
6—引射器；7—吸尘管；9—旋风积尘筒；10—滤袋；11—总压风管

5.2.1.2　放炮防尘

放炮工序持续时间虽短，但爆破瞬间产生的粉尘浓度却很高，可高达 300~800 mg/m³。因此放炮时必须采取有效的防尘措施。放炮采取的防尘措施主要有以下几点。

（1）水炮泥。使用水炮泥是放炮时必须采取的最常规、最有效的防尘方法，其机制是用装满水的塑料袋代替部分普通黏土炮泥充填到炮眼中，爆破时产生的高温高压使水袋破裂，将水压入煤岩裂隙，并使部分水汽化成水雾与产生的粉尘接触，从而达到抑制粉尘产生和减少粉尘飞扬的目的。使用水炮泥除具有降尘效果外，还能起到降低工作面温度、减少炮烟及 NO、CO 等有害气体、并能防止引燃事故的作用。炮泥在炮眼中常采用以下两种布置方式：一是先装炸药，再装水炮泥，最后装普通炮泥；二是先装水炮泥，再装炸药，再次装水炮泥，最后装普通炮泥。

（2）放炮喷雾。就是将压力水通过喷雾器（喷嘴）在旋转或冲击作用下，使水流雾化成细散的水滴，喷向爆炸产尘空间，使高速流动的雾化水滴与随风流扩散的尘粒相碰撞，湿润并使其下沉，达到降尘的目的。放炮喷雾方式分为高压水力喷雾和风水喷雾两种。喷雾器种类较多，根据其喷射动力分为水力喷雾器和风水喷雾器两类。

5.2.1.3 装岩（煤）防尘

(1) 人工洒水。人工装载煤岩前，先对爆破下来的煤岩进行充分洒水，装完后再对未湿润的煤岩进行洒水，直到装岩结束。

(2) 喷雾器洒水。使用扒装机装岩时，可在距离工作面 4~5 m 的顶板两侧安设喷雾器，对料斗的整个扒装范围进行喷雾洒水。

(3) 自动或手动喷雾系统。使用铲斗式装岩机装岩时，装岩机上可安装自动或手动喷雾系统进行喷雾洒水。

5.2.1.4 净化水幕

一般在距掘进工作面 50 m 左右的位置安设 1~2 道风流净化水幕。净化水幕就是在巷道顶部安装一排 3~5 个相隔一定距离的喷嘴，使巷道全断面都喷满水雾。在打眼、放炮、运输及喷浆时打开净化风流。

5.2.1.5 定期冲洗积尘

定期用压力水冲洗距离工作面较远的巷道帮壁，清除散落在巷道顶、帮上的积尘，以防止积尘二次飞扬。

5.2.2 机掘工作面防尘

由于机掘工作面具有成巷速度快、劳动强度低等优点，近年来采用机掘的工作面数量越来越多。但机掘工作面也存在着掘进机割煤（岩）时产尘量特别大的问题。在不采取综合防尘措施的情况下，机掘工作面的粉尘浓度可达 3000 mg/m² 以上。因此，机掘工作面防尘的重点是采取各种减尘技术措施，降低掘进机割煤（岩）时的粉尘浓度。

5.2.2.1 确定掘进机最佳截割参数

选用截齿类型、截齿锐度、截齿布置方式经过优化设计、产尘量低的掘进机。通过实践确定合理的截割速度、截割深度、截割角度等参数，以减少粉尘产生量。

5.2.2.2 掘进机内外喷雾降尘

掘进机一般都具有内、外喷雾系统。掘进机作业时，可打开内外喷雾装置进行喷雾降尘。内喷雾装置的使用水压不得小于 3 MPa，外喷雾装置的使用水压不得小于 1.5 MPa，若内喷雾装置的使用水压小于 3 MPa 或无内喷雾装置，则必须使用外喷雾装置和除尘器。掘进机的外喷雾装置的降尘效果很大程度上取决于能否在掘进机截割部周围形成均匀的喷雾水幕，以达到降尘和阻止粉尘向外扩散的目的，如图 5-10 所示。

图 5-10 掘进机外喷雾示意图

将喷雾模块安装在掘进机上，对于喷雾时形成的雾化效果进行数值模拟，在六个外喷雾的作用下，喷雾的雾滴可以很好地包裹住掘进头，使掘进过程中的煤岩粉尘迅速被雾滴捕集。

5.2.2.3　采用掘进机配套除尘器除尘

掘进机内外喷雾装置虽然可大大降低掘进机割煤时的粉尘浓度，但掘进工作面的粉尘浓度可能仍会超过国家卫生标准的要求，因此还需要采用掘进机配套除尘器进一步净化处理。

除尘器的类型众多，在选择除尘器时，必须从各类除尘器的除尘效率、阻力、处理风量、漏风量、一次投资、运行费用等指标加以综合评价后才确定。

由于矿山的特殊工作条件（如作业空间较小、分散、移动性强、环境潮湿等），除某些固定产尘点（如破碎硐室、装载硐室、溜矿井等）可以选用通用的标准产品外，常常要根据井下工作条件与要求，设计制造比较简便的除尘器。目前矿山井下适用于掘进机配套的除尘设备主要有以下几种。

（1）湿式过滤除尘器。它是利用化学纤维层滤料、尼龙网或不锈钢丝网作过滤层，并连续不断地向过滤层喷射的水雾在过滤层上形成的水珠或水膜，把纤维层过滤和水滴、水膜的除尘作用综合在一起的除尘装置，如图 5-11 所示。

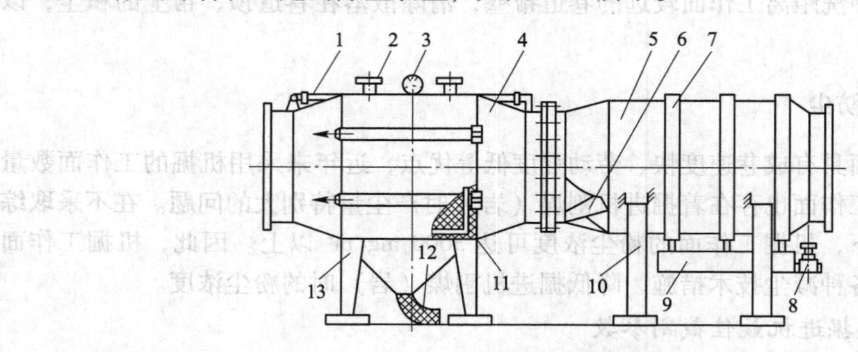

图 5-11　湿式过滤除尘器

1—进水管；2—截止阀；3—压力表；4—湿式过滤器箱体；5—脱水筒；6—旋流叶片；7—集水环；8—闸阀；9—排水管；10—脱水器脚架；11—过滤器；12—泥浆槽；13—脚架

由于滤料中充满了水滴和水膜，气流中矿尘与之接触碰撞的概率增加，提高了捕尘效率。水滴碰撞附着在纤维上后，因自重而下降，在滤料内形成下降水流，将捕集的矿尘带下，起到了经常清灰的作用，能保持除尘效率和阻力的稳定，并能防止粉尘二次飞扬。

（2）湿式钢网过滤除尘器——某型掘进通风除尘器，该除尘器由湿式过滤器、旋流脱水器组成。当含尘空气在负压作用下经伸缩风筒进入过滤器时，喷雾器喷射的密集水滴在过滤网目上形成的水幕将一部分粉尘捕捉下来；穿透过滤网的那部分粉尘和雾滴进入旋流器中后，借助于旋流叶片的作用，载雾风流产生旋转，由于离心力的作用，含尘雾滴被甩向脱水筒的筒壁，在附壁效应和风流轴向力的作用下，进入环形脱水槽中，达到脱水和除尘的目的；净化后的空气被排入巷道中。除尘器处理风量为 1.67~3.33 m^3/s；干式除尘时的工作阻力为 373~1177 Pa，湿式除尘时的工作阻力为 1373~1569 Pa；干式除尘的除尘效率为 90%~95%，湿式除尘的除尘效率为 95%~98%。一般掘进工作面采用除尘器后，粉尘浓度可降至 2 mg/m^3。

（3）湿式旋流除尘风机，这种除尘风机是利用喷雾水滴的湿润凝聚作用及旋流的离心分离作用除尘的矿用装置，其构造如图 5-12 所示，主要由湿润凝聚筒（a 段）、通风机（b段）、脱水器（c段）及后导流器（d段）四部分组成。

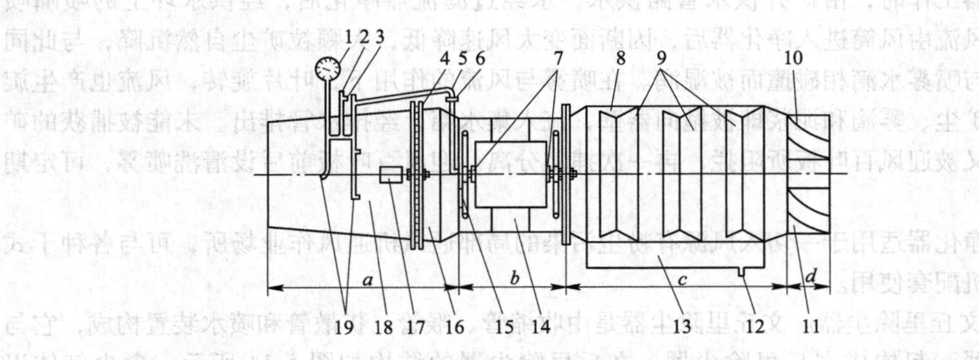

图 5-12　湿式旋流除尘风机结构示意图

1—压力表；2—总人水管；3—水阀门；4—冲突网；5—发雾盘水管；6—接流管接头；7—电机挡水套；8—脱水器筒体；9—集水环；10—后导流器导流片；11—后导流器；12—泄水管；13—贮水槽；14—局部通风机；15—发雾盘；16—冲突网框；17—观察门；18—湿润凝聚筒；19—喷雾器

含尘风流进入湿润凝聚筒与迎风流和顺风流安装的喷雾相遇，并通过含有水膜的冲突网，进入通风机；再与由高速旋转的发雾盘形成的水雾强力混合，几经湿润和凝聚后，在第二级叶轮的作用下产生旋转运动，进入脱水器；在离心力的作用下，水滴及湿润的矿尘被抛至脱水器筒壁，并被三个集水环阻挡而流到贮水槽中，经排水管排出，脱水净化的风流，由后导流器直接排出。冲突网框是由 2 层 16 目的尼龙网组成，有效通风断面积为 0.165 m^2。湿式旋流除尘风机在使用掘进机的工作面配以可伸缩风筒作抽出式通风，除尘效果显著。

（4）旋流粉尘净化器，这是一种利用喷雾的湿润凝聚及旋流的离心分离作用的除尘装置，应用于掘进巷道的风流净化，图 5-13 是某型号净化器的结构示意图。

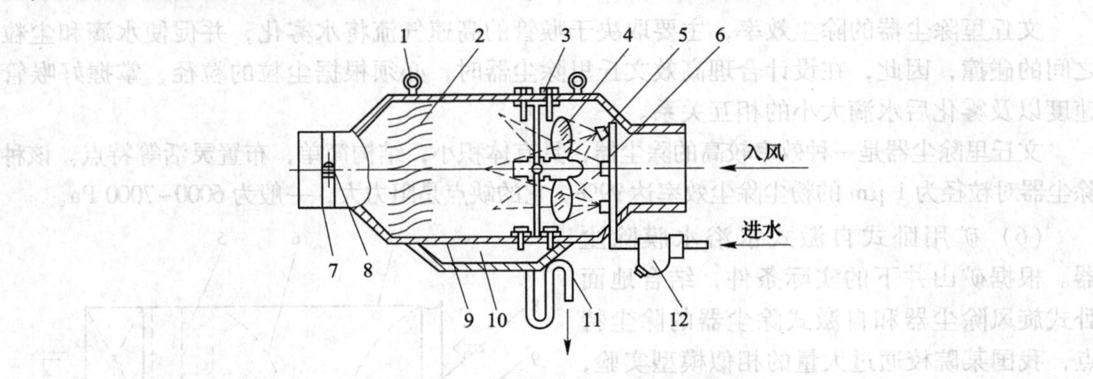

图 5-13　风洗净化器结构示意图

1—吊挂环；2—流线型百叶板；3—支撑架；4—带轴承叶轮；5—喷嘴；6—喷雾给水环；7—风筒卡紧板；8—卡紧板螺栓；9—回收尘泥孔板；10—集水箱；11—回水 N 型管；12—滤流器

净化器整机为圆筒形构造，可直接安装在掘进通风风筒的任一位置，其进、排风口的断面应与所选用的风筒断面相配合。在进风断面变化处安设圆形喷雾供水环，水环上成 120°安装 3 个喷嘴；筒体内固定支撑架上的带轴承叶轮上安装有 6 个扭曲叶片，叶片扭曲斜面与喷嘴射流的轴线正交，叶片扭曲 10°～20°；排风侧设有 45°迎风角的流线型百叶板；

筒体下侧设有集水箱及N型排水管。

净化器工作时，由矿井供水管路供水，水经过滤流器净化后，经供水环上的喷嘴喷雾。含尘风流由风筒进入净化器后，因断面变大风速降低，大颗粒矿尘自然沉降，与此同时，矿尘与喷雾水滴相碰撞而被湿润。在喷雾与风流的作用下，叶片旋转，风流也产生旋转运动，矿尘、雾滴和泥浆即被抛向器壁，流入集水箱，经排水管排出。未能被捕获的矿尘和雾滴又被迎风百叶板所阻拦，再一次捕集分离。迎风百叶板前后设清洗喷雾，可定期清洗积尘。

风流净化器适用于一切入风源有粉尘污染的局部通风机通风作业场所，可与各种干式抽出式风机配套使用。

（5）文丘里除尘器。文丘里除尘器是由收缩管、喉管、扩散管和喷水装置构成，它与旋风分离器一起构成文丘里除尘器。文丘里除尘器的结构如图5-14所示。含尘气体以60~120 m/s的高速通过喉管，这股高速气流冲击从喷水装置（喷嘴）喷出的液体使之雾化成无数微细的液滴，液滴冲破尘粒周围的气膜，使其加湿、增重。在运动过程中，通过碰撞，尘粒还会凝聚增大，增大（或增重）后的尘粒随气流一起进入旋风分离器，尘粒从气流中分离出来，净化后的气体从分离器排出管排出。

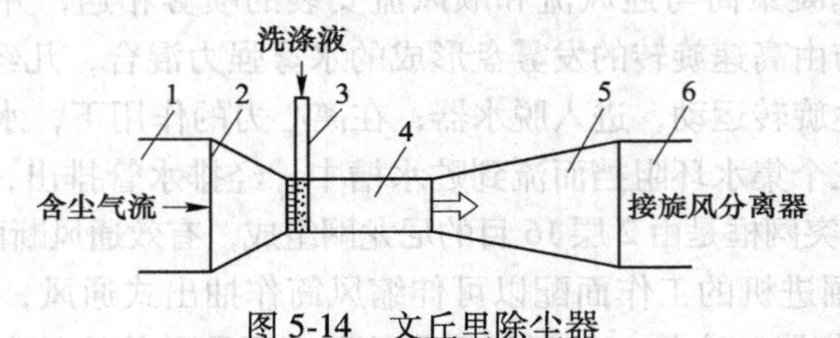

图5-14　文丘里除尘器

1—进气管；2—收缩管；3—喷嘴；4—喉管；5—扩散管；6—连接管

文丘里除尘器的除尘效率，主要取决于喉管的高速气流将水雾化，并促使水滴和尘粒之间的碰撞，因此，在设计合理高效文丘里除尘器时，必须根据尘粒的粒径，掌握好喉管速度以及雾化后水滴大小的相互关系。

文丘里除尘器是一种效率较高的除尘器，具有体积小，结构简单，布置灵活等特点。该种除尘器对粒径为1 μm的粉尘除尘效率达99%。它的缺点是阻力大，一般为6000~7000 Pa。

（6）矿用卧式自激式水浴水膜除尘器。根据矿山井下的实际条件，结合地面卧式旋风除尘器和自激式除尘器的除尘特点，我国某院校通过大量的相似模型实验，研制出适用于矿山井下掘进工作面的高效卧式自激式水膜除尘器和配套的高效低噪风机。其结构如图5-15所示。主要由上下导流叶片、脱水器、水箱、外壳、风机、排浆阀和注水孔等组成，图中每一结构形状都是通过大量模型试验确定的。

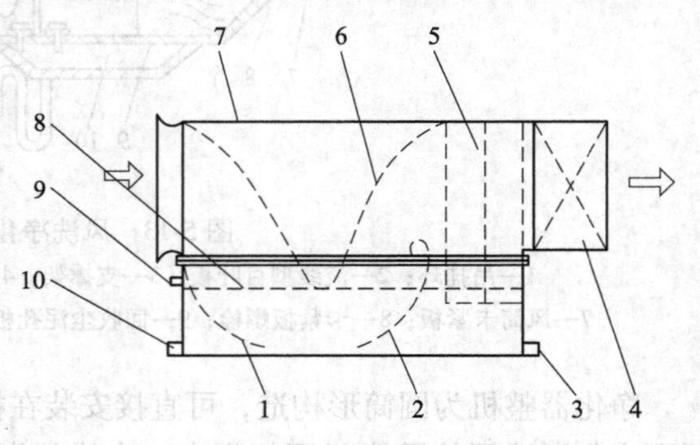

图5-15　除尘装置结构示意图

1，2—下导流叶片；3—排浆阀；4—风机；5—脱水器；6—上导流叶片；7—外壳；8—水面；9—注水孔；10—水箱

除尘器的除尘过程是含尘气体由进风

口进入除尘器转弯向下的导流叶片冲击水面，较大的尘粒由于惯性作用落入水箱中，而较小的尘粒随气流以较高速度通过上导流叶片间的弯曲通道时，与激起的大量水滴充分碰撞而被捕获沉降。含尘含水的气流又在离心力的作用下，在除尘器内壁和上下导流叶片上形成一定厚度的水膜，将尘粒捕集下降。再由脱水器除掉气流中的水滴水雾后，经轴流风机排出到巷道中；其除尘机理主要是气流中的尘粒与液面和雾化液滴之间产生惯性碰撞、截留、扩散等作用。总之，这种除尘器具有水浴、水滴、离心力产生的水膜等三种除尘功能，因而可得到较高的除尘效率，经测定除尘效率在98%以上，呼吸性粉尘除尘效率达到85%以上，除尘器阻力为1200~1400 Pa。另外，被水滴捕集落入水箱里的粉尘，沉积到水箱底部或随气流冲击不断搅动，当水箱中浓度达到一定值后，通过排浆阀定期排出，并冲洗水箱，由供水管补充新水。

(7) SCF系列湿式除尘风机。SCF系列湿式除尘风机主要用于掘进巷道时长抽或长抽短压的通风除尘系统。SCF系列湿式除尘风机由抽出式风机、除尘器、水泵及供水喷雾系统组成，内部结构如图5-16所示。其工作原理是利用叶轮高速旋转所形成的负压将含尘空气吸入，在叶轮前喷雾，形成的尘雨经结构复杂的除尘器过滤后除尘。其对悬浮粉尘的除尘效率可达99%，对呼吸性粉尘的除尘效率可达94%。喷雾用水采用闭路循环方式，耗水量少。该除尘机可配用带钢性骨架的可伸缩抽出式风筒或金属风筒。

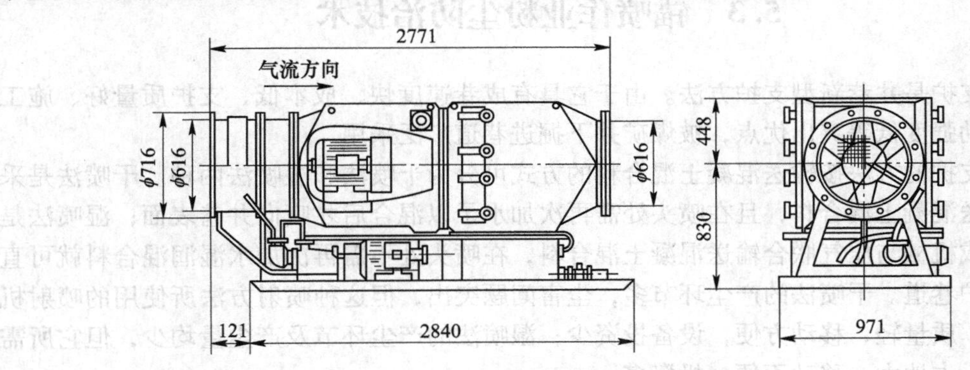

图5-16 SCF系列湿式除尘风机结构图

SCF系列湿式除尘风机可与CF系列轴流抽出式风机配套串联使用，以提高风压，加长通风距离。

(8) 水射流除尘风机。

1) 工作原理。它摒弃了传统的机械式电动轴流抽风机产生风量、水幕降尘的方法，以压力水为动力，利用高速水射流喷射形成的负压将含尘风流吸入，风水合二为一，从而有效地捕捉粉尘，净化空气风机结构。图5-17为某型水射流除尘风机结构示意图，该风机主要由引射装置（风机）、导风筒和泵站（供水系统）组成。

2) 主要技术参数。处理风量3.0~4.75 m^3/s，全风压180~200 Pa，除尘率99%，耗水量7 L/min，水压1.5~3.5 MPa，泵流量100 L/min，泵电机功率7.5 kW，风机质量20 kg，泵站质量450 kg，系统重量小于800 kg。

3) 主要特点。结构简单，重量轻，噪声低，安全和移动方便，维护量少，除尘率高；风机本身无转动部件，不产生摩擦和电火花，安全可靠；处理风量大小可调，调节方便；

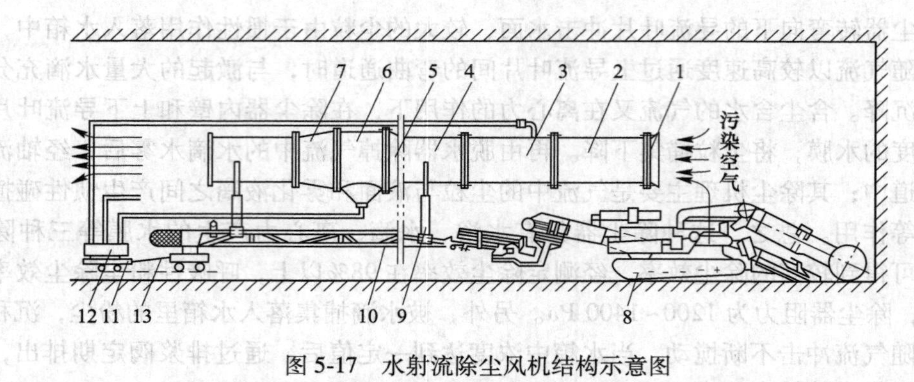

图 5-17　水射流除尘风机结构示意图

1—捕尘罩；2—导风筒；3—PSCF 系列除尘风机；4—导风筒；5—渐扩风筒；6—漏水排污筒；7—渐缩风筒；8—掘进机；9—可调支撑架；10—桥式皮带机；11—游动小车；12—泵站；13—拉杆

与处理风量相当的除尘风机相比，功耗少。

4）适用条件。可用于矿山和所有产生工业粉尘的场所，作通风除尘用。特别是可以满足高瓦斯和有瓦斯、煤尘突出矿井的通风除尘要求。

5.3　锚喷作业粉尘防治技术

锚喷支护是井巷新型支护方法。由于它具有成巷速度快、成本低、支护质量好、施工安全、劳动强度低等突出优点，被煤矿井下掘进巷道广泛采用。

锚喷支护的方法按输送混凝土混合料的方式可分为干喷法和湿喷法两种。干喷法是采用压气输送混凝土混合料，且在喷头处需再次加水予以混合后才喷向井巷表面；湿喷法是采用机械或机械与压气联合输送混凝土混合料，在喷头处不需再次加水湿润混合料就可直接喷出支护巷道。干喷法的产尘环节多，尘害问题突出，但这种喷射方法所使用的喷射机的体积小、质量轻、移动方便，设备投资少；湿喷法的产尘环节及产尘量均少，但它所需的设备多、占地大、移动不便、投资多。

5.3.1　锚喷作业主要产尘源

5.3.1.1　打锚杆眼产尘

井巷锚喷支护的锚杆眼，多数与顶板是呈垂直或近似于垂直布置的。钻孔过程中，钻头与岩石剧烈摩擦，产生大量粉尘，而且由于钻头旋转推动由压缩空气提供，粉尘经压缩风流吹出后，大量悬浮在作业面大气中，易于飞扬扩散，难以控制。据现场实测表明，打与顶板垂直的立眼的粉尘浓度常是打平眼粉尘浓度的几倍至十多倍。单台风钻打立眼的粉尘浓度一般都为 90~130 mg/m^3。有些无防尘供水和压风管路系统的地方煤矿，采用电煤钻干打锚杆眼时，其粉尘浓度更高。

5.3.1.2　转运、拌料和上料产尘

由于我国煤矿目前的锚喷支护，干喷法仍占绝大多数，这种方法在实施中，对混凝土混合料进行人工搬运、装卸、拌料和上料时均会不同程度产生大量粉尘。这几道工序同时进行时，作业场所的粉尘浓度有的可高达 1000 mg/m^3 左右。

5.3.1.3 喷射混凝土产尘

在锚喷支护中，无论采用干式喷射法或湿式喷射法，喷射混凝土这个生产环节都会产生一定的粉尘，尤以干式喷射突出。一般情况下，干式喷射法喷射时产生的粉尘量为湿式喷射法喷射时产生粉尘量的六倍。其原因是使用干喷法时，混合料一般都是在喷头内与水混合，其混合的时间极短，只1/30~1/20 s，致使部分混合料还未被充分湿润就从喷头中高速喷出，必然会产生大量粉尘；同时，采用干式喷射时，因料流的喷射速度一般都高达80~100 m/s，喷到巷道壁时，会产生冲击旋涡，除形成大量回弹物外，也会产生大量粉尘。

5.3.2 影响锚喷作业产尘量主要因素

影响锚喷粉尘产生的主要因素包括喷射工艺、混凝土的组成、操作者的熟练程度、喷射施工参数、通风状况等。

5.3.2.1 喷射工艺

根据喷射工艺的不同，分成干式喷射混凝土、潮式喷射混凝土、湿式喷射混凝土及SEC喷射混凝土。当采用干式喷射混凝土时，粉尘最大；潮料喷射混凝土次之；湿式喷射混凝土和水泥裹砂喷射混凝土（SEC喷射混凝土）产生的粉尘最少。但由于种种原因，目前我国国内在施工中大都采用干式或半干式混合料，这就不可避免的产生粉尘。

5.3.2.2 混凝土的组成

喷射混凝土是将一定配比的水泥、砂子、石子和速凝剂的拌和物，通过混凝土喷射器，以压缩空气为动力，沿着管道压送到喷嘴处，与水混合后，以较高的速度（30~120 m/s）喷射到岩石上凝结硬化后而形成的一种形式。其中水泥、砂子、石子、速凝剂和水的比例，即水灰比，直接影响着粉尘的产生量。根据试验，最适合的水灰比为0.4~0.5，在这个范围内喷射混凝土强度高而回弹率低，粉尘产生量比较少。

5.3.2.3 操作者的熟练程度

一般来说，喷射工艺无法定量加水控制水灰比，只能依靠喷射手的施工经验操作水阀控制水量，给水量不足的时，喷层表面出现干斑，回弹率增大，粉尘飞扬，混凝土不密实；给水量大时，则混凝土产生滑移流淌。

5.3.2.4 喷射施工参数

喷射施工参数主要包括水压、喷头与喷射面之间的距离及倾角、一次喷射厚度、分层喷射间隔时间、拌和料的静放时间等。

另外风量充足、无串联通风或循环通风、风筒口距离作业面比较近（5~15 m），风速不低于0.25~0.5 m/s，粉尘能较快冲淡，使作业面粉尘浓度较低；相反，在通风不良的情况下，粉尘浓度则较高。不同的通风方式，其降尘效果也不同。混合式通风降尘效果最好，其次为抽出式，压入式效果最差。降尘效果的好坏无疑也影响到作业面的粉尘浓度。由于掘进和锚喷支护的尘源有多种，影响因素甚多，必须因地制宜采用减尘、降尘、排尘和个体防护相结合的一套综合防尘、除尘措施，才能较好地收到效果。

5.3.3 锚喷支护的防尘措施

针对锚喷支护作业存在的不同尘源和我国目前锚喷支护防尘技术发展的实际情况，一般可采用下列有效措施。

5.3.3.1　打锚杆眼的防尘

A　采用向上湿式凿岩机或湿式锚杆眼钻机

打垂直于顶板或倾角较大的锚杆眼时，宜采用 YSP 型向上式湿式凿岩机，如图 5-18 所示，或 MZ 系列湿式液压锚杆眼钻机，如图 5-19 所示。

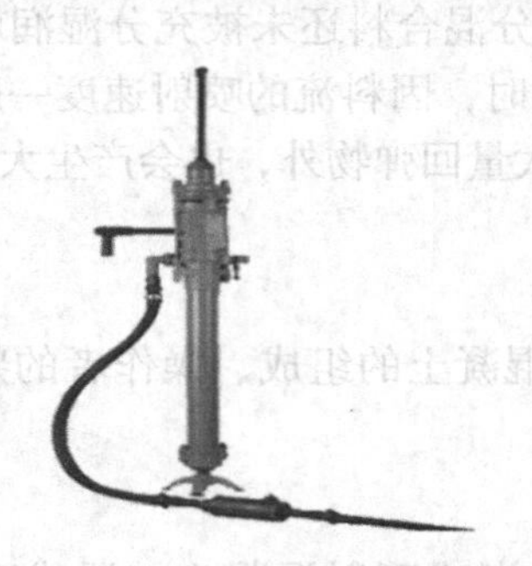

图 5-18　YSP 型向上式湿式凿岩机

图 5-19　MZ 系列湿式液压锚杆眼钻机

B　其他防尘方式

如采用风动凿岩机干式打锚杆眼时，应选用带有捕尘装置进行孔底或孔口捕尘的凿岩机，如图 5-20 所示。

如采用中心供水的风钻湿式打锚杆眼时，应带有漏斗式冲孔水回收装置，以免冲孔尘泥水淋湿作业人员的衣服不便操作。

如采用电钻打锚杆眼时，应一律采用湿式煤电钻，特别宜使用侧式供水湿式煤电钻如图 5-21 所示，以达到更好的防尘效果。

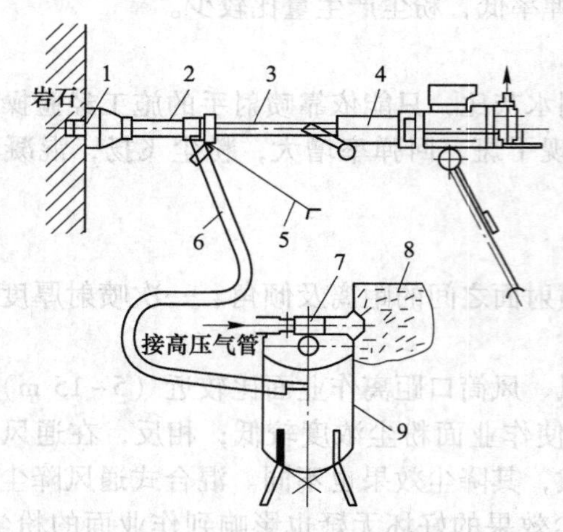

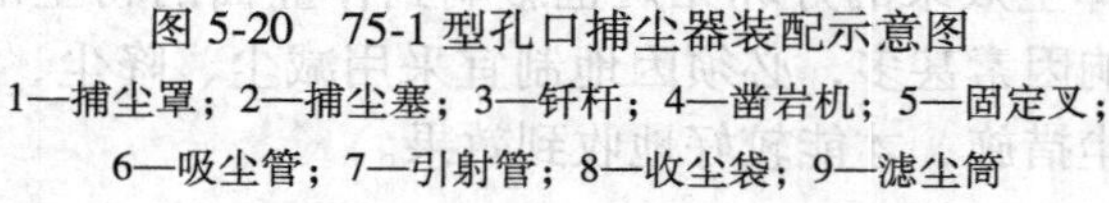

图 5-20　75-1 型孔口捕尘器装配示意图

1—捕尘罩；2—捕尘塞；3—钎杆；4—凿岩机；5—固定叉；
6—吸尘管；7—引射管；8—收尘袋；9—滤尘筒

图 5-21　侧式供水湿式煤电钻

5.3.3.2　喷射混凝土支护的防尘

A　改干喷为潮喷

经现场试验证明，改干喷为潮喷（半湿式）不仅能显著降低喷头处的粉尘浓度，而且对卸料、拌和、过筛和上料等各主要工序地点的粉尘浓度均会明显下降。其降尘率一般都能达75%以上。

潮喷的关键是要合理制备潮料。其具体办法是：拌料前在地面或井下矿车内将砂、石骨料用水浇透，使其含水率保持在7%~8%，然后按水泥配比（水泥：石子：砂子=1：2：2）拌和即构成潮料。拌和好的潮料要求手捏成团，松开即散，嘴吹无灰。这样的潮料黏性小，附壁现象少。喷射时需在喷头处再添加适量的水，使混合料充分湿润喷出。配入潮料中的速凝剂量一般占3%~5%为宜。

B 低风压近距离喷射

经现场试验证明，喷射机的工作风压和喷射距离直接影响着喷射混凝土工序的产尘量和回弹率，作业点的粉尘浓度随工作风压和喷射距离的增加而增加。为使实施低风压近距离喷射工艺获得较高的降尘率和充分减少回弹量，操作时应控制好的技术参数有：输料管长度≤50 m，工作风压为118~470 kPa，喷射距离为0.4~0.8 m，推广使用SP-1型防尘、降回弹新型喷头。

这种喷头的结构特点是逆向加水，即加水方向与料流方向相反。因此，要求水压一般应高于风压49~98 kPa以上，才能使压力水加入喷头内。当料流正常运行时，一经逆向加水，料流速度受阻而减慢，使高压水射流能穿透料流，保证混合料得到充分湿润、搅拌，以此达到有效降低喷射产尘和回弹的目的。

C 应用混凝土喷射机等专用除尘器

干喷作业的各产尘点中，以混凝土喷射机的上料口和排气口的产尘量最多。为重点降低这两个产尘点的粉尘浓度，近年来研制出了多种与混凝土喷射机配套的专用除尘器，其中MLC-Ⅰ型的除尘效果突出，现场布置如图5-22所示。

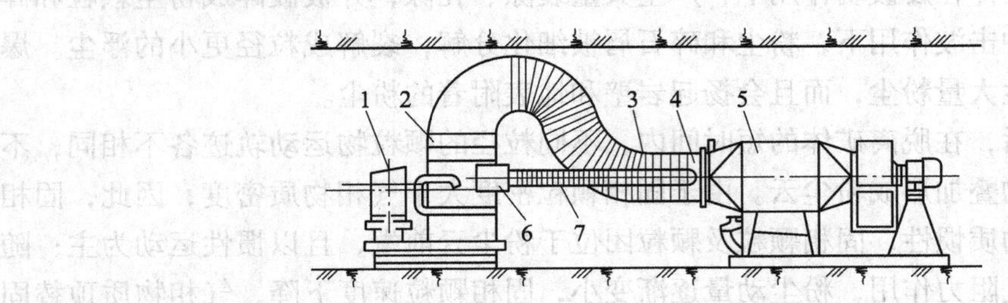

图5-22 MLC-Ⅰ型混凝土喷射机除尘系统布置示意图

1—混凝土喷射机；2—吸尘罩Ⅰ；3—直径300 mm伸缩软风筒；4—三通风管；
5—MLC-Ⅰ型混凝土喷射除尘器；6—吸尘罩Ⅱ；7—直径200 mm伸缩软风筒

5.3.3.3 水幕防尘

为了净化锚喷支护掘进巷道的含尘风流，可设置3道水幕进行除尘。第一道水幕设置在距局部通风机20~30 m处，净化进风；第二道水幕设置在距掘进和锚喷支护作业点150~200 m处，净化从作业点流出的含尘风流；第三道水幕设置在装岩机后，距掘进和锚喷支护作业点80 m左右处，净化掘进施工和锚喷作业产生的悬浮于空气中的粉尘。

经现场试验，水幕的水压控制在1.4~1.5 MPa，在内径为19.05~25.4 mm的供水管上布置了9~10个喷嘴，保持0.8~1 t/h的耗水量，一般都达到了50%左右的除尘效率。对水幕除尘效率影响的重要因素之一是风流速度，它的除尘效率随风流速度的降低而增高。

5.3.3.4　个体防尘

个体防尘是锚喷支护综合防尘的辅助措施，对井下的其他产尘作业也是如此。当采取某些基本的综合防尘措施后，仍未使作业场所的粉尘浓度达到国家卫生标准的情况下，作业人员必须佩戴个体防尘用具，如 AFK-1 型送风式防尘口罩、AFM-1 型防尘安全帽、AYH 系列压风呼吸器或自吸过滤式口罩。

自吸过滤式口罩的选用，首先应根据作业场所粉尘的浓度及粉尘中游离 SiO_2，的含量决定出宜选用的口罩类别，然后再根据口罩类别选取需用的口罩。

5.3.3.5　推广湿喷技术

解决锚喷支护作业中严重粉尘问题的根本途径是发展和推广湿喷技术。虽然湿式喷射混凝土存在设备投资大、占用空间大、小断面巷道难以推广使用等问题，但湿式喷射法即用湿式喷射机喷射混凝土只在喷头处才会产生微量粉尘，其他作业环节的尘源基本被消除，其产尘量一般仅为干喷法的 1/6，而且喷于井巷壁面上的混凝土无因粉尘造成的分层现象。

5.4　爆破作业尘毒防治技术

5.4.1　爆破作业尘毒

5.4.1.1　爆破粉尘

爆破粉尘是井下采场开采的主要尘毒来源，其组成对井下作业环境质量起决定性作用。爆破作业时，矿体在爆破功作用下，产生大量裂隙、孔隙，并被破碎成粉尘颗粒和碎石屑；在强大爆炸冲击波作用下，粉尘和碎石屑被细化分解，裂解成粒径更小的浮尘。爆炸冲击波不但会产生大量粉尘，而且会扬起岩壁和地表附着的粉尘。

爆破粉尘生成后，在脱离矿体的短时间内，不同粒径的颗粒物运动轨迹各不相同，不同运动轨迹的颗粒物叠加形成粉尘云。由于固相颗粒密度大于气相物质密度，因此，固相颗粒惯性大于气相物质惯性，固相颗粒及颗粒团位于粉尘云前端，且以惯性运动为主；随着时间推移，受空气阻力作用，粉尘动量逐渐变小，固相颗粒速度下降，气相物质顶替固相颗粒占据粉尘云前端，以扩散运动为主。

爆破生产的粉尘浓度及粒径分布受爆破岩体性质、爆破工艺等影响，产异性明显。当爆破岩体含水率高时产生粉尘量少而粗，当爆破岩体含水率低时产生粉尘量大而细。此外，装药参数、起爆方式、炸药类型、炮泥类型及堵塞参数等也会影响爆破矿尘的产生量及其特征。

空气中粉尘浓度越高，危害越大。爆破产生的粉尘，与凿岩产生的情况相比，虽然与人接触的时间较短，但数量大，爆破后的粉尘浓度每立方米可高达数千毫克，其后逐渐下降。现场测定表明，如无有效的降尘措施，在爆破 1 h 后，粉尘浓度每立方米仍高达数十毫克。同时，爆破后产生的粉尘的扩散范围较大，因此，它不但可能危害工作面的工人的身体健康，还可能危害正在巷道中工作的其他工作人员的身体健康。为了降低爆破粉尘的浓度，就要采取综合措施。

爆破粉尘的化学组成极其复杂。某些无机粉尘（如铅、砷等）溶解度越大，对人体的危害也最大。对于爆破的岩土（矿岩）约95%都含有数量不等的二氧化硅（SiO_2），粉尘中含有游离二氧化硅越多，对人体危害也越大，长期接触，可使人体引起尘肺的危害。

5.4.1.2 爆破有毒有害气体

采场爆破时，爆炸产物以气体为主，主要有 CO_2、H_2O、CO、NO_2、O_2、N_2、SO_2、H_2S 等，习惯上称为炮烟。其中 CO，氮化物（NO、NO_2），H_2S 等都是有毒有害气体。如果将爆破后产生的二氧化氮，按 1 L 二氧化氮折合 6.5 L 一氧化碳计算，则 1 kg 炸药爆破后所产生的有毒气体（相当于一氧化碳量）为 80~120 L。

5.4.2 爆破尘毒防治技术

针对煤矿井下爆破粉尘防治技术，常用的方法主要有以下几种。

5.4.2.1 压力水预湿煤体降尘技术

利用钻孔将压力水提前注入预开采的煤体工作面，通过预湿煤体可以提前预防尘源在爆破作业时的扩散。压力水降尘技术的作用原理主要有：(1) 压力水将原生煤尘湿润以削弱其扩散能力，减少尘源；(2) 压力水在进入较大的构造裂隙、层理和节理后可以实现对开采破碎煤体的全包裹，减少游离煤尘的产生；(3) 压力水与煤体的物理作用使得煤体的塑性性能大幅提高，减少了煤体在爆破作用下的破碎。该技术引入我国后又在铁矿、石矿等矿山作业中取得了十足的发展，实践证明，当注水湿润度达 1%时，降尘率高达 50%。但该降尘技术对爆破岩层有一定的要求，对于无裂隙且高硬度的完整岩层渗透性差，降尘率低。

5.4.2.2 高效水炮泥降尘技术

为了解决矿山开采过程中因爆破作业而产生的粉尘和有毒有害气体问题，20 世纪 70 年代，西欧国家开始利用水炮泥来替代黏土炮泥充填炮眼。由于粉尘的疏水性使得这种普通水炮泥降尘效率不高，因此，在此基础上研制出一套更高效的水炮泥降尘技术。这项技术主要是通过添加一定量的无机盐、阴离子表面活性剂、黏尘剂等添加剂来降低水的表面张力，增大湿润能力，提高其与粉尘之间的吸附作用，达到高效降尘的目的。从实际应用效果看，当添加剂与水质量比为 0.1 时降尘效果最佳，此时可呼吸性粉尘的降尘率高达到 91.3%，全尘的降尘率高达 89.29%，相对普通水炮泥的降尘率提高了 40%。如果在水炮泥中添加能吸收有毒有害气体的化学物质，可使炮烟中 NO_2 和 CO 浓度大大降低。然而，高效水泡泥降尘技术主要对炮孔粉尘有效，无法影响到地表粉尘以及岩层挤压破碎产生的粉尘，具有一定的局限性。

5.4.2.3 泡沫降尘技术

泡沫降尘技术，该技术主要是由空气、水和发泡剂等物质混合后经物理发泡形成泡沫，利用发泡剂的化学性能降低“固-液”颗粒接触面的表面张力，通过在待爆区域内喷洒泡沫液将主要尘源无空隙覆盖，对粉尘进行包裹，在爆破作业后，利用泡沫的黏附性将周围的粉尘黏附在一起，以此提高粉尘的自身重力，从而达到自然沉降的目的。经现场应用后发现，起泡液浓度为 3%时，这项降尘技术的降尘率高达 80%。泡沫降尘技术可应用的尘源种类多，无论是地表粉尘还是因爆炸冲击而抛撒的其他粉尘，都很容易被泡沫捕捉，同时还可以根据粉尘的化学性质添加适当的发泡剂，以提高泡沫与粉尘之间的吸附力。但是由于混合液的配比复杂，发泡剂的成本高，所以不能大范围的应用于实际工程中。

5.4.2.4　水幕帘降尘技术

水袋在尘源的正侧方、近距离起爆时，水雾和粉尘的相对作用速度最大。水幕帘降尘技术主要从尘源入手，在主要尘源区域悬挂装满水的塑料袋，利用爆破形成帘状水幕区，粉尘因雾化水的吸附沉淀作用被限制在水幕区域内，不会大肆扩散。实践证明，水幕帘降尘技术的降尘率在80%以上。

5.4.2.5　环保清洁降尘技术

环保清洁降尘技术，该技术主要是针对当年各种湿式爆破降尘技术对水的利用率低以及对后期施工带来的不便等问题，依据胶体脱稳原理，将传统水幕帘降尘技术的物理降尘方法与传统泡沫降尘技术的化学手段相结合，利用泡沫降尘剂来捕尘。在工程中应用后发现，虽然该技术对于推动爆破降尘技术的发展具有一定的意义，但是造价高，若大范围推广应用仍需做进一步的研究来降低成本。

5.5　硫化氢（H_2S）防治技术

近些年，随着煤矿开采深度的增加，我国煤矿硫化氢（H_2S）气体突发性涌出造成的伤亡事故与停工停产现象不断增加。因 H_2S 气体异常富集引起的伤亡事故，危险性加重。目前，我国在内蒙古、陕西、河南、山西、新疆、湖南等地区越来越多的矿井发现有 H_2S 异常，与此同时，有的以前没有出现过硫化氢异常的煤矿也陆续检测到了 H_2S，对煤矿工人职业健康和生命安全构成的重大威胁。

5.5.1　硫化氢物化特性

硫化氢在煤矿中一般呈现为气体状态，毒性较强，没有颜色，有轻微的甜味，闻起来有类似臭鸡蛋的味道，在湿润的空间中容易和水相溶而呈现出一定的酸性，会对矿井中的机械设备造成腐蚀损害。硫化氢与水相溶的反应并不稳定，在受到外界力量干扰时，溶于水中的硫化氢又会溢出。H_2S 在空气或氧气环境中遇到明火可能会造成爆炸，爆炸极限约为4.3%~45.5%。H_2S 还是一种可燃性气体，燃烧后与氧气发生反应生成后与氧气发生反应生成 SO_2，同样具有毒性。在煤矿井下，硫化氢的灾害主要体现在对人体的伤害，暴露在不同浓度硫化氢环境下的时间长短不同，对人体造成的伤害也不同。H_2S 主要特性如下。

（1）不稳定性。硫化氢在较高温度时，直接分解成氢气和硫，即：

$$\overset{+1}{H}_2\overset{-2}{S} = \overset{0}{H}_2 + \overset{0}{S}\downarrow \text{（加热，可逆）} \tag{5-1}$$

（2）酸性。H_2S 水溶液又称氢硫酸，是一种二元酸，即：

$$2NaOH + H_2S = Na_2S + 2H_2O \tag{5-2}$$

（3）还原性。H_2S 中 S 是-2 价，有较强的还原性，而且从标准电极电势看来，无论在酸性还是碱性介质中，H_2S 都具有较强的还原性。H_2S 能被 I_2、Br_2、SO_2、O_2、Cl_2 等氧化剂氧化成单质 S，甚至氧化成硫酸，即：

$$H_2S + I_2 = 2HI + S \tag{5-3}$$

$$H_2S + Cl_2 = 2HCl + S \tag{5-4}$$

$$H_2S + Cl_2 = 2HCl + S \tag{5-5}$$

同时，硫化氢能使银、铜制品表面发黑。它与许多金属离子作用，可生成不溶于水或酸的硫化物沉淀，即：

$$CuSO_4 + H_2S = CuS + H_2SO_4 \tag{5-6}$$

（4）可燃性。硫化氢气体的热稳定性很好，在 1700 ℃时才能分解。完全干燥的硫化氢在室温下不与空气发生反应，但点火后能在空气中燃烧。在空气充足时，硫化氢与氧气发生化学反应，生成 SO_2 和 H_2O；若空气不足或温度较低时，则生成游离态的 S 和 H_2O，即：

$$2H_2S + 3O_2 = 2SO_2 + 2H_2O \tag{5-7}$$

$$2H_2S + O_2 = 2S + 2H_2O \tag{5-8}$$

（5）腐蚀性。硫化氢溶于水后，形成弱酸，对金属的腐蚀形式有电化学腐蚀和硫化物应力腐蚀开裂，以硫化物应力腐蚀开裂为主。

（6）可溶性。硫化氢气体能溶于水、乙醇及甘油中，在 20 ℃时 1 体积水能溶解 2.6 体积的硫化氢，生成的水溶液称为氢硫酸，浓度为 0.1 mol/L。氢硫酸比硫化氢更具有还原性，易被空气氧化而析出硫，使溶液变浑浊。有微量水存在时硫化氢能使 SO_2 还原为 S。清澈的氢硫酸置放一段时间后会变得浑浊，这是因为氢硫酸会和溶解在水中的氧缓慢反应，产生不溶于水的单质硫。

硫化氢的溶解度与温度、气压有关。只要条件适当，轻轻地振荡含有硫化氢的液体，就可以使硫化氢气体挥发到大气中。硫化氢的水溶液呈弱酸性，它可以在水中电离：

$$H_2S = H^+ + HS^-$$

$$HS^- = H^+ + S^{2-} \tag{5-9}$$

5.5.2 硫化氢防治技术

硫化氢反应产物为 HS^-，其性质不稳定，往往在煤层采掘、瓦斯抽采及水流的扰动作用下，会从溶液中或反应产物中重新逸出而再次扩散到煤岩体或空气中。由于不同矿区煤的变质程度、构成组分、裂隙发育等因素不同，导致煤体润湿效果差异较大。而添加表面活性剂可以有效降低吸收液的表面张力，增加液体的渗透半径，从而提高对煤体内部吸附 H_2S 的去除效率。因此，采用碱性试剂作为吸收液的同时，可加入一种有效且稳定的添加剂或表面活性剂，来增加煤体内部硫化氢的吸收效率，并且把 H_2S 氧化成单质硫或者价态更高的硫化合物，并促使反应向正方向发展。

采用煤层钻孔，灌注缓冲溶液或碱性溶液，局部区域可以采用水力压裂等增透措施，提高灌注效果。对于采用常规静压注水方式不能充分湿润煤体，注缓冲溶液或碱性溶液起不到积极效果的时候，可以采用深孔脉冲动压注缓冲溶液或碱性溶液方式。上述方式可降低 50% ~ 70% H_2S 气体释放量，注碱方式如图 5-23 所示。

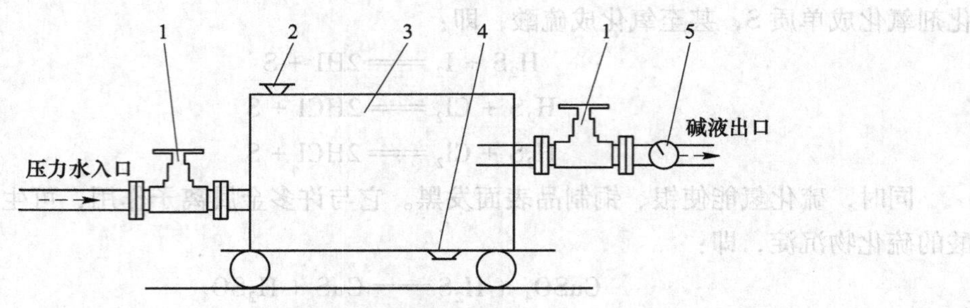

图 5-23　注碱装置

1—法兰；2—碱液投料口；3—自动搅拌反应箱；4—排渣口；5—流量计

在注碱过程中使用碳酸钠或碳酸氢钠作为碱性吸收液时，其发生的化学反应式为：

$$Na_2CO_3 + H_2S \xlongequal{} NaHS + NaHCO_3 \tag{5-10}$$

$$NaHCO_3 + H_2S \xlongequal{} NaHS + H_2O + CO_2 \tag{5-11}$$

$$Na_2CO_3 + CO_2 + H_2O \xlongequal{} 2NaHCO_3 \tag{5-12}$$

由于 H_2S 在煤矿主要存在于含煤岩层及地下水体中，根据 H_2S 在煤岩层中的分布特征、赋存形式和涌出形态，其防治技术通常可分为以下几类。

5.5.2.1　掘进工作面硫化氢防治

在煤（岩）巷掘进过程中必须通过长探钻孔探明硫化氢赋存及硫化氢含量大小等情况，坚持“先探后掘”的原则。其治理技术方法是：沿掘进工作面推进方向每隔 150 m 在巷道两帮各施工一个钻场，用液压钻机施工超前探孔，每个钻场内施工 2 个探孔，探孔长度为 160~200 m，其中 1 个上向孔，1 个下向孔，探孔终孔位置距巷道中心线 10~15 m，与巷帮的距离根据煤层厚度决定，终孔位置尽量靠近煤层顶底板。

当钻孔中 H_2S 气体浓度的体积分数达到 30×10^{-6}时，现场作业人员停止作业、关闭封孔器截止阀、不得拔出钻杆，进行封孔，封孔长度为 5 m，然后利用钻孔及高压泵对预定范围内的煤层注碱液来中和煤层中的 H_2S，降低 H_2S 的含量。

常采用的碱液配方为碳酸钠质量分数为 1.0%、十二烷基苯磺酸钠和次氯酸钠的质量分数都为 0.1%。当钻孔内检测不到 H_2S 气体或硫化氢气体含量较低时，进行掘进工作。当掘进工作面距离探孔终孔位置 10 m 时，必须再次施工钻场和超前钻孔探测硫化氢情况，探孔要始终保持至少有 10 m 以上的超前距离。

5.5.2.2　采煤工作面硫化氢防治

根据煤岩层中硫化氢的分布特征及含量大小，在采煤工作面 H_2S 异常富集区域，向煤层打钻，通过钻孔注入碳酸钠及氯胺-T 水溶液，所需设备包括钻机、高压泵、配液箱、注液泵、膨胀橡胶封孔器、水表、流量表、高压胶管、压力表、风流器等。其中钻孔注碱的参数如下。

（1）钻孔参数：工作面钻孔可根据 H_2S 含量大小及工作面宽度来确定，通常采用单向钻孔或双向布置方式。如采用单向钻孔，其钻孔深度可取工作面长度的 1/2~2/3。如采用双向钻孔，其两终孔距离可根据煤层湿润半径确定。

（2）注碱压力：注碱压力是注碱中的一个重要参数，煤层注碱压力主要取决于煤的透水性，而煤层埋藏深度、支承压力状态、煤层裂隙及孔隙发育程度、煤层硬度和碳化程度等对注碱压力也有一定的影响。另外，要求的注碱流量与确定注碱压力也有直接的关系。透水性强的煤层要求注碱压力低，而透水性弱则要求中高压注水，压力过低，则注碱流量很小，或根本注不进去碱液，压力过高，接近地层压力，由于水压力基本上抵消了地层压力，煤层裂隙将在水压力作用下猛烈扩张，形成通道，造成大量蹿水或跑水。因此，一般平压注碱较好。

（3）注碱量：注碱治理 H_2S，其实质是通过酸碱中和反应来降低煤层 H_2S 含量，即碱液中的 OH^-离子与 H_2S 溶解后电离的 H^+离子发生反应。如注碱碱性药剂采用小苏打（NaHCO），由化学反应方程式可知，中和 1 mol H_2S 气体至少需要 84 g 碳酸氢钠。注碱用药剂量可根据煤层 H_2S 吨煤含量并结合实验研究来确定，一般可按 0.5%～3%浓度进行碱液配备。

（4）其他参数：由渗流力学和弹性力学可知，钻孔直径越大，越有利于煤体应力的释放以及碱液在煤体中渗流流动，促进碱液与煤体中 H_2S 反应，因此钻孔注碱液易采用大孔径的钻孔。考虑到施钻设备和工艺安全，及封孔效果等因素，孔径不宜过大，综合各方面考虑，钻孔孔径选取 65～75 m，封孔深度为 3 m。同时，根据 H_2S 赋存规律及 H_2S 含量大小，增大或减少钻孔密度。如果出现相邻钻孔跑水现象，也要相应地增大钻孔间距。另外，注碱钻孔尽可能地覆盖到整个硫化氢异常富集区域。

在注水压力相同时，注水流量随注水时间延长而降低，注水时间加长，水在煤体中的流程渐远，阻力相应增加。

注水压力将在一定范围内波动，并有缓慢增加的趋势。将湿润范围内煤壁出现均匀的“出汗”渗水作为煤体已经全部湿润的标志，并以此作为控制注水时间的依据。

5.5.2.3 巷道风流中硫化氢防治技术

近年来，在矿井巷道风流中的 H_2S 防治通常是采用串联通风、均压通风、加大风量、改变通风方式或采用喷洒碱液化学中和法等。其中喷洒碱液是目前常用到的措施之一，其常用的药剂有碳酸氢钠、石灰水和碳酸钠等溶液。

在矿井风流中 H_2S 浓度不大且技术和经济可行的条件下，可通过在 H_2S 影响区域改进通风系统（包括增大通风量、改变通风方式等）的方法进行防治。

对于巷道、放煤口或上隅角等风流中的 H_2S，如果单独由通风不能解决，则需要结合信息手段、监测技术、自动化等技术，并根据监测到的风流中 H_2S 浓度大小及风量大小，实现碱液浓度的自动配比和自动定量化喷洒。喷洒碱液尽量选用雾化喷嘴把水雾化成超细雾（干雾）形式，可通过压风管路，选用双流雾化喷头，一侧进水，另一侧进带有一定压力的空气，在喷头腔体内与水碰撞产生粒径小于 10 μm 的细水雾。干雾的优点在于有利于碱液药剂在巷道空间的扩散分布，与空气接触面积大和接触时间长，有利于对 H_2S 气体的吸收中和。图 5-24 是静压水管药液加注系统示意图。

5.5.2.4 地下水体中硫化氢防治技术

四川斌郎煤矿在±0.00 水平石门掘进时，遭遇突水并伴随喷出来自雷口坡组高含 H_2S 气体。通过采用长抽长压通风方式，结合引导、隔离排水，并采用 3%～5%的碳酸钠溶液喷雾方法吸收空气中的 H_2S。在含有 H_2S 水涌出的裂隙发育地段，采用钻机沿巷道走向打排水钻孔。钻孔直径根据涌水量大小采用 ϕ115 mm 或 ϕ75 mm 钻头，封孔采用 ϕ100 mm 或 ϕ50 mm 无缝钢管，将各钻孔的硫化氢水通过支管引入铺设的 ϕ300 mm 玻纤主管中引到

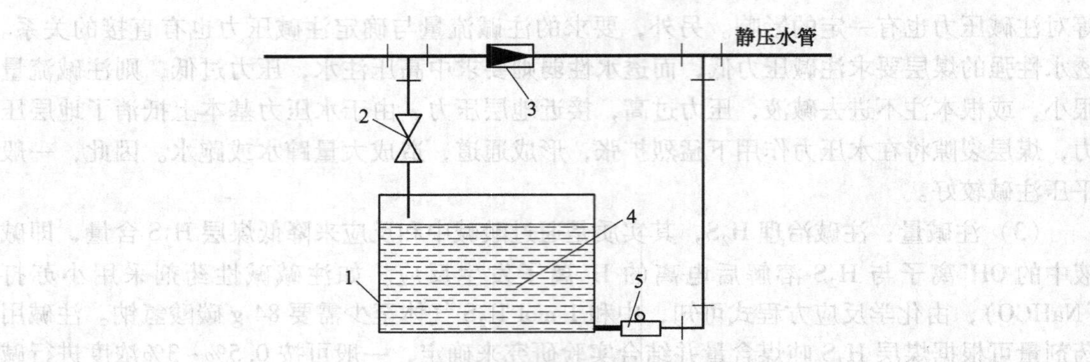

图 5-24　静压水管药液加注系统示意图

1—水箱（或矿车）；2—闸阀；3—流量计；4—药液；5—定量泵

回风绕道内的蓄水池中，并向蓄水池中的硫化氢水定期不断倾倒生石灰，使酸碱产生中和作用，可大幅降低巷道和回风系统中的 H_2S 浓度。对已有的裂隙涌水通道进行封堵，堵隔水体继续向巷道涌出；对透水严重的巷道，在“疏、排”基础上采用巷道全断面帷幕预注浆堵水。全断面注浆具有堵水效率高、耐久，且兼有加固地层的作用，特别是在防水要求高，有 H_2S 等有害气体喷出或富水软弱地层巷道中。钻孔施工布置采用锥形帷幕式设计，从平面及竖面来看均属于扇形布置，从断面来看属于类圆形布置。

方案实施后，可使本应涌入该巷道的硫化氢水通过专用管道封闭式的引排，避免了 H_2S 气体从水里和裂隙中释放到巷道内，使巷道空气中的 H_2S 气体浓度大大降低，通过向蓄水池中的硫化氢水定期不断倾倒生石灰，也降低了 H_2S 气体直接排入采区和总回风流中。由于该巷道含硫化氢水封闭引排到回风绕道内蓄水池经过石灰中和处理后再流入进见巷道水沟到水仓，大大降低了进风巷道风流中 H_2S 气体含量，使供该工作面的 2 台局部通风机吸入的风流更新鲜。

5.5.2.5　煤矿硫化氢综合防治技术

H_2S 需要在特殊地质条件下才能得以生成并富集，在硫化氢异常富集煤矿采掘过程中，煤岩层中富集硫化氢会涌出（逸散）到巷道或采掘工作面中，在煤炭破碎过程中有大量的硫化氢溢出，上隅角、采空区也往往有硫化氢涌出，水体中也往往富集有大量的硫化氢。进而给煤岩层硫化氢的防治带来极大困难，因此各煤矿往往需要根据矿井实际，建立一种“除、排、堵、疏、抽”等相结合的硫化氢综合防治技术方案。

除：主要从化学方面，采用喷、洒及注缓冲溶液或碱性溶液等方式来中和空气、煤岩层或水体中的硫化氢。对于煤岩层硫化氢异常区域，通过在异常区域施钻，采用静压或动压形式来压注缓冲溶液或碱性溶液，从源头上来中和煤岩层中的 H_2S 气体。采用喷洒缓冲溶液或碱性溶液除去掘进、炮采、综采、水力采煤时或落煤后产生的 H_2S 气体。

排：在巷道风流中硫化氢浓度较小的情况下，通过改变通风方式增大通风量来排或稀释 H_2S。或者建立专门的回风巷道，将含 H_2S 的气体引排到专回巷道中，部分块段可以采用专用稀释器。

堵：采用注浆方式和原理，明确基本参数如水压、水源、注浆材料及注浆压力大小、钻孔位置等，以注浆泵为动力源，将浆液从注浆孔（或注浆管）注入含水煤岩层中。利用浆液充填或渗透达到封堵裂隙、隔绝水源，从而起到封堵并疏排含硫化氢水的目的。其封堵材料可以选用重晶石粉、膨润土、羧甲基纤维素钠（CMC）黏结剂。Na_2CO_3、NaOH、固体堵漏材料、水泥和速凝剂等进行配比。对于水体中富含硫化氢的情况，可向涌水口定期洒石灰粉块或碱液方式来进行辅助防治。对于通过巷道裂隙涌出的硫化氢可以采用高压注浆封堵裂隙，迫使硫化氢不泄漏。

疏：由水体带来的硫化氢，可以在堵的基础上，把含硫化氢水疏排到指定地点，然后采用化学药剂进行防治。

抽：即抽采法，对于吨煤 H_2S 含量大的区域，可以利用特殊管网，通过压差抽采煤层中的硫化氢。抽排过程应采用耐腐蚀材料。

复习思考题及习题

5-1 简述机采工作面和炮采工作面粉尘防治的主要措施有哪些。

5-2 简述综采工作面采煤机内喷雾与外喷雾有何区别。

5-3 影响采煤机外喷雾的主要因素有哪些?

5-4 简述机掘工作面和炮掘工作面粉尘防治的主要措施有哪些。

5-5 简述矿山井下适用于掘进机配套的除尘设备类型有几种。

5-6 简述锚喷作业粉尘防治技术有哪些。

5-7 简述爆破作业尘毒防治技术有哪些。

5-8 简述硫化氢（H_2S）主要特性和防治技术。

6 金属矿山井下尘毒控制技术

矿产资源的开采在国民经济中占据着重要的地位，随着我国社会经济的快速发展和人口基数的猛增，对于铁矿石的消耗量越来越大。为了满足社会发展的需求，金属矿山企业的产能也随之增加，导致井下生产负荷增大。粉尘是大中型冶金矿山在井下开采过程中的主要灾害之一，几乎所有的工序均可产生大量粉尘。如井下开采过程中的凿岩、爆破、装载、卸矿、破碎、运输、提升、筛分等工序。特别近十年来，随着矿山开采强度的增加，大爆破及大型机械设备的采用，致使采掘过程中粉尘产生量增大、分散度增高，粉尘危害严重加重，据测定工人作业地点的粉尘浓度高达 1000～3000 mg/m^3，工人在此环境中作业，必将吸入大量粉尘（特别是呼吸性粉尘）而导致尘肺病。本章主要对结合矿井的实际情况对金属矿山进下采场、高溜井、卸矿坑、破碎硐室和皮带运输巷道的粉尘控制技术进行阐述。

6.1 井下采场爆破尘毒控制技术

6.1.1 井下采场爆破尘毒特征

爆破尘毒是指金属矿山爆破破岩产生的大量微细颗粒和有毒有害气体，严重污染作业场所及其周边环境，降低矿山生产效率，致使中毒事故和硅肺病等职业病时有发生。粉尘是金属矿山采场爆破产生的重要产物，爆破作业时，矿体在爆破功作用下，产生大量裂隙、孔隙，并被破碎成粉尘颗粒和碎石屑；在强大爆炸冲击波作用下，粉尘和碎石屑被细化分解，裂解成粒径更小的浮尘。爆炸冲击波不但会产生大量粉尘，而且会扬起岩壁和地表附着的粉尘。采场爆破时产生的气体主要有 CO_2、H_2O、CO、NO_2、O_2、N_2、SO_2、H_2S 等，习惯上称为炮烟。其中 CO、氮化物（NO、NO_2）、H_2S 等都是有毒有害气体。

6.1.2 井下采场爆破尘毒治理技术

目前国内外金属矿山采掘工作面烟尘控制技术主要包括湿式凿岩、干式凿岩捕尘、水封爆破降尘、通风排尘和喷雾洒水除尘等。

6.1.2.1 *湿式凿岩*

湿式凿岩是一种比较简单有效的防尘措施，将具有一定压力的水送到炮眼眼底，将其打眼产生的粉尘用水湿润后控制在炮眼眼底，变成粉浆流出眼口，即冲洗钻眼的水通过水针，经凿岩机机体内部，再经过钎子的中心孔而冲入钻眼，使岩石粉尘湿消后成岩浆而流出。

湿式凿岩使用的风动凿岩机和风枪等钻孔设备皆配备了注水装备，在空心钻杆钻孔的同时向孔内注水，如此因钻杆摩擦岩体产生的粉尘不再飞扬，而是随着水流流出孔外，达到防尘目的。施工操作中应做到先通水、再开钻，另外，应控制好高压风的压力，否则高压风吹出的水流也可能产生大量水雾，水雾中的粉尘易引起局部浓度的大增。

多年来，在金属矿山中重点采用湿式凿岩防尘措施，其除尘效率可达90%。目前，湿式凿岩防尘仍侧重于控制炮眼内粉尘的逸出。国外的凿岩防尘是采用以湿式凿岩为主的综合防尘措施，日本研究的以巷道壁为沉降板的敞开式高压静电除尘技术措施取得一定效果。原苏联全面研究了各类型巷道凿岩时工作面产尘强度和粉尘的主要来源，证明岩浆雾化的产尘量占总产尘量的65%，依此确定凿岩机排气口废气流动的方向应背离工作的方向，以防与岩浆相互作用。

6.1.2.2 干式凿岩捕尘

干式凿岩捕尘是指在干式凿岩过程中收集、捕获矿尘的矿山防尘方法。干式凿岩的捕尘系统由吸尘钎头和钎杆（或捕尘罩）、吸尘管、引射器和除尘器组成。按捕尘方式可分为孔底捕尘和孔口捕尘两种。孔底捕尘的主要机理是借助压气引射器，将矿尘从孔底经钎头和钎杆中心孔抽出，并由吸尘管输送到除尘器捕获除尘；孔口捕尘的主要机理是利用孔口捕尘罩捕集由钻孔排出的矿尘，再经除尘系统捕获除尘。当湿式凿岩不适合现场作业情况，特别是针对缺水矿山，必须采用干式捕尘措施。

6.1.2.3 通风排尘

通风排尘是除尘措施中的一种比较行之有效的方法，它是利用新鲜空气稀释含尘空气，防止其过量积聚，并将粉尘排出矿内的有效措施。决定通风除尘效果的主要因素有工作面通风方式、风量、风速等。

目前采用较多的是局部通风机通风排尘方式，这种通风对降低掘进时的粉尘浓度起了重要作用，常用的通风方式有压入式、抽出式、混合式和可控循环通风方式，每种通风方式各有优缺点。

实践证明，搞好通风工作是取得井下作业良好防尘效果的重要环节。通风除尘的最终目的，是在保证安全生产的前提下，有足够的风量使采取其他降尘措施后剩余的粉尘释放和排出，同时又不至于因风速过大而使落尘转化为浮尘，使粉尘浓度再次增加。要使排尘效果最佳，必须使风速大于最低排尘风速，低于二次飞扬风速。

6.1.2.4 水封爆破降尘

水封爆破是用水炮泥堵塞炮眼、放炮后形成水雾的一种爆破方法。水炮泥是用不燃的塑料薄膜制成的盛水袋子，装满水的水炮泥填于炸药后方，放炮时炸药产生的高压将其破坏，水受热雾化形成微细水雾，起到降尘作用。

尘粒产生之初如果先接触空气，则在尘粒表面形成一层气膜而难于被水湿润捕获，这种情况对于粒径小于5 μm的呼吸性粉尘尤其突出。实施水封爆破时，粉尘形成之初先接触到的是水或水汽，使其尚未形成气膜即被水湿润捕获，产尘量大大降低，且粉尘的分散度也得以降低。此外，炮烟中的氮氧化物在高温水蒸气的作用下变成硝酸和亚硝酸，使原来呛人的浓烟大量减少。

水封爆破是一种较新的爆破技术，相对于我们最常使用的泥土炮泥爆破方法，在炸药使用效率和降尘方面有很大的优势。国内外的实验表明，水封爆破要比泥封爆破工作面的矿尘浓度降低40%~70%，对于除去5 μm以下的粉尘也有较好的效果，同时还能减少有毒有害气体的产生。

6.1.2.5　喷雾洒水除尘

喷雾除尘是向浮游于空气中的粉尘喷射水雾，使尘粒的重量增加，达到降尘的目的；洒水除尘是利用洒水器直接向巷道周壁和底板上洒水，最大限度地湿润周壁和底板，使得微细粉尘黏附在周壁和底板上，不再扬起从而达到除尘目的。

喷雾降尘过程是喷嘴喷出的液压雾粒与固态尘粒的惰性凝结过程。当风流携带尘粒向水雾粒运动在离雾粒不远时就要开始绕流水雾运动。风流中质量较大，颗粒较粗的尘粒因惯性作用会脱离流线而保持向雾滴方向运行。如不考虑尘粒质量，则尘粒将和风流同步，因尘粒有体积，粉尘粒质心所在流线与水雾粒的距离小于尘粒半径时，尘粒便会与水雾滴接触被拦接下来，使尘粒附着于水雾上，这就是拦截捕尘作用。对细微粉尘，由于布朗扩散作用，而可能被水雾粒捕集，形成扩散捕集。

喷雾降尘过程中，雾滴与粉尘颗粒的相互作用是影响喷雾降尘效果的重要因素，而雾滴对颗粒的黏结和沉降的作用，不仅与粉尘颗粒的参数有关，与雾化颗粒的粒径及其速度也有直接的关系。

在液体破碎的物理过程中，有两种基本形式：射流破碎和薄膜破碎。要使液体雾化，必须先使液体展成很薄的薄膜或很细的射流，然后再使其变得不稳定，进而再将薄膜或射流破碎成大量细小的液体滴群。

自动喷雾除尘装置由喷头、电磁阀、手动清水阀及控制开关等主要部件组成。喷雾除尘技术的关键是喷嘴要能形成具有良好降尘效果的雾流。

李楼铁矿的穿孔凿岩作业在进路中采用 YG-90 钻机配 TJ-25 型台架，穿凿上向扇形中深孔，凿岩方式为湿式凿岩；随着生产的进行，井下现有的通风系统无法满足生产需求，逐渐呈现出了一些问题，应对现有通风系统进行优化。本文从水封爆破和喷雾降尘方面采取措施对爆破烟尘进行控制。

6.1.3　掘进巷道水炮泥降尘应用案例

6.1.3.1　水炮泥降尘方案

水炮泥降尘的实质是在钻孔中填入水炮泥，爆破过程中充填于炮眼中的水袋破裂，并在爆破产生的高温高压冲击波作用下，一部分水被汽化，产生的雾粒与岩石爆破所形成矿尘相接触，矿尘被润湿从而达到降尘的效果。

同时将研制的降尘剂加入水炮泥袋中，能有效降低溶液的表面张力，改善岩尘的润湿能力，并与炮烟中有毒有害气体发生反应，能够明显改善水炮泥降低烟尘的效果。降尘剂一般由无机盐和表面活性剂单体等复配而成，必须要有良好的润湿性能才能保证起到降尘功效。

通过实验得出降尘剂配方如下：基料选氯化钠，其质量浓度为 0.3%；表面活性剂选十二烷基苯磺酸钠，其质量浓度为 0.5%；降低氮氧化物的物质用氯化铵和硫酸铜，其质量浓度为 0.03%和 0.1%。

根据李楼铁矿现场应用的实际条件，采用降尘剂在水炮泥袋中的添加方案，即水炮泥袋和降尘剂分开加工，爆破开始前，先配制好降尘剂溶液，然后直接用注射器将溶液注入水炮泥袋中，利用水炮泥袋特有结构的自动封口性能完成密封。水炮泥袋在中深孔中的装填方案如图 6-1 所示。

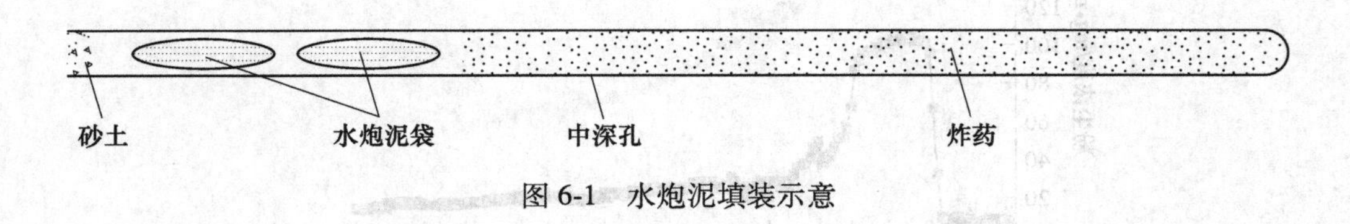

图 6-1 水炮泥填装示意

6.1.3.2 降尘剂溶液的灌装

从常规水炮泥袋中抽样出 5 个，进行编号，称量每个袋的重量。用注射器分别将 5 个水炮泥袋注满水，再称量注满水后的水炮泥袋的重量。由以上数据得出水炮泥袋的装水量，再根据降尘剂浓度配方要求，确定好降尘剂中各组分的质量。

6.1.3.3 降尘效果及分析

（1）测点布置及测定方法。由于炮烟刚抛掷出去，抛掷带内的炮烟浓度分布不均匀，同时也出于安全考虑，应在远于炮烟抛掷长度 22 m 处设立测点，测点布置如图 6-2 所示。测量所使用的仪器是 FC-4 型粉尘采样仪。爆破前十分钟，将采样仪固定于巷中呼吸带高度，开机，等待爆破。提前设定该仪器每 30 s 读取 1 个数据，爆破后 1h 左右，待粉尘浓度恢复到平常值，取回仪器。

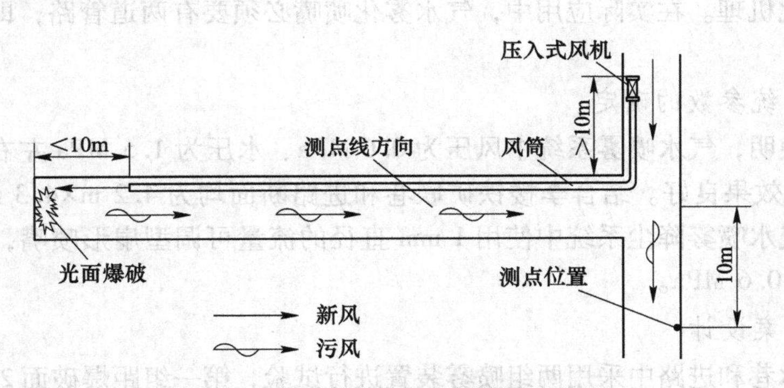

图 6-2 光面爆破粉尘浓度测点布置图

（2）采用水炮泥前后爆破粉尘浓度测定结果及分析。采用水炮泥前后爆破粉尘浓度随时间变化如图 6-3 所示，从图中可以看出。

1）采取措施前，测点处粉尘浓度在爆破后骤增，瞬时达到最大值，其后便快速下降；使用水炮泥控制方案后，测点处粉尘浓度增势相对较缓，在爆破几分钟后达到最大值，这一水平保持了 15 min 后呈明显下降趋势。

2）使用水炮泥控制方案后，爆破粉尘浓度最大值大幅降低，比未用水炮泥爆破的粉尘浓度最大值降低了 30%。

3）采取控制措施前，粉尘浓度变化在爆破 55 min 后趋缓，且在测量结束后粉尘浓度仍在 40 mg/m^3 以上；采用水炮泥控制方案后，粉尘浓度变化在爆破 35 min 后迅速趋缓，且浓度一直低于 10 mg/m^3。

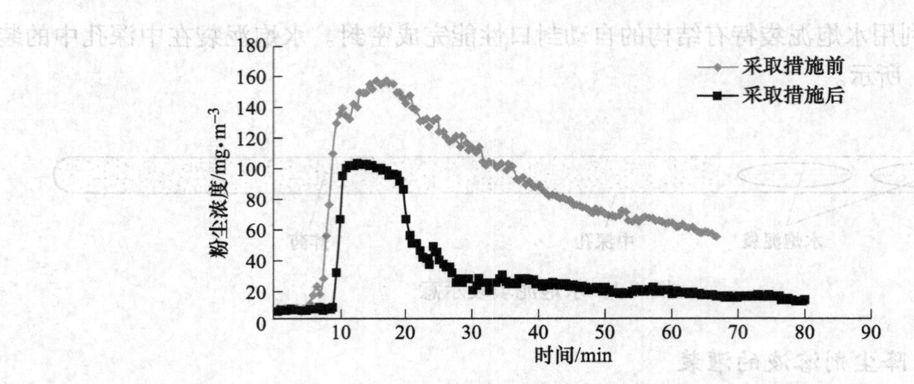

图 6-3　使用水炮泥前后爆破粉尘浓度随时间比较图

6.1.4　爆破后巷道气水喷雾降尘应用案例

6.1.4.1　气水喷雾降尘方案

气水喷雾降尘是一种新型的降尘技术，其原理是利用气和水喷雾产生的微细液粒，喷洒到空气中能迅速吸附空气中的各种大小粉尘颗粒，达到净化空气中粉尘的目的。

采用气水喷雾系统进行喷雾降尘，气水雾化喷嘴是以加压空气为雾化介质的一种喷嘴，由四部分组成，即进水端口、进气端口、气水混合室以及喷雾出口，其雾化原理实质上就是气泡雾化机理。在实际应用中，气水雾化喷嘴必须要有两道管路，即供气管路和供水管路。

A　喷雾系统参数的确定

根据试验表明，气水喷雾系统中风压为 0.6 MPa、水压为 1.5 MPa 左右时，喷雾喷距能达 4 m，雾化效果良好。结合李楼铁矿联巷和进路断面均为 4.2 m×4.3 m（宽×高）的实际情况，在气水喷雾降尘系统中使用 1 mm 直径的流量可调型扇形喷嘴，水压和风压分别为 1.5 MPa、0.6 MPa。

B　现场方案设计

在采场沿脉巷和进路中采用两组喷雾装置进行试验，第一组距爆破面 20 m，第二组距爆破面 25 m，两组喷雾装置采用并联方案，喷雾装置和测点布置布置方式如图 6-4 所示，采场爆破前将回风段喷雾系统打开。

爆破后的采场进路内粉尘浓度测定由于现场条件所限，测定相对困难。为测定爆破前后整个过程中采场内粉尘浓度分布规律，爆破前将 LD-5C 型微电脑激光粉尘仪固定在主巷中，测点位置如图 6-4（a）所示。LD-5C 粉尘采样器能够进行连续检测，每个采样时间设定为 30 s，两个采样时间间隔 10 s，连续记录，直到巷道内粉尘浓度恢复到平常值为止。

6.1.4.2　气水喷雾降尘效果分析

使用气水喷雾降尘方案前后沿脉巷爆破粉尘浓度随时间变化如图 6-5 所示。从图中可以得出，使用喷雾控制方案后，粉尘浓度增长趋势相对较缓，且最大值减小到采取措施前的一半左右；粉尘浓度变化在一定时间后均趋于平缓，但未采取措施时其值始终大于 10 mg/m^3，而使用喷雾控制方案后其值能降至 10 mg/m^{3}以下，满足安全规程的相关要求。

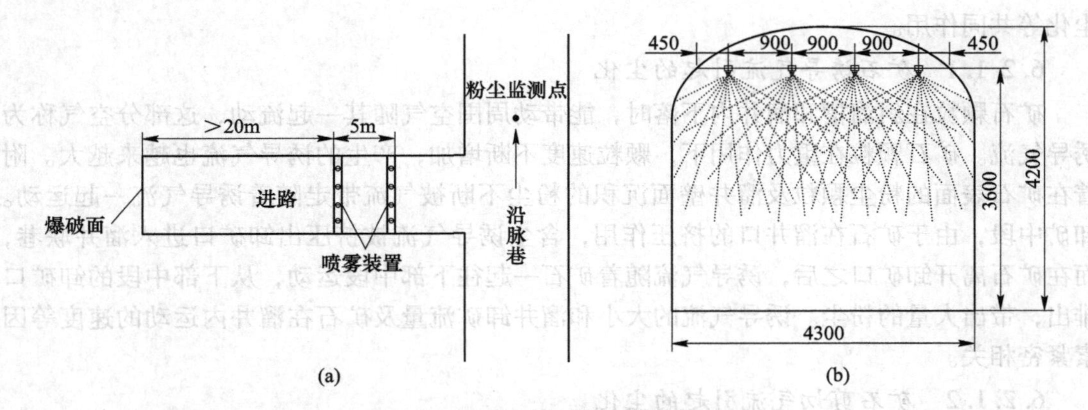

图 6-4 采场回风段巷道喷雾系统布置图
（a）喷雾装置和测点布置；（b）喷嘴布置

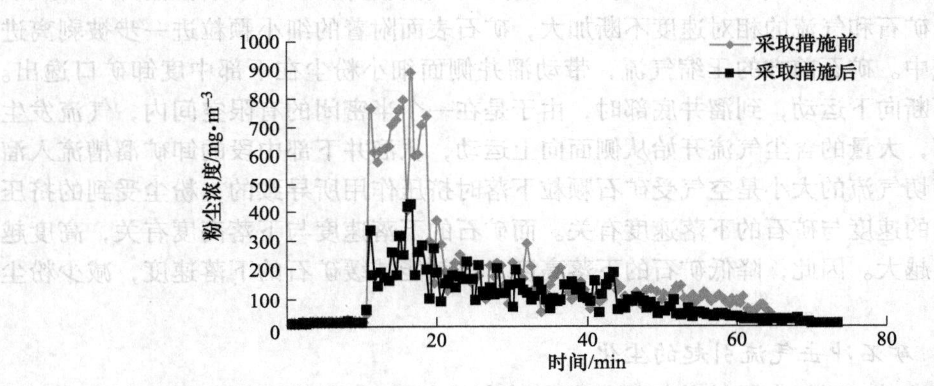

图 6-5 使用喷雾降尘前后爆破粉尘浓度随时间变化比较图

6.2 多中段高溜井卸矿粉尘控制技术

6.2.1 高溜井卸矿粉尘产生机理

金属矿山井下多中段高溜井卸矿过程中，卸矿中段和下部中段的卸矿口及卸矿联巷均会产生大量的粉尘。卸矿中段卸矿车卸矿时，矿石下落后在溜井口和斜溜槽不断的摩擦碰撞，是产生粉尘的主要过程。矿石通过斜溜槽进入主溜井后迅速的下落和溜井内的空气相互作用，大颗粒矿石表面和溜井壁面的粉尘颗粒不断脱离进入溜井气流内。下部中段斜溜槽和溜井联巷沉积了大量的粉尘颗粒，在上部中段卸矿产生的冲击气流作用下，不断被扬起，也是高溜井卸矿粉尘产生的主要来源之一。矿石到达溜井底部之后，与先到达的矿石发生猛烈撞击，松散矿石内部的空气被挤压出来，带出大量粉尘颗粒，且诱导向下及挤压出来的气流在底部有限空间聚集后不断向上排出，这部分气流所含的粉尘浓度较大。

粉尘的扩散污染都要经过一定的传播途径，研究粉尘产生的尘化机理，才能更好地分析粉尘向周围扩散的规律。经过现场调研及相关文献的介绍，高溜井卸矿粉尘的析出主要由矿石诱导气流引起的尘化、矿石剪切气流引起的尘化、矿石冲击气流引起的尘化及综合尘化等共同作用。

6.2.1.1 *矿石诱导气流引起的尘化*

矿石颗粒在斜溜槽和溜井内下落时，能带动周围空气随其一起流动，这部分空气称为诱导气流。矿石颗粒在重力作用下，颗粒速度不断增加，产生的诱导气流也越来越大。附着在矿石表面的粉尘颗粒及溜井壁面沉积的粉尘不断被气流带走随着诱导气流一起运动。卸矿中段，由于矿石在溜井口的挤压作用，含尘诱导气流被挤压出卸矿口进入溜井联巷，而在矿石离开卸矿口之后，诱导气流随着矿石一起往下部中段运动，从下部中段的卸矿口排出，带出大量的粉尘。诱导气流的大小和溜井卸矿流量及矿石在溜井内运动的速度等因素紧密相关。

6.2.1.2 *矿石剪切气流引起的尘化*

矿石从卸矿口向下倾泻落入斜溜槽进入竖直的溜井主干部分，矿石下落过程中，由于正面阻力的原因产生了空气的剪切作用，矿石前方的气流被剪切压缩不断往溜井下部及矿石后方运动，矿石和气流的相对速度不断加大，矿石表面附着的细小颗粒进一步被剥离进入溜井内空气中。矿石前方的压缩气流，带动溜井侧面细小粉尘在下部中度卸矿口逸出。随着矿石的不断向下运动，到溜井底部时，由于是在一个半密闭的有限空间内，气流发生剪切压缩作用，大量的含尘气流开始从侧面向上运动，从溜井下部中段的卸矿溜槽流入溜井联巷内。剪切气流的大小是空气受矿石颗粒下落时挤压作用所导致的，粉尘受到的挤压力及向外逸出的速度与矿石的下落速度有关。而矿石的下落速度与下落高度有关，高度越大，速度也会越大。因此，降低矿石的下落高度，也就能减缓矿石的下落速度，减少粉尘的飞扬。

6.2.1.3 *矿石冲击气流引起的尘化*

高溜井卸矿时，下部中段被剪切压缩的气流斜溜槽和溜井联巷内产生较大的冲击气流，下部中段斜溜槽和溜井联巷内的沉积粉尘被不断扬起，造成二次尘化作用。

6.2.1.4 *综合尘化作用*

溜矿井内矿石从高处下落到下部中段时，由诱导气流和剪切气流的共同作用，溜井内测壁面粉尘、矿石表面附着粉尘及原始矿石中细小颗粒都进入溜井气流中，随着气流一起运动，从下部中段卸矿口快速扩散，同时高速的冲击气流带动斜溜槽内沉积性粉尘的扬起。

6.2.2 高溜井卸矿粉尘产生影响因素

通过对多中段溜井卸矿产尘文献、现场卸矿产尘情况以及产尘机理分析发现，影响卸矿产尘的因素较多，除矿石自身固有无法改变的物化性质外，卸矿流量、卸矿总量、矿石粒径、卸矿高度、矿石含水率等均对产尘量具有较大的影响。

6.2.2.1 *卸矿流量及总量对产尘量的影响*

卸矿流量影响了矿石下落过程中的分散度，矿石以较小的流量下落时，矿石颗粒间隙较大，下落过程中的单位时间内对流场扰动较小，产生的冲击气流运动速度较小，同时减小了粉尘的析出量。当卸矿流量过大时，可以将下落的矿石视为一个整体，对多中段溜井内空气进行压缩，由于矿石内部间隙小，减少了矿石间的气流，粉尘颗粒析出量降低。当卸矿流量不变时，单位时间内的产尘量不变，但卸矿总量的增加，影响了总的产尘量。

6.2.2.2 *矿石粒径对产尘量的影响*

相同质量的矿石，粒径越小其总体比表面积越大。下落过程中与空气的接触面积越大，不但提高了对气流的夹带量，而且单个颗粒质量减小，使其抵抗气流的强度减小，粉尘更容易被气流携带出，导致产尘量的增加。

6.2.2.3 *卸矿高度对产尘量的影响*

卸矿高度的变化影响了矿石重力势能的同时，也影响了矿石流的运动距离。卸矿高度增加，矿石重力势能提高，矿石流动速度增加，颗粒受到的剪切气流作用强度更大，提高了矿石流中的粉尘析出量，增加了产尘量。矿石在溜井内运动距离增加，也增加了气流与粉尘的接触时间及粉尘产生总量。

6.2.2.4 *矿石含水率对产尘量的影响*

矿石含水率的高低可以对矿石的物理性质产生影响，含水率不同导致矿石的塑性、脆性及矿石颗粒间的黏附力均发生变化，从而影响了卸矿产尘。矿石含水率越高，矿石塑性越强，脆性越弱，矿石下落过程中矿石间及矿石与溜井间的碰撞中更不容易破碎，从而减小了新生粉尘量。含水率高可以增加矿石颗粒的黏附作用以及矿石下落过程中抵抗剪切气流的强度，降低产尘；颗粒黏附力高，在扩散的过程中更容易相互捕捉凝结，也更容易受壁面吸附，提高了粉尘的沉降率，起到较好的抑尘作用。

6.2.3 多中段高溜井卸矿粉尘控制技术

矿山多中段高溜井卸矿过程中产生的大量冲击性粉尘已成为矿井可呼吸性粉尘的主要来源，不仅污染环境，影响安全生产，更严重影响矿井职工的身心健康。为有效解决溜矿井卸矿时产生的大量冲击性粉尘，并解决湿式抑尘用水量大导致矿石含水量高的问题，采用干雾降尘、气水喷雾及泡沫降尘等用水量小的湿式除尘措施；为降低溜矿井高水平中段卸矿时产生的冲击气流给低水平中段带来的大量粉尘，可用小功率局部风机联合喷雾使用降低粉尘浓度。

6.2.3.1 *卸矿口干雾降尘技术*

通过对李楼铁矿高溜矿井卸矿口粉尘浓度及粉尘分散度等参数的分析，可知高溜矿井上部中段倒矿时对下部中段卸矿口粉尘浓度有较大影响且呼吸性粉尘浓度比重大，要想达到较好的喷雾降尘效果，喷嘴的雾滴粒径必须尽可能地小；通常情况下，喷雾降尘容易导致矿石的含水率增加，为降低喷雾降尘的用水量，采用干雾降尘喷嘴，由于放矿口面积较大，考虑用扩散角为80°的喷嘴。

如图6-6所示，放矿口尺寸为3.4 m×3.4 m，在放矿口左右两侧设计干雾降尘，每侧各有三个喷嘴，中间喷嘴的位置距放矿口前后1.7 m，其他2喷嘴距离中间喷嘴1 m，具体管件连接图如图6-7所示，连接好的干雾喷嘴安装在150 mm×150 mm的角钢下面，角钢用于固定气水管道和喷嘴，同时能起到保护喷嘴不被矿石损坏的作用。

6.2.3.2 *溜井联巷气水喷雾降尘技术*

气水雾化喷嘴以其特有的雾化结构，具备喷水颗粒较细，喷射距离远，喷水分布均匀，耗水量小等特点，适用于井下粉尘浓度较大且呼吸性粉尘比重大的产尘区域。在实际应用中，气水雾化喷嘴必须要有两道管路，即供气管路和供水管路，其喷雾降尘的工艺流程图如图 6-8 所示。

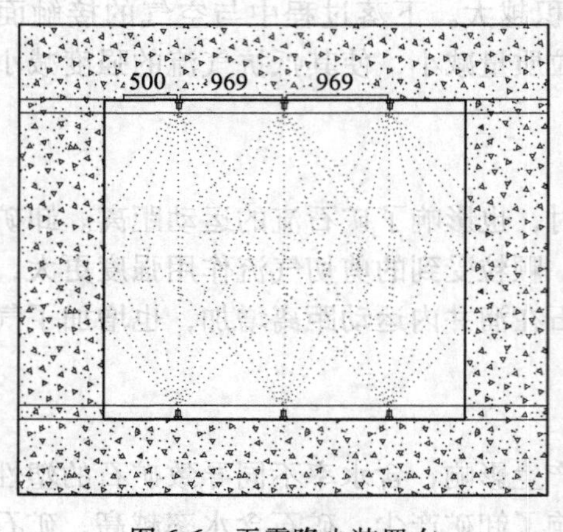

图 6-6　干雾降尘装置在卸矿口的安装示意图

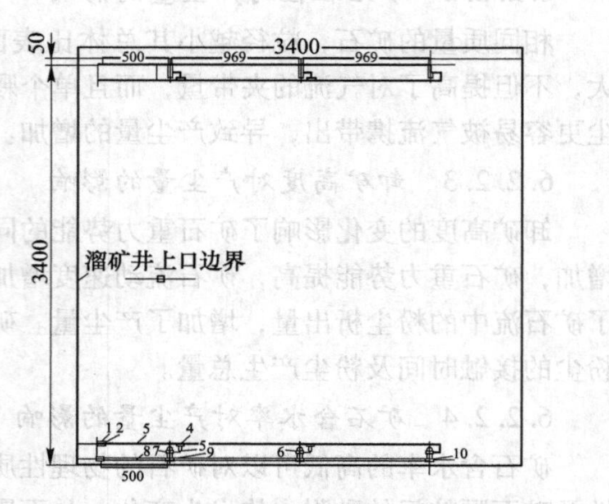

图 6-7　干雾降尘装置管件连接示意图

1—泄水快速接头；2，6—快速接头；3，5—高压水管；4—三通快速接头；7—干雾喷头；8—气管；9—三通；10—弯头

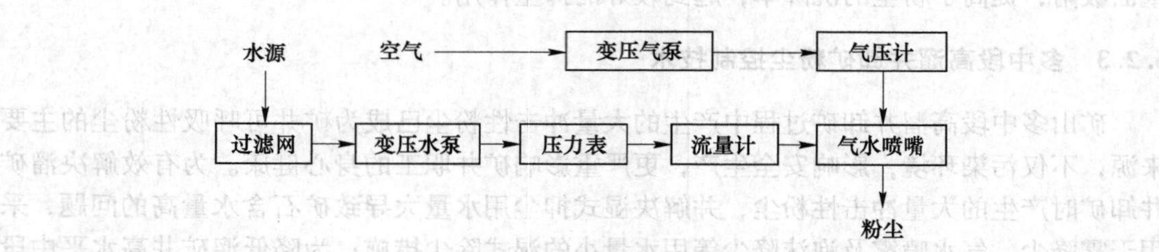

图 6-8　气水喷雾降尘工艺流程图

现有溜矿井喷雾水量大，雾化效果差，且要求水压高，覆盖范围小，雾滴冲击速度不足以抵抗卸矿时产生的冲击波粉尘。针对喷雾存在的弊端，对喷嘴的结构、安装位置、数量、布置方式及雾流喷射方向等进行改进，研究出新型气水喷雾降尘装置。气水喷雾模块雾化效果好，雾滴粒径大小合适，喷射动量大、距离远，覆盖范围广，水压要求小，适合井下复杂条件下的使用。

气水喷雾模块的关键是在喷嘴前形成均匀稳定的气泡两相流，而均匀的气泡两相流的形成不仅与液体特性有关，也与喷嘴的结构形式、喷孔直径、供气方式及其操作参数等有关。

在实际应用中，气水雾化喷嘴必须要有两道管路，即供气管路和供水管路，可采用工作面侧壁接过来的压风和压水管路。根据溜矿井联巷的实际情况布置气水喷雾降尘喷嘴的数量和位置。由于影响气水雾化喷嘴的因素较多，设计性能良好的气水雾化喷嘴，必须综合考虑各因素的影响。本试验是在李楼铁矿-375 中段 22 号-1 溜井联巷进行，气水喷雾降尘安装如图 6-4（b）所示，采用气水喷雾降尘系统中使用 1 mm 的流量可调型扇形喷嘴，水压和风压分别为 1.5 MPa、0.6 MPa。

6.2.3.3 溜井联巷水幕帘降尘技术

A 水幕帘降尘机理

水幕帘的降尘机理主要为，水雾附着在纱网上，在纱网孔形成水膜，含尘风流穿过水幕帘时粉尘由于惯性碰撞而被水幕捕获。在风流的作用下水膜不断地形成与破裂，在此过程中水幕帘对巷道风流产生一定的通风阻力。若喷雾直接喷在纱网上，则直接形成水膜，主要靠水膜直接捕尘；若喷雾布置在纱网上风侧，则雾滴先与含尘风流接触捕尘，含尘雾滴飘散至纱网，雾滴附着在纱网上形成水膜，水膜可再次捕尘。不同的喷嘴纱网布置方式、不同的巷道风速、不同的纱网网格规格及不同的喷嘴类型，对水幕帘上水膜的形成与破裂会产生不同的影响，进而影响水幕帘的降尘效果和对巷道风流的通风阻力。

B 水幕帘降尘技术方案设计

如图 6-9 所示，所谓水幕帘降尘就是在喷雾的基础上，实现更有效地拦截粉尘，在喷雾下风侧加了一道纱网。由于-325 溜矿井卸矿时-375 中段溜井联巷最大冲击风速能达到 2.5 m/s 以上，只依靠喷雾降尘还不能很有效地降低粉尘浓度，增加一道纱帘能很好地起到缓冲冲击波和过滤粉尘的效果。

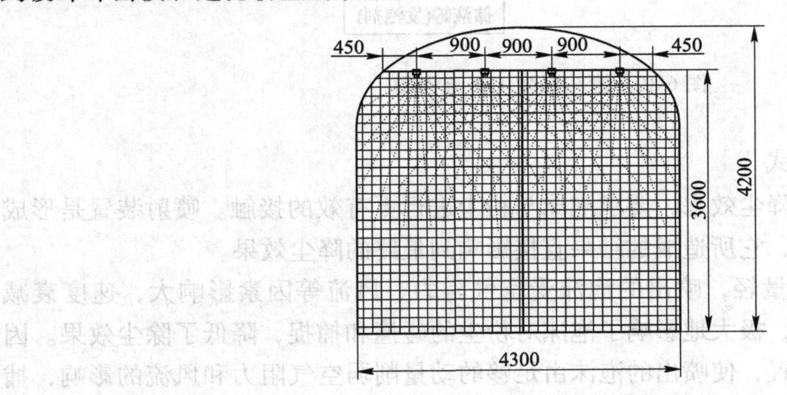

图 6-9 溜井联巷水幕帘安装示意图

在实验室对不同规格纱网进行降尘效率实验研究，综合考虑通风阻力和降尘率两项指标，实际应用宜采用喷嘴直接喷射纱网的布置方式。随着风速的增加，水幕帘的通风阻力呈线性增大，当风速大于某一值时，通风阻力增加减缓，网格越小，这一风速值越大。根据溜矿井联巷冲击风速的范围，建议采用 3 mm×3 mm 网格水幕帘。

6.2.3.4 高溜井泡沫降尘技术

在矿山生产过程中，尤其是装、卸矿石时，由于受到溜井壁的限制，破碎的矿石在下落过程中将压缩溜井内的空气，形成类似于活塞的运动。同时随着矿井开采深度的增加，部分溜井在卸矿过程中放矿落差可以达到几百米。此时如果没有任何降尘措施，会使主溜井内的空气急剧压缩并产生相当大的动压，进而生成强大的冲击风流，风流夹带着粉尘通过分支溜井和卸矿硐室溢出井外，对井下空气造成了严重污染，严重影响着矿工的身心健康。目前在我国矿山采用的干式抑尘措施效果并不理想，尤其是对呼吸性粉尘效果甚微，而且有二次扬尘的问题。喷雾抑尘效果相对较好，但是用水量过大，在卸矿点上喷洒过大流量的水会使溜矿井下部装矿点跑矿，且作业区域粉尘浓度依然无法达到作业标准，所以泡沫除尘技术应需而生。

A　泡沫降尘工艺流程

泡沫除尘是通过发泡器将水、空气和发泡剂按一定比例充分均匀混合，产生大量的泡沫喷洒到尘源或含尘空气中，在碰撞、湿润、覆盖、黏附等多种机理综合作用下，依靠泡沫及其液膜良好的隔绝性、黏性、弹性和湿润性特点，捕集与之相遇的粉尘，并使之沉降。

泡沫降尘装置主要有以下部分构成：进风口，进水口，过滤器，总开关，发泡器，发泡剂添加装置，储液罐，泡沫分配器，泡沫喷射支架、喷头及输送管路。其主要工艺流程如图 6-10 所示。

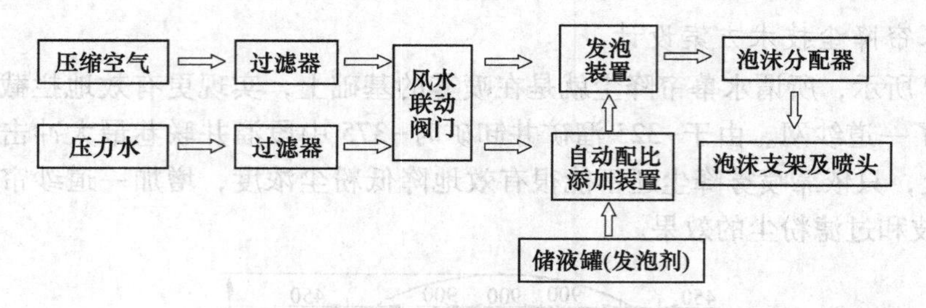

图 6-10　泡沫降尘工艺流程图

B　泡沫降尘布置方式

提高泡沫降尘技术的降尘效果，要求泡沫与粉尘进行更有效的接触。喷射装置是形成泡沫喷射工况的直接元件，它所造成的结果直接影响到最终的降尘效果。

泡沫本身密度小，质量轻，喷出的泡沫受空气阻力、风流等因素影响大，速度衰减快，从而限制了喷射距离，极大地影响了泡沫对粉尘的碰撞和捕捉，降低了除尘效果。因此泡沫喷头应尽量靠前布置，使喷出的泡沫由足够的动量削弱空气阻力和风流的影响，捕捉到粉尘。

基于对井下复杂条件和狭小空间的考虑，拟将泡沫降尘各主要部分有机整合为一个整体，可以极大地方便泡沫降尘装置的运输、安装、调试和维修。井下布置如图 6-11 所示，将泡沫降尘装置布置在溜矿井联巷一侧，方便调节与使用；喷射装置安装在卸矿口。

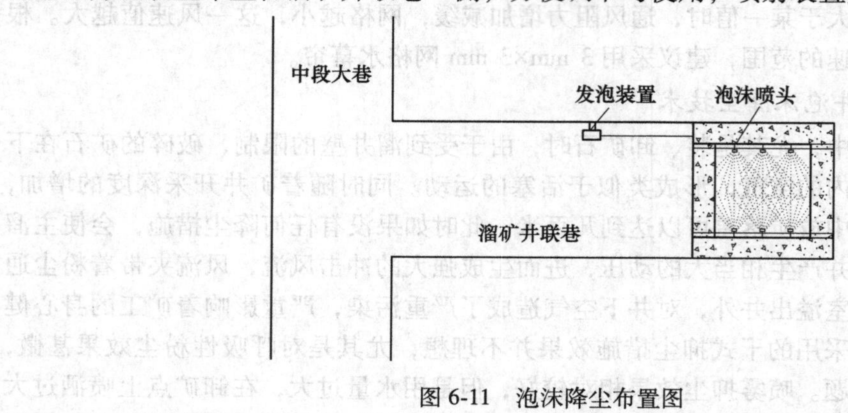

图 6-11　泡沫降尘布置图

泡沫降尘技术制备泡沫必须具备水源和压风。一般情况下宜采用掘进面侧壁配备的压水和压风，要求水的流量为 1~2 m^3/h，压力 2~3 MPa；压风管路要求流量为 40~80 m^3/h，压力 0.5~1 MPa。

将进风与进水口分别与水管和风管连接，发泡剂添加装置和发泡剂箱相连，依靠产生的负压添加发泡剂至水管中，阀门出口端的压风管接发泡器，连接管路均使用 ϕ19 mm 的高压胶管，生成的泡沫采用 ϕ50 mm 的胶管输送至泡沫分配器的入口，装有泡沫喷头的喷头支架与分配器的出口端连接，最后由喷头将泡沫喷洒至产尘点。

6.2.4 多中段溜井卸矿粉尘联动控制系统

多中段溜井卸矿产尘量大，造成的粉尘污染严重，根据产尘规律开发多中段溜井卸矿粉尘联动控制系统对降低尘肺病的发病率意义较大。多中段溜井卸矿粉尘联动控制是利用传感器及通信网络将不同中段连接为一个系统，把溜井不同中段传感器获取的实时卸矿信息反馈到每个中段实现信息共享，通过 PLC 编程，采用时间控制变量使各中段安装的降尘装置可以根据矿石的下落位置和不同中段产尘情况及时做出降尘反应，实现根据卸矿产尘规律高效快速降尘。采用时间控制不同中段的降尘装置，实现了对各中段降尘装置的联动控制，解决了采用粉尘浓度传感器控制降尘设备时受环境影响大，运行状态不稳定的问题。

6.2.4.1 卸矿粉尘联动控制要求及方法

通过相似实验及数值模拟对中段数为四的溜井冲击气流及粉尘的变化规律分析可知，第一中段卸矿时，第三、四中段为主要粉尘涌出点，并且具有较强冲击气流。多中段溜井卸矿粉尘联动控制系统可以实现系统性降尘，在联动控制方案设计中除考虑卸矿产尘规律外，还需遵循以下原则：

(1) 考虑溜井卸矿作业规程，最大限度地满足上下中段联动降尘的要求；

(2) 卸矿口冲击风速较大，降尘装置反应速度应满足产尘速度要求；

(3) 矿山现场环境复杂多变，降尘设备应具有较强防潮、防尘、宽电压工作适应能力以及抗干扰能力；

(4) 控制装置具有本质安全特性，不会对工人和生产设备造成危险，不影响正常生产运输。

遵循上述准则并针对不同产尘情况，在各中段卸矿口左上方均设置第一组（①）气水喷雾降尘装置用于捕捉卸矿口的卸矿扬尘；为捕捉冲击气流携带出的粉尘，在第三中段距离卸矿口 2 m($L/D=2/3$) 位置增设第二组（②）气水喷雾降尘装置一排，同理在冲击气流较大的第四中段增设第二组（②）气水喷雾降尘装置两排，同时在第四中段设置发泡装置，实现矿仓内喷射泡沫降尘。为保证运行的安全性，在自动控制元件的基础上，各中段同时配备了手动控制元件。

根据多中段溜井卸矿粉尘联动控制设计要求进行方案设计，设计结果如图 6-12 所示。降尘技术的核心元件为控制器，控制器能够实现降尘系统的状态监测和执行元件的控制。为提高联动降尘技术的可靠性和减少开发周期，控制器选择可编程控制器（PLC）；为提高信息化程度，扩展一台人机界面（HMI），实现联动降尘装置运行状态及信息的采集和显示等功能；控制过程中通过对传感器的状态信息进行判断和分析，然后发出相应的控制命令或状态指示；驱动元件接受控制器的命令，驱动执行元件运行实现卸矿口气水喷雾及矿仓喷射泡沫降尘。

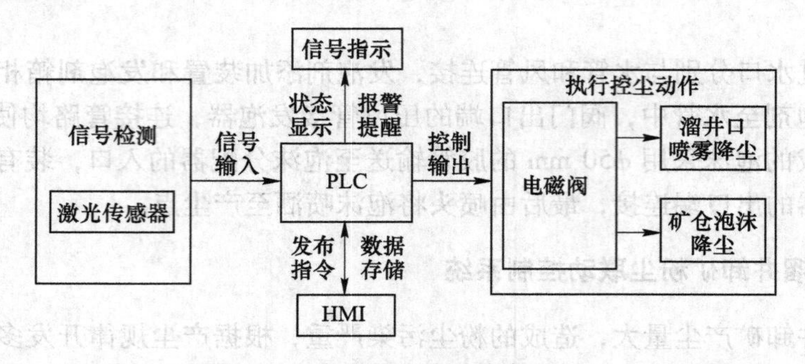

图 6-12　多中段溜井联动降尘方法

6.2.4.2　卸矿粉尘联动控制系统硬件组成及实现

溜井卸矿后，通过现场布置传感器捕捉卸矿动作。PLC 将捕捉到的卸矿信号通过内部程序进行识别处理，发出喷雾及发泡指令，根据卸矿信号的不同，各中段气水喷雾及发泡装置做出相应的喷雾及发泡动作。多中段溜井联动降尘原理如图 6-13 所示。

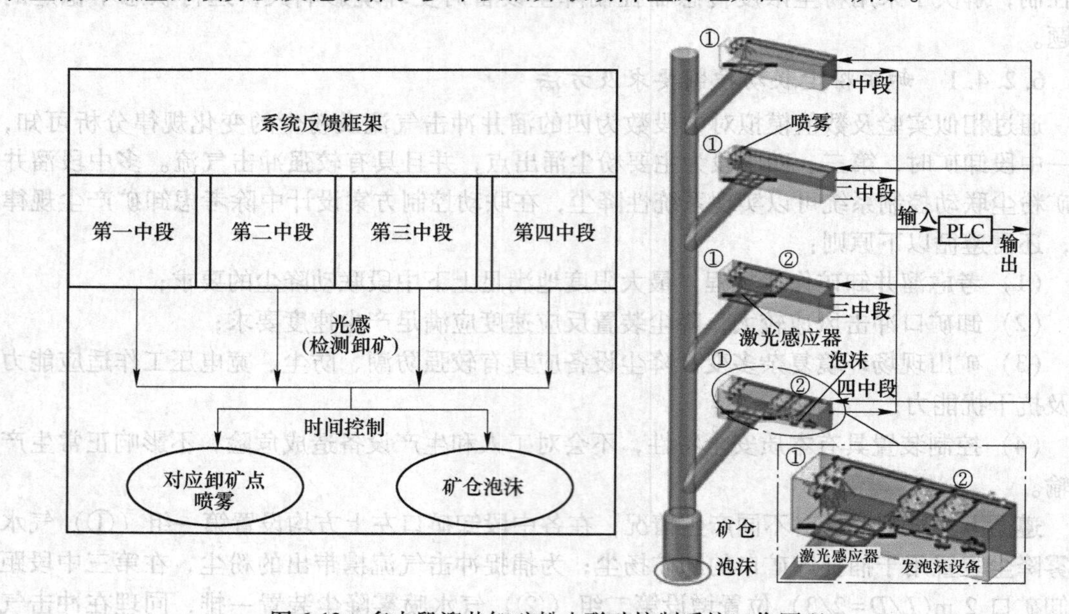

图 6-13　多中段溜井卸矿粉尘联动控制系统工作原理

A　卸矿粉尘联动控制系统硬件组成

根据各中段卸矿口及联络巷内粉尘的变化情况，采用可编程控制器、光电开关、中间继电器、电磁阀及压力传感器等元件，实现各中段气水喷雾及第四中段发泡装置的联动控制。

B　卸矿粉尘联动控制系统硬件功能实现

(1) 联动降尘控制电路设计。对多中段溜井联动降尘输入及输出量统计分析可知，联动降尘共需要 PLC 输入量 12 点，输出量 7 点。各中段占用输入量 3 点，第一、二中段输出量均为 1 点，第三中段输出量 2 点，第四中段输出点数为 3。输入元件包括光电开关及自锁开关两种，光电开关监测卸矿动作，自锁开关执行紧急手动开关；输出元件为中间继电器及电磁阀，进行气水喷雾及泡沫气水线路的开关。四个中段输入输出均独立控制，互不干扰。

（2）多中段溜井联动降尘控制程序开发。使用具有编程及仿真运算功能的 GX Works2 软件，进行联动降尘程序编写。软件包含 LD、SFC 及 ST 等多种编程语言，其中 LD 语言形象直观适合逻辑控制，选择 LD 语言作为编程语言。对卸矿方案的分析可知，多中段溜井卸矿可分为单一中段卸矿和多个中段（两个、三个或四个中段）同时卸矿两类情况，通过对不同卸矿情况产尘规律分析确定出 14 种对应的粉尘控制子程序。不同卸矿条件下，降尘装置接收到的命令来源于 PLC 对接收到的卸矿信号的处理。传感器接收卸矿信号后，PLC 通过产尘规律编制的程序发出指令，各中段降尘装置做出相应的动作（开启或关闭）。为满足矿井复杂多变的环境要求，设置时间寄存器采用时间控制变量实现降尘装置的开启停止；时间的设置根据实验中分析的各中段粉尘到达的时刻与降尘实验中气水喷雾耗时长短确定，多中段溜井联动降尘主流程如图 6-14 所示。

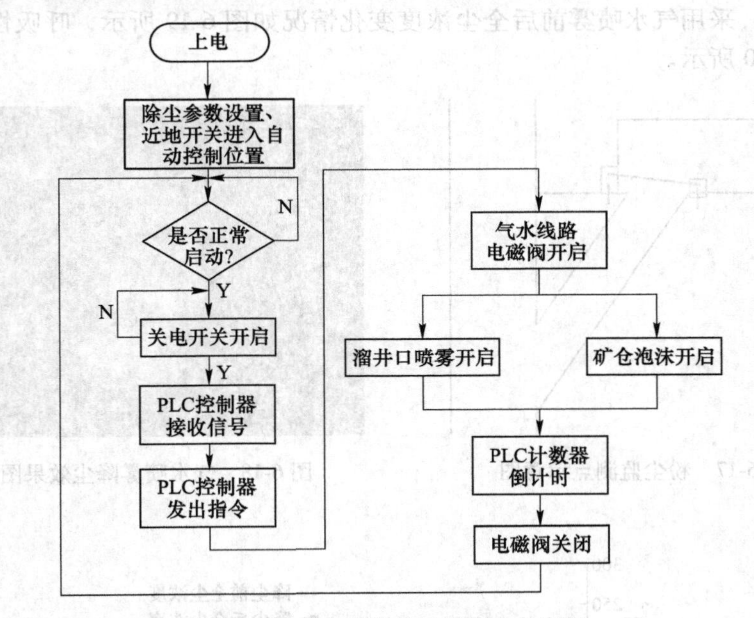

图 6-14 多中段溜井联动降尘主流程

6.2.5 高溜井卸矿口气水喷雾降尘技术的应用案例

由于现有在用的溜井口断面被矿石堆积的不规则，无法进行溜进口干雾降尘装置的安装，因此，只在溜矿井试验了气水喷雾装置。

6.2.5.1 气水喷雾装置的安装

本次气水喷雾降尘试验地点为李楼铁矿-375 中段 22 号-1 溜井，如图 6-15 所示，总共用四个气水喷嘴，喷嘴扩散角为 30°，每隔 900 mm 安装一喷嘴，用不锈钢管和高压软管分别接入水和气，气、水压力要求分别为1.5 MPa、0.6 MPa，气水喷雾安装高度为3600 mm，其实际喷雾效果如图6-16所示。

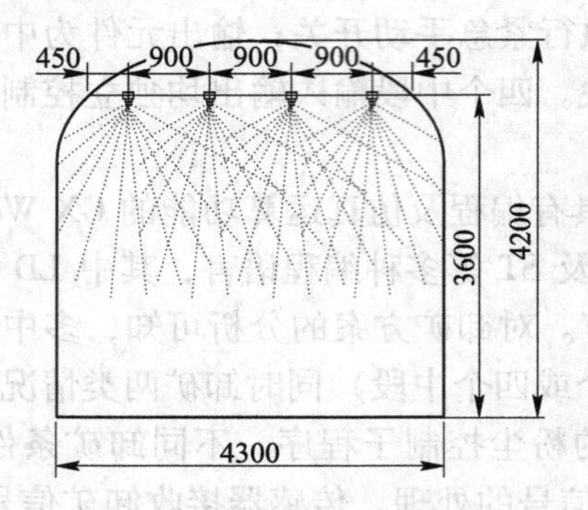

图6-15　气水喷雾降尘安装示意图

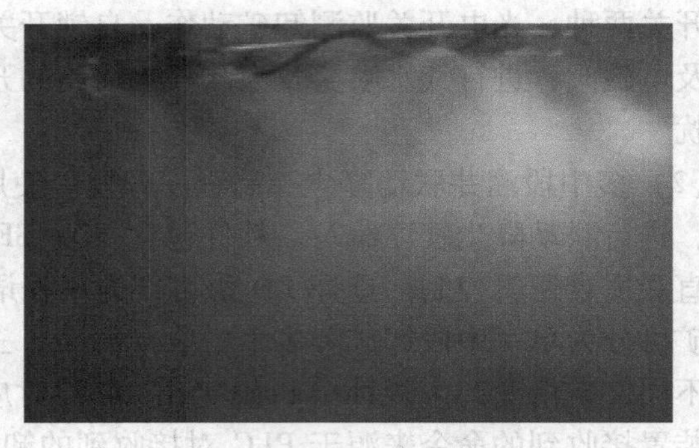

图6-16　气水喷雾实际效果图

6.2.5.2　气水喷雾降尘应用效果及分析

如图6-17所示，在距离溜井口10 m处，采用LD-5C微电脑粉尘监测仪对-375中段22号-1溜井采用气水喷雾降尘前后-325中段倒矿时粉尘浓度进行测定，降尘效果实物图如图6-18所示，采用气水喷雾前后全尘浓度变化情况如图6-19所示，呼吸性粉尘浓度变化情况如图6-20所示。

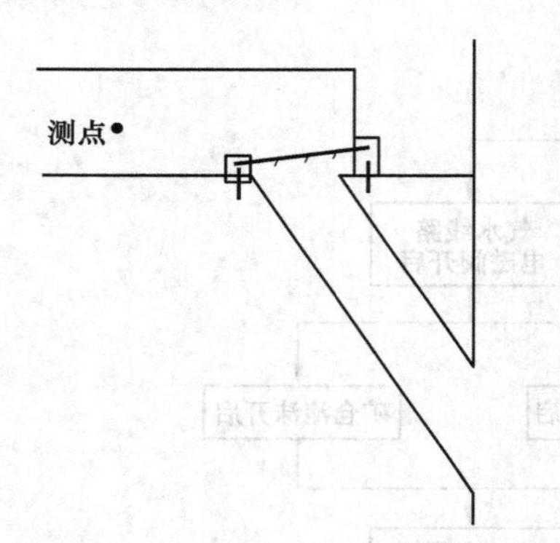

图6-17　粉尘监测点示意图

图6-18　气水喷雾降尘效果图

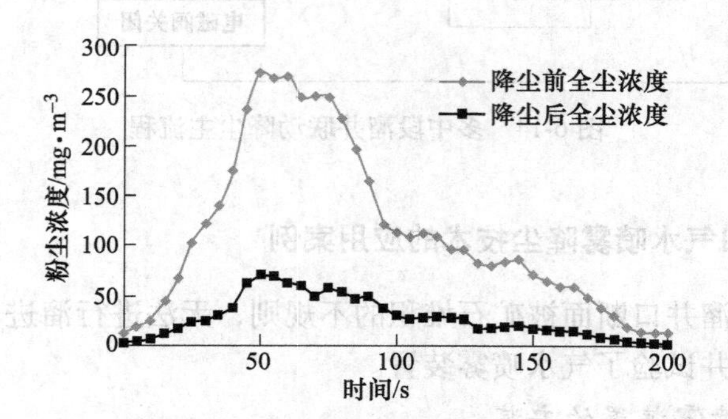

图6-19　安装气水喷雾前后溜井联巷全尘浓度变化

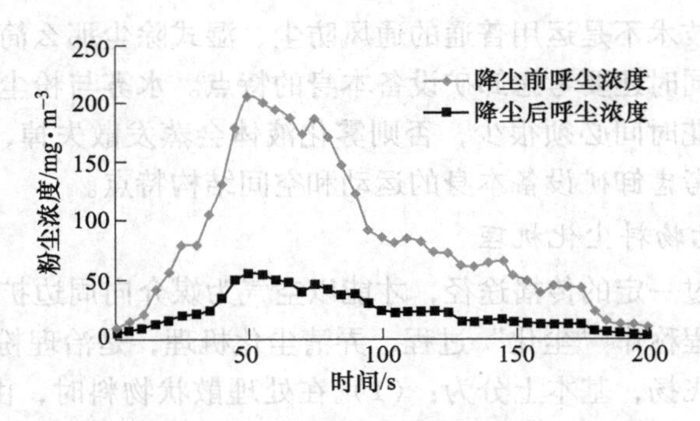

图 6-20 安装气水喷雾前后溜井联巷呼尘浓度变化

由图 6-19 和图 6-20 可得，(1) 安装气水喷雾之前在−325 倒矿时，−375 溜矿井联巷全程最高浓度达到 273 mg/m^3，气水喷雾降尘后全尘最高浓度降到 72 mg/m^3，全尘平均降尘效率达到 75%；安装气水喷雾之后，溜井联巷内全尘浓度能在 3 min 之内降至 10 mg/m^3 以下。(2) 呼吸性粉尘由最高的 205 mg/m^3 降至 56 mg/m^3，平均降尘效率达到 70%；安装气水喷雾之后，溜井联巷内呼吸性粉尘浓度能在 3 min 之内降至 5 mg/m^3 以下。(3) 气水喷雾对溜井联巷内的冲击性粉尘有很好的沉降作用，有效地降低了粉尘向大巷扩散及减小粉尘在巷道中弥散的时间。

6.3 卸矿站粉尘控制技术

6.3.1 卸矿站粉尘产生机理

卸矿站由卸矿坑及其附近巷道组成，卸矿坑专指卸矿、卸料处地面凹下去的地方。卸矿站卸矿过程中，由于矿石相互碰撞进行二次破碎，产生大量粉尘，并且卸矿时矿石落差高、速度快，产生了强大的冲击风流，粉尘通过风流迅速扩散。

卸矿过程中，由于矿石相互碰撞破碎、相互冲击和所产生的气流冲击会使粒径较小、质量较小的矿物微粒扬起；卸矿站旁边巷道积尘由于矿车运行引起的二次飞扬；这些粉尘在冲击性风流的带动下，运动到通风巷道，最后吹至整个通风系统中，造成井巷内粉尘浓度超标，不仅加速井下机械磨损，造成机械使用寿命变短，而且严重污染了工作区域环境，直接危害工人生命安全，给生产作业带来安全隐患。

6.3.1.1 卸矿站倒矿粉尘的来源及特性

金属矿山广泛采用的溜井转运矿石，集中卸矿，高溜矿井卸矿产生的粉尘较大，是井下主要的产尘源之一。特别是高度差比较大的卸矿坑，因岩石下落过程中形成强大的冲击风流，带出大量的粉尘，造成井下卸矿站空气的严重污染。卸矿站密闭防尘，主要是采用各种密闭装置，使卸矿站系统形成一个密闭空间，防止冲击风流和粉尘大量外逸。地下卸矿站的粉尘主要来源：

(1) 矿车卸矿过程，矿石相互冲击和所产生的冲击气流会使粒径较小、质量较小的矿物微粒扬起；

(2) 卸矿站旁边巷道积尘由于矿车运行引起的二次飞扬。

对于卸矿站防尘技术不是运用普通的通风防尘、湿式除尘那么简单，卸矿站防尘要考虑矿尘本身的性质，同时还要考虑卸矿设备本身的特点。水雾与粉尘作用的有效时间必须很短，即润湿过程所花时间必须很少，否则雾化液体会蒸发散失掉，达不到防尘的效果；喷雾系统的设计必须考虑卸矿设备本身的运动和空间结构特点。

6.3.1.2 卸矿站物料尘化机理

任何粉尘都要经过一定的传播途径，才能以空气为媒介向周边扩散。使尘粒从静止状态变成悬浮状态的过程称作“尘化”过程，弄清尘化机理，是治理粉尘的首要问题。由空气流动而引起的粉尘飞扬，基本上分为：（1）在处理散状物料时，由于诱导空气的流动，将粉尘从处理物料中带出污染局部地带的一次扬尘；（2）由于室内空气流动及设备运行引起落尘再次吹起的二次扬尘。

在矿山生产过程中，尤其是装、卸矿石时，由于倒矿高度势能差的原因，破碎的矿石在下落过程中将压缩卸矿坑内的空气，形成类似于活塞的运动。此时如果没有任何降尘措施，会使卸矿坑内的空气急剧压缩并产生相当大的动压，进而生成强大的冲击风流，风流夹带着粉尘冲向卸矿站巷道，造成空气污染。同时由于巷道内通风风向问题，时常会有部分污风随风流窜入生产巷道，造成井下生产区域内空气污染。因此，卸矿站粉尘是井下主要尘源之一。

6.3.2 卸矿站粉尘控制技术

我国对卸矿站研究起步于20世纪60年代，但是大多数研究都针对卸矿机械设备，针对粉尘防治技术的研究很少。随着社会的发展与进步，粉尘防治越来越受到重视，国内一些学者开始与矿山合作研究井下粉尘。

卸矿站作为溜破系统一项特殊的存在，国内外学者对其研究较少，但是国内外学者对溜破系统研究较多，而卸矿站是溜破系统的一部分，与之有着密切的关系，且有部分相似地方，故研究卸矿站粉尘可以借鉴国内外学者对溜破系统的研究。目前对溜破系统研究，所涉及的大部分除尘措施、技术都处于试验阶段，实践性不强，应用于实际的效果比实验研究的更差，主要表现在喷嘴堵塞、覆盖面不全、效率低等方面。

针对金属矿山溜破系统粉尘特性及产生粉尘污染的主要原因，国内外一般采用“抑尘、降尘、除尘、防尘和排尘”等五种综合技术，最终实现粉尘的控制。目前国内外溜破系统常见的粉尘控制技术如下。

6.3.2.1 控制矿石的含水率

据相关文献资料介绍，为了有效地控制粉尘的产生同时又能保证相关设备的正常运行，将矿石含水率控制为7%~9%比较合适。若含水率过高，会造成破碎或输送设备在运行过程中出现打滑或跑偏等现象，还会造成设备的堵塞，降低工作效率。若含水率过低，粒径较小的粉尘颗粒容易脱离设备控制而进入周围空气，不仅造成环境污染，当粉尘落在设备上时，会加速设备的磨损，降低设备的使用寿命。

6.3.2.2 设置良好的排风系统

在无组织通风的情况下，井下溜破系统内风流不畅，飘浮在空气中的超细粉尘不能及时被清理。良好的通风系统可以保证作业场所的空气新鲜，增强风流在空间内的循环效果，提高风流对粉尘颗粒的稀释及排出能力。

6.3.2.3 减小矿车倒矿的高度势能差

矿车倒矿存在的高度落差是粉尘产生的一个重要因素，矿石在下落过程中，冲击性气流会使部分微小矿尘从矿石中扩散出来，造成溜破系统粉尘污染。因此，控制高度落差对溜破系统粉尘控制有着积极的作用。高度落差是由卸矿车倒矿现场实际需要和地形所决定的，在条件允许的情况下，应尽量减小卸矿车倒矿的高度落差，从源头上控制粉尘的产生。

6.3.2.4 减小矿车的运行速度

过大的运行速度将增加粉尘颗粒偏离原运行轨迹的概率，导致粉尘污染程度加重；而较小的运行速度能在很大程度上抑制粉尘的产生，改善作业环境，但卸矿车倒矿能力就会受到影响，在现代采矿技术迅猛发展的今天，采矿量的急剧增加往往要求卸矿车倒矿能力随之增加。因此，探寻合理的卸矿车运行速度范围，对于溜破系统粉尘控制具有重大的意义。

6.3.2.5 密闭抽风除尘

密闭抽风除尘系统采用密闭-抽尘-净化的方式进行除尘，主要由密闭罩、抽尘罩、抽尘支管、集合管、组式除尘器、风机所组成。其原理是对作业场所各主要产尘点进行整体或局部密闭，由引风机负压经过管路将含尘空气引入除尘器，经除尘器净化后排入矿井通风系统。一个完整的密闭抽风除尘系统主要有以下几个部分组成。

(1) 局部排风罩（集气罩）：是密闭抽尘的基础，是用来捕集粉尘和有害物，其性能好坏直接影响整个系统的技术经济指标。由于生产设备及操作方法各有不同，排风罩的形式也有所不同。一般情况下排风罩应该是活动的，以保证生产过程中观察罩内情况及日常检修等。

(2) 风管：用于输送含尘气流的管道称为风管，负责将抽风除尘系统中各种设备或部件连接为一个整体。风管设计时应注意选择管内的气流速度，以便提高系统的经济合理性，管路的安装应力求短、直。风管通常选用薄钢板、聚氯乙烯板等表面光滑的材料制作而成。

(3) 净化设备：当排出的气流内粉尘浓度超过国家规定的排放标准时，必须安装净化设备来处理含尘气流。净化设备的形式和种类很多，应根据实际情况和要求进行合理选择，达到空气净化的目的。

(4) 风机：风机是向抽风除尘系统提供气流流动的动力装置。通常把风机放在净化设备后面以防止磨损和腐蚀。一般可选用离心通风机或轴流通风机。

6.3.2.6 气水喷雾除尘

气水喷雾是根据湿式雾化理论，将压力水通过喷雾器（又称喷嘴）在旋转或冲击作用下，使水流雾化成细微的水滴喷射于空气中并与矿石接触，并最大限度地湿润矿石，达到作业过程中尽可能减少扬尘的目的。

6.3.2.7 高压静电除尘

高压静电除尘的基本原理是利用高压电场中气体的电离、电场力和电风的综合作用，使粉尘附在集尘极上或抵返尘源而使含尘气体得到净化。高压静电尘源控制技术是建立在电除尘原理和尘源控制方法基础上的一项新的除尘方法。

6.3.2.8　超声雾化抑尘

超声雾化抑尘的基本原理是利用压缩空气冲击共振腔产生的超声波将水雾化成浓密的、直径只有 10 μm 左右的微细雾滴，通过雾滴在产尘点直接捕获、凝聚微细粉尘，使粉尘迅速沉降下来实现就地抑尘。这种抑尘技术与喷雾洒水有本质的区别，它是直接用雾滴捕获微细粉尘，而气水喷雾则靠湿润矿石来粘住微细粉尘。

6.3.3　卸矿站气水喷雾降尘应用案例

目前卸矿坑卸矿过程中主要采用了中压喷雾降尘的技术，并采用红外自动控制装置，实现矿车卸矿过程自动喷雾。因中压喷雾耗水量较大，导致下游破碎及皮带转载运输工序矿岩含水率较高，容易引发破碎给料困难、皮带打滑及跑偏等现象。同时经现场粉尘测定结果发现，目前中压喷雾降尘的应用效果并不理想，矿车卸矿过程中粉尘浓度大幅度超过相关国家标准的要求，因此，针对上述问题，采取应用效果更佳的气水喷雾降尘方案，对卸矿过程中粉尘进行控制。

6.3.3.1　气水喷雾降尘喷嘴布置方式

针对李楼铁矿卸矿坑的特点，采用扩散角为120°的扇形气水喷嘴，每隔 1.5 m 安装一个，共 14 个喷嘴，如图 6-21 所示。为保证足够的水流量，主管路气、水管路采用 ϕ50 mm 以上的高压管，喷嘴连接方式与前文类似，气压要求在 0.6 MPa 以上，水压在 1.5 MPa 以上。为使提高喷雾降尘的效果，本项目还设计在卸矿车的正上方 2 m 处安设 8 个锥形喷嘴，高速的雾滴能很好地压制卸矿时产生的冲击气流，高速相对运动提高降尘效果。

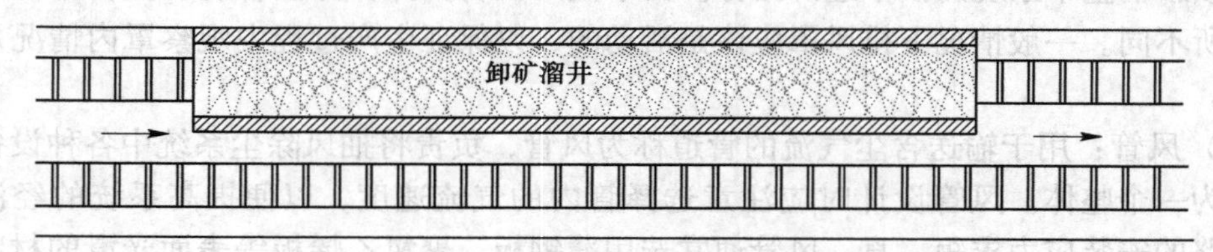

图 6-21　卸矿坑气水喷雾降尘装置布置示意图

6.3.3.2　气水喷雾降尘现场布置系统

由于卸矿坑比较大，卸矿站环境比较复杂，开发出适用于卸矿坑的降尘系统，降尘系统如图 6-22 所示。

本次试验选取李楼铁矿 2 号卸矿坑为研究对象，2 号卸矿坑长 21 m，宽 2.5 m，原方案将喷雾装置安装在卸矿坑底部两侧，全部安装一字型喷头，这样可以将整个卸矿坑全部覆盖。但是考虑到实际情况，矿车倒矿时，矿石卸往卸矿坑一侧，喷雾装置较容易遭到破坏，所以只在卸矿坑底部另一侧安装喷雾装置。当矿车卸矿时，卸矿坑中部矿车底板打开，冲击性风流从矿车内部往上冲出，带出大量粉尘，所以在卸矿坑顶部安装喷雾装置，以除去冲击性风流带出的大量粉尘。

卸矿坑长 21 m，考虑到一字型喷头力气比较小，覆盖范围比较窄，故 1.5 m 安装一个喷头，卸矿坑底部喷雾装置一共安装 14 个一字型喷头。考虑到喷雾装置比较长，如果全部用钢管硬连接，喷雾装置会出现软性，喷头连接处装置承受应力过大，容易断裂，如果

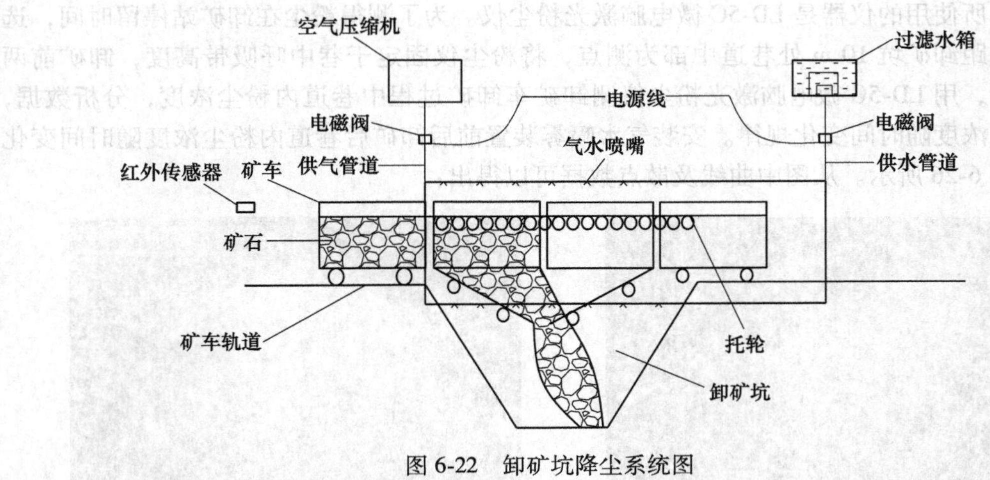

图 6-22　卸矿坑降尘系统图

两端都采取软连接，无法固定喷头，故喷雾装置喷头一端采取钢管硬连接，一端采取氧气带软连接，气管与喷头连接接头为特制接头，这样既解决了应力过大容易引起喷头连接处断裂的问题，又解决了喷头无法固定的问题，卸矿坑底部气水喷雾装置如图 6-23（a）所示。

矿车卸矿时，只有卸矿坑中部矿车底板打开，故只在卸矿坑中部上方设置喷雾装置，这样既节约了气水量，又能很好地达到除尘效果。卸矿坑顶部喷雾装置全部采用 6 孔型喷头，1 m 安装一个，共安装 8 个喷头，喷头两端全部采取硬连接，卸矿坑顶部喷雾装置图如图 6-23（b）所示。如果井下水质较差，容易造成喷头堵塞，影响喷雾除尘效果，应对水质进行过滤。

(a)

(b)

图 6-23　卸矿坑底部、顶部气水喷雾装置图

6.3.3.3　卸矿坑除尘系统降尘应用效果及分析

本次试验以李楼铁矿 2 号卸矿坑为研究对象，分别测定卸矿车卸矿前后卸矿坑附近粉尘浓度。气水喷雾装置喷雾效果如图 6-24 所示。顶部气水喷雾装置效果图，如图 6-25 所

示。测量所使用的仪器是 LD-5C 微电脑激光粉尘仪。为了测得粉尘在卸矿站停留时间，选取下风向距卸矿坑 10 m 处巷道中部为测点，将粉尘仪固定于巷中呼吸带高度，卸矿前两分钟开机，用 LD-5C 微电脑激光粉尘仪测卸矿车卸矿过程中巷道内粉尘浓度，分析数据，得出粉尘浓度随时间变化规律。安装气水喷雾装置前后卸矿后巷道内粉尘浓度随时间变化比较如图 6-26 所示。从图中曲线及散点数据可以得出：

图 6-24　气水喷雾装置效果图

图 6-25　顶部气水喷雾装置效果图

（1）安装气水喷雾装置前，测点处粉尘浓度在卸矿车卸矿后骤增，瞬时达到最大值，其后便快速下降；安装气水喷雾装置后，测点处粉尘浓度下降较快，且在 10 min 后呈粉尘浓度基本降至最低。

（2）安装气水喷雾装置后，卸矿车卸矿后巷道内粉尘浓度最大值大幅降低，比原有喷水装置时的粉尘浓度最大值降低了 50%。

（3）安装气水喷雾装置前，粉尘浓度变化在卸矿车卸矿 20 min 后趋缓，且在测量结束后粉尘浓度仍在 20 mg/m^{3}以上；安装气水喷雾装后，粉尘浓度变化在卸矿车卸矿 10 min 后迅速趋缓，且浓度一直低于 10 mg/m^3。

（4）安装气水喷雾装置前，卸矿后巷道内氨味刺鼻，严重影响井下工人呼吸系统，呼吸不顺畅；安装气水喷雾装置后，卸矿后巷道内氨味明显减轻，几乎觉察不到。

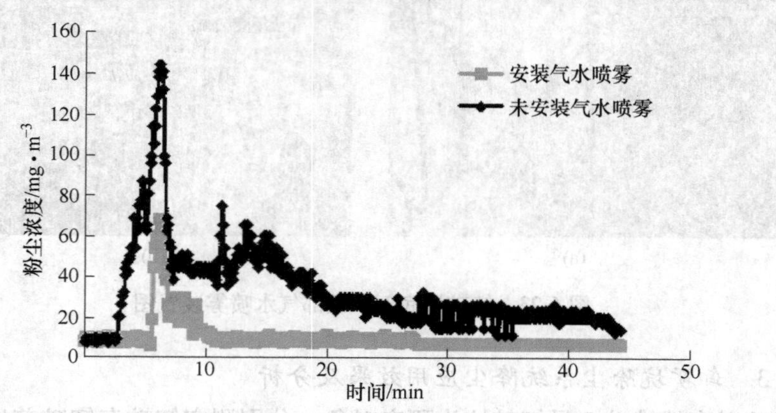

图 6-26　安装气水喷雾前后巷道内粉尘浓度随时间变化图

6.4 破碎硐室粉尘控制技术

井下破碎站在生产过程中，矿石破碎及转载输送是最为重要的两个环节，均会产生大量的粉尘。破碎作业一般在井下掘进破碎硐室，并安装板式给矿机及颚式破碎机，将采场采出的大块矿石破碎至符合胶带转载输送所要求的块度，在该工艺环节中，给矿机给矿及破碎机破碎矿石均会产生粉尘。输送作业发生在破碎环节之后，经破碎机粗碎后的矿石暂时掉入卸矿溜井予以贮存，在溜井下部的巷道内，安装胶带输送机将矿石运出井下破碎站，以保证整个矿石粗破碎环节能顺利进行。在矿石转载输送过程中，转载点处会产生大量的粉尘，除此之外，胶带输送机在运行过程中，由于胶带自身的振动以及矿石与空气的摩擦也会产生大量的粉尘。

6.4.1 破碎硐室粉尘产生来源及机理

破碎硐室的工艺流程是上部矿仓贮存矿石→板式给矿机给矿→颚式破碎机破碎→硐室下部矿仓储矿，板式给矿机给矿及颚式破碎机破碎过程是破碎硐室内粉尘的主要来源。在整个给矿及破碎过程中，未破碎的矿石自具有一定高度的上部溜井自由落下至板式给矿机的尾部，并随着给矿机链板的运动将矿石输送至给矿机头部；送至头部的矿石自由落下至颚式破碎机的入料口内，并继续下落进入破碎机的破碎腔，受到破碎机两颚板对矿石的不断挤压和撞击作用，最终破碎成为符合输送要求的矿块，并暂时落入下部溜井贮存。

矿石在破碎过程中，能被外部能量冲击成小的碎块，同时伴随着粉尘的产生。破碎过程的产尘特性与破碎工艺、破碎能量及矿石本身的性质有关。在破碎工艺和破碎能量相同时，不同矿石的产尘特性不同。根据破碎硐室内尘源进行分析可知，粉尘主要来源于两个方面：一是颚式破碎机自身工作原理产尘；二是矿石高度落差及与输送设备水平相对速度产尘和扬尘。

任何粉尘都要经过一定的传播途径，才能以空气为媒介向周边扩散。使粉尘颗粒从静止状态变成悬浮状态的过程称作“尘化”过程，弄清尘化机理，是治理粉尘的首要问题。根据现场观察和理论分析发现，破碎硐室内导致粉尘产生的尘化作用主要有剪切作用造成的尘化、诱导空气造成的尘化、设备运动造成的尘化以及装入矿石造成的尘化等四个方面。

6.4.1.1 剪切作用造成的尘化

由高处自然落下的矿石，在空气的迎面阻力下引起剪切作用，空气被卷入矿粉流中，矿粉流逐渐扩散，相互的卷吸作用使粉尘颗粒不断地向外飞扬，并长时间悬浮在空气中，造成空间粉尘污染。

在矿石由硐室上部溜井自由下落至板式给矿机尾部链板上时，矿石中含有的矿粉在空气的迎面阻力作用下发生了剪切效应，导致矿粉长期悬浮在空气中，造成板式给矿机尾部区域内粉尘污染严重。颚式破碎机工作时，矿块在破碎腔内被挤压、撞击，使矿粉间隙中的空气被猛烈挤压出来，当这些气流向外高速运动时，由于气流和粉尘的剪切压缩作用，带动粉尘一起逸出，瞬间扬起大量粉尘。

剪切作用的大小受空气与下落矿石的挤压过程所控制，粉尘受到的挤压力及向外逸出的速度与矿石的下落速度有关。而矿石的下落速度与下落高度有关，高度越大，速度也会越大。因此，降低矿石的下落高度，也就是减缓矿石的下落速度，可以减少粉尘的飞扬。

6.4.1.2　诱导空气造成的尘化

物料在空气中以一定的速度运动时，能带动周围空气随之一起流动，这部分空气称为诱导空气。诱导产生的空气又会卷吸一部分粉尘，随空气一起流动，产生诱导尘化作用。大颗粒物料沿着板式给矿机运动时，由于周围空气同物料的摩擦作用以及其他原因，空气随着运动的物料而流动（诱导作用），运动空气同时卷吸起部分给矿机表面的细小矿石颗粒，扩散至破碎硐室空间。

6.4.1.3　设备运动造成的尘化

在设备运动过程中，设备表面的矿石受到自身的不同形式的振动，导致细小颗粒自矿石堆中脱离出来，并与附近区域内空气发生混合，最终随风流飘散。在板式给矿机中由于给矿机在运输过程中会产生固定频率的振动，引发矿石中夹带的矿粉与空气相混合形成粉尘，并随空气流动扩散至硐室空间。

6.4.1.4　装入矿石造成的尘化

将矿石往一定容积的矿仓装入时，将会排挤出与装入物料相同体积的空气，这些空气会由入料口逸出。在空气向上逸出过程中，下落矿石中所含的矿粉颗粒容易与空气发生混合，并随上逸空气排出入料口外。在颚式破碎机破碎腔内完成粗碎过程的矿块，自然下落至破碎硐室下部溜井内，在此过程中，受下落矿块的排挤、压缩作用，矿仓内会产生往外部逸出的空气，该部分空气将会携带粉尘颗粒排出破碎机的入料口。

6.4.2　破碎硐室粉尘扩散的主要影响因素

井下破碎站在生产过程中，各尘源处客观存在的尘化机理是引起破碎及转载输送环节粉尘得以继续运动的根本原因，此外，还有一些因素也对粉尘的运动过程造成了较大程度的影响。一般来说，井下破碎站粉尘运动的影响因素主要有以下几个方面。

6.4.2.1　矿石含水率低

当设备运行过程中矿石含水率低到一定程度时，粉尘易飞扬。根据相关资料文献显示，当矿石的含水率低于6%时，矿尘飞扬严重。这是由于原矿失水后，在自然干燥的状态下，粒径较小的粉尘颗粒在破碎及转载输送过程中，不能黏附在粒径较大的颗粒上而从大颗粒上脱落、分离出来而形成粉尘污染。此外，由于原矿失水后，矿质变脆且易碎、机械性能急剧下降。矿石脆性越大其破碎性越强、机械强度越低，从而产生的粉尘也越多，且更容易产生小颗粒粉尘。

6.4.2.2　转载点落差大

由于转载点落差较大，矿石在下落过程中，剪切气流会使部分矿尘从矿石中扩散出来。当矿石从高处落到下面的胶带输送机上时，由于矿石颗粒和气流的剪切作用，被矿石挤压出来的剪切气流会带着矿粒向四周扩散，从转载点的入料口及其余缝隙处飞出而转变为矿尘。胶带输送机的机头、机尾转载点处落差越大，其赋予矿石的初始动能越大，导致气流的剪切效应增强，同时矿石与设备表面的碰撞效应也愈加强烈，粉尘扩散效果更为充分，粉尘污染严重。

6.4.2.3 设备运行速度快或异常运行

在破碎及转载输送过程中，设备运行速度快，会导致设备表面矿石对空气的带动效应增强，诱导空气的作用效果更为明显。此外，设备运行速度越快，其自身的振动幅度及频率均会有所加强，导致设备表面矿石堆中的小颗粒粉尘更容易从中逃逸出来，设备运动造成的尘化效应更强。胶带机运行速度过大时，原矿会在转载点处做抛物线运动，此时那些附着在大颗粒上一起作抛物线运动的粒径小于 75 μm 的微小颗粒将长期漂浮于空气中而难以降落，从而形成矿尘。已经降落的矿尘，在其他较大矿块的冲击下会再次扬起，形成二次污染。

同时，设备异常运行时，也会造成一定程度的粉尘污染。如在实际现场中多数给矿溜槽的落矿高度过大，给矿方向不合理，这一方面容易造成撒矿和胶带跑偏，另一方面也加大了矿尘飞扬程度，从而加剧了矿井下的粉尘污染程度。

6.4.2.4 无有效的通风除尘措施

井下破碎站目前采用较多的粉尘控制措施为通风除尘。在无组织通风的情况下，井下破碎站风流不畅，飘浮在空气中的超细粉尘会在系统上游任意一点发生泄漏，由于转载点等高落差的存在，会产生类似烟囱的通风效应。粉尘就会从上游污染到下游，甚至污染至整个井下破碎系统。

此外，破碎机及胶带机尘源处通风效果较差，所设计安装的机械除尘系统不太合理。表现在以下两个方面：一方面抽风能力不足并且漏风严重，无法形成合理的流场，导致含尘气体不能按预定的密闭通道流动；另一方面部分尘源处根本没有安装除尘设备，只是简单地将尘源进行局部密闭，造成了部分粉尘外逸。

6.4.2.5 粉尘二次飞扬

由空气流动而引起的粉尘飞扬，基本上分为两种情况：第一种是在处理散状物料时，由于诱导空气的流动，将粉尘从处理物料中带出污染局部地带的一次扬尘；第二种就是由于室内横向气流或其他原因所形成的气流，使已飞扬的粉尘进一步扩散，或者已经沉降于地面、设备和平台上的粉尘，再次飞扬，这种气流称为“二次气流”，这一过程习惯上被称为“二次扬尘”。一般情况下，破碎机本体粉尘及转载点、栈桥、地面和一些卫生死角落矿堆积，容易产生二次粉尘飞扬。

6.4.3 破碎硐室粉尘控制技术概况

安徽开发矿业有限公司井下溜破系统主要由-571 m 水平破碎系统、-606 m 水平皮带运输系统及-653 m 水平粉矿回收系统组成。经前期现场粉尘测定及分析结果可知，目前-571 m 水平破碎系统粉尘污染状况最为严重，其次是-606 m 水平皮带运输系统，而-653 m 水平粉矿回收系统由于粉尘污染情况较轻，且作业人员出现频率较低，因此，在本项目粉尘控制方案的制定过程中不予考虑。

根据-571 m 水平破碎及-606 m 水平运输产生的实际特点，结合相关的防降尘理论及技术，初步拟定采用局部通风系统优化、抽风除尘系统优化、气水喷雾降尘、干雾降尘及泡沫除尘等手段对溜破系统粉尘进行综合控制。

6.4.3.1　局部通风系统优化

A　破碎硐室通风系统现状

李楼铁矿目前破碎硐室通风系统主要由1号、2号及3号主井进风，1号副井回风。新鲜风流经1号、2号及3号主井分别进入-571 m及-606 m水平，冲刷溜破系统各作业面及硐室后，污风由1号副井排出。1号、2号及3号主井作为进风井，主井内箕斗提升矿岩过程中产生的大量粉尘，随风流扩散至-571 m及-606 m水平，对溜破系统作业环境造成严重的粉尘污染。1号副井作为回风井，破碎硐室及胶带输送过程中产生的粉尘随风流扩散至1号副井内，随全矿通风系统的进风流扩散至其他水平，也造成了大面积的粉尘污染。另一方面，目前溜破通风系统总体供风量较小，有效风量率偏低，漏风率较高，导致-571 m水平及-606 m水平内巷道及作业场所内风速风量远远达不到通风规程的要求。因此，必须对溜破系统的局部通风系统进行相应的改造，使溜破系统内风流方向合理，系统稳定可靠，所有井巷、作业面及相关硐室需风量符合要求。

经现场测定发现，目前-571 m水平2号主井进风12.4 m^3/s，3号主井进风9.8 m^3/s，电梯井回风1.4 m^3/s，1号副井回风20.8 m^3/s；-606 m水平1号主井进风3.9 m^3/s，2号主井进风3.6 m^3/s，3号主井进风4.5 m^3/s，电梯井回风1.1 m^3/s，1号副井回风10.9 m^3/s。

目前溜破系统风流方向如图6-27所示。

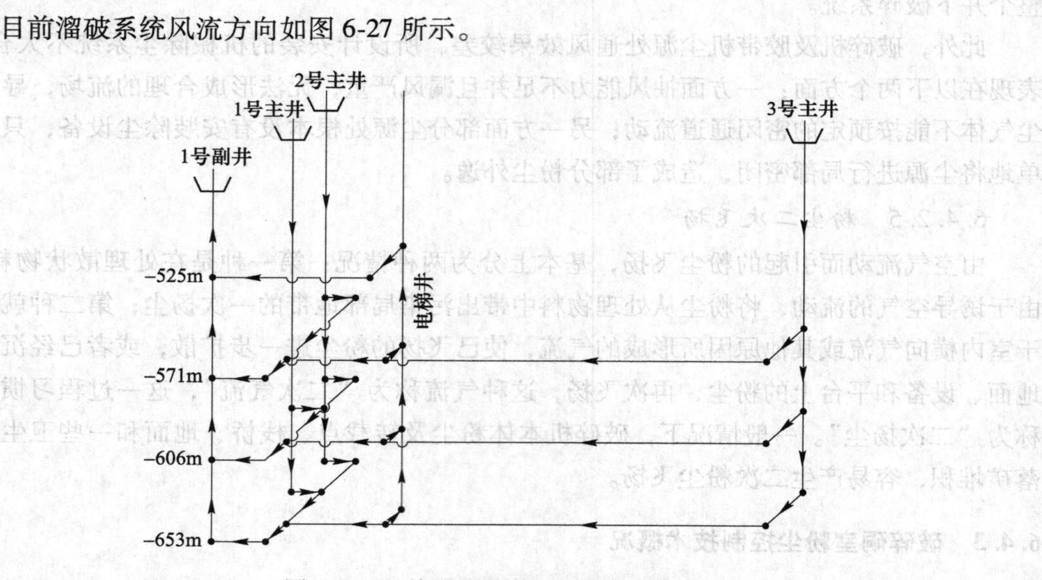

图6-27　目前溜破系统通风风流路线图

B　局部通风系统优化方案

为避免主井提升过程中产生的粉尘随风流扩散至溜破系统，通过多个方案比较，优化后的方案考虑将1号副井作为进风井，1号、2号及3号主井作为回风井对局部通风系统进行优化。新鲜风流从1号副井进入溜破系统内各作业面及硐室，冲刷并稀释各作业场所后，污风分别由1号、2号及3号主井排出至地表。由于该方案的风流方向与目前通风线路正好相反，因此，要想实现本方案，所采用的通风动力设备及设施除了要抵消造成原始风流流动的压差，还要根据各作业面的用风需求，提供相应的压差，保证通风系统按本方案的要求稳定有序的运行。优化后的风流流动线路如图 6-28 所示。

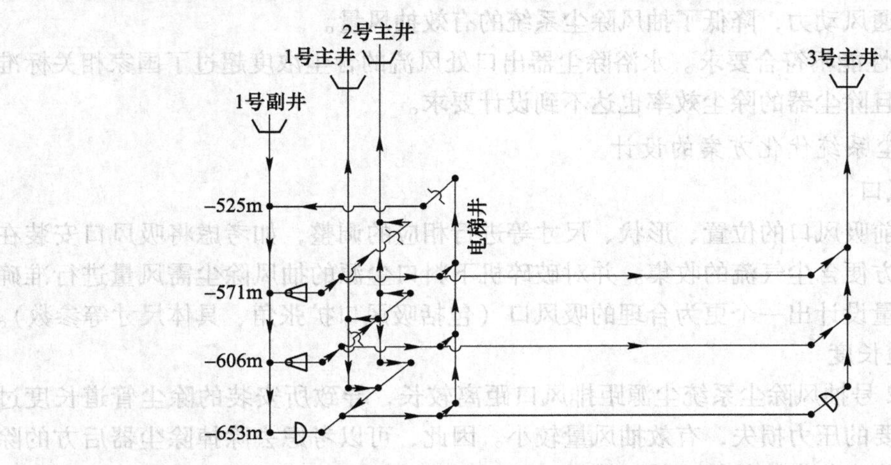

图 6-28 优化后破碎硐室通风系统风流路线图

6.4.3.2 抽风除尘系统优化

A 抽风除尘系统运行现状

李楼铁矿目前-571 m 水平 1 号、2 号破碎硐室均通过安装在硐室外的局部通风机配合矩形风筒输送新鲜风流，经现场测定，1 号、2 号破碎硐室实际总供风量为 6.44 m^3/s；并在每台破碎机尘源处安装了抽风除尘系统，将破碎机下料口处因破碎过程产生的粉尘收集并净化。1 号、2 号抽风除尘系统的实际总处理风量为 2.26 m^3/s，1 号、2 号抽风除尘系统示意如图 6-29 所示。

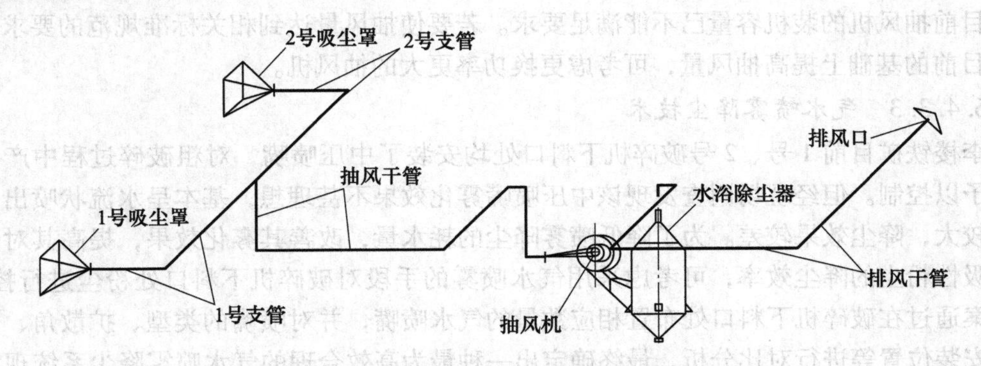

图 6-29 1 号、2 号抽风除尘系统管道布置示意图

经现场调查及实测，目前抽风除尘系统的运行效果均不甚理想，主要体现在如下。

(1) 吸风口位置安装不太合理。矿石掉入下料口破碎后，因装入矿石的尘化作用，含尘气流竖直上升，且上升速度较快，吸风口安装在下料口侧面，不利于含尘气流的收集。

(2) 吸风量达不到相关标准规范的要求。目前破碎机及板式给矿机密闭罩面积按 6 m×1.7 m=10.2 m^2计算，粉尘的控制风速取最小值 0.25 m/s 计算，则每台破碎机吸风罩的吸风量至少应达到 2.55 m^3/s，而根据现场实测结果，1 号、2 号吸风罩均未能达到设计标准。

(3) 抽风除尘管道过长。尤其是除尘器后方的排风管道，长度过长，导致通风阻力较大，消耗大量的通风动力，降低了抽风除尘系统的有效抽风量。

(4) 除尘器性能不符合要求。水浴除尘器出口处风流的含尘浓度超过了国家相关标准允许的排放值，且除尘器的除尘效率也达不到设计要求。

B 抽风除尘系统优化方案的设计

a 调整吸风口

可考虑对目前吸风口的位置、形状、尺寸等进行相应的调整，如考虑将吸风口安装在下料口上方，以方便含尘气流的收集。并对破碎机下料口尘源的抽风除尘需风量进行准确计算，根据需风量设计出一个更为合理的吸风口（包括吸风口扩张角、具体尺寸等参数）。

b 缩短管道长度

由于1号、2号抽风除尘系统尘源距排风口距离较长，导致所安装的除尘管道长度过长，造成了不必要的压力损失，有效抽风量较小。因此，可以考虑去除掉除尘器后方的除尘管道，而直接将净化完毕的气流就地排放，以达到降阻的目的。

c 对除尘器进行检修或更换除尘器

目前除尘器的实际应用效果较差，除尘效率较低，出风口含尘浓度超过了相应的国家标准。因此，必须对除尘器进行系统的检修，找出导致除尘效率低的原因，并妥善解决，以提高除尘器的除尘效率，保证除尘器出口处排放浓度达到相关国家标准的要求。若通过检修仍达不到要求，可考虑更换除尘效率更高的除尘器，如本课题组自行研发的自激式水浴水膜除尘器，除尘效率高达95%以上。

d 更换抽风机

由于抽风除尘系统抽风量较大、抽风线路较长，抽风管道管径较小，导致抽风阻力较大，目前抽风机的装机容量已不能满足要求。若要使抽风量达到相关标准规范的要求，必须在目前的基础上提高抽风量，可考虑更换功率更大的抽风机。

6.4.3.3 气水喷雾降尘技术

李楼铁矿目前1号、2号破碎机下料口处均安装了中压喷嘴，对粗破碎过程中产生的粉尘予以控制。但经现场调查发现该中压喷嘴雾化效果不甚理想，基本呈水流状喷出，耗水量较大，降尘效果较差。为了降低喷雾降尘的耗水量，改善其雾化效果，提高其对全尘及呼吸性粉尘的降尘效率，可考虑采用气水喷雾的手段对破碎机下料口处粉尘进行控制。本方案通过在破碎机下料口处布置相应数量的气水喷嘴，并对喷嘴的类型、扩散角、安装角及安装位置等进行对比分析，最终确定出一种最为高效合理的气水喷雾降尘系统现场安装方案，并予以现场实施。破碎机气水喷雾降尘系统布置示意如图6-30所示。

6.4.3.4 干雾降尘技术

气水喷雾降尘技术与普通喷雾相比，其耗水量相对较小，雾化效果也更好，现场应用效果也比较理想。但由于破碎系统生产过程中产生的粉尘颗粒粒径均较小，这就要求用于喷雾降尘的雾滴粒径要尽可能的小，最理想的效果是雾滴粒径与粉尘颗粒粒径相当。而干雾降尘技术由于水雾的雾化程度非常高，雾粒细小且浓密（$1\ \mu m<$干雾粒径$<10\ \mu m$），在捕捉那些大小约5 μm以下的可吸入浮尘方面具有其他抑尘设备无法比拟的优点。因此，可考虑在破碎机尘源处布置相应数量的干雾喷嘴，并对喷嘴的类型、扩散角、安装角及安

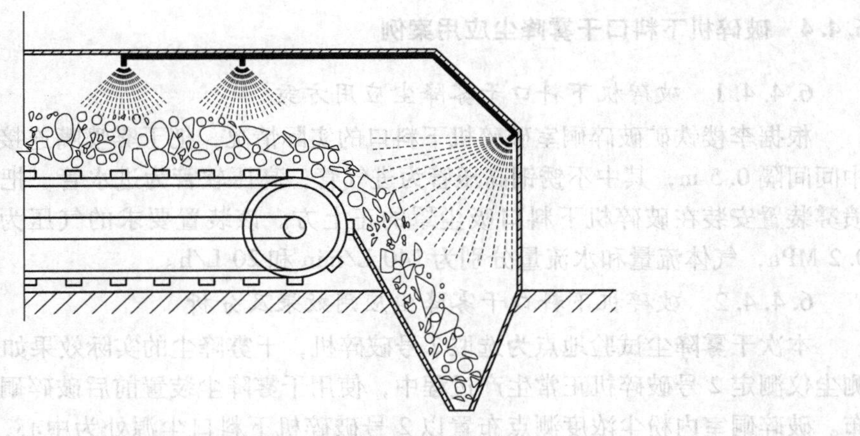

图 6-30 破碎机气水喷雾降尘系统布置示意图

装位置等进行对比分析，最终确定出一个降尘效果较好的干雾喷嘴布置方式。破碎机干雾降尘系统布置如图 6-31 所示。

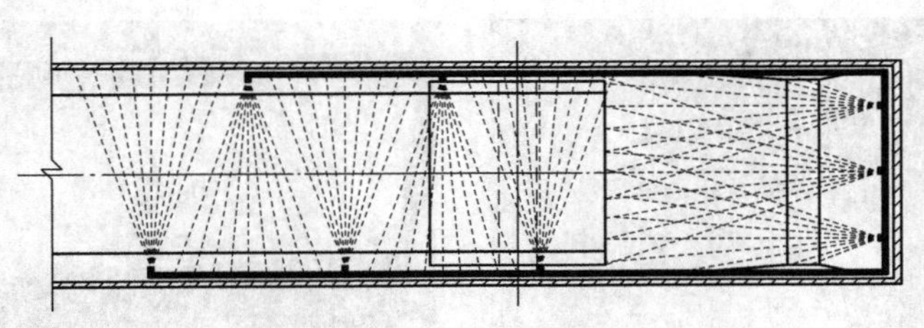

图 6-31 破碎机干雾降尘系统布置示意图

6.4.3.5 泡沫除尘技术

对于喷雾降尘技术来说，始终会存在着耗水量过大的问题，其直接导致的结果就是矿岩体含水率过高，容易引发破碎、转载及输送等设备长期异常运行（如皮带打滑及跑偏等状况频发），严重影响了溜破系统的正常生产。此外，矿岩体含水率过高，对下游选矿工序的正常进行也带来了一定的难度。因此，可考虑采用一些耗水量少、且除尘效率高的技术对溜破粉尘进行控制。

因此，可通过在破碎机尘源处布置相应数量的泡沫喷头，并对泡沫喷头的数量、类型、扩散角、安装角及安装位置等参数进行对比分析，最终确定出最为高效合理的一种泡沫喷头现场布置方案，并予以现场实施。破碎机泡沫除尘系统布置如图 6-32 所示。

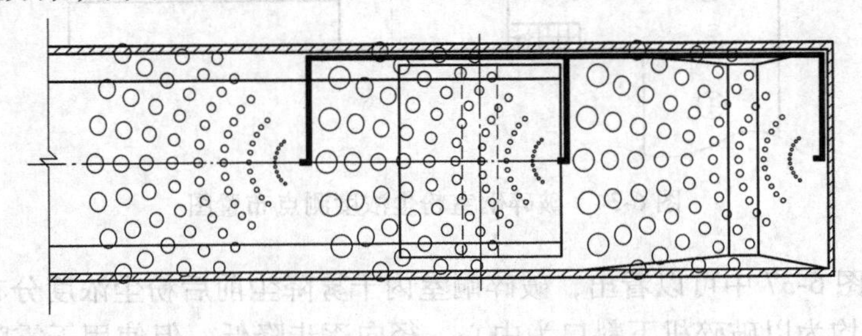

图 6-32 破碎机泡沫除尘系统布置示意图

6.4.4　破碎机下料口干雾降尘应用案例

6.4.4.1　破碎机下料口干雾降尘应用方案

根据李楼铁矿破碎硐室破碎机下料口的实际情况，把干雾喷嘴连接好，共用两个喷嘴中间间隔 0.5 m，其中不锈钢高压管为进气管，高压软管为进水管，把连接好的干雾喷嘴喷雾装置安装在破碎机下料口吸尘罩的正上方。该装置要求的气压为 0.5 MPa，水压为 0.2 MPa，气体流量和水流量分别为 240 L/min 和 20 L/h。

6.4.4.2　破碎机下料口干雾降尘应用效果及分析

本次干雾降尘试验地点为选取 2 号破碎机，干雾降尘的实际效果如图 6-33 所示，通过测尘仪测定 2 号破碎机正常生产过程中，使用干雾降尘装置前后破碎硐室内的粉尘浓度分布。破碎硐室内粉尘浓度测点布置以 2 号破碎机下料口尘源处为中心，发散式布置测点。测定过程中每个测点均至少测量三次，并取其平均值作为实测值。测点布置如图 6-34 所示。根据所测粉尘浓度基础数据，整理分析得破碎硐室内干雾降尘前后全尘及呼尘浓度分布分别如图 6-35、图 6-36 所示，破碎硐室内各测点干雾降尘效率如图 6-37 所示。

图 6-33　干雾降尘效果图

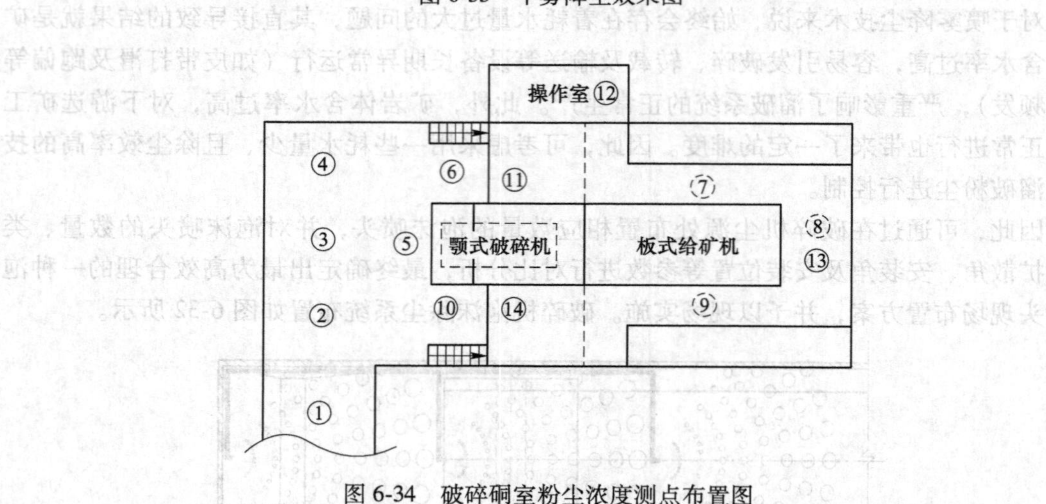

图 6-34　破碎硐室粉尘浓度测点布置图

从图 6-35～图 6-37 中可以看出，破碎硐室内干雾降尘前后粉尘浓度分布规律基本保持不变，整体分布均为以破碎机下料口为中心，径向逐步降低。但使用干雾降尘装置后，破碎硐室内粉尘浓度大幅度降低，所有测点处全尘降尘率基本保持在80%左右，呼尘降尘率也达到了75%，其中下料口密闭罩附近的粉尘浓度下降幅度最大，全尘降尘效率最大达82%，呼尘最大降尘效率达78%。由于干雾的粒径小，对呼吸性粉尘的降尘效果明显。整体来看，使用干雾降尘后，破碎硐室空间内全尘浓度及呼尘浓度均下降至10 mg/m^{3}以内，达到了国家相关卫生标准。

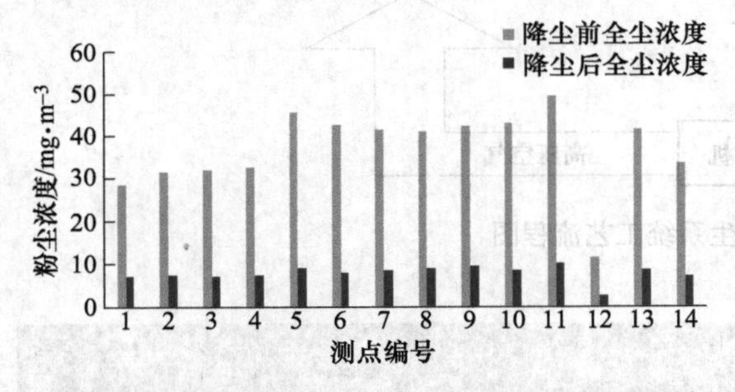

图6-35 干雾降尘前后破碎硐室全尘浓度分布图

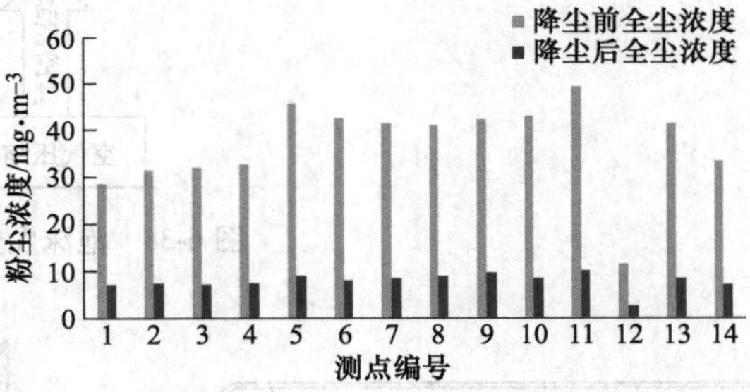

图6-36 干雾降尘前后破碎硐室呼尘浓度分布图

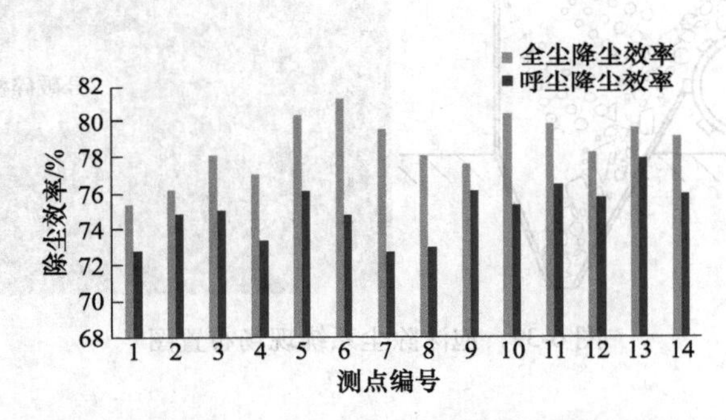

图6-37 破碎硐室内各测点干雾降尘效率分布图

6.4.5 破碎机下料口泡沫除尘应用案例

6.4.5.1 泡沫除尘试验方案

泡沫除尘是通过泡沫发生器将空气、水和发泡剂按一定比例充分均匀混合，产生大量泡沫喷洒到尘源上或含尘空气中，使粉尘得以湿润和控制。采用泡沫对破碎机下料口处粉尘进行控制，需要能够形成持续稳定的高质量泡沫，并通过相应的泡沫喷头布置，将泡沫均匀地喷洒到破碎机下料口持续供给的物料表面，达到粉尘控制的目的。

本试验中的泡沫发生系统以空气压缩机作为唯一动力源，并将气源分为两部分：一部分直接径向喷入泡沫发生器；另一部分进入本试验特制的气水包中，驱动气水包将发泡液压入泡沫发生器，气液在泡沫发生器内相互掺混，最终形成泡沫从泡沫出口处喷出，泡沫发生系统工艺流程图如图6-38所示。通过在破碎机下料口上方相应位置布置泡沫喷头，将泡沫均匀喷洒到矿石表面，达到粉尘控制的目的。泡沫除尘系统及喷头现场布置分别如图6-39所示。泡沫经泡沫发生系统产生后，通过泡沫管道将其输送至泡沫喷头处，根据破碎机下料口的尘源特点，在破碎机下料口正前方布置4个泡沫喷头，喷头均为扇形，流量为 150 L/min，扩散角为 120°。泡沫喷头中上方两个喷头喷射方向为与竖直方向成 60°夹角，下方两个喷头与竖直方向成 30°夹角，四个喷头将泡沫体细碎成粒径较小的泡沫颗粒，均匀地喷洒在下料口的矿岩表面。泡沫除尘系统现场试验效果如图 6-40 所示。

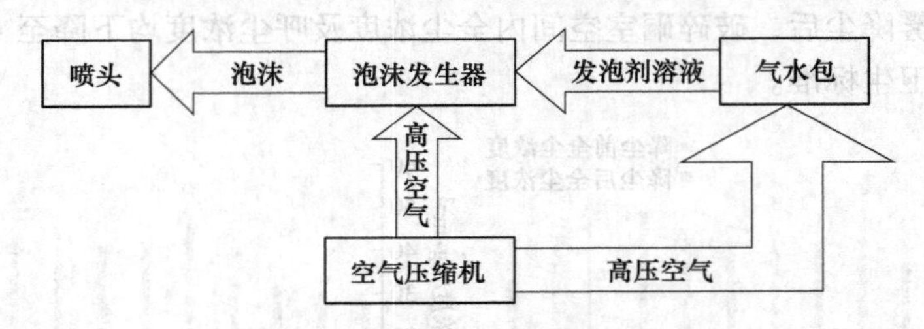

图 6-38　泡沫发生系统工艺流程图

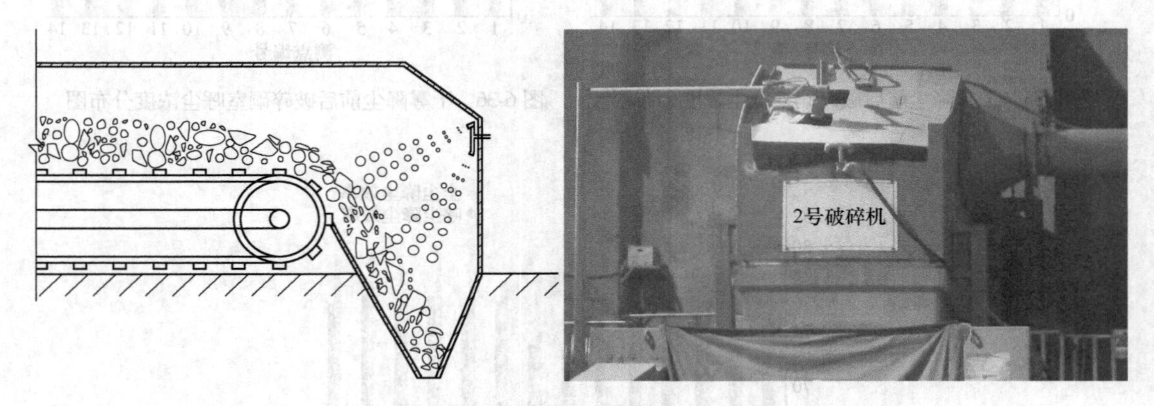

图 6-39　泡沫除尘系统现场布置图

图 6-40　泡沫除尘系统现场应用效果图

6.4.5.2　破碎机下料口泡沫除尘应用效果及分析

本次泡沫除尘试验选取李楼铁矿 2 号破碎机，分别测定 2 号破碎机正常生产过程中，使用泡沫除尘系统前后破碎硐室内的粉尘浓度分布。破碎硐室内粉尘浓度测点布置以 2 号破碎机下料口尘源处为中心，发散式布置测点。测定过程中每个测点均至少测量三次，并取其平均值作为实测值。测点布置如图 6-34 所示。根据所测粉尘浓度基础数据，整理分析得破碎硐室内泡沫除尘前后全尘及呼尘浓度分布分别如图6-41、图6-42所示，破碎硐室内各测点泡沫除尘效率如图6-43所示。

从图6-41~图6-43中可以看出，破碎硐室内泡沫除尘前后粉尘浓度分布规律基本保持不变，整体分布均为以破碎机下料口为中心，径向逐步降低。但在数值上却有较大的差别，使用泡沫除尘系统后，破碎硐室内粉尘浓度大幅度降低，所有测点处全尘降尘率基本保持在80%左右，呼尘降尘率也达到了75%。整体来看，使用泡沫除尘后，破碎硐室空间内全尘浓度及呼尘浓度均下降至10 mg/m³以内，达到了国家相关卫生标准。

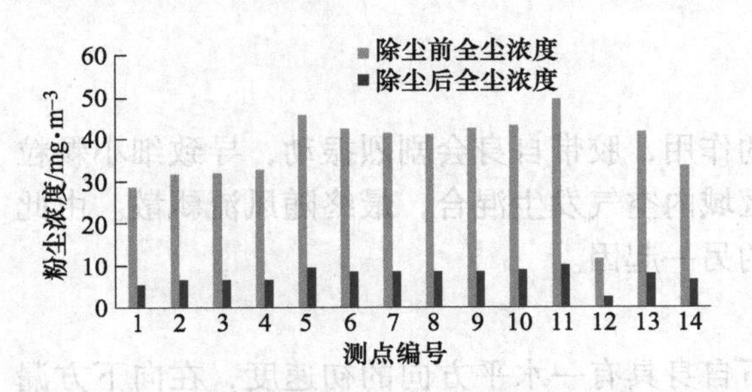

图6-41 泡沫除尘前后破碎硐室全尘浓度分布图

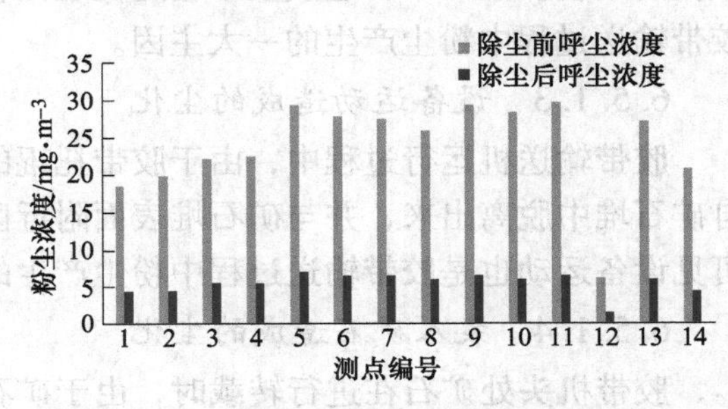

图6-42 泡沫除尘前后破碎硐室呼尘浓度分布图

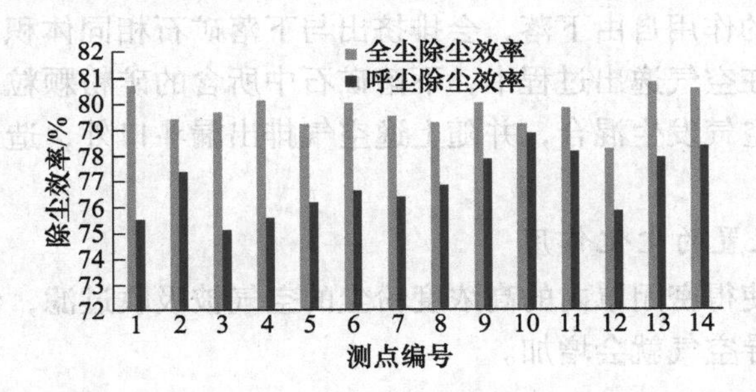

图6-43 破碎硐室内各测点泡沫除尘效率分布图

6.5 胶带运输巷道粉尘控制技术

6.5.1 胶带输送巷道粉尘来源及产生机理

在胶带输送巷道内，胶带输送机机头及机尾转载点处是主要尘源。此外，胶带输送机在运行过程中，由于胶带托辊的作用，胶带剧烈振动，会扬起大量粉尘。同时由于矿石与空气的摩擦作用，也会产生少量的粉尘。通过对胶带输送巷道进行现场调查及理论分析可以看出，胶带机尾转载点处粉尘主要是由于剪切作用造成的尘化效应所引起；机头转载点处粉尘主要是由于装入矿石造成的尘化效应所引起；而胶带输送过程中所产生的粉尘，是诱导空气造成的尘化及设备运动造成的尘化效应共同作用的结果。

6.5.1.1 剪切作用造成的尘化

在胶带机尾处矿石转载过程中，上游工序中的矿石由具有一定高度的漏斗口自由落下至胶带输送机表面，在该过程中，矿石中所携带的矿粉受空气的迎面阻力作用发生了剪切效应，导致空气被卷入矿粉流中，矿粉流逐渐扩散，相互的卷吸作用使粉尘不断地向外飞扬，并长时间悬浮在空气中，造成胶带机尾处粉尘飞扬。

6.5.1.2　诱导空气造成的尘化

胶带输送机在输送矿石的过程中，由于矿石块度大小不均，胶带上矿堆表面凹凸不平，当其以一定速度在空气中运动时，会带动矿石表面附近区域内的空气一起流动，产生了所谓的诱导空气。诱导空气与矿堆表面的矿粉相互混合，将部分矿粉卷吸入空气中，随风流的运动扩散开来，造成胶带输送机表面粉尘飞扬。因此，诱导空气造成的尘化作用是胶带输送过程中粉尘产生的一大主因。

6.5.1.3　设备运动造成的尘化

胶带输送机运行过程中，由于胶带托辊的作用，胶带自身会剧烈振动，导致细小颗粒自矿石堆中脱离出来，并与矿石堆表面附近区域内空气发生混合，最终随风流飘散。由此可见设备运动也是胶带输送过程中粉尘产生的另一起因。

6.5.1.4　装入矿石造成的尘化

胶带机头处矿石在进行转载时，由于矿石自身具有一水平方向的初速度，在向下方漏斗处转载过程中，矿石受到漏斗壁面的阻挡作用，容易激起大量的粉尘颗粒悬浮在漏斗口；同时矿石受重力的作用自由下落，会排挤出与下落矿石相同体积的空气，这些空气会由漏斗口向上逸出。在空气逸出过程中，下落矿石中所含的矿粉颗粒以及之前漏斗壁面所激起的悬浮颗粒将与空气发生混合，并随上逸空气排出漏斗口外，造成了机头转载点处的粉尘弥漫。

6.5.1.5　除尘装置的尘化作用

除尘器的作用是使得密闭罩内的高浓度粉尘的空气被吸收过滤，使得密闭罩内处于负压的状态，周围的诱导空气就会增加。

6.5.2　胶带输送巷道粉尘产生的影响因素

6.5.2.1　*矿石含水率对矿石粉尘析出的影响*

对于矿石来说一般包括内水和外水，内水是矿石天然的内部所存在的水分，或者在下雨时节吸收的水分。而外水则是矿石外部的水分，比如雨水或者是胶带上喷雾的水分等。理论上来讲，矿石的含水率越高，粉尘产生量越小，但在实际的条件下，矿山的矿石含水率都不是很高，所以粉尘的产生量一般都还是很大的。

6.5.2.2　胶带的运行速度对粉尘产生量的影响

对于胶带粉尘产生有两个非常重要的影响因素，分别是胶带运矿的速度大小和胶带转载点上下两胶带的高度差，也容易导致落矿点和转载点的堵塞。速度过大容易导致胶带的跑偏，大量的矿石被抛落，由此也会造成车间的粉尘浓度加剧。所以选择合适的胶带的运行速度标准，对粉尘的浓度控制尤为重要。

6.5.2.3　胶带间落差对粉尘浓度的影响

转载点的落差是受矿山的采矿工艺所限制的，在胶带运输的过程中是不可避免的。但是在不影响生产的情况下，应该尽可能地使得上下胶带之间距离变小。落差过大势必会导致矿石的震荡，导致胶带上的粉尘激荡起来，飞扬到空气中，污染作业空间的环境。

6.5.2.4 粉尘的粒径对粉尘的浓度的影响

粉尘的粒径对粉尘的浓度也是有很大的影响的，越是细小的粉尘颗粒越是会在空气中停留更长的时间，所以粉尘颗粒粒径较大的会先沉降下来，粒径较小的粉尘颗粒由于空气的浮力很长时间不会沉降下来，所以空气中粒径较小的颗粒的含量就较多。

粉尘在空中的运移距离和停留时间也会受到粉尘颗粒粒径因素的影响，越小的颗粒在空气中运移的时间越长，在空气中也运动的距离也就越远，而大颗粒的粉尘会在短时间内沉降下来，所以不会随着空气的漂浮很远的距离。

6.5.3 胶带输送巷道粉尘控制技术

多年来，国内外专家学者在胶带输送巷道粉尘防治领域开展了多层次、多方位的攻关研究。通过研究胶带输送巷道空间粉尘浓度分布及变化规律，探索影响粉尘浓度分布的主要因素，研制了一批技术含量高、降尘效果好的技术和装置，将胶带输送巷道转载点抑尘、排尘技术推向一个更高的水平。针对胶带输送巷道粉尘特性及产生粉尘污染的主要原因，国内外一般采用“抑尘、降尘、除尘、防尘和排尘”等五种综合技术，最终实现粉尘的控制。目前国内外常见的胶带输送巷道粉尘控制技术如下。

6.5.3.1 控制矿石的含水率

据相关文献资料介绍，为了有效地控制粉尘的产生同时又能保证胶带输送机正常运行，将矿石含水率控制为7%~9%比较合适。若含水率过高，会造成胶带输送机在运行过程中出现打滑或跑偏等现象，还会造成设备的堵塞，降低工作效率。若含水率过低，粒径较小的粉尘颗粒容易脱离输送机进入周围空气，不仅造成环境污染，当粉尘落在设备上时，会加速设备的磨损，降低设备的使用寿命。

6.5.3.2 密闭尘源

密闭尘源即是将转载点等尘源密封起来，防止粉尘往外扩散。为了设备维修方便，一般采用全封闭式，最大限度地防止粉尘颗粒的外逸。除了采用传统的隔离方式外，也有现场采用空气幕或者水幕净化等新型隔离方式的。其中，空气幕就是利用狭长风口吹出条状的气流，用于隔离含尘空气与新鲜气流；而水幕净化技术即通过布置好的喷嘴喷出的水雾形成一道水幕屏障，一方面可以隔离两侧的空气，另一方面还可以净化空气中的粉尘。

6.5.3.3 减小转载点高度势能差

转载点上下游胶带间存在的高度落差是粉尘产生的一个重要因素，控制高度落差对整个转载点粉尘控制有着积极的作用。高度落差是由转载点现场实际需要和地形所决定的，在条件允许的情况下，应尽量减小上下游胶带间的高度落差，减轻下落矿石对胶带的冲击，从而减小粉尘的二次扬起。

6.5.3.4 设置良好的排风系统

好的通风系统可以保证作业场所的空气新鲜，增强风流在空间内的循环效果，提高风流对粉尘颗粒的稀释及排出能力。特别是当胶带输送巷道处于井下时，应采用离心风机，强制通风，加强排尘风速、风量。

6.5.3.5 减小胶带的运行速度

胶带的运行速度由矿石的生产能力和破碎程度决定，过大的运行速度将增加粉尘颗粒偏离原运行轨迹的概率，导致粉尘污染程度加重；而较小的运行速度能在很大程度上抑制粉尘的产生，改善作业环境，但胶带机的矿石输送能力就会受到影响，在现代采矿技术迅猛发展的今天，采矿量的急剧增加往往要求胶带的输送能力随之增加。因此，探寻合理的胶带运行速度范围，对于胶带输送巷道粉尘控制具有重大的意义。

6.5.3.6　湿式喷雾

在转载点处设置喷雾装置并加湿矿石，当矿石含水率达到6%时可较大程度地降低转载点粉尘浓度。喷雾洒水的方法较为简单，但对粉尘的除尘效率较低（特别是对呼吸性粉尘），如果水量过大不但会导致胶带在滚动时打滑，而且在室温低的时候易结冰，影响胶带正常运行。在条件允许的情况下，应尽量加大胶带通廊洒水频率和洒水量。空气湿度大在一定程度上可以抑制粉尘的产生，同时对已经发生的粉尘能起到凝聚的作用，对小粒径粉尘效果比较显著，这样可以加速粉尘颗粒的沉降速度，进而降低胶带运输过程中的产尘浓度，达到粉尘控制的目的。

A　气水喷雾

李楼铁矿目前-606 m水平三条胶带输送机机头及机尾处均安装了中压喷嘴进行降尘，但由于降尘效果较差、耗水量较大，生产过程中使用频率较低。针对目前胶带输送机喷雾系统的缺点，考虑采用气水喷雾降尘技术对-606 m水平1号、2号及3号胶带的机头及机尾转载点处尘源进行控制，通过在胶带输送机的机头及机尾布置相应数量的喷嘴，并对喷嘴的类型、扩散角、安装角及安装位置等进行对比分析，最终确定出一个降尘效果较好的喷嘴布置方式。胶带输送巷道机头及机尾气水喷雾降尘系统布置如图6-44、图6-45所示。

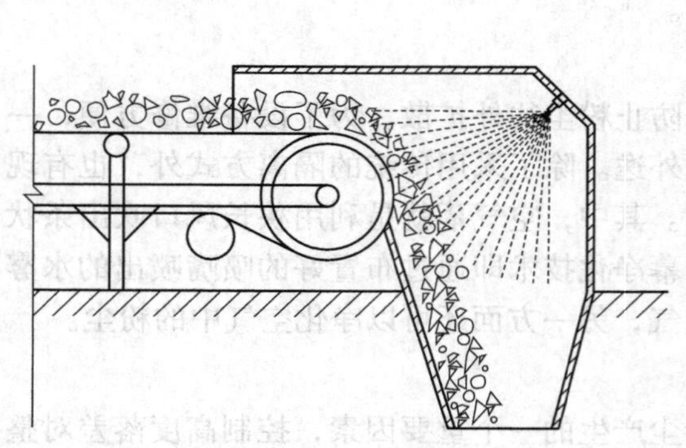

图6-44　胶带机机头气水喷雾降尘系统布置示意图

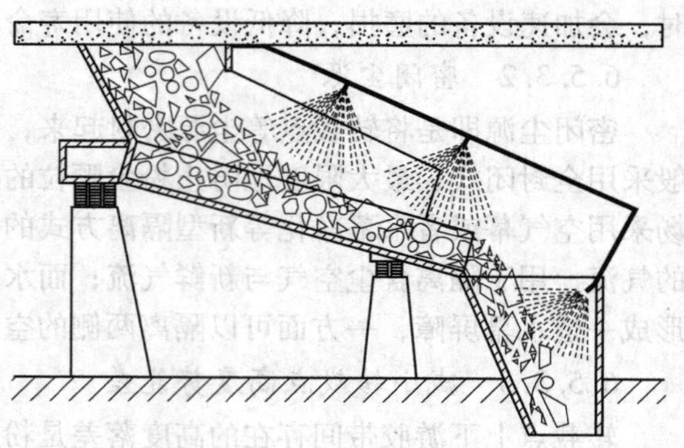

图6-45　胶带机机尾气水喷雾降尘系统布置示意图

胶带机运输巷道断面上安装气水喷雾装置如图6-46所示，胶带上加一个铁皮罩在罩子上加一个气水喷雾的喷头，来湿润胶带矿石上的粉尘，如图6-47所示。

B　干雾降尘

气水喷雾降尘技术与普通喷雾相比，其耗水量相对较小，雾化效果也更好，现场应用效果也比较理想。图6-48、图6-49是李楼铁矿胶带输送机机头及机尾尘源处布置的干雾喷嘴示意图，图中喷嘴的类型、扩散角、安装角、安装位置及数量要根据实际情况进行对比分析，最终确定出一个降尘效果较好的干雾喷嘴布置方式。

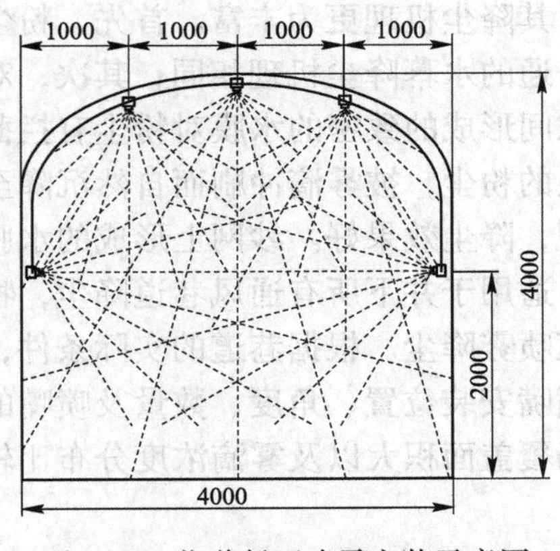

图 6-46 巷道断面喷雾安装示意图

（单位：mm）

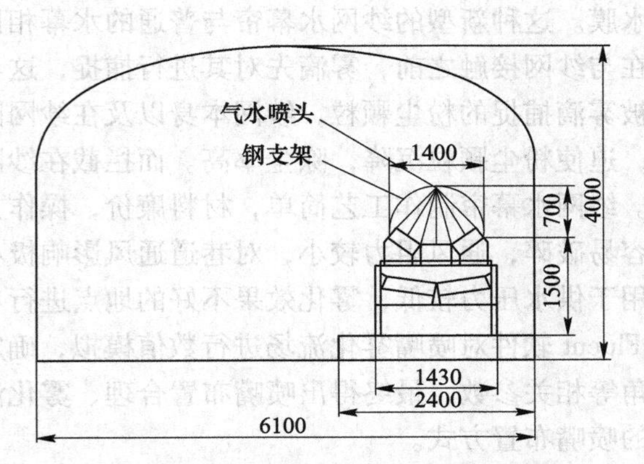

图 6-47 胶带上支架喷雾安装示意图

（单位：mm）

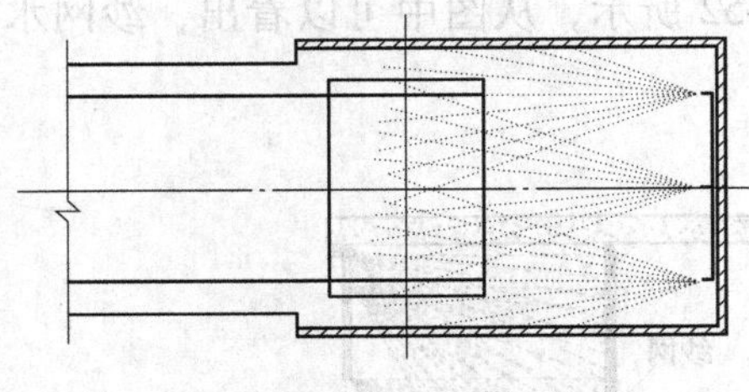

图 6-48 胶带机机头干雾降尘系统布置示意图 1

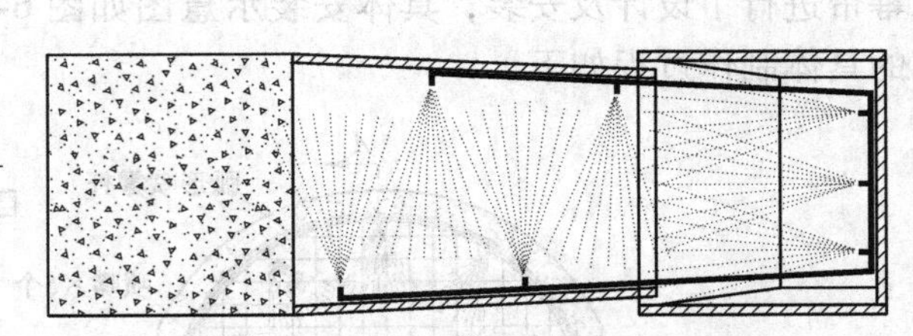

图 6-49 胶带机机尾干雾降尘系统布置示意图 2

C 泡沫除尘

根据前述泡沫除尘机理一样，图 6-50、图 6-51 是李楼铁矿胶带输送机机头及机尾尘源处布置的泡沫除尘系统示意图，图中泡沫喷头的数量、类型、扩散角、安装角及安装位置等参数进行对比分析，最终确定出较为高效合理的一种泡沫喷头现场布置方案。

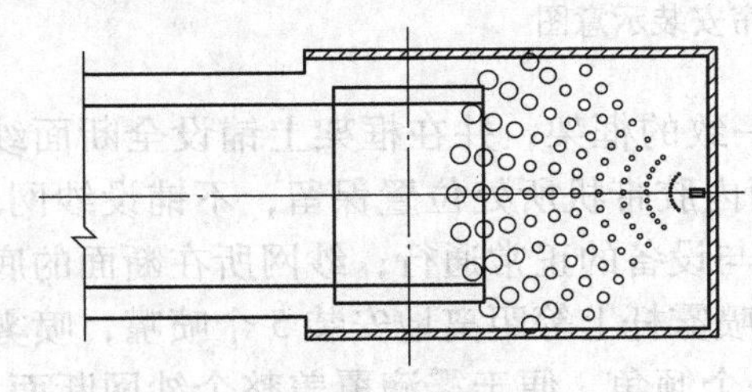

图 6-50 胶带机机头泡沫除尘系统布置示意图

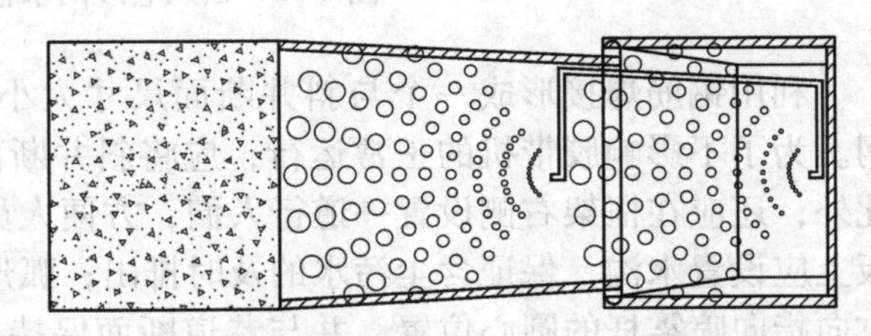

图 6-51 胶带机机尾泡沫除尘系统布置示意图

6.5.4 胶带斜井喷雾降尘系统应用案例

6.5.4.1 纱网水幕帘的设计

为了改善胶带斜井粉尘污染严重现状，设计出一种新型的纱网水幕帘。其主要是在水幕喷嘴的后方巷道断面内铺满纱网，并顺着风流方向通过弧形喷雾杆上的多个喷嘴将雾滴全部喷射到纱网上，纱网上的雾滴受到重力的作用自由下落，能在纱网上形成了一层致密的水膜。这种新型的纱网水幕帘与普通的水幕相比，其降尘机理更为丰富。首先，粉尘颗粒在与纱网接触之前，雾滴先对其进行捕捉，这与普通的水幕降尘机理相同；其次，对于没被雾滴捕捉的粉尘颗粒，纱网本身以及在纱网网隙间形成的致密的水膜对粉尘有拦截作用，迫使粉尘颗粒沉降，除尘率高。而拦截在纱网上的粉尘，被雾滴冲刷而自然沉降至地面。纱网水幕帘制作工艺简单，材料廉价，操作方便，降尘效果好。纱网上形成的水膜比较容易破碎，通风阻力较小，对巷道通风影响极小。适用于井下所有通风巷道降尘，特别适用于供水压力较低，雾化效果不好的地点进行巷道喷雾降尘。根据巷道的实际条件，采用 Fluent 软件对喷嘴雾化流场进行数值模拟，确定喷嘴安装位置、角度、数量及喷嘴的扩散角等相关参数，最终得出喷嘴布置合理、雾化流场覆盖面积大以及雾滴浓度分布比较均匀的喷嘴布置方式。

6.5.4.2 纱网水幕帘的安装

根据李楼铁矿 11/96 胶带斜井的现场布置情况，结合纱网水幕帘的优化结果，对纱网水幕帘进行了设计及安装，具体安装示意图如图 6-52 所示，从图中可以看出，纱网水幕帘的具体制作过程如下。

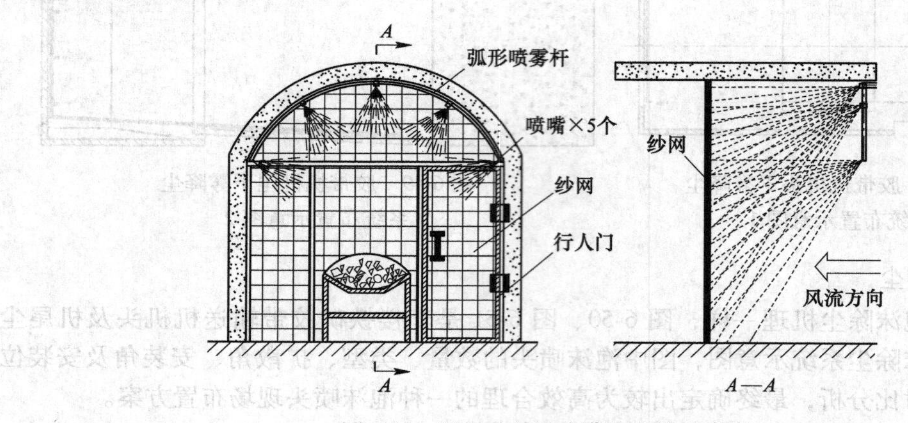

图 6-52 回风巷纱网水幕帘安装示意图

利用钢筋焊接形成一个与斜井断面尺寸大小一致的框架，并在框架上铺设全断面纱网。为了不影响胶带机的正常运行，应将斜井断面内胶带机所处位置保留，不铺设纱网。此外，还应在框架右侧设置一道行人们，方便人员与设备的正常通行；纱网所在断面的底板上应设置水沟，保证含尘污水的及时排出；弧形喷雾杆上等距离地安装 5 个喷嘴，喷雾方向指向喷雾杆的圆心位置，并与巷道断面保持一个倾角，便于雾滴覆盖整个纱网断面；喷嘴类型为实心锥形，喷嘴扩散角为 60°。纱网水幕帘要求安装在支护完好、壁面平整、且无破碎断裂的巷道内。

根据 11/96 胶带斜井的具体情况，11/96 胶带斜井风流风向为上下两端进风，中间段回风，即污风在 80 m 水平汇集，并最终排入 80 m 水平主运输巷内。因此，为了防止胶带斜井内粉尘弥漫，设计在斜井上下两端入口段内各安装两道纱网水幕帘，其中第一道纱网水幕帘分别距斜井上下两端入口 30 m；第二道位于第一道之后，并与之保持 20 m 的距离。

6.5.4.3 应用效果及分析

胶带斜井主要采用了喷雾的方式进行降尘，通过对胶带输送机机头、机尾转载点安装气水喷雾降尘系统，并在胶带斜井内安设纱网水幕帘以净化风流，达到了较好的降尘效果。图6-53为胶带斜井在安装喷除尘系统及纱网水幕帘前后粉尘浓度分布，从图中可以看出：

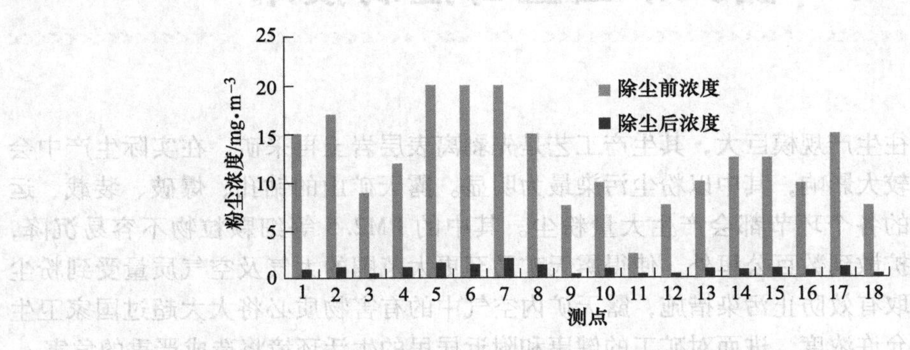

图6-53 胶带斜井安装喷雾降尘系统前后粉尘浓度分布

（1）安装气水喷雾降尘系统前后胶带斜井内粉尘浓度分布规律基本保持一致，都是在一定距离内沿程逐步升高到一个最大值，然后再缓慢降低，当降低至某一值附近后以该值为中心做周期性上下波动；

（2）安装除尘设施后，胶带斜井内所有测点粉尘浓度整体由15 mg/m^{3}左右下降至2 mg/m^{3}以内，且平均保持在1 mg/m^{3}左右，平均除尘率高达91.4%，实现预计的降尘目标。

复习思考题及习题

6-1 简述井下采场爆破尘毒治理技术有哪些。

6-2 何谓通风排尘和水封爆破降尘？

6-3 简述高溜井卸矿粉尘产生机理及影响因素。

6-4 简述多中段高溜井卸矿粉尘控制技术有哪些。

6-5 简述卸矿站粉尘产生机理及控制技术。

6-6 简述破碎硐室粉尘产生机理及主要影响因素。

6-7 简述破碎硐室粉尘控制技术有哪些。

6-8 简述胶带输送巷道粉尘产生机理及影响因素。

6-9 简述胶带输送巷道粉尘控制技术有哪些。

7　露天矿山尘毒控制技术

露天矿山往往生产规模巨大，其生产工艺是先剥离表层岩土再采矿，在实际生产中会对周边环境产生较大影响，其中以粉尘污染最为明显。露天矿山的钻孔、爆破、装载、运输、堆场等作业的各个环节都会产生大量粉尘。其中的 PM2.5 等细颗粒物不容易沉降，随着大气运动能扩散到数百公里外，使得露天矿乃至更大范围的大气及空气质量受到粉尘污染。如果不采取有效防止污染措施，露天矿内空气中的有害物质必将大大超过国家卫生标准规定的最高允许浓度，进而对矿工的健康和附近居民的生活环境将造成严重的危害。

7.1　露天矿粉尘及影响因素

7.1.1　露天矿粉尘及其卫生特征

露天矿有两种尘源：一是自然尘源，如风力作用形成的粉尘；二是生产过程中产尘，如露天矿的穿孔、爆破、破碎、铲装、运输及溜槽放矿等生产过程都能产生大量粉尘，其产尘量与所用的机械设备类型、生产能力、岩石性质、作业方法及自然条件等许多因素有关。

由于露天矿开采强度大，机械化程度高，又受地面气象条件的影响，不仅有大量生产性粉尘随风飘扬，而且还从地面吹起大量风沙，沉降后的粉尘容易再次飞扬。因此，露天矿的粉尘及其导致工人罹患尘肺病的风险不可低估。

硅肺病是由于吸入大量的含游离二氧化硅的粉尘而引起的。露天矿大气中的粉尘按其矿物和化学成分，可分为有毒性粉尘和无毒性粉尘。含有铅、汞、铬、锰、砷、锑等的粉尘属于有毒性粉尘；煤尘、矿尘、硅酸盐粉尘、矽尘等属于无毒性粉尘，但当这些粉尘在空气中含量较高时，也就成为促进硅肺病的“有毒”性粉尘了。

有毒性粉尘在致病机理方面与硅肺病不同，它不仅单纯作用于肺病、毒性还作用于机体的神经系统、肝脏、胃肠、关节以及其他器官，导致发生特殊性的职业病。

露天矿大气中粉尘的含毒性，还表现在粉尘表面能吸附各种有毒气体，如某些有放射性矿物存在的矿山。氡及其气体可吸附于粉尘表面而形成放射性气溶胶。因此，其对人体的危害就不限于硅肺病，也可导致肺癌等疾病。

7.1.2　影响露天矿大气污染的因素

7.1.2.1　地质条件和采矿技术的影响

矿山的地质条件是影响露天矿环境污染的主要因素之一。因为矿山地质条件是确定剥离和开采技术方案的依据，而开采方向、阶段高度和边坡以及由此引起的气流相对方向和光照情况又影响着大气污染程度。此外，矿岩的含瓦斯性，有毒气体析出强度和涌出量也都与露天矿环境污染有直接关系。矿岩的形态、结构、硬度、湿度又都严重影响着露天矿大气中的空气含尘量。在其他条件相同时，露天矿的空气污染程度随阶段高度和露天矿开采深度的增加而趋向严重，如图7-1所示。

露天矿的劳动卫生条件可以随着采矿技术工艺的改革而发生根本性变化。例如，用胶带机运输代替自卸式汽车运输，使用电机车运输或联合运输方式能显著地降低露天矿的空气污染程度。

7.1.2.2 地形、地貌的影响

露天矿区的地形和地貌对露天矿区通风效果有着重要的影响。例如山坡上开发的露天矿，最终也形成不了闭合的深凹，因为没有通风死角，故这种地形对通风有利，而且送入露天矿自然风流的风速几乎相等，即使发生风向转变和天气突变，冷空气也照常沿露天斜面和山坡流向谷地，并把露天矿区内粉尘和毒气带走。相反，如果露天矿地处盆地，四周有山丘围阻，则露天矿越向下开发，所造成深凹越大，这不仅使常年平均风速降低，还导致露天矿深部通风风量不足，引起严重的空气污染，造成经常性逆转风向，而且会造成露天矿周围山丘之间的冷空气不易从中流出，从而减弱了通风气流。

如果废石场的位置甚高，而且和露天矿坑凹的距离小于其高度的四倍时，废石场将成为露天矿通风的阻力物，造成通风不良，污染严重的不利局面。

一些丘陵、山峦及高地废石场，如果和露天矿坑边界相毗连，不仅能降低空气流动的速度，影响通风效果，而且促成露天采区积聚高浓度的有毒气体，造成露天矿区的全面污染。

7.1.2.3 气象条件的影响

气象条件如风向、风速和气温等是影响空气污染的诸因素的重要方面。例如长时间的无风或微风，特别是大气温度的逆增，能促成露天矿内大气成分发生严重恶化。风流速度和阳光辐射强度是确定露天矿自然通风方案的主要气象资料。为了评价它们对大气污染的影响，应当研究露天矿区常年风向、风速和气温的变化。

高山露天矿区气象变化复杂，冬季，特别是夜间变化幅度更大。例如苏联西拜欺斯克露天矿在1966年共发生了气温逆增，其中89%发生在寒冷季节、34%发生在1月份，致使露天矿大气污染严重。其最大特点是发生在夜间和凌晨，如图7-2所示。炎热地区的气象，对形成空气对流、加强通风、降低粉尘和有毒气体的浓度是有利的。有强烈对流地区，且露天矿通风较好时，就不易发生气象的逆转。

在尘源和有毒气体产生强度不变的条件下，露天矿大气局部污染程度是下列诸因素的函数：产尘点的风速、风向、紊流脉动速度、尘源到取样地点的距离以及露天矿入风风流的污染状况。露天矿工作台阶上的风速与露天矿的通风方式、气象条件和露天台阶布置状况有关。自然通风时，露天矿越往下开采，下降的深度越大，自然风力的强度越低，从而加剧深凹露天矿的污染。

粉尘的含量和有害气体的浓度随气流速度变化的过程是不相同的。如果增加气流速度，就会使空气中废气污染程度降低，但气流达到一定速度后，空气含尘量开始增加，如图7-3所示。

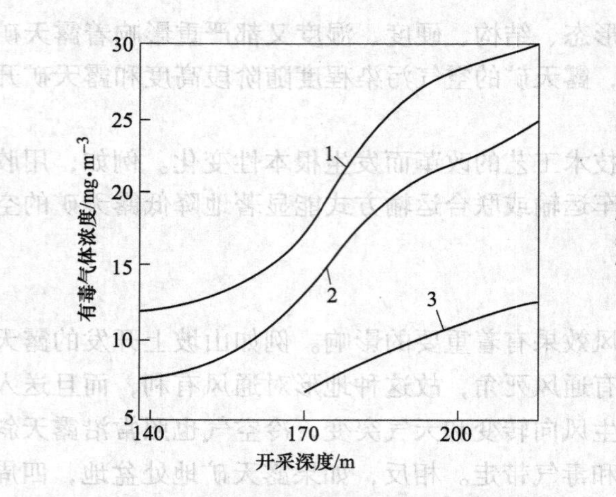

图 7-1　露天矿随深度增加与有毒气体的变化

1—醛类；2—二氧化碳；3—黑烟

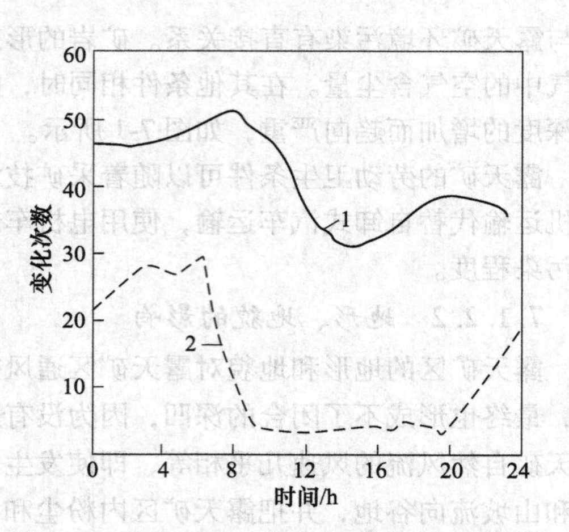

图 7-2　某矿一昼夜污染变化次数

1—冷天；2—热天

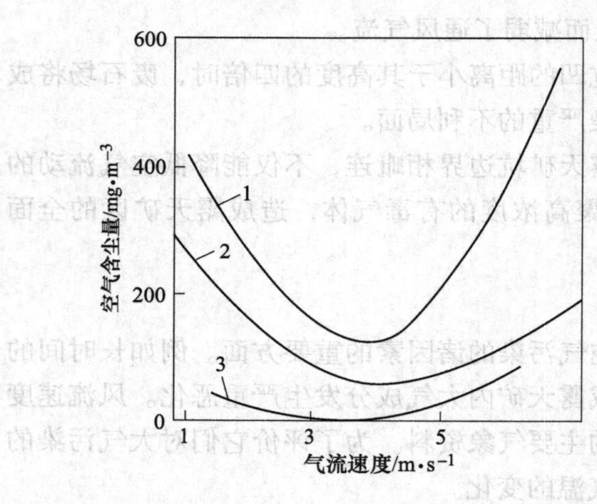

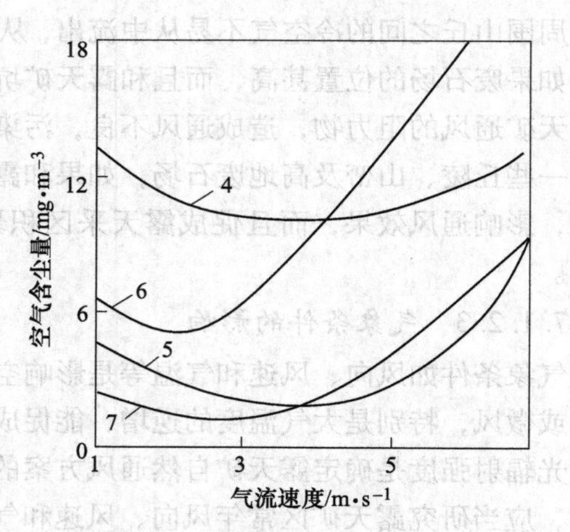

图 7-3　风向、风速变化与空气含尘量的关系

1—破碎机下风侧；2—破碎机上风侧；3—钻机下风侧；4—电铲装矿；5—电铲司机室；6，7—全矿污染

空气的含尘量和废气污染程度变化的特点在于气流速度过高会引起粉尘飞扬。当气流速度尚未达到一定数值时，粉尘和有害气体扩散过程将遵循同一规律，即有害气体和粉尘在空气中含量将下降；气流速度继续增加时，废气浓度继续下降，而空气中含尘量由于沉积粉尘飞扬而增加。这样的空气含尘量变化特征，是符合局部污染或整个大气污染的特点，并与工作位置的空气污染和风向有关。在同样速度时的风向变化，可能 2～3 倍或更多地改变露天矿大气污染和局部大气污染程度。

7.1.2.4　矿山机械的生产能力的影响

试验和研究表明，当其他条件相同时，空气含尘量与矿山机械的生产能力的关系，可用下式表示：

$$n = n_e \exp\left[C_1 \frac{Q - Q_H}{Q_H}\right] \tag{7-1}$$

式中，n_e 为已知生产能力或运行速度的矿山机械工作时的空气含尘量，mg/m³；C_1 为与机械类型、结构、开采矿岩的物理机械性质有关的系数；Q_H、Q 为已知的和新的机械生产能力（或机械移运速度），m³/h(或 km/h)。

式（7-1）为一定结构的矿山机械工作时确定空气的含尘量（n）的公式。所谓“一定结构”指同一型号的电铲但斗容不同，同一结构的钻机但孔径不同，或直径相同但转速不同等。

在计算 Q 值时，对电铲、钻机而言，其代表生产能力，即每小时若干立方米；对汽车、推土机和皮带运输机而言，其代表移动速度，即每小时若干千米。

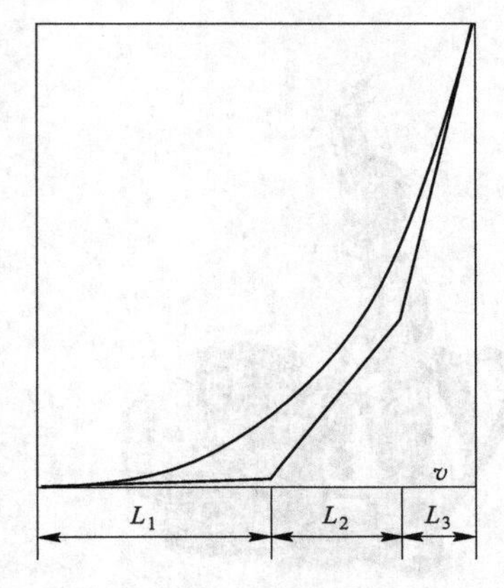

图 7-4 采掘设备生产能力与空气含尘量的关系

对式（7-1）的分析表示如图 7-4 所示，该图表明，研究过程有三种状态：第一是空气含尘量的增长速度比机械设备生产能力的增长速度慢；第二是空气含尘量的增长速度和机械设备生产能力的增长速度一样；第三是空气含尘量的增长速度大大超过机械设备生产能力的增长速度。

上述任何一种状态都取决于描述空气含尘量与机械设备生产能力关系曲线的正切线与横坐标之间的夹角的正切值。线段 L_1，其 $\tan\alpha<1$，符合第一种状态；线段 L_2，其 $\tan\alpha=1$ 符合第二种状态；线段 L_3，其 $\tan\alpha>1$，符合第三种状态。

露天矿机械设备能力对有毒气体生成量的关系大不相同。例如，使用火力凿岩，当不断增加钻进速度时，有毒气体生成量反而逐渐下降；对柴油发动的运矿汽车和推土机而言，尾气产生量和露天矿大气中有毒气体含量随运行速度提高而直线上升。

7.1.2.5 *矿岩的湿度的影响*

影响空气含尘量的主要因素之一是岩石的湿度。随着岩石自然湿度的增加，或者用人工方法增加岩石湿度能使各种采掘机械在工作时的空气含尘量急剧下降。其关系可用下式表示：

$$n = n_e - \exp[-\alpha(\varphi - \varphi_e)] \tag{7-2}$$

式中，n_e 为开采具有自然湿度的矿岩时空气含尘量，mg/m³；φ_e 为矿岩中自然湿度,%；φ 为人工增加矿岩湿度,%；α 为取决于矿岩性质和对矿岩加湿方法的系数。

当电铲工作时，如砂质岩的湿度从 4% 增加到 8% 时，电铲周围空气含尘量则从 200 mg/m³下降到 20 mg/m³；即水分增加一倍，台阶工作面空气中含尘量降为原来的十分之一。

但每种岩石都有自己的最佳值，超过该值后，空气中含尘量降低不多。所以，如果增加岩体的湿度超过上述极限值，不管从经济和卫生方面考虑都是不合适的。

7.2 穿孔设备作业时防尘技术

7.2.1 穿孔作业粉尘产生机理

穿孔的主要机理是机械冲击，利用磨削和剪切作用将岩体破碎，并对岩体粉化，往往会出现粉尘污染。钻机产尘强度仅次于运输设备，占生产设备总产尘量的第二位。根据实测资料表明：在无防尘措施的条件下，钻机孔口附近空气中的粉尘浓度平均值为 448.9 mg/m^3，最高达到 1373 mg/m^3。部分钻机的类型如图 7-5 所示。

(a)

(b)

(c)

图 7-5 部分钻机实物图及产尘源

（a）潜孔钻机；（b）牙轮钻机；（c）钻机产尘源

高速旋转的钻头使煤（岩）体形成了类似于微圆锥体的空间，破碎的煤（岩）体在压缩空气气流的作用下排出钻杆。钻孔钻进过程中，产生的粉尘主要来源于原生粉尘和扰动粉尘两部分。原生粉尘是指煤体在钻头转动推进过程中被破碎而得的煤尘，包括了钻头截齿对煤体的挤压及摩擦作用而产生的粉尘，这部分是钻孔钻进过程中煤尘的主要来源。而扰动粉尘是指压缩空气气流使碎屑煤之间碰撞产生的粉尘及钻杆扰动了在地质作用而停留于煤层裂缝中的煤粉这两部分。

钻孔过程中，在扭矩和推进力的综合作用下，钻头将与煤（岩）体在接触点会形成高应力。高应力随着给进力的增大而增大，直至能够将煤体破碎。先被破碎的煤（岩）颗粒处于空间极小的孔底与钻头形成的空间内，同时受到了三向的压应力，此时这些破碎的煤（岩）颗粒几乎不能被排出孔外。紧跟随着钻头的不断推进，将会造成煤（岩）颗粒的多次碎屑化，煤（岩）粉最后会形成了较为密实状的煤（岩）粉核。这些煤（岩）粉核能够传递能量。煤粉核与钻孔周边煤体间存有大量的细裂纹，运动的钻头继续与煤（岩）体作用，将会使得这些裂纹会继续发育直至展开，失去稳定性。在该作用过程中，释放了煤粉核内的应力约束，碎煤（岩）屑将会排挤出，粉尘就被排出了。

7.2.2 穿孔作业时的产尘特点

钻机作业时，既能生成几十毫米以上的岩尘，也能排放出几微米以下的呼吸性粉尘。对钻机产尘粒度进行分析结果表明，其筛上 $R(\%)$ 可近似用 Rosin-Rammlar 方程表示，即

$$R = 100\exp(-\beta d_p^n) \tag{7-3}$$

式中，d_p 为粉尘粒径，μm；β 为与粉尘粒径大小分布有关的系数；n 为与粉尘粒径分布有关的指数。

为提高钻机效率和控制微细粉尘的产生量，当钻机穿孔时，必须向钻孔孔底供给足够的风量，以保证将破碎的岩屑及时排放孔外，避免二次破碎。根据在钻孔中运送岩屑所需最低风速确定的排粉风量见表7-1。

表7-1 钻机排粉风量

钻机类型	钻孔直径/mm	排粉风量/$m^3 \cdot min^{-1}$	钻机类型	钻孔直径/mm	排粉风量/$m^3 \cdot min^{-1}$
潜孔钻机	150	17~25	牙轮钻机	250	30~35
				310	33~50
	200	25~30		380	40~80

排粉风量不仅与钻孔直径有关，而且还受钻杆直径、岩屑密度及其粒径等因素有关，在考虑上列因素时，可按下式计算排尘风量 Q_p：

$$Q_p = 60\frac{\pi}{4}(D_k^z - D_g^z)v_a \tag{7-4}$$

式中，v_a 为在钻孔中运送岩屑所需最低风速，$v_a = \beta v_s$，m/s；v_s 为岩屑的悬浮速度，m/s；可用下式表示：

$$v_s = 3.85\sqrt{\rho_s d_s} \tag{7-5}$$

式中，d_s为岩屑粒径，m；ρ_s为岩屑密度，kg/m^3；β 为系数，对于垂直钻孔 β=1.3~1.7，对于倾斜钻孔 β=1.5~1.9；D_k为钻孔直径，m；D_g为钻杆直径，m。

7.2.3 穿孔作业粉尘防治技术

按是否用水，可将露天矿钻机的除尘措施分为干式捕尘、湿式除尘和干湿相结合除尘三种方法，选用时要因时因地制宜。

干式捕尘是将袋式除尘器安装在钻机口进行捕尘。为了提高干式捕尘的除尘效果，在袋式除尘器之前安装一个旋风除尘器，组成多级捕尘系统，其捕尘效果更好。袋式除尘器不影响钻机的穿孔速度和钻头的使用寿命，但辅助设备多，维护不方便，且能造成积尘堆的二次扬尘。

湿式除尘，主要采用风水混合法除尘。这种方法虽然设备简单，操作方便，但在寒冷地区使用时，必须有防冻措施。

干湿结合除尘，主要是往钻机里注入少量的水而使微细粉尘凝聚，并用旋风式除尘器收集粉尘；或者用洗涤器、文丘里除尘器等湿式除尘装置与干式捕尘器串联使用的一种综合除尘方式，其除尘效果也是相当显著的。下面简要介绍干式捕尘和湿式除尘的装置结构。

7.2.3.1 干式捕尘

对穿孔扬尘的干式捕尘一般采用孔口捕尘装置，为避免岩渣重新掉入孔内再次粉碎，除采用捕尘罩外，还制成孔口喷射器与沉降箱、旋风除尘器和袋式过滤器组成三级捕尘系统。图7-6为2пу型干式捕尘装置。

2пу型捕尘装置是用喷射器从钻孔抽吸岩渣，喷射器9由空压机7供风而工作，供压气量为 1 m^3/min。由钻孔抽出的岩渣，粗粒和中粒岩渣沉降在沉降箱 1 内，含尘气流通过旋风除尘器 2 和袋式除尘器 5 进行过滤，过滤后气体由风机 6 排向大气。为了使捕尘器正常工作，当钻孔深度达到 3~6 m 时，由气动装置 3 带动振打机构对滤袋进行清灰，清灰掉落的粉尘落于灰斗 8 内，该系统的滤速可通过闸板 4 进行调节，其除尘效率为 99%~99.6%。

我国某露天矿研制的一种 FSMC-24 型干式除尘器如图 7-7 所示，在牙轮钻采用过滤风速为 3.25 m/min 时，其除尘效率为 99.9%。该除尘系统结构简单，过滤风速可调，当过滤风速为 4~4.5 m/min 时，处理风量可达 3500 m^3/h。

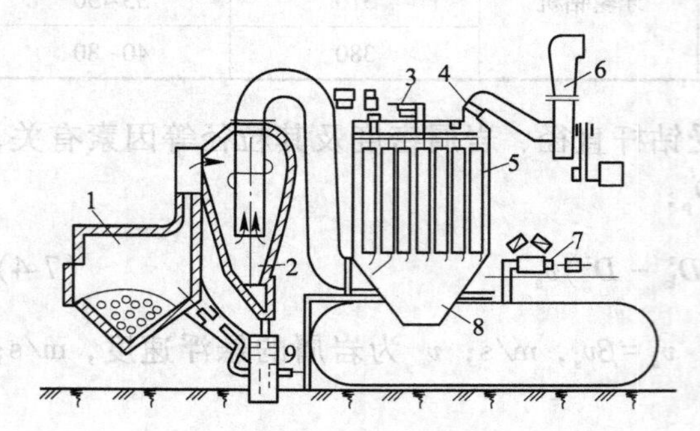

图 7-6　2пу 捕尘装置

1—沉降箱；2—旋风除尘器；3—气动装置；4—闸板；5—袋式除尘器；6—风机；7—空压机；8—灰斗；9—喷射器

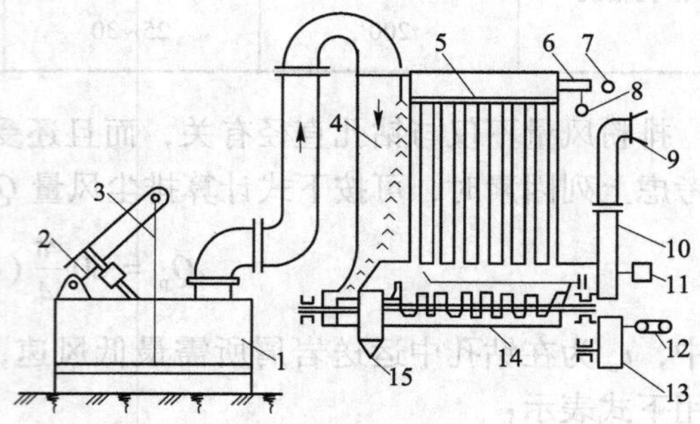

图 7-7　FSMC-24 型除尘系统

1—捕尘罩；2—气缸；3—绳索；4—碰撞板；5—布袋；6—脉冲阀；7—电磁阀；8—压气包；9—排风管；10—风管；11—风机；12—螺旋机电机；13—减速器；14—螺旋输送机；15—放灰阀

图 7-8 为潜孔钻旋风除尘系统，其总除尘效率为 65%~68%，对于粒径为 10 μm 以上的粉尘除尘效率可达 85%以上。

图 7-8　潜孔钻旋风除尘系统

7.2.3.2　湿式除尘

牙轮钻机的湿式除尘可分为钻孔内除尘和钻孔外除尘两种方式。钻孔内除尘主要是气水混合除尘法，该法可分为风水接头式与钻孔内混合式两种。钻孔外除尘主要是通过对含尘气流喷水，并在惯性力作用下使已凝聚的粉尘沉降。国外在一些露天矿还采用了湿润剂除尘和泡沫除尘的湿式除尘法，都取得了一定效果。

图 7-9 为原苏联用于牙轮钻的孔内湿式除尘系统。通过混合器将压气与水混合，用水泵将水箱中的水打上水管，由风包供给压气将分散为极细水雾，风水混合后经风水接头和钻杆进入孔底，孔口风机风流将排出的泥浆吹向孔口一侧，并沉积该处，干燥后呈胶结状，不会出现二次飞扬。该装置设有加热器，以防冰冻。该除尘系统能使司机室、作业平台和钻机周围的空气中粉尘浓度为 0.5~1.0 mg/m³，钻机班效率提高 10%~12%。

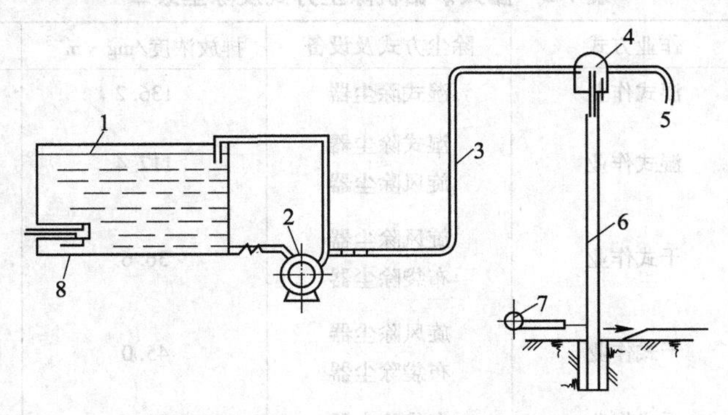

图 7-9 孔底气水混合除尘器

1—水箱；2—水泵；3—水管；4—混合器；5—压缩空气管；6—钎杆；7—风机；8—加热器

图 7-10 为我国某铁矿的潜孔钻机湿式除尘系统示意图，也是采用风水混合方式捕尘。若采用防冻剂，风水混合除尘可在-20~-15 ℃下应用。氯化钠（1 m³水中加 230~290 kg）或氯化钙（1 m³水中加 220~270 kg）溶液可用作防冻剂，也可以向水中通压缩空气的方法来防止水箱冻结。

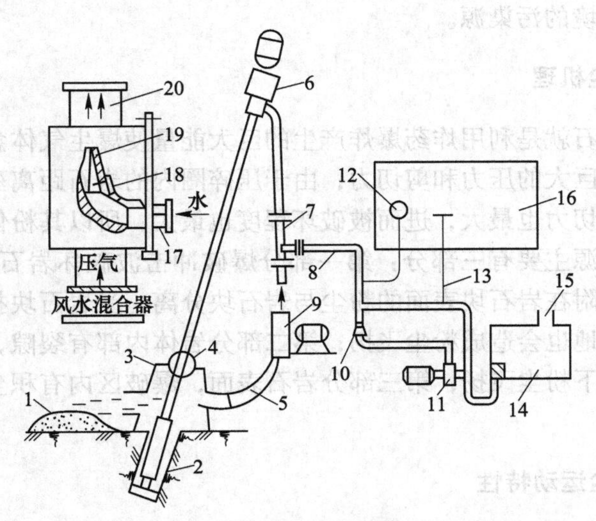

图 7-10 某铁矿钻机风水混合除尘系统

1—岩粉堆；2—冲击口；3—集尘罩；4—密封球；5—帆布风管；6—减速器；7—风水混合器；8—出水管；9—风机；10—逆止阀；11—水泵；12—水压表；13—控制阀；14—水箱；15—进水口；16—司机室；17—3/4″水管；18—弯头；19—喷嘴；20—风管

目前，国内常见的广泛应用的孔口降、除尘措施有湿式钻孔、孔内喷雾、干式钻孔孔口捕尘等措施，降尘效果均不是很理想，降尘效率较低，现有的钻孔除尘装置，在一定程度上解决了钻孔除尘的问题，但还存在很多不足之处，特别是松软煤层干式钻孔时，已使用的除尘装置很难实现较好的除尘效果。我国露天矿不同型号钻机除尘方式及除尘效率见表7-2。

表 7-2 露天矿钻机除尘方式及除尘效率

型 号	作业方式	除尘方式及设备	排放浓度/mg · m^{-3}	除尘效率/%
KY310 型牙轮钻	湿式作业	湿式除尘器	136. 2	95. 4
KY-0 型牙轮钻	湿式作业	湿式除尘器 旋风除尘器	117. 4	97. 1
78-ϕ200 潜孔钻	干式作业	旋风除尘器 布袋除尘器	36. 6	96. 1
HYZ-250B 牙轮钻	干式作业	旋风除尘器 布袋除尘器	45. 0	97. 4
HYZ-250B 牙轮钻	干式作业	布袋除尘器	20. 0	97. 1

7.3 露天矿大爆破防尘技术

露天矿爆破产生大量的粉尘和有毒有害气体（简称爆破尘毒），滞留在采场的大气中，造成采场内空气污染，损害矿工的健康和安全；扩散到采场外的爆破尘毒，成为采场周围、乃至全矿大气环境的污染源。

7.3.1 爆破作业产尘机理

采用炸药破碎岩石就是利用炸药爆炸产生的巨大能量使爆生气体急剧膨胀进而使药包周围的岩石突然受到巨大的压力和剪切力；由于压碎圈内的岩石距离药包最近，在炸药爆炸后受到的压力和剪切力也最大，进而被破坏程度也最大，所以其粉化程度也最高。

爆破作业粉尘来源主要有三部分：第一部分爆破冲击波破坏岩石，岩石破碎被抛出，在抛出的过程中，黏附在岩石块表面的粉尘与岩石块分离，受岩石块扰动气流扰动，悬浮在空气中，岩石块落地也会造成粉尘飞扬；第二部分岩体内部有裂隙，裂隙中存在原生粉尘，在冲击波的作用下粉尘飞扬；第三部分岩石表面，爆破区内有积尘，爆破时粉尘受扰动飞扬。

7.3.2 爆破作业粉尘运动特性

爆破作业生成的粉尘粒子在爆生气体的冲击作用以及爆轰波的应力作用下，粉尘粒子获得了大量能量，在脱离岩体后具有较大的初速度。爆破作业生成的粉尘粒子扩散运动轨迹受粉尘粒子自身运动情况和空气流动情况影响，粉尘粒子的扩散总是由高浓度粉尘区域扩散到低浓度粉尘区域。在粉尘粒子的扩散运动轨迹中，粉尘粒子的运动可以分为三个过程，当粉尘粒子的运动速度远大于空气流动速度，空气流动情况对粉尘粒子的运动情况影响较小，粉尘粒子的运动主要受由自身运动情况决定；当粉尘粒子的运动速度与空气流动速度接近时，粉尘粒子的运动是由粉尘粒子自身的运动与空气流动的共同作用决定；当粉尘粒子的运动速度小于空气流动速度较多时，粉尘粒子的运动主要受空气流动的影响。

粉尘的复杂运动情况是在空气阻力、浮力、重力、粉尘相互碰撞作用力等多个力的作用下形成的，在不同的时间阶段各种力对粉尘的运动状况的影响程度不同。露天矿爆破作业产生的粉尘在脱离岩体后，在较大的初速度惯性作用下冲入岩体外的空间中，如图 7-11 所示。

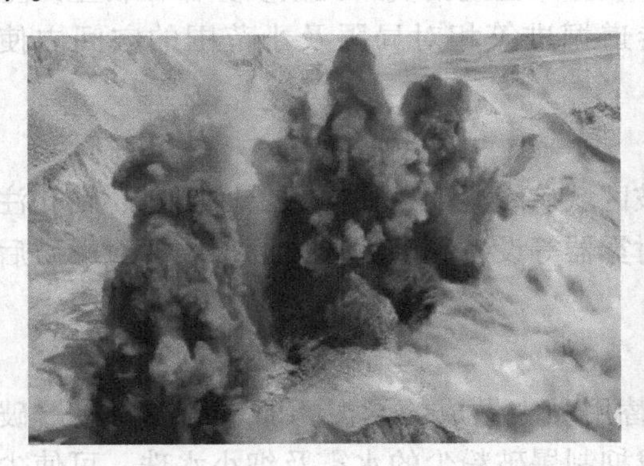

图 7-11 露天矿爆破粉尘运动情况

通过对现场观察，爆破作业产生的大量粉尘的运动情况可分为：冲击运动阶段、蘑菇云形成阶段、扩散阶段三个阶段。在冲击运动阶段，即爆生气体的冲击力将粉尘喷出地面，炸药爆炸后瞬间爆轰气体将砂砾岩冲击形成裂隙，内部的颗粒通过裂隙随着爆轰气体喷出地面，随着时间推移，爆轰气体急剧膨胀做功，将岩层完全破坏，大量的气体裹挟着被冲击破碎形成的粉尘颗粒以及地表粉尘一起喷向空中。在蘑菇云阶段，失去冲击力的粉尘颗粒在惯性作用下继续向上运动，由于上升气团在空中的体积不断增加，气团中心的上升速度比周围大，气团外缘部分在湍流作用下不断卷吸附近空气，体积以中间的高速气流为中心不断径向膨胀，气团质量不断增加，气团整体在向上移动，但因为体积增大导致阻力增大，所以上升速度减小。经过一段时间后，气团不再上升，形成最终的蘑菇状。扩散阶段，此时爆破粉尘颗粒上升的能力已经被空气阻力消耗，粉尘颗粒受到重力和浮力的作用，重量较大的颗粒慢慢沉降，重量小的颗粒飘浮在空中随气流运动向粉尘浓度低的地方扩散。

爆破烟尘中的有毒有害气体，在随气流运动时，有些被吸附在颗粒物的表面随着颗粒物迁移；性质不稳定的有害气体在运动过程中转化为其他物质，如在一定条件作用下 NO 转化为 NO_2，性质稳定的气体，随风流长时间的迁移，成为井下环境污染的污染物质。

7.3.3 爆破作业尘毒防治技术

爆破粉尘污染控制技术按照实施时间可分为爆破前粉尘控制和爆破过程中的粉尘控制。粉尘爆破前的处理主要有改进爆破工艺和预润湿矿体表面两种方式。

改进爆破工艺是指采用先进的爆破工艺减少粉尘的产量，可从炸药本身入手，比如调整炸药成分，或控制炸药的包装材料，也可从装填工艺上入手进行防尘处理，利用水或富水胶冻炮泥来代替固体炮泥，还可利用表面活性剂溶液作为炮孔填料来降低爆破粉尘的技术。

预润湿矿体表面是指爆破前向矿体表面喷洒清水，利用颗粒物之间液桥力的作用来达到减少矿体破碎时产生的粉尘。具体来说，就是爆破前对爆破对象用水淋湿，以借助粉尘颗粒间液桥力的作用来达到降低爆破破碎时产生粉尘的目的。

爆破过程中的粉尘处理是指在产生的粉尘还未扩散时进行有效治理。在这一过程中的处理方式有很多，湿式降尘的应用最为普遍和经济。湿式降尘措施主要有喷雾降尘、水封爆破降尘、水塞炮孔降尘、泡沫覆盖降尘等。喷雾除尘是指使用机械喷雾器在粉尘产生面喷洒水进行除尘的方法，这种方法在矿山巷道掘进等相对局限及小范围的空间内使用较多。

7.3.3.1　增加爆破区域矿岩湿度

为抑制爆破作业产尘，可人为地提高爆破区域矿岩湿度，如向预爆区洒水、钻孔注水等措施。此外对于露天矿爆破产尘还可使用射雾器等设备和多种通风洒水装置对爆破后的粉尘进行抑制。

7.3.3.2　水封爆破

使用盛满水的专用塑料袋代替或部分代替用黏土做成的炮泥，即水炮泥封堵爆破眼口。爆破时塑料袋中的水分迅速被雾化，形成抑制爆破粉尘的水雾及细小水珠，可使尘粒湿润、结团而减少煤尘产生量。水封爆破的装药结构和水袋布设及注水现场，如图 7-12 和图 7-13 所示。

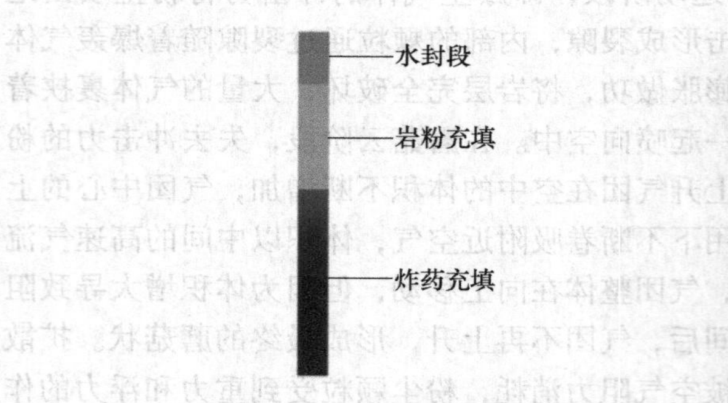

图 7-12　水封爆破的装药结构

图 7-13　水袋布设及注水现场图

水袋封堵法爆破降尘主要依据炮孔炸药爆炸，使水袋中的水形成水雾雾滴，水雾雾滴有一定大小，可对爆破粉尘进行捕捉而湿润尘粒。爆破后，水袋中水形成的水雾雾滴粒径大小及其水雾雾滴范围与其捕尘效率有很大关系，爆破后形成的水雾雾滴与尘粒粒径大小相当时捕尘效率最好。水雾雾滴太小，即使尘粒与其碰撞也难以使尘粒湿润；水雾雾滴太大，其抛撒速度低、面积小，只能与小范围的粉尘碰撞、胶结、凝聚使粉尘湿润，所以水雾雾滴过大或过小都会影响捕尘能力而影响降尘效果。水雾雾滴与尘粒的相对速度会随着冲击能量提高而提高，同时雾滴的表面张力对粉尘的阻力会减小。相对速度不宜过高，过高会使尘粒与雾滴的接触时间缩短，捕尘效率降低。水量的大小是影响除尘效果的主要因素，水量增大可以有效提高除尘效率。在其他条件相同下，一定的水量对应一定的最大除尘量，由液体爆炸抛撒成雾机理和爆炸水雾形成过程可知，水袋壁厚影响水雾雾滴向四周扩散的速度；水袋长径比（水袋高度与直径比值）影响水雾抛撒半径、水雾高度、抛撒初速度等；水袋安放位置及数量影响水雾雾滴对粉尘的作用时间。此外，爆破振动会造成扬尘，在起爆前需要进行湿润处理。爆炸后未燃烧殆尽的水袋残留物可能产生白色污染，在保证水袋环保高效使用的基础上，力求选择经济廉价的材料。

为了了解水封爆破的降尘效果，前人做一个水封爆破的对比实验。将爆破区域分为水袋区和非水袋区进行实验对比，同时用高速摄像机对爆破过程进行记录，然后利用软件对拍下来的图像进行粉尘浓度分析。得出爆破粉尘浓度随时间的变化如图 7-14 所示，从图中可以看出随着时间的增长，两个区域的粉尘浓度也在增长，但是水袋区的浓度远远低于非水袋区的浓度，取曲线平缓阶段的浓度差平均值得到水封爆破降尘方案的效率约为 75%。

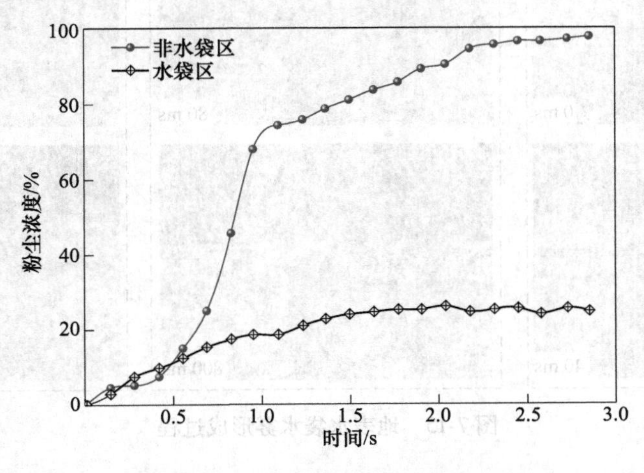

图 7-14 浓度变化对比曲线

7.3.3.3 泡沫降尘技术

这种方法是在爆破前，由发泡器向爆炸区域喷洒一定厚度的泡沫层，使爆破时矿石产生的大量粉尘和有毒气体与泡沫碰撞而被湿润，吸收。

在露天采矿爆破开采工艺过程中，开采人员在除尘水管、压风管路中添加适量的添加剂，随后配置并操纵相应的发泡设备，将压风管道与除尘水管接入发泡设备中，并向露天采矿爆破作业区域中喷射大量、高倍数的泡沫。随后在灰尘漂浮、沉降过程中与高倍数泡沫相吸附，加重降尘颗粒的自重量、提高沉降速度，并避免降尘颗粒在自然风作用下出现扩散、二次污染与大量积聚等粉尘污染问题。泡沫除尘防治策略具有完全解决粉尘扩散问题、显著加快降尘的沉降速度、耗水量低、发泡设备操作与维护流程简略等应用优势。

7.3.3.4 毫秒延期爆破技术

微差爆破，又称毫秒爆破，是一种延期时间间隔为几毫秒到几十毫秒的延期爆破。由于前后相邻段炮孔爆破时间间隔极短，致使各炮孔爆破产生的能量场相互影响，既可以提高爆破效果，又可以减少爆破地震效应、冲击波和飞石危害。由于毫秒爆破时冲击波和地震效应都降低，所以可以有效地减少粉尘的产生量，减少粉尘的扬起。

7.3.3.5 地表水袋爆破降尘技术

爆破作业前根据爆破孔数准备相应数量的水袋，每个水袋长度为 3 m，宽度为

150 mm，将水袋装满水（每条水袋容积约为 22 L），放置在炮孔上方，每条水袋分配 11 g 乳化炸药用于起爆。爆破区域地表的粉尘起跳时间会比爆孔内的爆破粉尘提前，因此为了能够同时控制住地表粉尘与爆破粉尘，需要在孔内起爆时提前将水袋起爆，如图 7-15 所示。

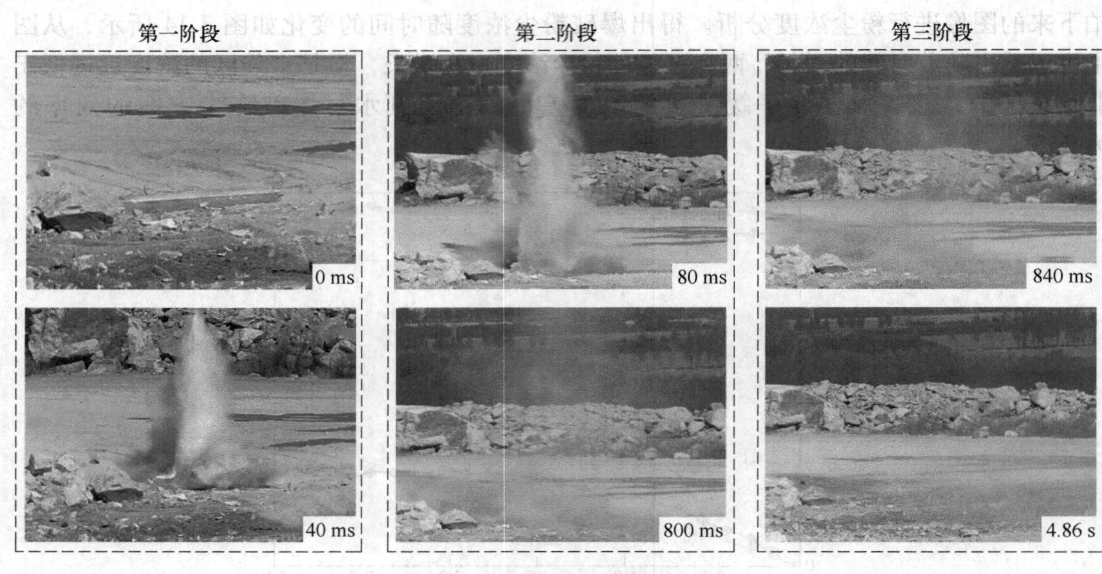

图 7-15　地表水袋水雾形成过程

根据液体破碎物理模型，将水袋爆破抛撒出雾过程分为液滴群的形成、水雾的形成以及水雾的消散三个阶段。

（1）第一阶段。在炸药起爆后，水袋首先破碎，水袋中的液体在爆炸冲击作用下形成射流喷射而出，射流的具体形态分为三部分：1）少部分受到爆炸冲击最严重的液体会在爆炸瞬间破碎形成水雾，水雾分布在射流的最外层，类似于一种包裹层；2）大部分液体在爆炸冲击作用下破碎成液滴群，液滴群是射流的重要组成部分；3）剩余液体因爆炸能量的损耗，承受的爆炸冲击作用较弱，会直接流淌出来。

（2）第二阶段。第一阶段形成的水雾因自身重量较小，所含惯性也较小，因此扩散范围不大。但是液滴群的重量则远远大于水雾的重量，在惯性作用下液滴群继续向四周高速扩散，高速扩散的水滴群会继续破碎形成水雾。该阶段是水雾形成的主要阶段，持续时间主要受炸药量和水量两个因素影响。

（3）第三阶段。该阶段主要是水雾的消散过程，水雾的持续时间主要由气流、空气湿度、气温等因素决定。

7.4　矿物（岩矿）装卸过程中防尘技术

7.4.1　矿物装卸作业粉尘产生机理

目前露天矿山常用的铲装设备主要有电铲和挖掘机两种，其中电铲作为应用最广泛的大型设备之一。我国矿山使用的电铲，其铲斗容量多为 4 m^3，当在干燥爆堆上装矿时，其产尘量约占生产设备总产尘量的 52.92 %，占生产设备总产尘量的第一位。电铲在抓料和放料过程中，会有岩体被粉化，进而导致粉尘污染。电铲向矿车卸矿时也会将矿岩表面的粉状物带到空气中，出现粉状物质，产生粉尘污染，如图 7-16 所示。

(a)

(b)

图 7-16 电铲和挖掘机装载时粉尘产生情况
（a）电铲装载时；（b）挖掘机装载时

岩矿在采装过程中产尘的主要原因是：（1）电铲挖掘矿岩时，一部分粉尘是沉落在矿岩表面上的，另一部分则是摩擦、碰撞产生的粉尘因受振动而扬起形成二次扬尘；（2）铲斗在向电动轮汽车卸料时，由于落差，会产生大量粉尘；（3）电铲在清扫爆堆时也会产生粉尘。因此，电铲在铲装过程所产生的粉尘数量主要取决于矿石的比重和矿石的湿润程度。

7.4.2 影响矿物装卸作业粉尘产生量的因素

不同种类的矿物由于物料容重的差异，起尘量相差较大。例如，煤的物料容重约 635 kg/m^3，铁矿石约 3800 kg/m^3，在同一工况下煤的起尘量远大于铁矿石。另外，对于同一物料，由于粒径的差异，起尘量也相差较大。南非铁矿石小于 0.4 mm 的颗粒仅占 5%，巴西铁矿石占 14.8%，而澳大利亚铁矿石则高达 27.9%，实验表明，粒径大于 2 mm 的铁矿石颗粒一般不会起尘。

7.4.2.1 矿物含水率的影响

通常情况下，含水率越大，水分对于粉尘颗粒的黏结作用就越强，起尘量越小，反之起尘量越大。对于不同粒径的粉尘颗粒，含水率的影响不同，粒径越小，含水率的作用越明显。实验表明，当含水率较小时，起尘量随含水率的增加而降低很快，但当含水率大于某值时，起尘量变化出现拐点，之后随含水率的增加，起尘量变化很小。这个拐点处的含水率，就是在粉尘污染控制中洒水抑尘要求的控制指标。实验研究结果表明，煤炭含水率拐点为 5%~6%，铁矿石一般大于 4%。

7.4.2.2　露天矿内风速的影响

自然风速是起尘量的影响因素之一。颗粒的比重不同，其起尘风速也不一样。实验结果表明，铁矿石堆场的起尘风速约为6.0 m/s，混合煤约为4.0 m/s。自然含水率在3.2%以下时，风速小于4 m/s，基本不起尘，当风速大于5 m/s时一般会出现起尘现象，因此，在采矿场的日常管理中，风速4.5 m/s一般作为堆场洒水抑尘的工作点。

7.4.3　矿物装卸过程的起尘量计算

通过对矿物装卸起尘规律的研究，降低装卸高度可以有效地减少起尘，装卸高度减少一成，起尘量减少12%。增加煤炭含水量也能有效地抑制粉尘的产生，煤炭含水量每增加2.5%，起尘量可以减少一半。同时，降低风速也能减少起尘，风速降低一半，起尘量可减少70%。

煤炭装卸过程中起尘量可以用以下经验公式进行模拟计算：

$$Q = 0.038B_0U^{1.6}H^{1.23}e^{-0.28\omega} \tag{7-6}$$

式中，Q为起尘系数，kg/t；B_0为与装卸强度等有关的修正系数；U为平均风速，m/s；H为装卸落差，m；ω为煤炭含水率，%。

从上述公式中可以看出，煤堆堆存及装卸起尘量与平均风速有关，由于堆垛起尘量与堆场平均风速或平均风速与起尘风速U之差的高次方成正比，因此降低平均风速是减小堆垛起尘量的有效办法。

7.4.4　岩矿装卸作业粉尘防治技术

7.4.4.1　爆堆预湿

向爆堆表面洒水或向矿石爆堆注入高压水，当矿石的含湿量由4%增加到8%时，其铲装工作面空气中的粉尘含量可从200 mg/m³降至20 mg/m³，即工作面空气中的粉尘浓度可降低9倍。

7.4.4.2　电铲喷雾装置

一种安装在电铲大臂下部和司机室前部的风水混合喷雾装置可起到较好的降尘效果。电铲大臂下部的风水混合喷雾装置可向爆堆洒水，从而降低电铲挖掘时产生的粉尘量，同时，安装在司机室前部的风水混合喷雾装置，可使司机室前方空气中的粉尘颗粒湿润，司机室内空气中粉尘浓度明显降低。

7.4.4.3　就地抑尘技术

应用压缩空气冲击共振腔产生超声波，超声波将水雾化成浓密的、直径1~50 μm的微细雾滴，雾滴在局部密闭的产尘点内捕获、凝聚细粉尘，使粉尘迅速沉降，实现就地抑尘，比其他除尘系统节省投资30%~50%，节能50%，耗水量大大降低，仅为0.3~0.5 L/min，且占据空间小，节省场地。

7.5　露天矿运输路面防尘技术

随着我国矿山生产强度不断加大，机械化水平的日益提高，重点露天矿山大部分进入凹陷开采阶段，同时也使用机械化强度高的大型移动设备，如穿孔设备、装载设备及运输设备等。据国内外有关的实测数据表明：凿岩设备的产尘量占总产尘量的 0.57%，推土设备的产尘量占总产尘量的 0.61%，装载设备产尘量占总产尘量的 1.19%，穿孔设备的产尘量占总产尘量的 6.30%，运输设备的产尘量占总产尘量的 91.33%。

7.5.1 露天矿运输路面产尘的主要原因及危害

7.5.1.1 运输路面产尘的主要原因

露天矿运输路面产尘的主要原因有：(1) 露天矿采场道路的修筑标准偏低，工程质量较差，日常维护不够；(2) 道路结构参数往往不能随汽车吨位的增大而相应地改变；(3) 由于未采取有效措施，在行车中很难避免矿岩碎料沿途洒落产尘。

7.5.1.2 运输路面产尘的主要危害

露天矿山路面扬尘的主要危害体有：(1) 它严重损害工人的身体健康。由于工作人员长时间吸入过量粉尘，尤其是粒径小的呼吸性粉尘，它能随呼吸深入达到肺泡，引起呼吸道疾病和尘肺病；(2) 它污染矿区周围的环境，破坏生态平衡。由于一些矿尘中含有多种不能生物降解的微量元素，如铬、汞、铅等，它们对植物产生毒性作用，严重破坏生态系统；(3) 路面扬尘进入运输汽车体内，会加快车辆主要部件的磨损，特别是发动机的磨损，从而缩短发动机的使用寿命，大大增加了车辆保养、维修费用和耗油量；(4) 当路面扬尘的浓度较高时，能见度较差，不但车速被迫减小，降低汽车的运输能力，降低生产效率，而且还妨碍司机的安全驾驶，造成撞车翻车等事故；(5) 对于悬浮在空气中的煤尘和一些金属矿尘镁尘、铝尘在有足够热量和点火源的条件下，可能会发生爆炸。

7.5.2 露天矿运输路面的扬尘机理

(1) 车辆行驶过程中，必然带动周围空气流动，其所排挤的空间将产生巨大的负压，从而形成诱导气流，这种现象通常被称为“伯努利效应”，如图 7-17 所示。

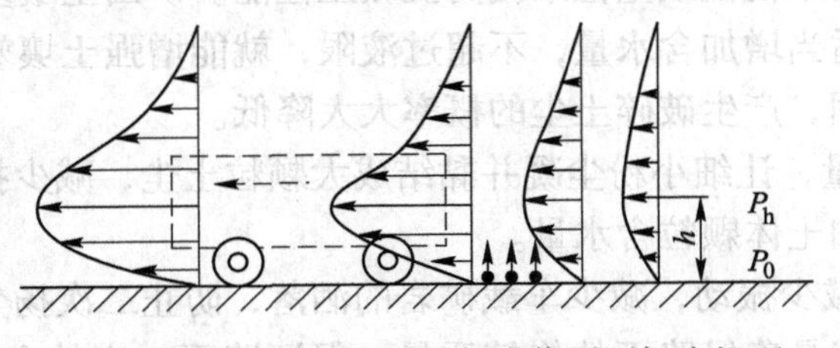

图 7-17 粉尘颗粒在诱导气流作用下扬尘机理

(2) 车轮在运转轧碾的作用下，必然会克服粉尘的极限起锚力，进而使粉尘颗粒黏附在轮胎上，而此时的粉尘颗粒处于瞬时受力平衡状态，如图 7-18 所示。

(3) 道路表面的粗糙程度，也对二次扬尘产生一定影响：一方面，当行驶中汽车的轮胎压在凹凸不平的路面上时，那些坑中的空气被压缩，当车轮从被困压着的空气上驶过时，空气将突然膨胀，对路面产生一股很强的空吸（或抽吸）作用；另一方面，当汽车驶入坑中时，车体产生振动，位于坑两侧平整路面上的粉尘颗粒会受到路面震动力的作用，摆脱束缚而飞扬，如图 7-19 所示。

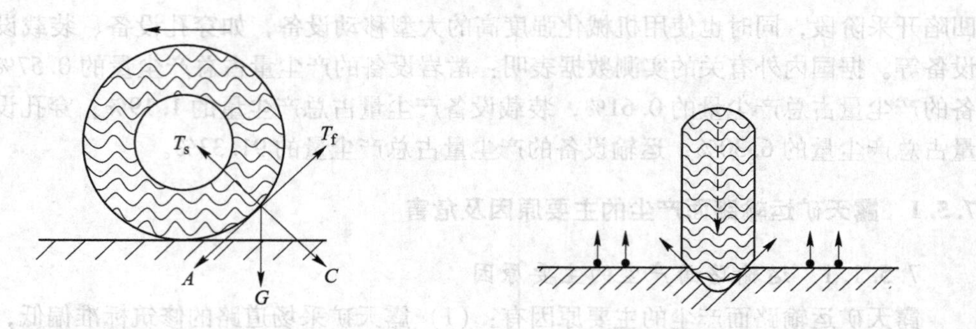

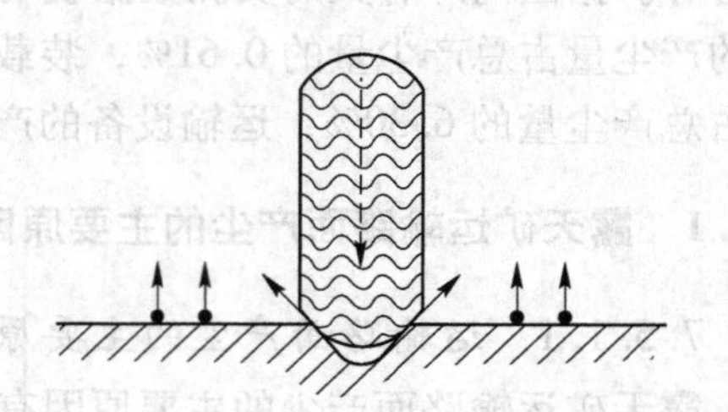

图 7-18　粉尘颗粒在转动轮胎上的瞬时受力情况

T_s—轮胎黏结力在法向上的分量；

T_f—轮胎黏结力在切向上的分量（摩擦力）；

A—空气阻力，其方向始终与轮胎的转动方向相反；

C—离心力；G—重力

图 7-19　粉尘颗粒在压缩空气及振动作用下飞扬机理

7.5.3　露天矿运输路面的抑尘机理

防止路面扬尘机理主要有固结、润湿和凝并三种。固结机理的核心是使路面具有足够的强度，路面上运动物体的动态压力、摩擦剪切作用、冷凝拉伸破坏，均不能使路面材料结构受到破坏。润湿机理的核心是使路面始终保持一定的水分（10%~40%），即利用湿润粉尘，使粉尘密度增大，粉尘加速下降，从而抑制路面扬尘的产生。凝并防尘机理的核心是使路面磨耗层的粒径分布集中在 $d>0.08\ \mu m$，由斯托克斯公式可以得出，粉尘沉降速度大于 0.1 m/s。

基于上述三种防尘机理，矿山运输路面抑尘措施主要有以下几种。

（1）增强路面的抗碾压性能以减少尘源。依据露天矿的运输特点和路面条件的限制，可通过增强路面土体的柔韧性或塑性来提高抗碾压性能。矿山土壤多由岩石风化而成，主要成分是黏土，只要适当增加含水量，不超过液限，就能增强土壤塑性，增强颗粒间的结构连接力，土壤更稳固，产生破碎土尘的概率大大降低。

（2）增加粉尘重量，让细小粉尘凝并黏结成大颗粒土尘，减少扬尘。增加重量最简单有效的办法依然是增加土体颗粒含水量。

（3）改善路况，减少振动，减少车载矿岩的洒落，防止二次扬尘。

上述三点的核心就是确保路面的修筑质量，保证路面一定的含湿量，增强土壤塑性，加大粉尘颗粒间的黏结力与自重力（粉尘起锚荷载），减少产尘，避免扬尘，最终达到抑尘的效果。

7.5.4　露天矿运输路面粉尘防治技术

7.5.4.1　洒水抑尘

洒水抑尘作为一种最原始的抑尘方法，其作用主要在于润湿颗粒细小的干燥粉尘，使其相对密度增大，并黏结成较大的颗粒，使之在外力作用下不能飞扬。分为传统洒水车洒水抑尘、静压喷雾抑尘、超声波抑尘、喷洒静电水抑尘、高压喷雾抑尘等。

该方法简便易行，但由于表面物料渗水能力强、抗蒸发能力差，水分蒸发很快，特别是气候干燥地区蒸发更快，有效抑尘时间很短（夏季不足半小时）。为了要保证物料含一定的水分，耗水量很大，在缺水地区使用该法要受限制。另外，频繁洒水会加剧物料自然风化的速度，易产生呼吸性粉尘且影响物料性质。因而，通过洒水来控制扬尘受到很大限制。

7.5.4.2 抑尘剂抑尘

抑尘剂是抑制露天矿运输路面粉尘二次扬起的有效途径之一，目前抑尘剂根据其作用原理可分为润湿型、黏结型、凝聚型和复合型四类，见表7-3。现阶段我国抑尘剂的研发与制备朝着多功能型、环保型以及经济型于一体的方向发展。如图7-20所示，为抑尘剂在铁矿、煤矿、石灰石矿等不同类型露天矿山运输路面现场应用效果示意，分析了抑尘剂相比洒水抑尘存在的优势。

表7-3 抑尘剂的优缺点

种类	优点	缺点
润湿型	（1）有效抑制疏水性微尘，能弥补水对粉尘的捕集效率；	（1）抑尘期短，约5~10天；需重复喷洒抑尘；耐候性差；
黏结型	（2）有效黏结粉尘，原料多为废物利用；抑尘期15~30天左右；随着喷洒次数的增加路况越来越好，减少养路费用；	（2）原料稀少；渗透力不强，易黏在轮胎上被带走影响抑尘效果；刺激性气味，危害健康，污染环境；
凝聚型	（3）使粉尘具备吸湿保水特性，能聚合粉尘；抑尘期最长可达45天以上；防尘兼具防冻，适用于寒冷地区；	（3）功能单一，效果不稳定；不适用多雨，多车地段；应用成本高、制备难度大、属一次性材料，且具有较强腐蚀性；
复合型	（4）兼具湿润、黏结、凝并等优点；抑尘期长；良好的社会经济价值	（4）局限性大；适用范围不广；工艺复杂，价格昂贵

A 湿润型抑尘剂

湿润型抑尘剂用于提高粉尘的含湿量，提升捕尘率，特别适用于大多数疏水性的矿岩粉尘。其基本原料是表面活性剂，卤化物或无机盐作为电解质以弥补表面活性剂吸湿保水方面的不足，同时控制水中的有害离子。

湿润型抑尘剂在我国20世纪80年代开始推广且发展迅速，已有很多专利，如CHJ-I型湿润剂、SDLY粉尘湿润剂、HY和HB湿润剂等目前在部分矿山较广泛使用。而国际上广泛使用的有英美等国的Dustally、M-R型湿润剂，波兰的卡波、德国的非离子型湿润剂，日本的Q剂、P剂等。

B 黏结型抑尘剂

黏结型抑尘剂通过黏结聚合粉尘，遮盖硅化路面，改善路况，控制粉尘飞扬。可广泛用于堤坝、土路面、散体堆放、建筑工地等领域。按照作用机理和材料可分为有机粉尘黏结剂、无机硅化粉尘黏结剂、复合粉尘黏结剂。其中应用最多的就是有机黏结剂。

主要有乳化沥青抑尘剂、重油乳状液抑尘剂、渣油-水系乳化液抑尘剂等，黏结性抑尘剂具有良好的润湿性及黏结性，喷洒方便，现场使用的最多，约占50%，其优势在于主

(a)　(b)　(c)

(d)　(e)　(f)

图 7-20　抑尘剂在露天矿山不同路面应用效果对比

(a) 洒水的铁矿路面；(b) 使用抑尘剂的铁矿路面；(c) 洒水的露天运输路面；
(d) 使用抑尘剂的露天运输路面；(e) 洒水的石灰石矿路面；(f) 使用抑尘剂的石灰石矿路面

体原料廉价易得，制备技术已相对成熟。长期使用后，路面将越来越抗压，性能也越来越好，这将整体提升路面质量并可逐渐减少喷洒次数。但渗透力不强，刺激性气味，对环境会造成二次污染。

C　凝聚型抑尘剂

凝聚型抑尘剂具有吸湿保水性，不断凝聚周围环境中的水分使细小泥土或粉尘聚合在一起。按照作用机理与材料可分为吸湿性无机盐凝聚剂和高倍吸水树脂凝聚剂。

D　复合型抑尘剂

考虑到我国矿山道路坡度大的特点，通过加入增阻剂等对 MPS 型抑尘剂进行改进，提高路面防滑性、粉尘黏结性、综合效益等。改进后抑尘剂典型成果的防尘有效期可长达 40 余天，且防尘费用与洒水的费用接近。

7.6　露天矿堆粉尘防治技术

露天矿堆积场发生的飞散，不但污染周边环境，影响居住环境，引起民怨，而且造成大量的原料损失，因此原料堆积场均需设立解决原料飞散的防尘设施。

7.6.1　露天矿堆粉尘产生机理

露天矿堆起尘的实质是在外界风流的作用下矿物颗粒所在空间的非稳态结构的动态变化过程。当风速逐渐增大到矿物颗粒的起动风速时，颗粒在原位置附近摇摆振动，拖拽力逐渐增大，克服重力的阻碍，促使这些矿物颗粒沿着矿堆表面滑动。微细颗粒受来流风的跟随性很强，在来流风的带动下，跟随气流进入大气环境中；大粒径的颗粒惯性较大，在获得初动能后，立刻进入大气中，但其一旦与其他颗粒相撞，获得巨大的冲量，迅速地改变其运动轨迹，由水平运动转变为垂直运动，向上跃起进入空气流中，随着气流扩散、沉降。其在冲击作用下起动过程如图 7-21 所示。

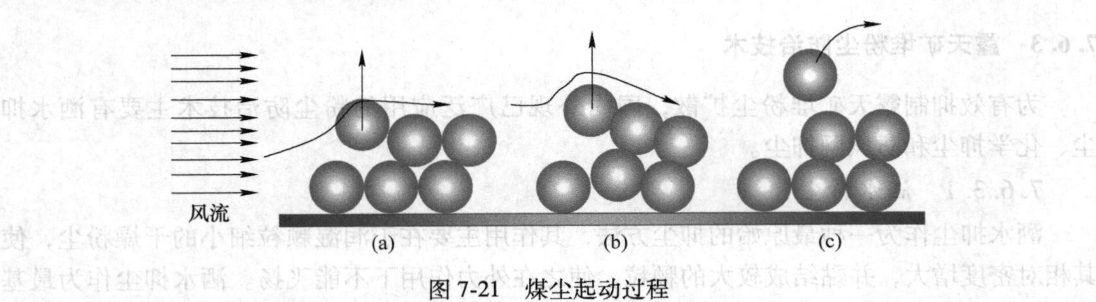

图 7-21 煤尘起动过程
（a）煤尘滚动；（b）煤尘变为向上的运动；（c）煤尘进入空气

7.6.2 露天矿堆粉尘产生影响因素

露天矿堆起尘量大小的主要因素取决于矿物自身特性和外部因素两部分。矿物自身特性主要指物料种类、粒径大小及水分含量、矿堆的密实情况等；外部因素主要指风速大小、风向、湍流度、空气湿度、温度和光照强度等。这些因素导致矿堆中粉尘悬浮、沉降、凝聚和扩散。

7.6.2.1 物料自身因素

（1）颗粒粒径。通常情况下，同一种颗粒物质在相同的外部条件下，粒径越大，越不容易起动；反之则越容易起动。但是，当颗粒粒径小于临界粒径时，颗粒间的黏滞力起主导作用，颗粒的起动速度随粒径减小而增加。另外，对于自然状态下的混合物料，颗粒间的相互遮蔽作用也会导致其起尘量的差异。

（2）表层含水率。含水率对于粉尘颗粒的起动有很重要的影响。通常情况下，含水率越大，水分对于粉尘颗粒的黏结作用就越强，起尘量就越小；反之起尘量就越大。但含水率对起尘量的影响随粒径不同而不同。颗粒粒径越小，其对含水率的影响就越敏感，而颗粒较粗的粉尘对于含水率则不那么敏感。

（3）物料种类。不同物料种类的比重相差很大，如，煤的比重约为 635 kg/m^3，煤矸石约为 816 kg/m^3，而铁矿为 3800~5200 kg/m^3（菱铁矿），不同物料种类及矿物来源其粒度大小也相差较大。南非矿所含细颗粒较少，粗颗粒较多，而澳大利亚矿含细颗粒成分较高，巴西矿适中。

（4）表面板结。物料堆在受到降雨或者洒水影响后，随着水分的蒸发，堆垛表面较细的粉尘颗粒会黏结导致堆垛表层出现板结现象，从而导致起尘风速变大。表层板结的矿石堆很难发生起尘。利用此现象，通过洒水，使得矿堆表面板结，可以达到减少起尘量、降低抑尘成本的目的。但是，目前对这方面的研究资料很少。

7.6.2.2 外部因素

粉尘颗粒物在大气中的运动与气象条件密切相关。对粉尘颗粒的扩散起直接作用的是靠近地面 1~2 km 层的大气层，特别是靠近地面几十米的近地面层。在近地面边界层内，温度、湿度、风速和风向等随高度的变化较大，地形和地表粗糙高度的差异性也大。因此，研究粉尘颗粒的起动和扩散就必须从与其关系密切的气象条件出发。影响粉尘起动和扩散的气象条件主要包括风速、风向、温度、湿度、大气湍流度等。

7.6.3　露天矿堆粉尘防治技术

为有效抑制露天矿堆粉尘扩散，国内外现已广泛应用的粉尘防治技术主要有洒水抑尘、化学抑尘和防风网抑尘。

7.6.3.1　洒水抑尘

洒水抑尘作为一种最原始的抑尘方法，其作用主要在于润湿颗粒细小的干燥粉尘，使其相对密度增大，并黏结成较大的颗粒，使之在外力作用下不能飞扬。洒水抑尘作为最基本的抑尘措施被广泛应用于露天储矿场的扬尘控制中。洒水抑尘分为传统洒水车洒水抑尘、静压喷雾抑尘、超声波抑尘、喷洒静电水抑尘、高压喷雾抑尘等。在具体抑尘的过程中，一般在储矿场矿堆四周设置环形水管以及一些洒水喷枪，还可以采用自动或半自动喷洒的防尘装置，通过定时的给矿场洒水来达到抑尘的效果。

该方法简便易行，但由于表面物料渗水能力强、抗蒸发能力差，水分蒸发很快，特别是气候干燥地区蒸发更快，有效抑尘时间很短（夏季不足半小时）。为了要保证物料含一定的水分，耗水量很大，在缺水地区使用该法受到限制。另外频繁洒水会加剧物料自然风化的速度，易产生呼吸性粉尘且影响物料性质。因而，通过洒水来控制扬尘受到很大限制。

7.6.3.2　覆盖剂抑尘（化学抑尘）

覆盖剂抑尘是指将覆盖剂喷于矿堆和物料的存放点，可使矿堆表面形成结膜层，防止风吹雨淋造成的损失，并有效地控制矿堆粉尘的飞扬。它的作用机理与化学抑尘剂的作用机理相近，主要有：（1）润湿机理，其目的是增强物料的润湿能力和渗透能力，使物料始终具有一定的含水量来抵御外来的蒸发，如传统降尘抑尘的方法喷洒清水，就是通过水分子渗进煤炭表层，将其润湿使其团并周围煤尘分子并保持一定水分，最终达到降尘、抑尘目标；（2）黏结作用机理，主要是利用人工合成或者天然化学品的黏着力将微细颗粒黏结在一起，同时增加煤粒之间的黏结强度，可使粉尘颗粒成团或在矿堆表面黏结形成一层壳，从而抑制粉尘飞扬；（3）凝聚成膜机理，利用化学材料的凝聚成膜特性，将其喷洒在物料表面后会形成一层连续的薄膜，该膜有一定韧性、附着力好，可以覆盖在堆料的表面，从而达到抑制粉尘飞扬的目的。

7.6.3.3　防风抑尘网

防风抑尘网能大量降低露天煤堆场的起尘量，其机理是通过降低来流风的风速，改变一部分来流风通过挡风抑尘网后的风向，避免来流风的明显涡流，最大限度地损失来流风的动能，避免来流风的明显涡流，减少风的湍流度，从而达到减少起尘的目的。

挡风抑尘网一般采用有机非金属复合材料板或金属板，利用空气动力学原理，按照实施现场环境按风洞试验结果加工成一定几何形状的防风板，并根据现场条件将防风板组成“挡风抑尘墙”，如图 7-22 所示，使其通过的空气强风从外通过墙体时，在墙体内侧形成上下干扰的气流，以达到外侧强风、内侧弱风外侧小风，内侧无风的效果，从而防止粉尘飞扬。经过长时间的运行，挡风抑尘墙综合抑尘效果非常明显，单层防风抑尘墙的综合抑尘效果可达65%~85%，双层防风抑尘墙的综合抑尘效果可达75%~95%。

图 7-22 防风抑尘网实物图

防风抑尘墙主要由土建基础、支撑结构和防风网三部分组成。

(1) 土建基础。防风抑尘墙的土建基础是由预制混凝土块或现场浇注地下基础构成的。

(2) 支撑结构。防风抑尘墙常采用钢支架进行支护，支架结构无特殊要求，主要考虑能给防风抑尘墙提供足够的强度，抵御强风的破坏，其次考虑整体美观。工程实际建设过程中支架主体可以选用钢结构，也可以采用钢筋砼支柱作防风抑尘墙的支架，但后者造型笨重，整体不够美观。

(3) 防风网。防风网是防风抑尘墙防治粉尘污染的关键设备，目前市场上的防风网产品类型多样，按材质可分为刚性防风网和柔性防风网两大类。

7.7 露天矿尾矿库干滩面粉尘防治

7.7.1 尾矿库的分类及扬尘特征

尾矿是矿石经选矿破碎、磨细等加工处理，从中选出有用矿物后所剩余的矿渣，它通常以矿浆状态排放。用以存储矿渣的工程设施称为尾矿库，尾矿库一般由筑现拦截谷口或围地构成，根据不同的地形地貌条件，可分为山谷型、傍山型、平地型与截河型四类尾矿库。

7.7.1.1 山谷型尾矿库

山谷型尾矿库，指在山谷谷口处筑坝形成的尾矿库。该类尾矿库由于三面环山的天然地理优势，一面筑坝口为自然通风口，受山谷风的影响而产生扬尘，但扬尘影响范围主要集中在山谷内区域，扬尘受山体的阻滞，影响范围相对较小。

7.7.1.2 傍山型尾矿库

傍山型尾矿库，指在山坡脚下依山筑坝所围成的尾矿库。该类尾矿库有三面或两面筑现通风口，受山谷风的影响产生扬尘，扬尘影响范围主要集中在山体脚下，由于只有一侧扬尘受山体的阻滞，影响范围相对较大。

7.7.1.3 平地型尾矿库

平地型尾矿库，指在平缓地形周边筑坝围成的尾矿库。该类尾矿库极拥有四面筑现的通风口，易因大风而产生扬尘，由于无阻滞的作用，扬尘影响距离较远，影响范围最大。

7.7.1.4 截河型尾矿库

截河型尾矿库，指是截取一段河床，在其上、下游两端分别筑坝形成的尾矿库。该类尾矿库由于四周空旷，污染范围不受控制，矿尘飘散距离很远，不仅污染周边空气环境，对河道及周边土体也造成污染。

7.7.2 尾矿库干滩面的扬尘影响因素

尾矿库在堆存尾矿的过程中，由于尾矿坝和干滩上的尾矿粒度小，含水量相对较低，在风力作用下极易产生扬尘，尤其是天气干旱、少雨、大风季节，尾矿库扬尘更为严重，进而污染环境。目前国内外尾矿库扬尘产生的原因如下。

7.7.2.1 尾矿颗粒细

由于选矿工艺的要求，矿石必须经过破碎、磨矿，致使尾矿砂的粒度很细，一般 −0.074 mm 占全尾矿的 70%以上，有的甚至达 90%以上。尾矿粒径直接影响摩阻起动速度和粉尘量，尾矿粒径越细起动摩阻速度越低，粉尘产生量越大。

7.7.2.2 尾矿库坝体高

随着尾矿库坝体高度不断增加，坝顶风力也在加大，从而增加了尾矿扬尘的发生概率，因此坝体高度越高，粉尘产生量越大。

7.7.2.3 尾矿排放管理不到位

为了降低成本，部分企业对多管放矿在具体管理和生产安排上存在一定漏洞，如：多管排放间距不合理、投资资金不到位、改为独管排放、多管排放时间间隔过长，从而影响了尾矿库防尘。

7.7.2.4 尾矿库干滩长度过长

尾矿库干滩长度是保证坝体安全的重要措施之一，同时也是产生尾矿扬尘的主要区域，在尾矿库实际运行过程中，由于对干滩长度控制不规范，导致扬尘问题更为突出。

7.7.3 尾矿库干滩面的粉尘防治技术

7.7.3.1 防尘网

防尘网由高分子材料制成的网状制品，使用时覆盖于易起尘的物料之上，起到防止粉尘飞起的作用。防尘网造价低廉，对粗颗粒大块碎石遮盖效果较好，如图 7-23 所示。对于尾矿这种细粒极物料，防尘网孔眼还是无法阻止其被风卷起，对于细颗粒尾矿干滩部分的抑尘作用不明显。

7.7.3.2 挡风墙

“挡风抑尘墙”又名“防风网障”是采用复合材料制成，加工成不同的几何形状、不同的开孔和开孔率的挡风墙，如图 7-24 所示。当气流通过墙体时，在墙体内侧形成上下干扰的气流，使墙内侧风力减弱，风速减小，达到墙外强风墙内弱风甚至无风的状态，控制了空气的流动从而抑制了尾矿粉尘的扬起。当墙外风力较大或者风向与挡风墙阻挡方向不一致时，挡风墙防风作用不明显，抑尘效果不明显。

图 7-23 防尘网　　图 7-24 挡风墙

7.7.3.3 植被覆盖

植被种植是防止尾矿干滩或者其他细粒物料堆场扬尘的手段之一，采用易生长的植物种植于坝外坡，利用植物的水土保持作用将粉尘当作植物的土壤，实现控制尘土的作用，如图 7-25 所示。尾矿干滩对于植物生长来说条件苛刻，须选择适应能力强成活率高的植被，同时植物需要定期维护保养，失去维护后植物死亡，将失去预防起尘的作用。

图 7-25 植被覆盖

7.7.3.4 喷淋抑尘

喷淋抑尘是水通过喷嘴形成雾状小液滴，暂时悬浮于空中，当粉尘颗粒通过雾状空间时，因尘粒与液滴之间的碰撞、拦截和凝聚作用，尘粒随液滴降落下来。而附着于地面的粉尘颗粒由于喷洒增加了含水率，形成直径更大的团聚颗粒，较不容易被风带起，从而达到了降尘抑尘的作用，如图 7-26 所示。喷淋抑尘需要在工作时间内不停喷洒，保持喷洒区域内物料表面的湿润，在大风天气以及其他干燥天气还应延长喷淋时间。

7.7.3.5 喷淋洒水车

采用洒水车沿物料堆或者尾矿坝上道路行驶，利用喷枪向物料上空喷洒清水，保持物料表面湿润，如图 7-27 所示。由于洒水车装载水量有限，持续抑尘需要多台洒水车不断取水喷洒，另外洒水车所带喷淋泵扬程也有限，无法全部覆盖大滩面对于一些尾矿库的尾矿干滩，抑尘能力不足。

图 7-26 喷淋抑尘

图 7-27 喷淋洒水车降尘

7.7.3.6 覆盖剂抑尘

通过高分子聚合物和微细粉尘保持着特殊的浸透力和结合力，在粉尘表面形成硬化层。硬化层不仅能够抑制风蚀作用，而且有利于植物的生长。粉尘覆盖剂使用的关键是如何控制在不同运营时期的动态表面的控制；过于频繁地使用会造成费用的增加。而在极端天气情况下使用，有利于扬尘的控制。这是治理尾矿库干滩产生扬尘的有效新技术。

7.7.3.7 其他方法

(1) 采用多管放矿。即采用多管小流量分散放矿的方式将尾矿排入尾矿库。采用这种放矿方式，在各分区范围内的干枯沉积物上，可覆盖一层细粒级尾矿。这种尾矿干后形成结实的表皮层，可经受风的侵袭，它不仅可用于短期的生产防尘，而且可用于长期固定尾矿库的表面。

(2) 建设输水管网。通过洒水或形成水帘的方式增加尾矿砂的含水率。砂子在湿润的情况下，黏滞性增加，团聚作用加强，因而也就要求砂子起动风速值加大。这是减少扬尘污染的一种常用方法。

(3) 添加药剂等。利用药剂或添加剂（如石灰、水泥、树脂类等）与尾矿表面作用生成一个坚硬的外壳，可以长时间防止地表粉尘的飞扬。

复习思考题及习题

7-1 影响露天矿大气污染的主要因素有哪些？
7-2 简述穿孔作业粉尘产生机理及防治技术。
7-3 简述露天矿大爆破作业产尘机理及防治技术。
7-4 简述矿物装卸作业粉尘产生机理及防治技术。
7-5 露天矿运输路面产尘的主要原因及危害有哪些？
7-6 简述露天矿运输路面的扬尘机理及防治技术。
7-7 简述露天矿堆粉尘产生机理及影响因素。
7-8 简述露天矿堆粉尘防治技术有哪些。
7-9 简述露天矿尾矿库干滩面粉尘扬尘特征及影响因素。
7-10 简述尾矿库干滩面的粉尘防治技术有哪些。

8 矿山尘毒的检测技术

8.1 矿山粉尘的检测技术

8.1.1 矿山粉尘理化性质的检测

粉尘的理化性质是指粉尘本身固有的各种物理、化学性质。与防尘技术关系密切的粉尘特性有密度、粒径、分散度、安息角、润湿性、黏附性、爆炸性、荷（带）电性、比电阻等。其中粉尘密度又分为堆积密度和真密度。

8.1.1.1 粉尘样品的分取

测定粉尘的各种特性，必须以具体的粉尘为对象。从尘源处收集来的粉尘，要经过随机分取处理，以使所测的粉尘具有良好的代表性。分取样品的方法一般有圆锥四分法、流动切断法和回转分取法等。

A 圆锥四分法

圆锥四分法是将粉尘经漏斗下落到水平板上堆积成圆锥体，再将圆锥垂直分成四等份 a、b、c、d，舍去对角上两份 a、c，而取其另一对角上的两份 b、d。混合后重新堆成圆锥再分成四份进行取舍。如此依次重复 2~3 次，最后取其任意对角两份作为测试用粉尘样品，如图 8-1 所示。

B 流动切断法

流动切断法是在从现场取回的试料比较少的情况下采用。把试料放入固定的漏斗中，使其从漏斗小孔中流出，如图 8-2 所示。用容器在漏斗下部左右移动，随机接取一定量的粉料作为分析用样品，如图 8-2（a）所示。此外也可以将装有粉尘的漏斗左右移动，使粉尘漏入二个并在一起的容器内，然后取其中一个（舍取另一个）。将试料重复分缩几次，直至所取试料的数量满足分析用样为止，如图 8-2（b）所示。

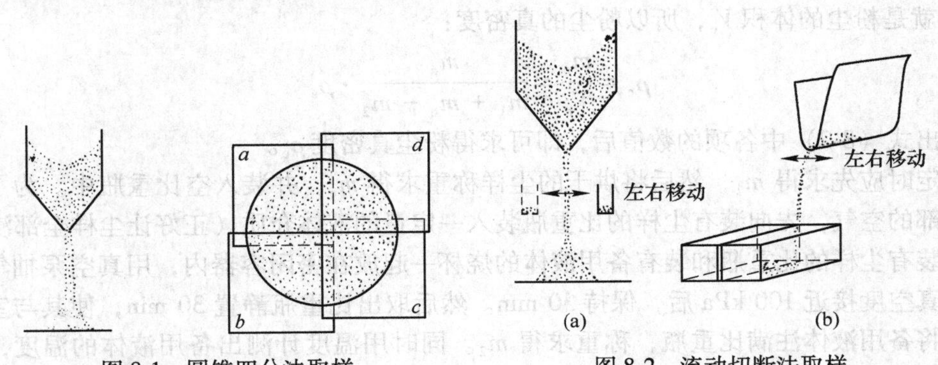

图 8-1 圆锥四分法取样

图 8-2 流动切断法取样

8.1.1.2　回转分取法

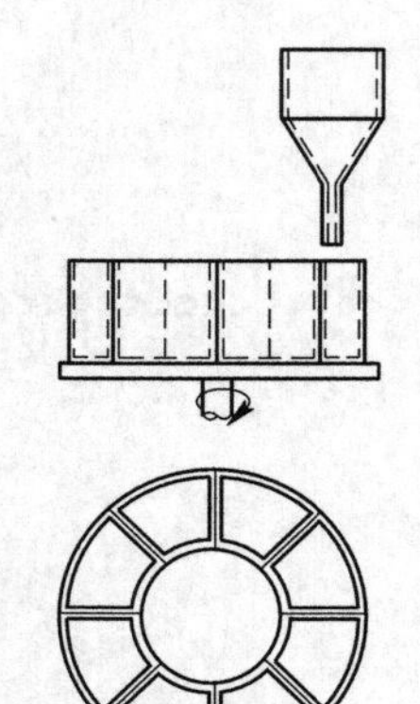

图 8-3　回转分取法

回转分取法是使粉尘从固定的漏斗中流出，漏斗下部设有转动的分隔成八个部分的圆盘。粉尘均匀地落到圆盘上的各部分，取其中一部分作为分析测定用料。有时为了简化设备，也可使圆盘固定而使漏斗做回转运动，使粉尘均匀落入圆盘各部分中，如图 8-3 所示。

8.1.1.3　粉尘真密度的测定

密实状态下单位体积粉尘的质量，称为粉尘真密度（或称尘粒密度）。粉尘在空气中的沉降或悬浮与其密度有很大关系，真密度是粉尘的重要物性之一。测量粉尘真密度的方法较多，如比重瓶法（液相置换法）、气相加压法等，但较常用的是比重瓶法，下面只介绍该法测定粉尘真密度的原理和方法。

用比重瓶法测定粉尘真密度的原理是：利用液体介质浸没尘样，在真空状态下排除粉尘内部的空气，求出粉尘在密实状态下的体积和质量，然后计算出单位体积粉尘的质量，即真密度，如图 8-4 所示。

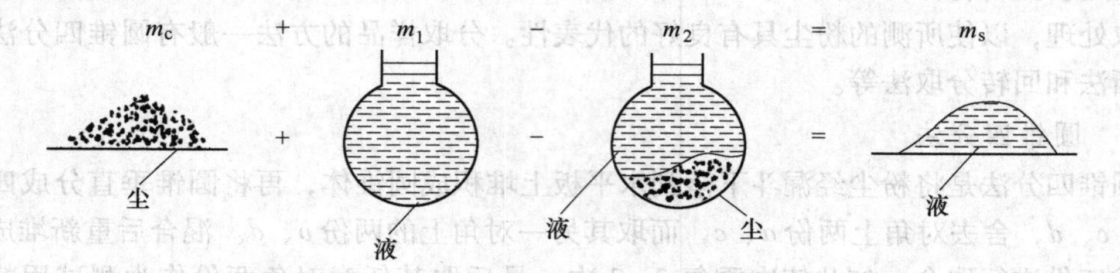

图 8-4　测定粉尘真密度的示意图

如果把粉尘放入装满水的比重瓶内，排出水的体积就是粉尘的真实体积 V_c。

从图 8-4 所示可以看出，从比重瓶中排出的水的体积

$$V_s = \frac{m_s}{\rho_s} = \frac{m_1 + m_c - m_2}{\rho_s} \tag{8-1}$$

式中，m_s 为排出水的质量，kg；m_c 为粉尘质量，kg；m_1 为比重瓶加水的质量，kg；m_2 为比重瓶加水加粉尘的质量，kg；ρ_s 为水的密度，kg/m^3。

V_s 就是粉尘的体积 V_c，所以粉尘的真密度：

$$\rho_c = \frac{m_c}{V_c} = \frac{m_c}{m_1 + m_c - m_2} \cdot \rho_s \tag{8-2}$$

测出式（8-2）中各项的数值后，即可求得粉尘真密度 ρ_c。

测定时应先求得 m_1，然后将烘干的尘样称重求得 m_c，并装入空比重瓶中。为了排除粉尘内部的空气，先向装有尘样的比重瓶装入一定量的液体介质（正好让尘样全部浸没），随后把装有尘样的比重瓶和装有备用液体的烧杯一起放在密闭容器内，用真空泵抽气。当容器内真空度接近 100 kPa 后，保持 30 min。然后取出比重瓶静置 30 min，使其与室温相同，再将备用液体注满比重瓶，称重求得 m_2。同时用温度计测出备用液体的温度，得出相应的密度 ρ_s。应用式（8-2）求出粉尘真密度 ρ_c。测定时应同时测定 2~3 个样品，然后

求平均值。每两个样品的相对误差不应超过2%。

选用的液体介质要易于渗入到粉尘内部的空隙，又不使粉尘产生物理化学变化。

8.1.1.4 粉尘堆积密度的测定

自然堆积状态下单位体积粉尘的质量，称为粉尘堆积密度（或称容积密度）。测定粉尘的堆积密度（表观密度、容积密度）时，需要准确地测出粉尘（包括尘粒间的空隙）所占据的体积及粉尘的质量。

图 8-5 为标准的粉尘堆积密度测定装置。首先称出盛灰桶 1 的质量 m_0(kg)，灰桶容积规定为 100 cm^3。漏斗 2 中装入灰桶容积 1.2~1.5 倍的粉尘。抽出塞棒 3 后，粉尘由一定的高度（115 mm）落入灰桶，然后用厚 3 mm 的刮片将灰桶上堆积的粉尘刮平。称取灰桶加粉尘的质量 m_s(kg)，即可求得粉尘的堆积密度 ρ_b

$$\rho_b = \frac{m_s - m_0}{V} \tag{8-3}$$

式中，V 为灰桶的体积，m^3，标准规定为 $V=100\ cm^3$。

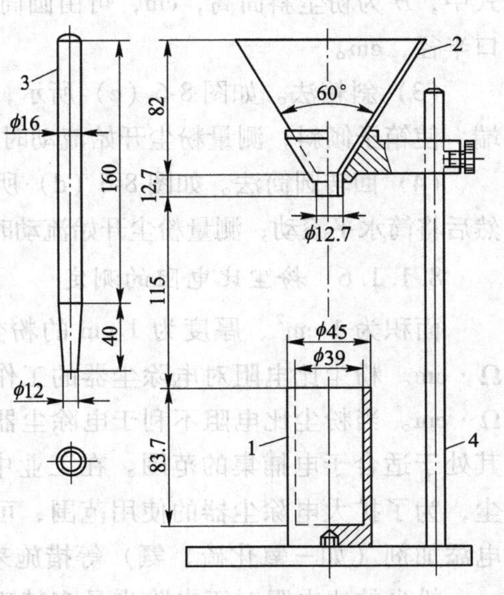

图 8-5 粉尘堆积密度计

1—灰桶；2—漏斗；3—塞棒；4—支架

8.1.1.5 粉尘安息角的测定

将粉尘自然地堆放在水平面上，堆积成圆锥体的锥底角称为粉尘安息角。安息角也称休止角、堆积角，一般为 35°~55°。将粉尘置于光滑的平板上，使此平板倾斜到粉尘开始滑动时的角度，为粉尘滑动角，一般为 30°~40°。粉尘安息角和滑动角是评价粉尘流动特性的一个重要指标。它们与粉尘粒径、含水率、尘粒形状、尘粒表面光滑程度、粉尘黏附性等因素有关，是设计除尘器灰斗或料仓锥度、除尘管道或输灰管道斜度的主要依据。

粉尘安息角的测定方法很多，现简单介绍如下。

(1) 注入法。如图 8-6（a）所示，粉尘自漏斗流出落到水平圆板上，用测角器直接量其堆积角或量得粉尘锥体的高度求其堆积角，即

$$\tan\alpha = \frac{H}{R} \tag{8-4}$$

式中，H 为粉尘锥体高度，cm；R 为底板半径，cm，一般为 40 cm；α 为粉尘安置角，(°)。

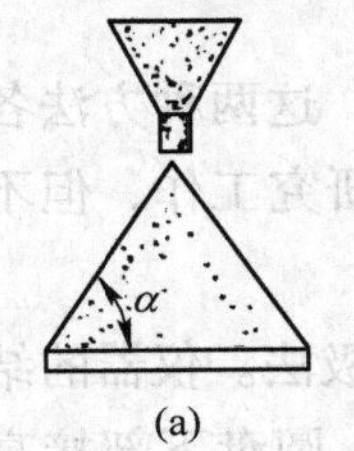

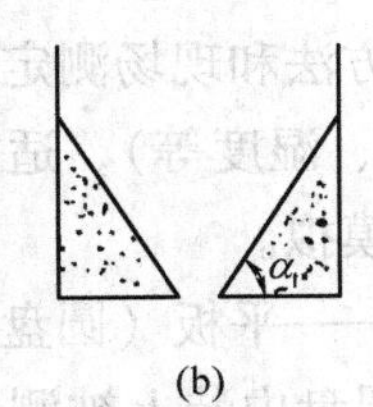

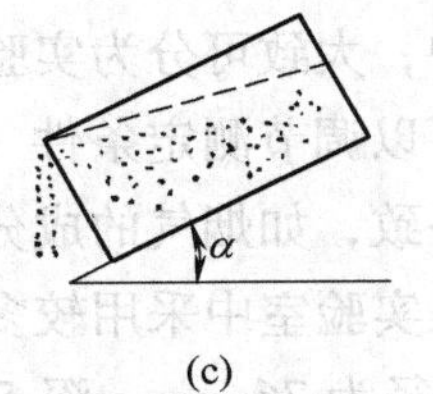

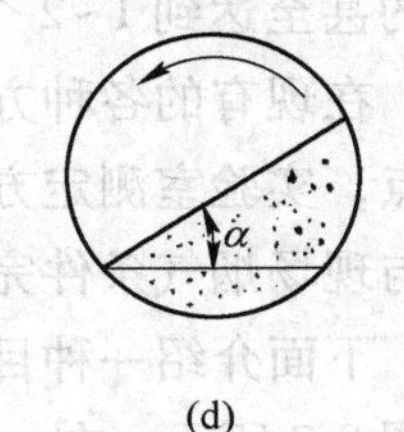

图 8-6 粉尘安息角测定装置示意图

（a）注入法；（b）排出法；（c）斜箱法；（d）回转圆筒法

（2）排出法。如图 8-6（b）所示，粉尘从容器的底部圆孔排出，测量粉尘流出后在容器内的堆积斜面与容器底部水平面的夹角。装粉尘的容器可以是带有刻度的透明圆筒。粉尘安置角为：

$$\tan\alpha = \frac{H}{R - r} \tag{8-5}$$

式中，H 为粉尘斜面高，cm，可由圆筒刻度上直接读出；R 为圆筒半径，cm；r 为流出孔口半径，cm。

（3）斜箱法。如图 8-6（c）所示，在水平放置的箱内装满粉尘，然后提高箱子的一端，使箱子倾斜，测量粉尘开始流动时粉尘表面与水平面的夹角。

（4）回转圆筒法。如图 8-6（d）所示，粉尘装入透明圆筒中（粉尘体积占筒体 1/2）。然后将筒水平滚动，测量粉尘开始流动时的粉尘表面与水平面的夹角。

8.1.1.6　粉尘比电阻的测定

面积为 1 cm^2、厚度为 1 cm 的粉尘层所具有的电阻值称为粉尘比电阻。其单位为 $\Omega \cdot cm$。粉尘比电阻对电除尘器的工作有很大影响，最有利的电捕集范围为 $10^4 \sim 5\times10^{10}$ $\Omega \cdot cm$。当粉尘比电阻不利于电除尘器捕尘时，需要采取措施来调节粉尘比电阻值，使其处于适合于电捕集的范围。在工业中经常遇到高于 5×10^{10} $\Omega \cdot cm$ 的所谓高比电阻粉尘，为了扩大电除尘器的使用范围，可采取喷雾增湿、调节烟气温度和在烟气中加入导电添加剂（如三氧化硫、氨）等措施来降低粉尘比电阻。

粉尘的比电阻对于电除尘具有特殊的意义，因而粉尘比电阻的测定显得十分重要，并提出了许多方法。粉尘的比电阻是随其所处的状态（烟气温度、湿度、成分等）而变化的，因此在实验室条件下测定时，应尽可能模拟现场实际的烟气条件，具体的要求为：

（1）模拟电除尘器粉尘的沉积状态，即粉尘层的形成是在电场作用下荷电粉尘逐步堆积而成；

（2）模拟电除尘器中的气体状态（气体的温度、湿度、气体成分等）；

（3）模拟电除尘器的电气工况，即在高压电场下的电压和电晕电流。

在实际测量中，使粉尘、烟气及电气条件完全满足上述要求是相当困难的。因而不同的仪器及测定方法在满足上述要求时，各有侧重。用不同方法测出的比电阻值差别较大，有的甚至达到 1~2 个数量级。

在现有的各种方法中，大致可分为实验室测定方法和现场测定方法。这两种方法各有特点，实验室测定方法可以调节测定条件（如温度、湿度等），适用于研究工作，但不可能与现场烟气条件完全一致，如烟气的成分就很难模拟。

下面介绍一种目前在实验室中采用较多的方法——平板（圆盘）电极法。仪器的结构如图 8-7 所示。在一个内径为 76 mm、深 5 mm 的圆盘内装上被测粉尘，圆盘下部接高压电源，粉尘上表面放置一根可上下移动的盘式电极，在圆盘的外周有一圆环，圆环与圆盘之间有 0. 8 mm 的气隙，（或氧化硅、氧化铝、云母等绝缘材料），导环的作用是消除边缘效应。圆盘上连接一根导杆，使圆盘能上下移动，导杆的端部用导线串联一个电流表并与地极连接。

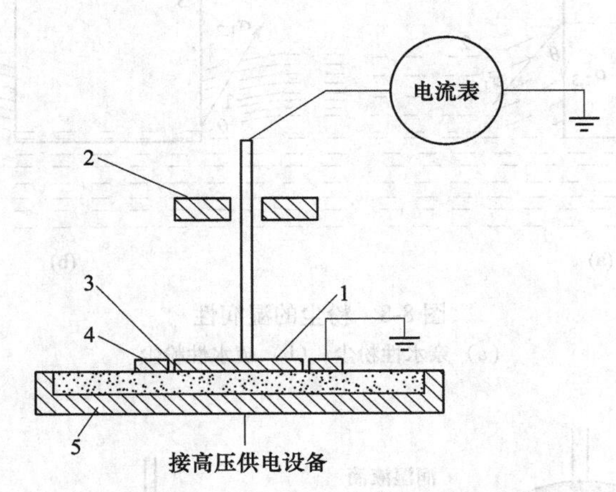

图 8-7 比电阻测定仪器示意图

1—可动电极（直径 19.05~25.4 mm，厚 3.175 mm）；2—机构导向（绝缘）；3—气隙（0.8 mm）；4—屏蔽环（直径 28.6 mm，厚 3.175 mm）；5—尘盘（内径 76 mm，深 5 mm）

测定时，将粉尘自然填充到圆盘内，然后用刮片刮平，给粉尘层施加逐渐升高的电压，取 90%的击穿电压时的电压和电流，按下式计算比电阻。

$$R_b = \frac{V}{I} \cdot \frac{A}{\delta} \tag{8-6}$$

式中，R_b为粉尘比电阻，Ω · cm；V为计算电压，V；I为计算电流，A；δ为粉尘层厚度，cm；A为圆盘面积，cm^2。

根据需要，也可将圆盘置于可调节温度、湿度和气体参数的测定箱内进行测定。

8.1.1.7 粉尘润湿性的测定

粉尘的润湿性是指某种粉尘对不同液体的亲和程度。粉尘的润湿性与粉尘本身的性质、粉尘的形状和大小以及液体的表面张力有关，球形粒子的润湿性比不规则形状的粒子要小；粉尘越细，亲水能力越差；表面张力越小的液体，对尘粒越容易润湿。

粉尘润湿性一般有四种测试方法：一是润湿角（接触角），二是沉降法，三是反向毛细渗透法，四是正向渗透法。

A 润湿角（接触角）

不同粉尘的润湿性不同，当其沉于水中时会出现两种不同的情况，如图 8-8 所示，气与液的交界面的表面张力 $\sigma_{1.2}$，气与固的交界面的表面张力 $\sigma_{2.3}$，液与固的交界面的表面张力为$\sigma_{1.3}$。这里$\sigma_{1.3}$与$\sigma_{2.3}$作用于粉尘的表面内，而$\sigma_{1.2}$作用于接触点的切线上，切线与尘粒表面的夹角 θ 称为润湿角或接触角。

润湿角是直接表征煤尘润湿性的一个参数，润湿角是由液-固与液-气界面共同作用而成。

测定粉尘的润湿角通常有两种方法，分别是无柄液滴法和气泡捕获法，如图 8-9 所示。在测定粉尘润湿角时，由于粉尘粒径过小，无法对单颗粒煤尘润湿性进行测试，通常

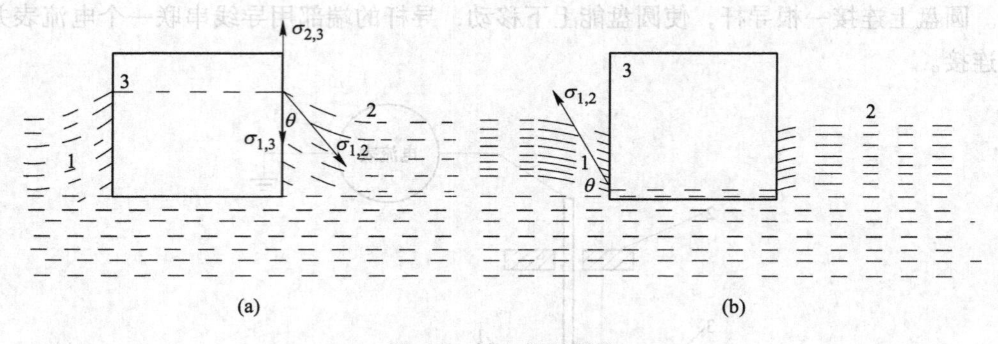

图 8-8 粉尘的湿润性

（a）亲水性粉尘；（b）疏水性粉尘

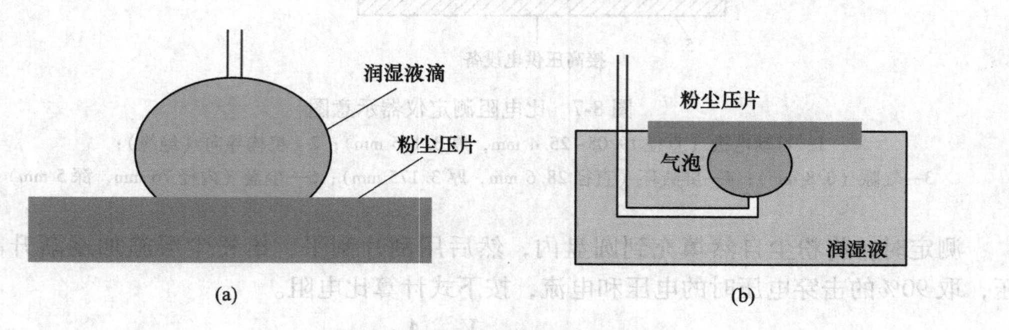

图 8-9 测定粉尘润湿性示意图

（a）无柄液滴法；（b）气泡捕获法

将粉尘压制成片对其进行测试。但粉尘在机械压制过程中，其表面特性会发生变化，因此压片法测定的粉尘润湿性与单颗粒润湿性存在差异。

若忽略重力及水的浮力作用，在形成平衡角 θ 时，上述三种力应处于平衡状态，平衡条件为：

$$\sigma_{2.3} = \sigma_{1.3} + \sigma_{1.2}\cos\theta$$

$$\cos\theta = \frac{\sigma_{2.3} - \sigma_{1.3}}{\sigma_{1.2}} \tag{8-7}$$

$\cos\theta$ 的变化有 1 到-1，θ 的变化为 0~180°。这样可以用润湿角 θ 来作为评定粉尘润湿性的指标：（1）亲水性粉尘 $\theta \leqslant 60°$，如石英、方解石的润湿角 θ 为 0°，石灰石粉、磨细的石英粉 $\theta = 60°$；（2）润湿性差的粉尘 $60° < \theta < 85°$，如滑石粉 $\theta = 70°$，以及焦炭粉及经热处理的无烟煤粉等；（3）疏水性粉尘 $\theta > 90°$，如炭黑、煤粉等。

B 沉降法

沉降测试法是通过测试单位质量粉尘从接触溶液表面开始到完全沉降所用时间来评价粉尘分润湿性，该方法在评价表面活性剂对粉尘润湿性影响时使用最多的方法之一。

C 毛细上升法与正向渗透法

毛细上升法测试装置如图 8-10（a）所示，在测定过程中，通常使用内径为 8 mm 的玻璃管，装入质量为 2 g 的粉尘，玻璃管底部粘有玻璃纤维滤纸，玻璃管浸入润湿液高度为 2~4 mm。

正向渗透法典型实验装置如图 8-10（b）所示，该实验通过在 5 mm 内径玻璃管中轻轻装入 5 cm 高度的粉尘颗粒，之后从上部滴入润湿液。

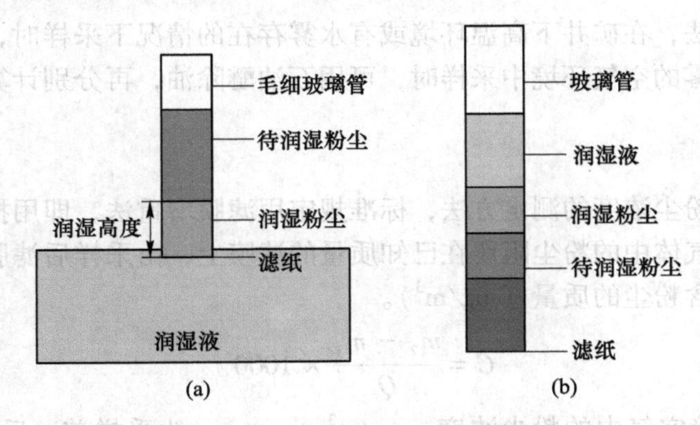

图 8-10　毛细上升法测试装置

（a）毛细上升法测试装置；（b）正向渗透法实验装置

毛细上升法与正向渗透法通常以粉尘润湿速度为衡量指标。取润湿时间为 20 min，测出此时的润湿高度 L_{20}(mm)，于是润湿速度为

$$U_{20} = \frac{L_{20}}{20} \tag{8-8}$$

按 U_{20} 作为评定粉尘润湿性的指标，在润湿液为纯水的情况下，可将粉尘的湿润性类型分为四类，见表 8-1。

表 8-1　粉尘的润湿性类型

粉尘类型	Ⅰ	Ⅱ	Ⅲ	Ⅳ
湿润性	绝对疏水	疏水	中等亲水	强亲水
U_{20}/mm · min^{-1}	<0.5	0.5~2.5	2.5~3.5	>8.0
粉尘举例	石蜡、沥青	石墨、煤	石英	锅炉灰飞

在除尘技术中，粉尘的湿润性是选用除尘设备的主要依据之一，对于润湿性好的亲水性粉尘（中等亲水、强亲水），可选用湿式除尘器，在科学研究和部分实际应用中，为提高液体（水）对粉尘的润湿性，往往会加入润湿剂（如表面活性剂）以减少固-液之间的表面张力，增加粉尘的亲水性。

8.1.2　矿山粉尘浓度的测定

粉尘浓度是指单位体积空气中所含粉尘的质量或数量。粉尘浓度的计量方法有质量法或数量法两种，质量粉尘浓度以毫克/立方米（mg/m³）表示，数量粉尘浓度以粒/立方米（n/m³）表示。在国家标准《作业场所空气中粉尘测定》（GBZ/T 192.1—2007）中对粉尘检测采用质量法。

8.1.2.1　工作区粉尘浓度的测定

工作区粉尘浓度测定的常用方法是滤膜测尘法，由于这种方法具有操作简单、精度高、费用低的优点，易于在工矿企业中推广等优点而得到广泛应用。此外光散射测尘、β射线测尘、压电晶体测尘等快速测尘方法，在工矿企业中也得到逐步应用。

A　滤膜测尘法

采用滤膜测尘法，在矿井下高温环境或有水雾存在的情况下采样时，样品称重前应做干燥处理；在有油雾的空气环境中采样时，可用石油醚除油，再分别计算粉尘浓度和油雾浓度。

a　测定原理

对工作环境中粉尘浓度的测定方法，标准规定用滤膜增重法，即用抽气泵抽取一定体积的含尘气体，把气体中的粉尘阻留在已知质量的滤膜上，由采样后滤膜的增重，计算出单位体积空气中所含粉尘的质量（mg/m^3）。

$$C = \frac{m_2 - m_1}{Q} \times 1000 \tag{8-9}$$

式中，C 为工作环境空气中的粉尘浓度，mg/m^3；m_1、m_2 为采样前、后的滤膜质量，mg；Q 为采气量，L。

由下式计算

$$Q = q \cdot t \tag{8-10}$$

式中，q 为采样流，L/ min；t 为采样时间，min。

b　测定器材

采用经过产品检验合格的粉尘采样器，在需要防爆的作业场所采样时，用防爆型粉尘采样器，滤膜测尘系统所用采样器的结构如图 8-11 所示。由滤膜采样头，转子流量计和抽气泵等部分所组成。

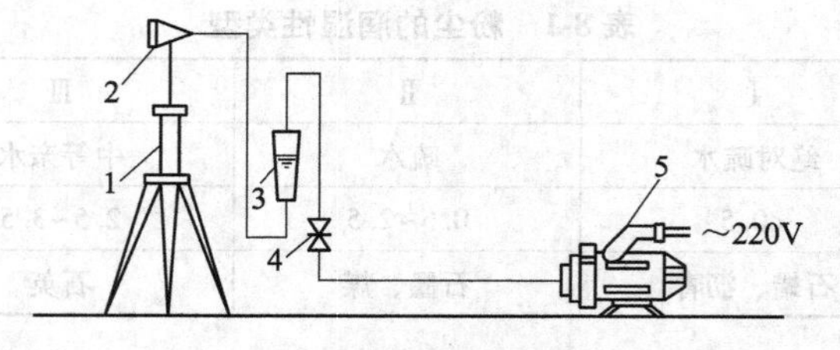

图 8-11　滤膜测尘系统

1—三脚支架；2—滤膜采样头；3—转子流量计；4—调节流量螺旋夹；5—抽气泵

粉尘采样器有全尘浓度采样器、呼吸性粉尘采样器与两级计重粉尘采样器。

采样滤膜：采样用的滤膜采用过氯乙烯纤维滤膜。当粉尘浓度低于 50 mg/m^3时，用直径 40 mm 的滤膜；当粉尘浓度高于 50 mg/m^3，为防止滤膜上积存的粉尘层太厚脱落下来，改用直径为 75 mm 的滤膜。当过氯乙烯纤维滤膜不适用时，改用玻璃纤维滤膜。

天平：称重滤膜的天平，用感量不低于 0.0001 g 的分析天平，按计量部门的规定，每年校验一次。

流量计：气体流量计，常用 15 ~ 40 L/min 的转子流量计，也可应用涡轮式气体流量计；当需要加大流量时，可用提高到 80 L/min 的流量计，流量计至少每半年用钟罩式气体计量器，皂膜流量计或精度为±1%的转子流量计校正一次。若流量计有明显污染时，应及时清洗校正。

滤膜采样头：滤膜采样头的结构如图 8-12 所示，由顶盖 1、漏斗 2、夹盖 3 等组成。平面滤膜 6 被夹在锤形环 4 和夹座 5 之间，由顶盖 1 拧紧在带螺旋的夹座 5 上。形成一绷紧平面。

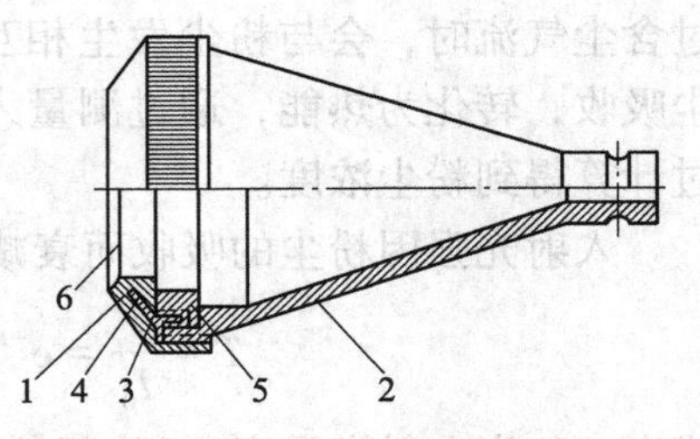

图 8-12 滤膜采样头

1—顶盖；2—漏斗；3—夹盖；4—锤形环；5—夹座；6—滤膜

c 测定方法

根据作业场所空气中粉尘测定方法中规定：采样位置选择在接近操作或产尘点的工人呼吸带（一般距地面高 1.5 m 左右）。对连续性产尘作业的工作环境，在作业开始 30 min 后开始测定，对于阵发性产尘作业，在工人工作时采样。

采样流量一般用 15~40 L/min，浓度较低时，可适当加大流量，但不得超过 80 L/min。采样时间根据测尘点的粉尘浓度估计值及滤膜上所需的粉尘增量的最低值确定采样持续时间，一般不少于 10 min（当粉尘浓度高于 10 mg/m^{3}时，采气量不得小于 0.2 m^3；低于 2 mg/m^{3}时，采气量为 0.5~1 m^3），采样的持续时间一般按下式估算：

$$t \geqslant \frac{\Delta m \times 1000}{CQ} \tag{8-11}$$

式中，t 为采样持续时间，min；Δm 为要求的粉尘增量，其质量应大于或等于 1 mg；C 为作业场所的估计粉尘浓度，mg/m^3；Q 为采样时的流量，L/min。

B 光散射测尘法

光散射是指光线通过不均匀的介质而偏离其原来的传播方向并散开到所有方向的现象。粉尘颗粒通过光照射时会产生散射光，颗粒大时散射光信号强，散射光光强与颗粒粒径成正比。当光波在悬浮有颗粒的空气中穿过时，由于折射和吸收等特性将出现能量耗散，光强而达到衰减。光散射法具有检测速度快速、重复性好、数据处理及时等优势。

光散射式粉尘浓度计是利用光照射尘粒引起的散射光，经光电器件变成电讯号，用其表示悬浮粉尘浓度的一种快速测定仪，被测量的含尘空气由仪器内的抽气泵吸入，通过尘粒测量区。在此区域它们受到由专门光源经透镜产生的平行光的照射，由于尘粒的存在，会产生不同方向（或某一方向）的散射光，由光电倍增管接受后，再转变为电讯号。如果光学系和尘粒系一定，则这种散射光强度与粉尘浓度间具有一定的函数关系。如果将散射光量经过光电转换元件变换成为有比例的电脉冲，通过单位时间内的脉冲计数，就可以知道悬浮粉尘的相对浓度。由于尘粒所产生的散射光强弱与尘粒的大小、形状、光折射率、吸收度、组成、湿度等因素密切相关，因而根据所测得散射光的强弱从理论上推算粉尘浓度比较困难。因此，这种仪器要通过对不同粉尘的标定，以确定散射光的强弱和粉尘浓度的关系。

光散射式粉尘浓度计可以测出瞬时的粉尘浓度及一定时间间隔内的平均浓度，并可将数据储存于微机中。测量范围可从 0.01 mg/m^{3}至 100 mg/m^3。其缺点是对不同的粉尘，需进行专门的标定。这种仪器在国外应用较为广泛，其中 CCD1000—FB 便携式微电脑粉尘仪实物如图 8-13 所示。

C 光吸收法测尘

光吸收原理的粉尘浓度监测技术基于朗伯-比尔定律，其原理可以简述为：当光波通过含尘气流时，会与粉尘发生相互作用，光波一部分被粉尘吸收，转化为热能，通过测量入射光强与出射光强，经过计算得到粉尘浓度。

入射光强因粉尘的吸收而衰减，则光的透过率 T 为：

$$T = \frac{I}{I_0} = e^{-KCL} \tag{8-12}$$

式中，I_0 为入射光强度；I 为经粉尘吸收衰减后的光强度，即出射光强度；K 为粉尘单位浓度对光吸收的指数，也称吸收系数；C 为粉尘浓度；L 为粉尘厚度，即光程长度。

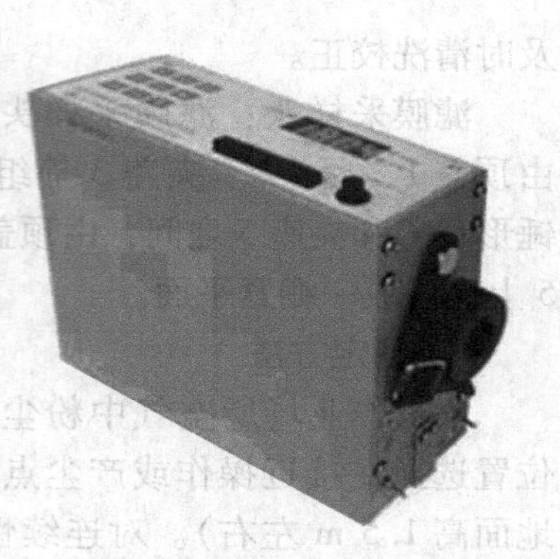

图 8-13　便携式微电脑粉尘仪

对于同一测量系统，光程长度 L 是固定的，单位粉尘浓度的吸收系数 K 也是恒定的，因此只要测量出透光率 T，就可以通过标定的方式得到粉尘浓度 C。光吸收法粉尘浓度检测技术具有在粉尘浓度较高时测量精度高的优点，且适合在线连续监测，但在低浓度时误差较大，存在与光散色法相同的缺点，测量结果受粉尘颗粒大小、组分、湿度等的影响，光学系统容易受到污染，需要定期清理。光吸收法的一般原理如图 8-14 所示。

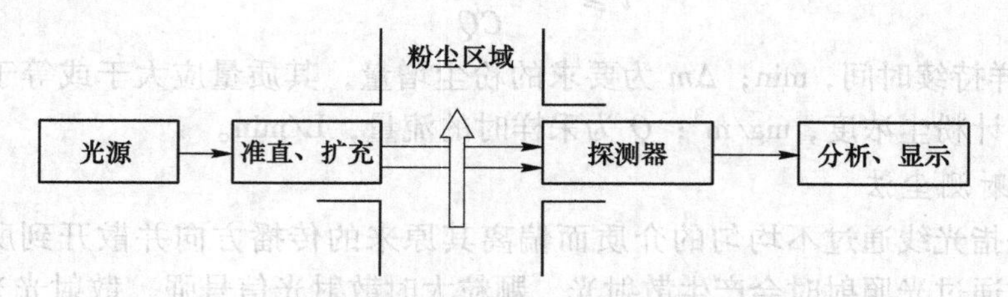

图 8-14　光吸收法粉尘浓度传感器一般原理

D　电荷感应法

粉尘具有荷电性，粉尘在气流中流动，由于颗粒之间的撞击、摩擦、分离，颗粒与管壁或容器之间的撞击摩擦及与气体介质之间的摩擦等使粉尘颗粒带上电荷，因此可根据这一特性来对粉尘浓度进行监测。电荷法是近年来新兴的粉尘浓度监测技术，包括直流电荷感应法和交流静电感应法两种方式。直流电荷感应法是依靠电极与粉尘之间的摩擦起电，电极上产生等量异种电荷，经过电荷放大后转化为直流电压，根据直流电压的大小间接测量粉尘浓度。但直流电荷感应法受粉尘积累尤其受湿度的影响极大，精度不高，应用不是很广泛，而交流电荷感应法避免直流电荷感应法的缺点，得到了广泛关注。以交流电荷感应法为例来说明电荷感应法粉尘浓度测量技术。

直流电荷感应法和交流电荷感应法检测粉尘电荷量也是依靠金属电极实现的，但与直流电荷感应法不同，直流电荷感应法的金属电极是裸露的，依靠其与粉尘颗粒摩擦起电；交流电荷感应法的金属电极涂有绝缘材料，粉尘颗粒上的电荷不是通过与电极的直接摩擦，而是通过电极与粉尘间的静电感应产生等量异种电荷。

交流电荷感应法的原理可以简述如下：当粉尘通过金属探头附近时，根据电荷的库仑定律和泊松分布原理，在金属电极上感应出对应的正负电荷，电荷在电极中的转移运动形成电流信号。因为正负极性电荷均有，故电流信号是交流电信号，此电信号和粉尘质量含量存在直接的数学关系。通过检测到的电流与固体质量流量的比例和检测入口单位质量固体所带电荷 $(q/m)_0$ 呈线性关系，与粉尘颗粒在空间内的分布无关。

粉尘颗粒的质量流量 W_p 与检测到的电流 I_m 近似呈下列关系：

$$|I_m| = W_p \left| \left(\frac{q}{m_p}\right)_\infty - \left(\frac{q}{m_p}\right)_0 \right| \cdot \exp\left(-\frac{n(x)}{n_0}\right)\left[1 - \exp\left(-\frac{n(\Delta x)}{n_0}\right)\right] \tag{8-13}$$

式中，$(q/m_p)_0$，$(q/m_p)_\infty$ 为 $x=0$ 和 $x=\infty$ 时单位质量粒子的带电量；x 为粉尘的流动长度；$n(\Delta x)$ 为在流动长度 Δx 区间内的一个粒子与测量管壁的碰撞次数；n_0 为调和撞击次数。

式（8-13）经近似变化得到下式：

$$|I_m| = a \cdot u^{-b} C \tag{8-14}$$

式中，a、b 为常数，与测量管壁所在位置及管道中的物质有关；C 为粉尘浓度；u 为风速。

a、b 可通过标定的方式确定，从式（8-14）中可以看出感应电流与粉尘浓度大小高度相关，在风速一定时呈线性关系。

目前，国内外几种常见的电极形式分别为棒状、内环状和外环状，具体结构如图 8-15 所示。

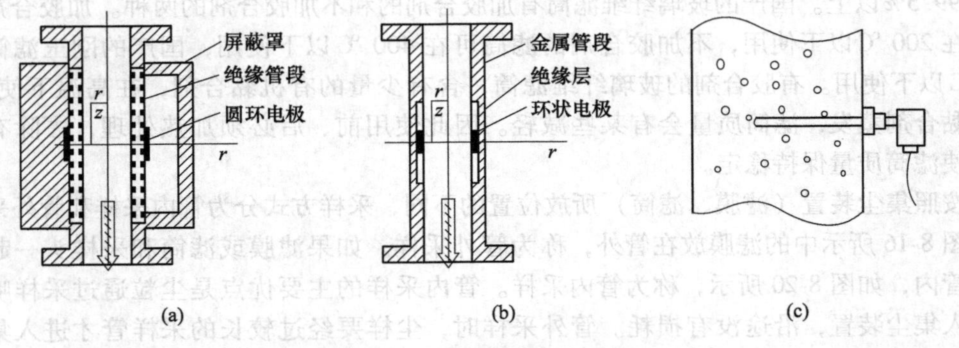

图 8-15 电极结构示意图

（a）棒状；（b）内环状；（c）外环状

8.1.2.2 管道内空气含尘浓度的测定

A 采样装置

管道中气流含尘浓度的测定装置如图 8-16 所示。它与工作区采样装置的不同点是，在滤膜采样器之前增设采样管 2，含尘气流经采样管进入采样装置 3，因此采样管也称引尘管。

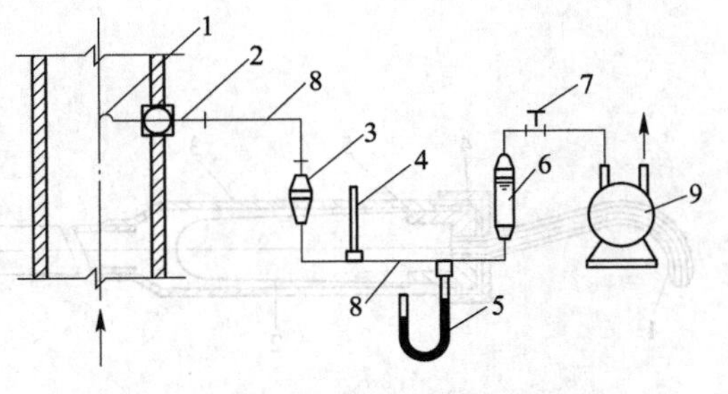

图 8-16 管道采样示意图

1—采样头；2—采样管；3—滤膜采样器；4—温度计；5—压力计；6—流量计；7—螺旋夹；8—橡皮管；9—抽气机

采样管头部设有可更换的尖嘴形采样头 1，如图 8-17 所示。滤膜采样器的结构也略有不同，在滤膜夹前增设了圆锥形漏斗，如图 8-18 所示。

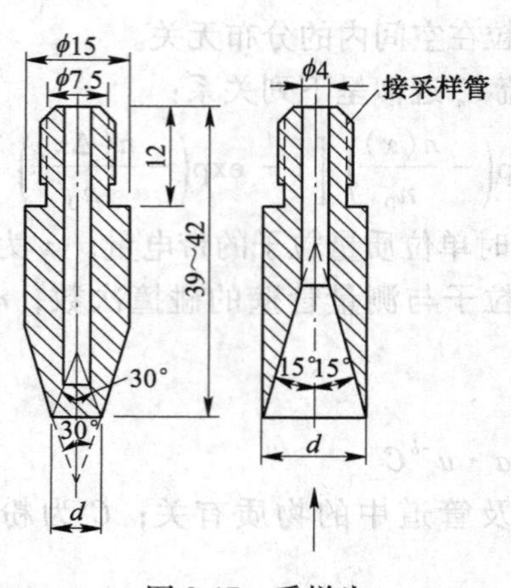

图 8-17　采样头

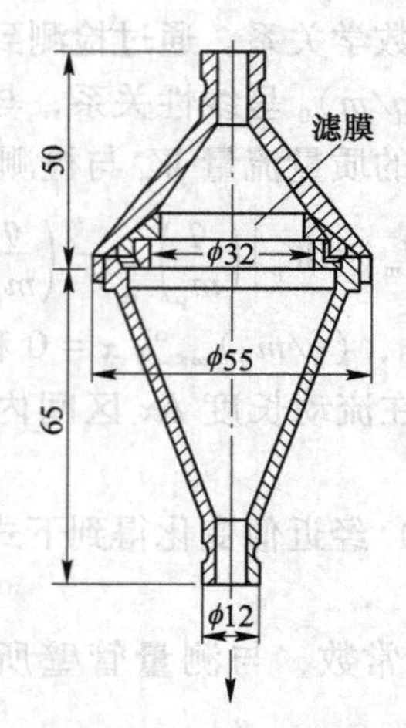

图 8-18　管道采样用的滤膜采样盒

在高浓度场合下，为增大滤料的容尘量，可以采用图 8-19 所示的滤筒收集尘样。

滤筒的集尘面积大、容尘量大，阻力小、过滤效率高，对 0.3~0.5 μm 的尘粒捕截效率在 99.5%以上。国产的玻璃纤维滤筒有加胶合剂的和不加胶合剂的两种。加胶合剂的滤筒能在 200 ℃以下使用，不加胶合剂的滤筒可在 400 ℃以下使用，国产的刚玉滤筒可在 850 ℃以下使用。有胶合剂的玻璃纤维滤筒，含有少量的有机黏合剂，在高温下使用时，由于黏合剂蒸发，滤筒质量会有某些减轻。因此使用前、后必须加热处理，去除有机物质，使滤筒质量保持稳定。

按照集尘装置（滤膜、滤筒）所放位置的不同，采样方式分为管内采样和管外采样两种。图 8-16 所示中的滤膜放在管外，称为管外采样。如果滤膜或滤筒和采样头一起直接插入管内，如图 8-20 所示，称为管内采样。管内采样的主要优点是尘粒通过采样嘴后直接进入集尘装置，沿途没有损耗。管外采样时，尘样要经过较长的采样管才进入集尘装置，沿途有可能粉尘黏附在采样管壁上，使采集到的尘量减少，不能反映真实情况。尤其是高温、高湿气体，在采样管中容易产生冷凝水，尘粒黏附于管壁，造成采样管堵塞。管外采样大都用于常温下通风除尘系统的测定，管内采样主要用于高温烟气的测定。

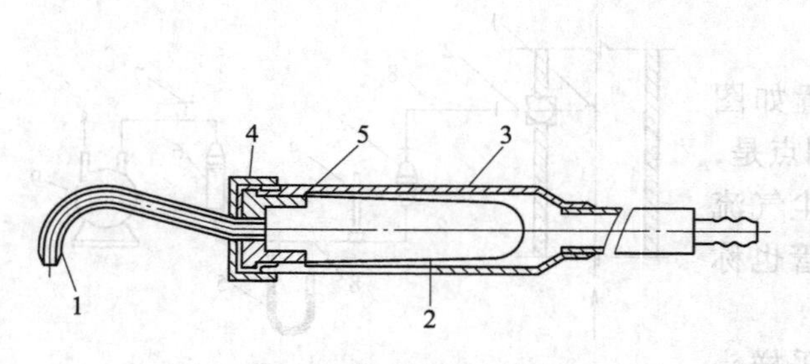

图 8-19　滤筒及滤筒夹

1—采样嘴；2—滤筒；3—滤筒夹；4—外盖；5—内盖

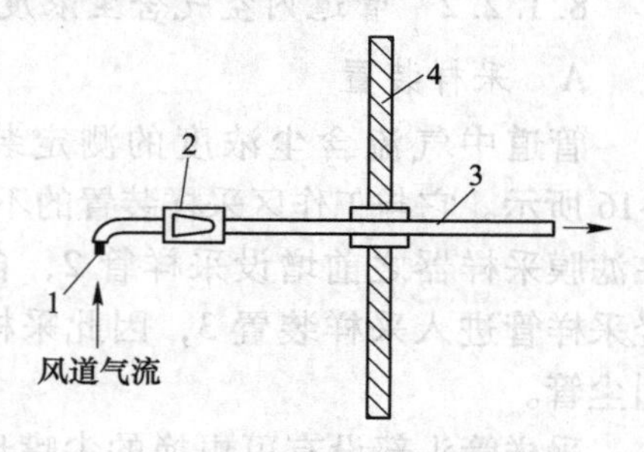

图 8-20　管内采样

1—采样嘴；2—滤筒；3—采样管；4—风道壁

管道中采样的方法与步骤和工作区采样不完全相同，它有两个特点：一是采样流量必须根据等速采样的原则确定。即采样头进口处的采样速度应等于风管中该点的气流速度。二是考虑到风管断面上含尘浓度分布不均匀，必须在风管的测定断面上多点取样，求得平均的含尘浓度。

B 等速采样

在风管中采样时，为了取得有代表性的尘样，要求采样头进口正对含尘气流，采样头轴线与气流方向一致，其偏斜的角度应小于±5°，否则将有部分尘粒（直径大于4 μm）因惯性不能进入采样头，使采集的粉尘浓度低于实际值。另外，采样头进口处的采样速度应等于风管中该点的气流速度，即“等速采样”。非等速采样时，较大的尘粒因受惯性影响不能完全沿流线运动，因而所采得的样品不能真实反映风管内的尘粒分布。

图 8-21 是采样速度小于、大于和等于风管内气流速度时，尘粒的运动情况。采样流速小于风管的气流速度时，处于采样头边缘的一些粗大尘粒（>3~5 μm），本应随气流一起绕过采样头。由于惯性的作用，粗大尘粒会继续按原来方向前进，进入采样头内，使测定结果偏高。当采样速度大于风管中流速时，处于采样头边缘的一些粗大尘粒，由于本身的惯性不能随气流改变方向进入采样头内，而是继续沿着原来的方向前进，在采样头外通过，使测定结果比实际情况偏低。因此，只有当采样流速等于风管内气流速度时，采样管收集到的含尘气流样品，才能反映风管内气流的实际含尘情况。

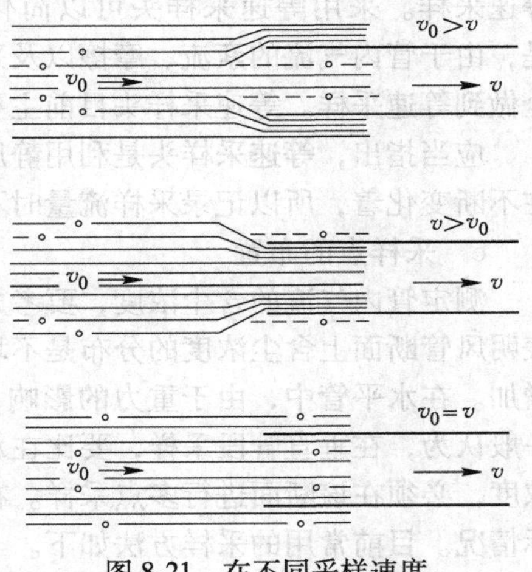

图 8-21 在不同采样速度时尘粒运动情况

在实际测定中，不易做到完全等速采样。经研究证明，当采样速度与风管中气流速度误差在-5%~10%以内时，引起的误差可以忽略不计。采样速度高于气流速度时所造成的误差，要比低于气流速度时小。

为了保持等速采样，最普遍采用的是预测流速法，另外还有静压平衡法和动压平衡法等。

a 预测流速法

为了做到等速采样，在测尘之前，先要测出风管测定断面上各测点的气流速度，然后根据各测点速度及采样头进口直径算出各点采样流量，进行采样。为了适应不同的气流速度，备有一套进口内径为4 mm、5 mm、6 mm、8 mm、10 mm、12 mm、14 mm的采样头。采样头一般作成渐缩锐边圆形，锐边的锥度以30°为宜。

根据采样头进口内径 d(mm) 和采样点的气流通度 v(m/s)，即可算出等速采样的抽气量，即

$$Q=\frac{\pi}{4}\left(\frac{d}{1000}\right)^2\times v\times 60\times 1000=0.047d^2v \tag{8-15}$$

若计算的抽气量超出了流量计或抽气机的工作范围，应改换小号的采样头及采样管，再按上式重新计算抽气量。

b　静压平衡法

管道内气流速度波动大时，按上述方法难以取得准确的结果，为简化操作，可采用如图 8-22 所示的等速采样头。在等速采样头的内、外壁上各有一根静压管。对于采用锐角边缘、内外表面精密加工的等速采样头，可以近似认为，气流通过采样头时的阻力为零。因此，只要采样头内外的静压差保持相等，采样头内的气流速度即等于风管内的气流速度（即采样头内外的动压相等）。采用等速采样头采样，不需预先测定气流速度，只要在测定过程中调节采样流量，使采样头内、外静压相等，就可以做到等速采样。采用等速采样头可以简化操作，缩短测定时间。但是，由于管内气流的紊流、摩擦以及采样头的设计和加工等因素的影响，实际上并不能完全做到等速采样。等速采样头目前主要用于工况不太稳定的锅炉烟气测定。

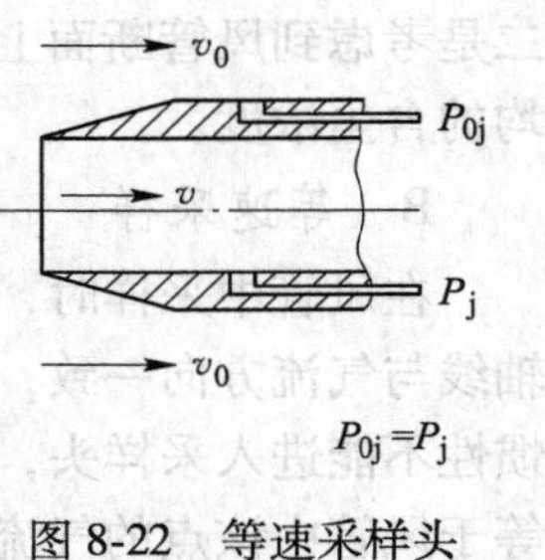

图 8-22　等速采样头示意图

应当指出，等速采样头是利用静压而不是用采样流量来指示等速情况的，其瞬时流量在不断变化着，所以记录采样流量时不能用瞬时流量计，要用累计流量计。

c　采样点的布置

测定管内气流的含尘浓度，要考虑气流的运动状况和管道内粉尘的分布情况。经研究表明风管断面上含尘浓度的分布是不均匀的。在垂直管中，含尘浓度由管中心向管壁逐渐增加。在水平管中，由于重力的影响，下部的含尘浓度较上部大，而且粒径也大。因此，一般认为，在垂直管段采样，要比在水平管段采样好。要取得风管中某断面上的平均含尘浓度，必须在该断面进行多点采样。在管道断面上如何布点，测得的平均含尘浓度接近实际情况。目前常用的采样方法如下。

（1）多点采样法。分别在已定的每个采样点上采样，每点采集一个样品，而后再计算出断面的平均粉尘浓度。这种方法可以测出各点的粉尘浓度，了解断面上的浓度分布情况，找出平均浓度点的位置。缺点是测定时间长，工序烦琐。

（2）移动采样法。为了较快测得管道内粉尘的平均浓度，可以用同一集尘装置，在已定的各采样点上，用相同的时间移动采样头连续采样。由于各测点的气流速度是不同的，要做到等速采样，每移动一个测点，必须迅速调整采样流量。在测定过程中，随滤膜上或滤筒内粉尘的积聚，阻力也会不断增加，必须随时调整螺旋夹，保证各测点的采样流量保持稳定。每个采样点的采样时间不得少于 2 min。该方法测定结果精度高，目前应用较为广泛。

（3）平均流速点采样法。找出风管测定断面上的气流平均流速点，并以此点作为代表点进行等速采样。把测得的粉尘浓度作为断面的平均浓度。

（4）中心点采样法。在风管中心点进行等速采样，以此点的粉尘浓度作为断面的平均浓度。这种方法测点定位较为方便。

对于粉尘浓度随时间变化显著的场合，采用上述（3）（4）测出的结果较为接近实际。

在常温下进行管道测尘时，同样要考虑温度、压力变化对流量计读数的影响，因此要根据有关公式进行修正。滤膜的准备、含尘浓度计算等，与工作区采样基本相同。

8.1.3　矿山粉尘粒径与粒径分布的测定

粉尘粒径的测定方法很多，可以利用粉尘不同的特性（如光学性能、惯性、电性等）

测出。由于各种测定方法所依据的原理不同，测出粒径的物理意义也不同，见表8-2。例如用筛分法和显微镜法测得的粉尘粒径是投影径（定向径、长径、短径等）；用电导法（库尔特法）测得的是等体积径；用沉降法测得的是斯托克斯直径等。一般说来，粉尘并非球体，因而不同方法测出的粒径之间没有可比性。下面介绍几种在我国通风工程中常用的方法。

表8-2 粉尘粒径测定方法

类别	测定方法		测定范围/μm	粒径符号	分布基准	适用条件
显微镜法	电子显微镜		0.001~0.5	d_j	面积或个数	实验室
	光学显微镜		0.5~100	d_j	面积或个数	实验室
细孔通过法	电导法		0.3~500	d_v	体积	实验室
	光散射法		0.5~10	d_v	个数	现场
沉降法	液体介质	粒径计法	<100	d_{st}	计重	实验室
		移液法	0.5~60	d_{st}	计重	实验室
	气体介质	重力	1~100	d_{st}	计重	实验室
		离心力	1~70	d_{st}	计重	实验室现场
		惯心力	0.3~20	d_{st}	计重	现场
超细粉尘分级法	扩散法		0.01~2	d_{st}	个数	现场

8.1.3.1 光学显微镜法

利用光学显微镜直接测出粉尘的尺寸和形状，是常用的一种方法，尤其配合滤膜采样，更为方便。

A 显微镜的分辨率

正常人眼睛的明视距离为25 cm，在较好的照明条件，视角极限分辨角为1′，故正常人眼的分辨率73 μm（即半径为250 mm，角度为1′的弧长为：0.000291×256=0.073 mm），即在明视距离处，相距73 μm的两个小点，不会误认为一个点。

显微镜的放大作用，即是增大视角，显微镜的放大倍数指的是长度，而不是面积，是由物镜的放大倍数和目镜的放大倍数的乘积得出，但也不能无限制的增大放大倍数。

显微镜的分辨率是由物镜的分辨决定（第一次放大），而物镜的分辨率又由它的数值孔径和照明光线的波长两个参数决定的。

物镜的数值孔径

$$N \cdot A = n \cdot \sin \frac{\alpha}{2} \tag{8-16}$$

式中，n为物镜与标本之间介质的折射率；空气$n=1$；水$n=1.33$；香柏油$n=1.515$；α为物镜镜口角，如图8-23所示。

$$\alpha < 180°, \ \sin \frac{\alpha}{2} < 1$$

干物镜的数值孔径为0.05~0.95；水浸物镜的数值孔径为0.1~1.25；油浸物镜的数值孔径可达1.5。

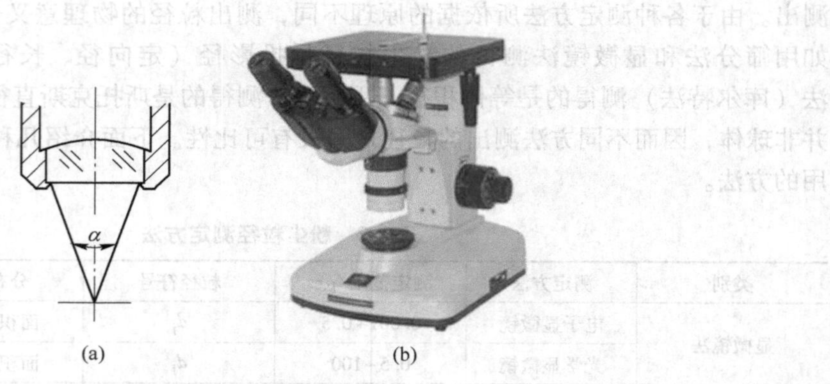

图 8-23　物镜镜口角
（a）镜口角；（b）实物图

一般物镜上标有如 10/0.25、160/0.17 字样，其中 10 为放大倍数，0.25 表示数值孔径，160 表示镜筒长度（mm），0.17 为盖玻璃片厚度（mm）。

用普通光线，中央照明，显微镜分辨距离用下式表示：

$$d = \frac{0.16\lambda}{N \cdot A} \tag{8-17}$$

式中，d 为物镜分辨距离，μm；λ 为照明光线的坡长，μm；$N \cdot A$ 为物镜的数值孔径。

照明用可见光的波长范围为 0.4~0.7 μm，若取其平均值为 0.55 μm，这是人眼最敏感的波长，如取油浸物镜的数值孔径为 1.25，则 $d \approx 0.27$ μm，而一般用的干物镜将为 0.4~0.5 μm。

常用的显微镜放大倍数为 500~1000。

B　样品制作方法

为在显微镜下观测，需将试样粉尘均匀地分布于玻璃片上。样品的制作要细致，并注意样品的代表性。制作方法有三类。

（1）干式制样法。

冲击采样法：利用打气筒把一定量的含尘空气经窄缝高速冲击于玻璃片，使沉积其上，为防止粉尘逸散，常涂一层黏性油于玻璃片上。此法可直接从空气中取样。

干式分散法：将已制备好的试样，用毛笔尖，将试样黏附后，轻轻地均匀弹落在玻璃片上，为防止飞扬，玻璃片上涂一薄层黏性油。

（2）湿式制样法。

滤膜涂片法：将取样后的滤膜放于磁坩埚或其他小器皿，加 1~2 mL 醋酸丁酯溶剂，使滤膜溶解并搅拌均匀，然后取一滴，加在盖玻璃片上的一端，再用另一玻璃片制成样品，1 min 后，形成透明薄膜，即可观测。操作简单，适于滤膜测尘，样品可长期保存。

滤膜透明法：将采样后的滤膜，受尘面向下平铺于盖玻璃片上，然后在样品中心部位滴一小滴二甲苯，二甲苯向周围扩散并使滤膜成透明薄膜，数分钟后即可观测，若滤膜积尘过多时，不便观测。

（3）切片法：将已制备好的试样，分散于树脂中，固结后切成薄片进行观测。

C 观测

(1) 显微镜放大倍数的选择：粉尘的粒径分布若范围较窄，可用一个放大倍数观测，一般选用物镜的放大倍数为 40 倍，目镜放大倍数为 10～15 倍，总放大倍数为 400～600 倍。对微细粉尘可用更高的放大倍数。

(2) 目镜测微尺的标定：目镜测微尺如图 8-24 所示，是一线状分度尺，它放在目镜镜筒中，用以量度尘粒尺寸。但其每一分格所表示尺寸与所选放大倍数有关，故使用前要用标准尺（物镜测微尺）标定。

物镜测微尺是一标准尺度，每一小刻度为 10 μm，如图 8-25 所示。

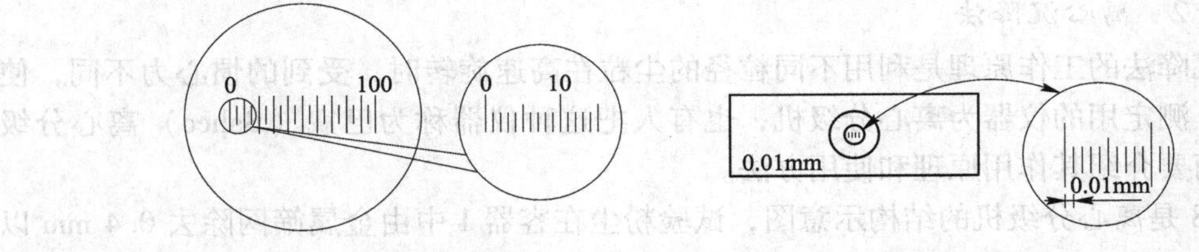

图 8-24 目镜测微尺　　图 8-25 物镜测微尺

标定时，将物镜测微尺放在显微镜载物台上（相当于粉尘试样），选好目镜并装好目镜测微尺（见图 8-24），先用低倍物镜，将物镜测微尺调到视野正中，然后换所选用的物镜，调好焦距。操作时要注意先将物镜调至低处，注意观察不要碰到测微尺，然后目视目镜，慢慢向上调整，直至物象清晰。慢慢调整载物台，使物镜测微尺的刻度与目镜测微尺的刻度的一端对齐（或某一刻度互相对齐），再找出另一互相对齐的刻度线。因物镜测微分度是绝对长度 10 μm，据此计算出目镜测微尺一个刻度所度量的尺寸。如图 8-26 所示，两测微尺的 0 点相对，另一测目镜尺的 32 与物镜尺的 14 对齐，则目镜测微尺每一刻度的度量长度为：

$$\frac{10 \times 14}{32} = 4.4\ \mu m$$

若要更换物镜或目镜时，要重新标定。

D 测定

准备好的样品放于载物台上，进行观测，用目镜测微尺度量尘粒大小，一般取定向径。观测方法常用的有两种，一是在一固定视野内测量所有尘粒，尘粒过密时容易混杂。另一种是以目镜刻度尺为基准，凡是在刻度尺范围内的即计测，然后向一个方向移动样品，继续计测，如图 8-27 所示。

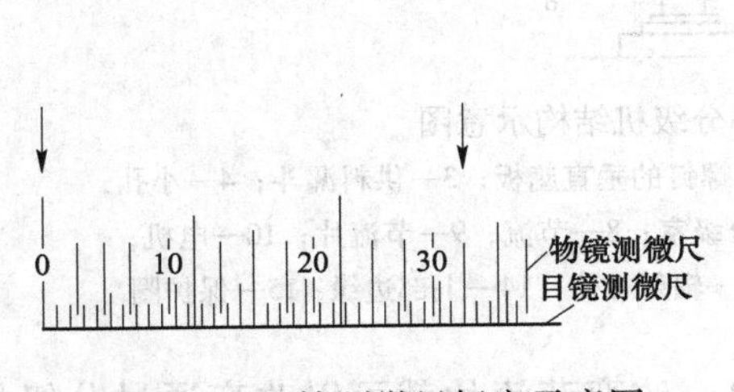

图 8-26 目镜测微尺标定示意图

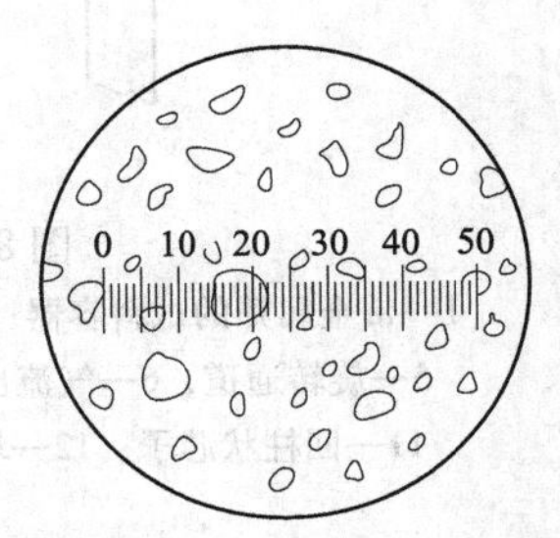

图 8-27 粒径测定示意图

度量粒径可按分散度划分的粒级范围计数。观测时对尘粒不应有选择，每一样品计测200粒以上。可用血球计数器分挡计数，较方便。

E　测定数据分析

根据测定要求划分出分散度的粒级范围，一般划分为：<2 μm，2~5 μm，6~10 μm，10~20 μm，>20 μm，每一粒级范围取其平均值为该粒级的代表粒径。<2 μm 粒级，因为一般显微镜最小观测到 0.5 μm，其代表粒径按 1.25 μm 计算，>20 μm 粒级，如数量很少，即不再划分。并取 20 μm 作为代表粒径或按实际平均粒径计。

根据需要，计算出数量分散度（P_n）和质量分散度（P_m）、累积分布（R）曲线等。

8.1.3.2　离心沉降法

离心沉降法的工作原理是利用不同粒径的尘粒在高速旋转时，受到的惯心力不同，使尘粒分级，测定用的仪器为离心分级机，也有人把这种仪器称为巴寇（Bahco）离心分级机。下面简要介绍其作用原理和使用方法。

图 8-28 是离心分级机的结构示意图，试验粉尘在容器 1 中由金属筛网除去 0.4 mm 以上的粗大尘粒后，均匀进入供料漏斗 3，再经小孔 4 落入旋转通道 5。在电机 10 带动下，旋转通道以每分钟 3500 转的高速旋转。位于旋转通道内的尘粒在惯性离心力的作用下，向外侧移动。电机 10 同时带动辐射叶片 13 旋转，由于叶片的旋转，空气从仪器下部吸入，经节流装置 8、均流片 12、分级室 7、气流出口 6 后，由上部边缘 14 排出。尘粒由旋转通道 5 到达分级室 7 时，既受到惯性离心力的作用，又受到向心气流的作用。图 8-29 是分级室内气流和尘粒运动的示意图。从该图可以看出，当作用在尘粒 A 上的惯性离心力大于气流的作用力时，尘粒 A 沿点划线继续向外壁移动，最后落入分级室内。如果惯性离心力小于气流的作用力，尘粒 A 沿虚线移动，随气流一起向中心运动，最后吹出离心分级机。当旋转速度、尘粒密度和通过分级室的风量一定时，被气流吹出分级机的尘粒粒径是一定的。

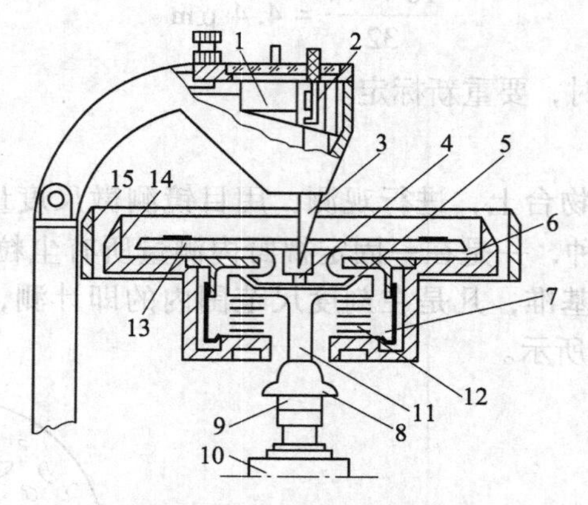

图 8-28　离心分级机结构示意图

1—带金属筛的试料容器；2—带调节螺钉的垂直遮板；3—供料漏斗；4—小孔；5—旋转通道，6—气流出口；7—分级室；8—节流；9—节流片；10—电机；11—回柱状芯子；12—均流片；13—辐射叶片；14—上部边缘；15—保护圈

离心分级机带有一套节流片（共 7 片），改变节流片就可以改变通过分级机的风量。

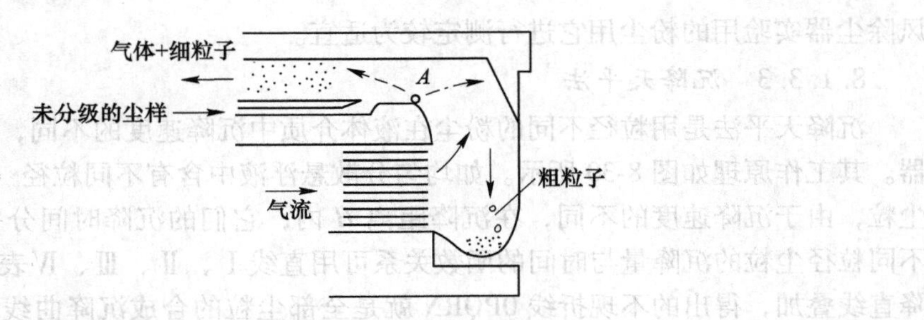

图 8-29 尘粒在分级室内运动示意图

由最小的风量开始，逐渐顺序加大风量，就可以由小到大逐级地把粉尘由分级机吹出，使粉尘由细到粗逐渐分级。每分级一次应把分级室内残留的粉尘刷出、称重，两次分级的质量差就是被吹出的尘粒质量，即两次分级相对应的尘粒粒径间隔之间的粉尘质量。

为了确定在分级机内被吹出的尘粒直径，仪器在出厂前，厂方要先用标准粉尘进行试验，确定每一个节流片（即每一种风量）所对应的粉尘粒径。试验用的粉尘密度如与标准粉尘不同，用下式进行修正：

$$d_c = d'_c\sqrt{\frac{\rho'_c}{\rho_c}} \tag{8-18}$$

式中，d'_c 为某一节流片对应的实际粉尘的分级粒径，μm；d_c 为某一节流片对应的标准粉尘的分级粒径，μm；ρ'_c 为标准粉尘的真密度，kg/m^3；一般为 1000 kg/m^3；ρ_c 为实际粉尘的真密度，kg/m^3。

为了便于计算，有的厂家随机给出换算表，根据尘粒真密度和节流片规格，即可查得分级粒径。

每次试验所需的尘样为 10~20 g，采用万分之一天平称重。分级一次所需时间为 20~30 min。每次分级后，应将分级室内残留的粉尘刷出、称重。然后再放入离心分级机中在新的风量下（即新的节流片下）进行分级，直到分级完毕。

经第 i 级分离后的残留物，即粒径大于 d_{ci} 的尘粒，在尘样中所占的质量分数按下式计算：

$$\phi_{d_{ci-\infty}} = \frac{G_i + G_0}{G} \times 100\% \tag{8-19}$$

式中，$\phi_{d_{ci-\infty}}$ 为第 i 级分离后，粒径大于 d_{ci} 的尘粒所占的质量分数,%；G_i 为第 i 级分离后在分级室内残留的尘粒质量，g；G_0 为第一级分离时残留在加料容器金属筛网上的尘粒质量，g；G 为试验粉尘的质量，g。

某一粒径间隔内的尘粒所占质量分数为

$$d\phi_i = \frac{(G_{i-1} + G_0) - (G_i + G_0)}{G} \times 100\% = \frac{G_{i-1} - G_i}{G} \times 100\% \tag{8-20}$$

式中，$d\phi_i$ 为在 d_{ci-1} ~ d_{ci} 的粒径间隔内的尘粒所占的质量分数,%；G_{i-1} 为第 i-1 次分级后在分级室内残留的尘粒质量，g。

这种仪器操作简单，重现性好，适用于松散性的粉尘，如滑石粉、石英粉、煤粉等。不适用于黏性粉尘成或粒径≤1 μm 粉尘。由于它分离尘粒的情况与旋风除尘器相似，旋风除尘器实验用的粉尘用它进行测定较为适宜。

8.1.3.3　沉降天平法

沉降天平法是用粒径不同的粉尘在液体介质中沉降速度的不同，使粉尘颗粒分级的仪器。其工作原理如图 8-30 所示。如均匀分散悬浮液中含有不同粒径（d_1、d_2、d_3、d_4）的尘粒，由于沉降速度的不同，在沉降距离 H 内，它们的沉降时间分别为 τ_1、τ_2、τ_3、τ_4。不同粒径尘粒的沉降量与时间的函数关系可用直线Ⅰ、Ⅱ、Ⅲ、Ⅳ表示。把不同尘粒的沉降直线叠加，得出的不现折线 0PQRN 就是全部尘粒的合成沉降曲线。运用几何原理可以证明，直线 $0P$ 和 PQ 的斜率差就是粒径 d_1 尘粒的沉降率 $\dfrac{dW_1}{d\tau}$。$\left(\dfrac{dW_1}{d\tau}\cdot\tau_1\right)$ 就是 d_1 尘粒的沉降总量，在纵坐标用（$W_1\sim0$）表示。同理（$W_2\sim W_2$）即为 d_2 的沉降总量。$W_2\sim0$ 即为全部粉尘的总沉降量。将某一粒径（d_i）尘粒的沉降量 ΔW_i 除以总沉降量 W，即为该粒径下尘粒所占质量百分数。

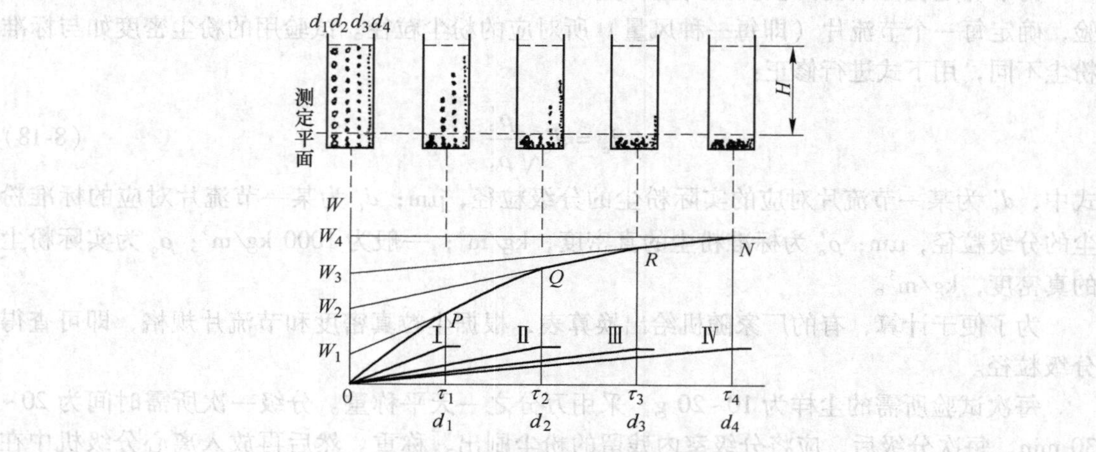

图 8-30　沉降曲线解析原理图

因为生产粉尘的粒径分布大多是连续的，所以得出的沉降曲线如图 8-31 所示，该曲线的顶点（坐标原点）是粉尘开始沉降的点。横轴为粉尘沉降所需的时间（或相应的粉尘粒径）；纵轴为沉降粉尘的累计质量。沉降天平的结构如图 8-32 所示。天平原处于平衡状态，当悬浮液中尘粒沉积到称量盘上达到一定量（10~20 mg）时，天平失去平衡，横

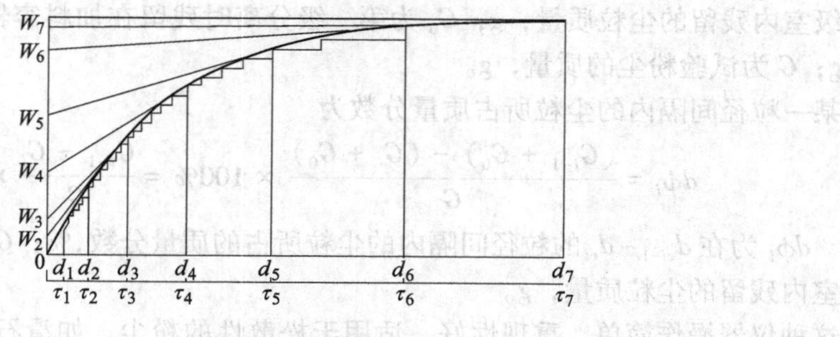

图 8-31　沉降曲线

梁3产生最大倾斜，此时光路接通。光电二极管6接受光源4的信号后，经驱动装置8，使记录装置9和加载部分10产生动作，记录笔向右划出一小格，同时加载链条下降一定的高度，使横梁恢复平衡，横梁平衡时光路遮断，信号中断。当第二次再沉降10~20 mg时，上述过程再循环一次。这样，全部记录下整个沉降过程。记录下的曲线为阶梯状，如图8-31所示。把阶梯角连成一条光滑的曲线，即为粉尘的沉降曲线。根据沉降曲线即可算出粉尘的粒径分布。先进的沉降天平可直接给出粒径分布。

沉降天平测定的粒径范围为0.2~4 μm，大于40 μm的尘粒要预先去除。因沉降天平装有自动记录装置，简化了操作，缩短了测定时间。用沉降天平法测出的尘粒粒径就是斯托克斯粒径。

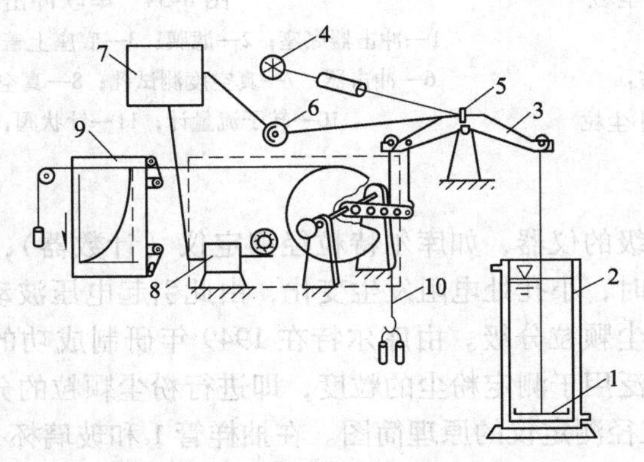

图 8-32 沉降天平结构示意图

1—称量盘；2—沉降瓶；3—天平横梁；4—光源；5—反光镜；
6—光电二极管；7—放大器；8—驱动装置；9—记录装置；10—加载装置

8.1.3.4 惯性冲击法

惯性冲击法是利用惯性冲击使尘粒分级的。它的工作原理如图8-33所示，从喷嘴高速喷出的含尘气流与隔板相遇时，要改变自身的流动方向，进行绕流。气流中惯性大的尘粒会脱离气流撞击并沉积在隔板上。如果把几个喷嘴依次串联，逐渐减小喷嘴直径（即加大喷嘴出口流速），并由上向下依次减小喷嘴与隔板的距离，在各级隔板上就会沉积不同粒径的尘粒。各级喷嘴所能分离的尘粒粒径，可用有关公式计算。

用上述原理测定粉尘粒径分布的仪器称为串联冲进器，串联冲击器通常由两级以上的喷嘴串联而成。

如图8-34是串联冲击器用于现场测定时的情况。这种仪器可以直接测定管道内粉尘的浓度和粒径分布。和前面所述的仪器相比，采用串联冲击器可以大大简化操作程序和测定时间。用其他方法测定粉尘粒径分布时，最少需要5~10 g尘样，在高效除尘器的出口，取这样多的尘样是很困难的。所以，测定高效除尘器出口处的粉尘粒径分布时，它的优越性更为突出。

用上述各种方法测出的粉尘粒径分布都可以画在对数概率纸上，以便进一步分析检查。

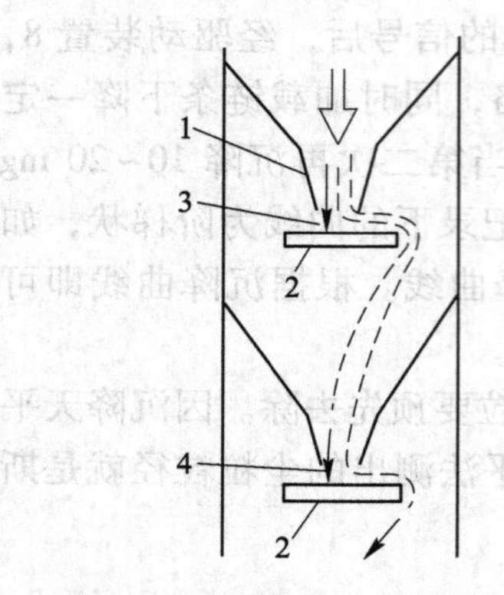

图 8-33　惯性冲击尘粒分级原理图

1—喷嘴；2—隔板；3—粗大尘粒；4—细小尘粒

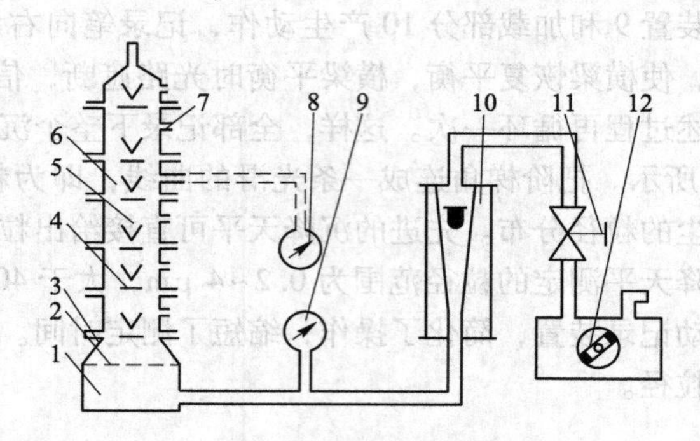

图 8-34　串联冲击器

1—冲击器底座；2—滤膜；3—底座上盖；4—挡板；5—喷嘴；6—冲击器；7—真空度测试孔；8—真空表Ⅰ；9—真空表Ⅱ；10—转子流量计；11—针状阀；12—真空泵

8.1.3.5　电导法

用电导法使粉尘分级的仪器，如库尔特粒径测定仪（计数器），其基本原理是根据尘粒在电解液中通过小孔时，小孔处电阻发生变化，由此引起电压波动，其脉冲值与尘粒的体积成正比，从而使粉尘颗粒分级。由库尔特在 1949 年研制成功的这种仪器，最早用于检查血球数，随后即广泛用于测定粉尘的粒度，即进行粉尘颗粒的分级。

图 8-35 是库尔特粒径测定仪的原理简图。在抽样管 1 和玻璃杯 2 中放入待测粉尘的悬浊液，关闭旋塞 5。由于虹吸管 7 中水银柱的压差作用，使悬浊液（电解质）由玻璃杯 2，经抽样管壁小孔 0，陆续流入抽样管 1。虹吸管中水银液面的移动，通过触点，使开关 6 开闭。由开关 6 控制计数器的运转。当小孔处没有尘粒穿越时，该处电阻值为悬浊液的电阻；当有尘粒穿越时，其电阻值为尘粒电阻与悬浊液电阻的并联值。因此，有尘粒穿越小孔时，孔口处的电阻即发生变化，尘粒体积越大，引起的电阻值变化也越大；孔口处电阻的变化，使孔口内外两极板间的电压波动，即产生一个电压脉冲。由此可见，电压脉冲幅

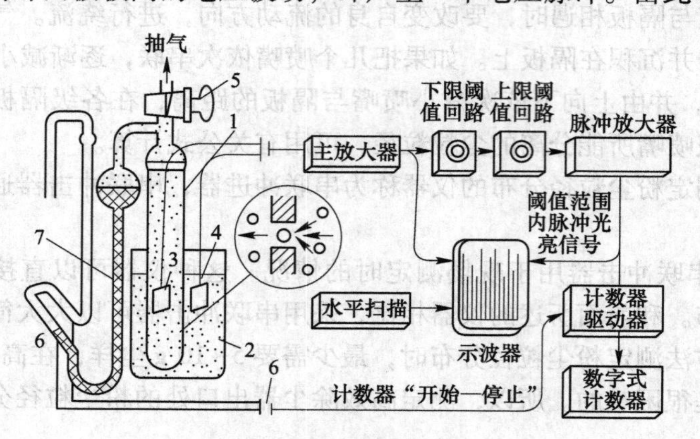

图 8-35　库尔特粒径测定仪

1—抽样管；2—玻璃杯；3，4—电极；5—旋塞；6—开关；7—虹吸管

值与电阻值成正比，而电阻值与粉尘颗粒的体积近似成正比。把电压脉冲值放大、计数后，即可给出不同体积范围的尘粒个数以及粉尘颗粒的总数。利用这些数据便可得出粉尘的计数粒径分布。目前，这种仪器大都配有计算机，因而可直接给出粉尘的质量粒径分布。

一般通过小孔的尘粒直径为采样管孔直径的 2%～30%。当尘粒粒径与采样管孔径比超过 1：20 时，最好能预先沉淀分级，更换合适的抽样管分别进行分级测定，以防堵塞。

这种仪器所需的试样量少（仅需 12 mg），测定时间短（只用 20 s），重现性好，可以自动记录。其缺点主要是，一个规格的小孔管所测粒径范围有限，其上限受到孔径的限制；而下限则由于细粉尘与小孔的大小相比很小，使脉冲的分辨率急剧降低。

粒度分析仪器的种类较多，如比较先进的有英国产的激光粒度仪 Mastersizer 2000E 和美国产的最新 S3500 系列激光粒度分析仪，如图 8-36 所示。

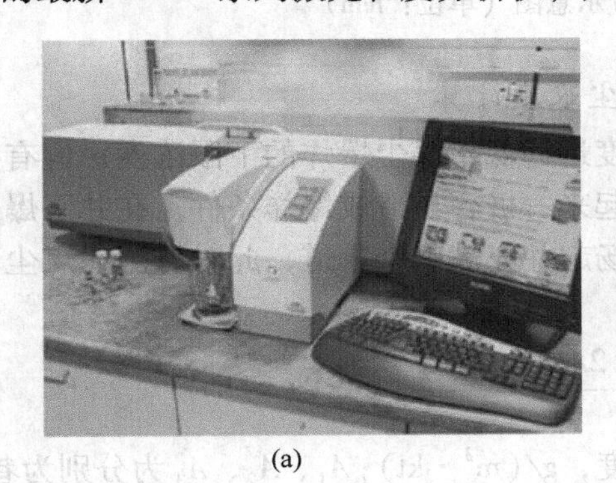
(a)

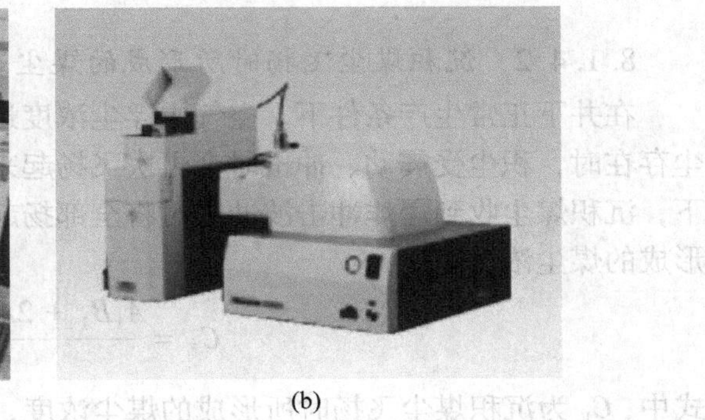
(b)

图 8-36 激光粒度仪外观样
（a）Mastersizer 2000E（英国）；（b）S3500（美国）

8.1.4 矿山粉尘沉积速度的测定

沉积粉尘是指井下巷道沉积厚度超过 2 mm，连续长度超过 5 m 的粉尘。矿山粉尘沉积速度（或称沉积强度）是指每昼夜（或产煤每千吨）在每立方米巷道上所沉积的煤尘。

8.1.4.1 粉尘沉积速度的测定

在粉尘沉积较大的生产场所，如煤矿的井巷中，一般要进行煤尘沉积速度的测定，巷道中煤尘沉积速度的测定方法有吊皿（盘）法、集扫法和电气堆积法等，我国煤矿常用的是吊板和吊盘的吊皿（盘）法。

采样盘一般长 1.0 m、宽 0.2 m、厚 20 mm；采样板一般长 0.5 m、宽 0.1 m。盘、板的接尘面必须光滑。测定时，在巷道的顶板附件水平吊挂一个采样盘，两帮及底板两侧水平放置采样板，如图 8-37 所示，在设置盘（板）地点，如有必要，应采取防止冒落或片帮下来的煤（岩）碎渣掉入盘（板）内的措施。经一定时间（1～3 d）或一定产量之后，将盘中沉积的煤尘收集起来（如果有少量煤或岩碎渣掉入，则应用 0.02 μm 筛筛除），送化验室干燥、筛分（通过 200 号筛）和称重，按下式计算煤尘的沉积速度。

$$E_c = \frac{m_c}{S_c W} \tag{8-21}$$

式中，E_c 为煤尘的沉积速度，g/(m^2 · kt)；m_c 为收集到的沉积粉尘质量，g；S_c 为收集沉降粉尘时所用的采样盘、采样板等的落尘总面积，m^2；W 为测定期间煤的产量，kt。

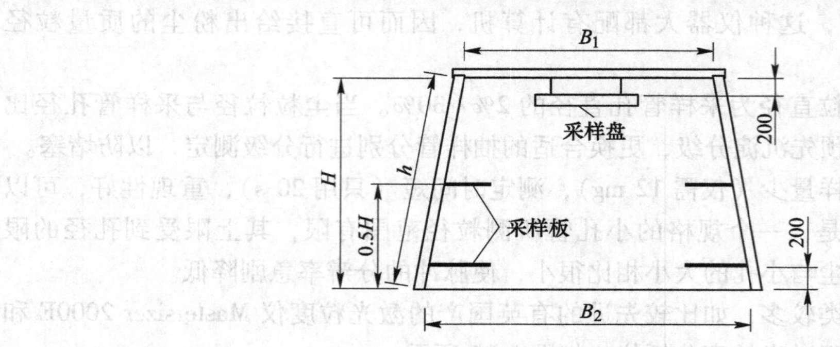

图 8-37　采样盘布置示意图（单位：mm）

8.1.4.2　沉积煤尘飞扬时所形成的煤尘浓度计算

在井下正常生产条件下，空气中浮尘浓度远远低于煤尘爆炸的下限浓度；但有沉积煤尘存在时，积尘受震动、冲击时会再次飞扬起来，极容易造成爆炸条件。在井下爆炸条件下，沉积煤尘收到爆炸冲击波冲击时将全部扬起并充满整个巷道，此时有沉积煤尘飞扬所形成的煤尘浓度为：

$$C_E = \frac{A_1B_1 + 2A_2h + A_3B_2}{S} \tag{8-22}$$

式中，C_E 为沉积煤尘飞扬时所形成的煤尘浓度，g/(m^3 · kt)；A_1、A_2、A_3 为分别为巷道顶、帮、底煤尘沉积速度，g/(m^2 · kt)；B_1、B_2 为分别为巷道断面的上宽和下宽，m；h 为巷道断面的斜高，m；S 为巷道断面的面积，m^2。

井巷沉积煤尘飞扬时所形成的煤尘浓度准确确定，对合理选择岩粉撒布周期及岩粉撒布量，预防和隔绝煤尘爆炸，确保矿井安全生产有着重要意义。

8.2　矿山有害有毒气体的检测技术

8.2.1　有害有毒气体检测技术概述

在矿山生产过程中，有毒有害气体的产生是危害工人生命健康的因素之一。在井巷掘进、矿石开采等工程中，会使用炸药爆破，炸药爆破会产生大量的二氧化氮和一氧化碳气体；在煤矿开采中，有些煤层或岩层中会涌出大量的瓦斯，造成瓦斯爆炸或煤尘爆炸；此外，在有火灾的情况也会产生不同种类的有毒有害气体。

有毒有害气体按照对人体的伤害特点可分为刺激性气体、窒息性气体和急性中毒的有机气体三类。常见的刺激性气体有 SO_2、NO_x 等，窒息性气体如 CO、H_2S、CO_2 等，急性中毒的有机气体溶剂如汽油等，CO 通过与血红蛋白结合造成红细胞缺氧导致窒息；SO_2、NO_x、H_2S 等均是具有刺激性的有毒气体，接触吸入后可造成呼吸道黏膜和皮肤损伤，高浓度的 H_2S 可在短时间内致人死亡；人体短时间内暴露于高浓度的含苯环境中，可造成躁动、抽搐、昏迷和肝肿大等症状。

有毒有害气体的检测方法有化学分析法、传感器技术与仪器分析法，化学分析法是较早应用于有毒有害气体分析的方法，化学分析法分为吸收法和燃烧法，在实际生产中通常是两种方法结合使用，根据定量方式不同，分为吸收体积法、吸收滴定法和吸收称量法；根据燃烧方式不同，分为爆炸燃烧法、氧化铜燃烧法和缓慢燃烧法；化学分析法操作烦琐，检测结果易受人为因素影响，无法满足目前复杂多样的有毒有害气体检测，因此需与仪器分析法结合使用。

气体传感器按工作原理分为半导体式、接触燃烧式、电化学式与红外吸收型等；半导体式气体传感器利用气敏元件与气体接触产生吸附，引起电阻发生改变，实现对气体的检测，适用于 CH_4、CO、H_2S 等气体，检测速度快、灵敏度高，但需在高温下运行；接触燃烧式气体传感器采用催化燃烧的原理，传感器温度变化与待测气体浓度成正比，通过对电导率进行测量，即可得到待测气体浓度，适用于 CO、CH_4等可燃烧气体；电化学式气体传感器利用两个电极间的电位差来进行气体检测，适用于 NO、NO_2、SO_2 等气体，具有选择性好、灵敏度高等优点，但传感器寿命较短；红外吸收式气体传感器基于朗伯-比尔定律，通过特定波长吸收，引发能级跃迁，测定气体浓度，可检测多种气体，与计算机联用可连续监测气体。传感器技术具有灵敏度高、响应迅速的优点，但一些识别元件在选择性、稳定性以及使用寿命等问题上还有待完善研究。

仪器分析法是利用待测气体的物理或化学特征为基础进行分析的常用气体检测方法，具有灵敏度高、选择性好、响应速度快、操作简便等优点，广泛应用于有毒有害气体检测领域，常见的仪器分析法包括光谱分析法、色谱分析法以及电化学分析法等；光谱分析法是基于物质对不同波长光的吸收、发射而建立，包括紫外分光光度法、红外分光光度法、原子吸收法、发射光谱法、荧光分析法等；色谱分析法包括气相色谱法、气-质联用法、高效液相色谱法、离子色谱法等；电化学分析法是基于物质所呈电性和电化学性质及其变化而建立，具有分析速度快、易于控制、灵敏度高等优点，包括电位法、库仑法和极谱法等。

本节主要介绍瓦斯（CH_4）、氮氧化物（NO_x）、一氧化碳（CO）、二氧化硫（SO_2）、硫化氢（H_2S）的测定方法，详细工作原理和其他气体的测定可参见有关书籍。

8.2.2 瓦斯气体的检测

根据检测原理的不同，瓦斯气体浓度检测的方法主要分为半导体气敏法、光干涉法、超声法、热导型法、载体催化法与红外光谱法。目前常用的瓦斯传感器，按不同的检测原理可分为气敏半导体型瓦斯传感器、光干涉型瓦斯传感器、热导型瓦斯传感器、载体催化型瓦斯传感器和红外型瓦斯传感器。在实际应用中，根据使用场所、测量范围等要求，可以选择不同检测原理的瓦斯传感器。

8.2.2.1 气敏半导体型瓦斯传感器

气敏半导体型瓦斯传感器可以检测百分比浓度的可燃性气体、也可以检测 ppm 级的有毒气体。利用一些金属氧化物如氧化锡（SnO_2）、氧化锌（ZnO_2）制成的敏感元件在特定温度下，吸附不同气体后，引起敏感元件以载流子运动为特征的电阻率的改变，利用电阻率的改变确定气体的浓度。气敏半导体元件具有检测灵敏度高、响应迅速、寿命长、稳定性高且不易中毒的优点，但难以解释读数，输出受湿度影响大，矿井生产环境恶劣，水蒸气会严重影响气敏半导体对瓦斯浓度的精度，在煤矿井下应用较少。

8.2.2.2　光干涉型瓦斯传感器

光干涉型瓦斯传感器是利用甲烷的折射与空气的折射不同而制成，由同一光源发出的两束光，其中一束经过充有待测气体的测量气室，另外一束通过充有空气的参考气室，两束光再次相遇时就会形成干涉条纹，待测气体中瓦斯浓度不同，则干涉条纹的位置就不同，根据干涉条纹的位置就可以确定瓦斯的浓度。

采用光干涉型检测矿井瓦斯的方法在原苏联、德国、日本和中国都曾被广泛采用，使用时间已经超过 70 年。光干涉型瓦斯传感器不会受高瓦斯浓度冲击，也不存在中毒问题，使用寿命长，采用压力法校准，无需标注氧气，现场使用方便，另外，空气中的二氧化碳和氧气含量会影响其测量精度，所以选择性较差；同时环境因素如温度和大气压等会影响干涉条纹的位置而产生的误差，而且将干涉信号进一步变成电信号还存在困难，导致光干涉型瓦斯传感器在瓦斯遥测方面很少应用。

8.2.2.3　热导型瓦斯传感器

含有不同浓度的瓦斯气体的混合气体相对于对照参比气体的热导率不同，通过比较差异可以测出待测瓦斯的浓度。混合气体的热导率为其组分热导率及各组分所占百分比的函数，只要测出混合气体的热导率就可以确定混合器气体的组成。热导型瓦斯传感器是利用空气与甲烷的热导率不同，以及混合气体中待测甲烷气体浓度与热导率的关系，把待测甲烷的浓度以电信号形式输出，从而确定待测气体浓度。

热导型瓦斯传感器测量低浓度瓦斯误差很大，常常与载体催化型仪器相结合，5%～10%CH_4范围用热导元件测量，0～5%CH_4范围用载体催化元件测量。热导型瓦斯传感器结构比较简单，但是热导方法得到的电信号比较微弱，所以对于后续信号的处理会造成很大的困难，同时仪器具有比较严重的零点漂移，它受加工精度的影响很大，空气中氧气浓度和水蒸气浓度也会对测量产生很大的影响。

8.2.2.4　载体催化型瓦斯传感器

载体催化原理是目前实际应用最为广泛的一种方法。载体催化元件采用热效应原理，其工作原理如图 8-38 所示，采用惠斯通电桥，r_1 为黑元件，也称为催化元件为工作元件，r_2 为白元件为补偿元件，所以载体催化元件也称为黑白元件。没有瓦斯时，电桥处于平衡状态，没有信号输出。当有瓦斯时，甲烷和氧气在载体催化元件（工作元件）表面发生强烈氧化反应，放出反应热，其反应的化学方程式为：

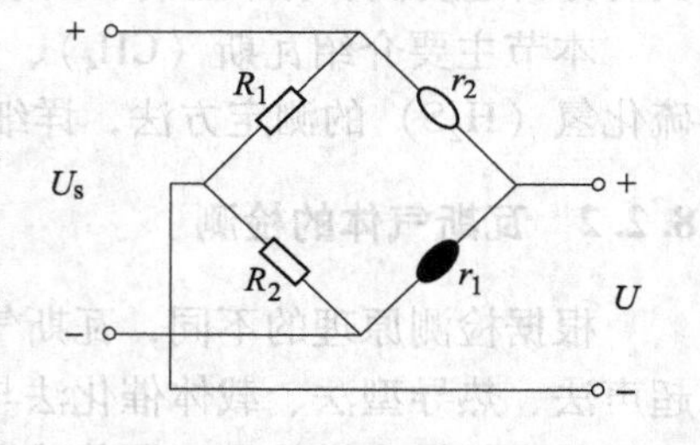

图 8-38　载体催化瓦斯传感器检测原理

$$CH_4 + O_2 \longrightarrow CO_2 + H_2O + Q \tag{8-23}$$

氧化反应释放的热量使敏感元件温度上升，元件的温度增量将引起元件相应电阻值的增加，从而导致惠斯通电桥的不平衡，进一步产生一个与瓦斯浓度成正比的输出信号，根据输出信号可以确定甲烷浓度。

最早的催化型瓦斯传感器是美国生产的 VCC 瓦斯测量仪，采用纯铂丝元件，我国从 1961 年开始研究载体催化型瓦斯传感器。20 世纪 80 年代初，各产煤国逐渐用载体催化型瓦斯传感器代替了光干涉型瓦斯传感器。相比光干涉型瓦斯传感器，载体催化型瓦斯传感器很容易得到和瓦斯浓度相关的电信号，同时响应迅速，结构简单，使用方便，消耗功率低，性能稳定，从而成为应用最广泛的瓦斯传感器。但是载体催化元件测量范围小、会受高浓度瓦斯的冲击，由于使用催化剂所以容易导致硫化物中毒而失去活性，另外敏感元件工作时由于强烈氧化反应表面温度高于 450 ℃，如此高的温度使得敏感元件本身有可能成为引火源。

8.2.2.5 红外型瓦斯传感器

红外辐射在传播的过程中，因为介质对辐射的吸收作用而衰减，红外辐射在到达传感器前，会被空气中的某些气体由于分子的震动和能级的跃迁而有选择性地吸收，气体对红外辐射的吸收具有非常明显的选择性。每种气体在红外光区都有不同的吸收谱线，甲烷吸收红外线后，红外光的能量会降低，因此可根据甲烷对红外辐射的衰减程度来判定甲烷的浓度，进行矿井中的甲烷气体的检测，当红外辐射通过被测气体时，在其谱线处 3.39 μm 和 6.5 μm 红外辐射会强烈衰减，甲烷气体对红外辐射的吸收符合朗伯-比尔定律，即

$$P_\lambda(L) = P_\lambda(0)\mathrm{e}^{-K_\lambda LC} \tag{8-24}$$

式中，$P_\lambda(L)$ 为透射红外辐射的光强；$P_\lambda(0)$ 为入射红外辐射的光强，波长的函数；K_λ 为被测气样的消光系数；L 为红外辐射的光程；C 为待测甲烷的浓度。

按照检测方法来区分，可分为差分吸收法和谐波检测法。

（1）差分吸收法：光源发出的光束被分成两路信息：一路是带有被测气体吸收的信息；另一路是带有未经被测气样吸收的信息，称为参考信息。光源的不确定及光电器件的温漂、时漂对两路信息的影响相同，故信号信息与参考信息的比值将只是气体浓度的函数，消除了光电器件的零漂影响及光源的不稳定性。

（2）谐波检测法：将窄带光源波长对准待测气体的某一吸收峰，用正弦信号对激光波长进行调制，调制后的激光通过待测气样，由于气体的吸收作用，波长调制转为强度调制，当激光的中心波长对准气体吸收峰的中心处，输出光包含这调制频率的二次谐波信号，信号的幅度正比于气体的浓度。通过提取二次谐波，来实现瓦斯气体浓度的检测。

8.2.3 氮氧化物的检测

氮的氧化物有一氧化氮、二氧化氮、三氧化二氮、四氧化三氮和五氧化二氮等多种形式。大气中的氮氧化物主要以一氧化氮（NO）和二氧化氮（NO_2）形式存在。大气中的 NO 和 NO_2 可以分别测定，也可以测定二者的总量。常用的测定方法有盐酸萘乙二胺分光光度法、化学发光法及恒电流库仑滴定法等。

8.2.3.1 盐酸萘乙二胺分光光度法

盐酸萘乙二胺分光光度法，该方法采样和显色同时进行，操作简便，灵敏度高，是国内外普遍采用的方法。根据采样时间不同分为两种情况，一是吸收液用量少，适于短时间采样，检出限为 0.05 μg/5 mL（按与吸光度 0.01 相对应的亚硝酸根含量计）；当采样体积为 6 L 时，最低检出浓度（以 NO_2 计）为 0.01 mg/m^3。二是吸收液用量大，适于 24 h 连续采样，测定大气中 NO_x 的日平均浓度，其检出限为 0.25 μg/25 mL；当 24 h 采气量为 288 L 时，最低检出浓度（以 NO_2）为 0.002 mg/m^3。

该方法测量原理用冰乙酸、对氨基苯磺酸和盐酸萘乙二胺配成吸收液采样，大气中的NO_2被吸收转变成亚硝酸和硝酸，在冰乙酸存在条件下，亚硝酸与对氨基苯磺酸发生重氮化反应，然后再与盐酸萘乙二胺偶合，生成玫瑰红色偶氮染料，其颜色深浅与气样中NO_2浓度成正比，因此，可用分光光度法进行NO_2浓度测定。

8.2.3.2　化学发光法

化学发光法，该方法的基本原理是某些化合物分子吸收化学能后，被激发到激发态，再由激发态返回至基态，以光量子的形式释放出能量，这种化学反应称为化学光反应，利用测量化学发光强度对物质进行分析测定的方法称为化学发光分析法。

8.2.3.3　原电池库仑滴定法

原电池库仑滴定法，这种方法与SO_2库仑滴定测定法的不同之处是库仑池不施加直流电压，而依据原电池原理工作。库仑池中有两个电极，一是活性炭阳极，二是铂网阴极，池内充0.1 mol/L磷酸盐缓冲溶液（pH=7）和0.3 mol/L碘化钾溶液。当进入库仑池的气样中含有NO_2时，则与电解中的I^-反应，将其氧化成I_2，而生成的I_2，又立即在铂网阴极上还原为I^-，便产生微小电流。如果电流效率达100%，则在一定条件下，微电流大小与气样中NO_2浓度成正比，故可根据法拉第电解定律将产生的电流换算成NO_2的浓度，直接进行显示和记录。测定总氮氧化物时，需先让气样通过铬酸氧化管，将NO氧化成NO_2。

8.2.4　一氧化碳的检测

测定大气中CO的方法有非分散红外吸收法、气相色谱法、定电位电解法、间接冷原子吸收法等。

8.2.4.1　非分散红外吸收法

非分散红外吸收法，这种方法被广泛用于CO、CO_2、CH_4、SO_2、NH_3等气态污染物质的监测，具有测定简便、快速，不破坏被测物质和能连续自动监测等优点。其原理是当CO、CO_2等气态分子受到红外辐射（1~25 μm）照射时，将吸收各自特征波长的红外光，引起分子振动能级和转动能级的跃迁，产生振动—转动吸收光谱，即红外吸收光谱。在一定气态物质浓度范围内，吸收光谱的峰值（吸光度）与气态物质浓度之间的关系符合朗伯-比尔定律，因此，测其吸光度即可确定气态物质的浓度。

CO的红外吸收峰在4.5 μm附近，CO_2在4.3 μm附近，水蒸气在3 μm和6 μm附近。因为空气中CO_2和水蒸气的浓度远大于CO的浓度，故干扰CO的测定。在测定前用制冷或通过干燥剂的方法可除去水蒸气；用窄带光学滤光片或气体滤波室将红外辐射限制在CO吸收的窄带光范围内，可消除CO_2的干扰。

8.2.4.2　气相色谱法

色谱分析法又称层析分析法，是一种分离测定多组分混合物的极其有效的分析方法。它基于不同物质在相对运动的两相中具有不同的分配系数，当这些物质随流动相移动时，就在两相之间进行反复多次分配，使原来分配系数只有微小差异的各组分得到很好地分离，依次送入检测器测定，达到分离、分析各组分的目的。

色谱法的分类方法很多，常按两相所处的状态来分。用气体作为流动相时，称为气相色谱；用液体作为流动相时，称为液相色谱或液体色谱。

气相色谱分析常用的检测器有：热导检测器、氢火焰离子化检测器、电子捕获检测器和火焰光度检测器。对检测器的要求是：灵敏度高、检测度（反映噪声大小和灵敏度的综合指标）低、响应快、线性范围宽。

8.2.4.3 汞置换法

汞置换法也称间接冷原子吸收法。该方法基于气样中的CO与活性氧化汞在180~200 ℃发生反应，置换出汞蒸气，带入冷原子吸收测汞仪测定汞的含量，再换算成CO浓度。

测定时，先将适宜浓度的CO标准气由定量管进样，测量吸收峰高或吸光度，再用定量管进入气样，测其峰高或吸光度，再按相关公式计算气样中CO的浓度，该方法检出限为0.04 mg/m^3。

8.2.5 二氧化硫的检测

测定SO_2常用的方法有分光光度法、紫外荧光法、电导法、库仑滴定法、火焰光度法等。

8.2.5.1 四氯汞钾溶液吸收盐酸副玫瑰苯胺分光光度法

四氯汞钾溶液吸收盐酸副玫瑰苯胺分光光度法，该方法是国内外广泛采用的测定环境空气中SO_2的方法，具有灵敏度高、选择性好等优点，但吸收液毒性较大。

该方法测量原理是用氯化钾和氯化汞配制成四氯汞钾吸收液，气样中的二氧化硫用该溶液吸收，生成稳定的二氯亚硫酸盐络合物，该络合物再与甲醛和盐酸副玫瑰苯胺作用，生成紫色络合物，其颜色深浅与SO_2含量成正比，用分光光度法测定。

测定方法要点是先用亚硫酸钠标准溶液配制标准色列，在最大吸收波长处以蒸馏水为参比测定吸光度，用经试剂空白修正后的吸光度对SO_2含量绘制标准曲线。然后，以同样方法测定显色后的样品溶液，经试剂空白修正后，按相关公式计算样气中SO_2的含量。

8.2.5.2 钍试剂分光光度法

钍试剂分光光度法，该方法所用吸收液无毒，样品采集后相当稳定，但灵敏度较低，所需采样体积大，适合于测定SO_2日平均浓度。它与四氯汞钾溶液吸收盐酸副玫瑰苯胺分光光度法都被国际标准化组织（ISO）规定为测定SO_2标准方法。

该方法测量原理是大气中的SO_2用过氧化氢溶液吸收并氧化为硫酸。硫酸根离子与过量的高氯酸钡反应，生成硫酸钡沉淀，剩余钡离子与钍试剂作用生成钍试剂-钡络合物（紫红色）。根据颜色深浅，用比色法测量该络合物体系在一定波长的吸收，来确定SO_2的浓度，间接进行定量测定。

8.2.5.3 紫外荧光法

荧光通常是指某些物质受到紫外光照射时，各自吸收了一定波长的光之后，发射出比照射光波长长的光，而当紫外光停止照射后，这种光也随之很快消失。当然，荧光现象不限于紫外光区，还有X荧光、红外荧光等。利用测荧光波长和荧光强度建立起来的定性、定量方法称为荧光分析法。

荧光法测定 SO_2 的主要干扰物质是水分和芳香烃化合物。水的影响一方面是由于 SO_2 可溶于水造成损失，另一方面，由于 SO_2 遇水产生荧光猝灭而造成负误差，可用半透膜渗透法或反应室加热法除去水的干扰。芳香烃化合物在 190~230 nm 紫外光激发下也能发射荧光造成正误差，可用装有特殊吸附剂的过滤器预先除去。

紫外荧光 SO_2 监测仪由气路系统及荧光计两部分组成。紫外荧光法的优点是检测灵敏度高、实时性强、监测范围宽和重复性好。

8.2.5.4 恒电流库仑滴定法

恒电流库仑滴定法，这种方法工作原理是发送池是由铂丝阳极、铂网阴极、活性炭参比电极及 0.3 mol/L 碱性碘化钾溶液组成的库仑（电解）池。若将一恒流电源加于两电解电极上，则电流从阳极流入，经阴极和参比电极流出。因参比电极通过负载电阻和阴极连接，故阴极电位是参比电极电位和负载上的电压降之和。如果进入库仑池的气样不含 SO_2，库仑池又无其他反应则阳极氧化的碘离子和阴极还原的碘离子相等，参比电流无电流输出。如果气样中含有 SO_2，则与溶液中的碘发生反应，使阴极电流下降。气样中含有 SO_2 含量越大，消耗碘越多，导致阴极电流减小而通过参比电极流出的电流越大。当气样以固定流速连续地通入库仑时，则参比电流和 SO_2 量之间存在一定关系，如此可测出气样中含有 SO_2 有含量。

8.2.5.5 溶液电导法

用酸性过氧化氢溶液吸收气样中的二氧化硫所生成的硫酸，使吸收液电导率增加，其增加值决定于气样中 SO_2 含量，故通过测量吸收液吸收 SO_2 前后电导率的变化，就可以得知气样中 SO_2 的浓度。

电导式 SO_2 自动监测仪有间歇式和连续式两种类型。间歇式测量结果为采样时段的平均浓度，连续式测量结果为不同时间的瞬时值。电导测量法的仪器结构比较简单，但易受温度变化和共存气体（如 CO_2、NO_2、NH_3、H_3S 等）的干扰，并需定期补充吸收液。

用碘量法测定二氧化硫的原理是以氨基磺酸氨和硫酸铵的混合液吸收样气中的 SO_2，用碘标准溶液滴定按滴定量计算 SO_2 浓度。测量范围：0~10 μmol/mol，检测下限为 0.01 μmol/mol。

8.2.6 硫化氢的检测

硫化氢（H_2S）气体分子是由两个氢原子和一个硫原子组成，为无色、剧毒、酸性气体，有臭鸡蛋味，别名氢硫酸。分子质量为 34.08，熔点为 -85.5 ℃，沸点为 -60.4 ℃，相对密度为 1.19，能溶于水，溶解度随水温增高而降低。在空气中易燃，燃烧时发出蓝色火焰，并产生对眼和肺非常有害的二氧化硫气体。通常情况下以气体存在，当硫化氢与空气或氧气混合到一定比例（4.3%~46%）时就形成一种爆炸混合物，遇火爆炸。

目前针对硫化氢的检测方法有很多，可分为化学检测法和物理检测法两类，常见的检测方法有快速管滴定法、醋酸铅试纸法、光谱吸收法、电化学法、气相色谱法、碘量法和亚甲蓝分光光度法等。随着传感器技术的发展，学者们研究出硫化氢气体浓度传感器，根据检测原理可分为电化学传感器、金属氧化物半导体传感器、光学类传感器。

8.2.6.1 快速管测定法

快速管测定法也是现场检测大气中硫化氢含量常用的方法。原理是将吸附醋酸铅和氯化钡的硅胶装入细玻璃管内，抽 100 mL 含硫化氢的气体，在 1 min 内注入，形成褐色硫化铅。根据硅胶柱变色的长度测定出硫化氢的体积分数。矿井硫化氢的采样地点为采掘工作面、上隅角、各硐室、地面瓦斯抽放泵站、主井信号房、副井口、副井底、矿井水处理站，通过用注射器抽取 100 mL 气样，通过测定管，硅胶柱变色长度与标准尺比较，求得硫化氢的体积分数。此法具有简便、快捷、便于携带和灵敏度高的优点。

8.2.6.2 醋酸铅试纸法

醋酸铅试纸与硫化氢反应生成褐色硫化铅，与标准比色板对比求得硫化氢的体积分数，此法是一种定性和半定量的方法。

8.2.6.3 光谱吸收法

利用光谱法测量硫化氢气体的浓度，是根据不同气体分子对光的吸收程度不同，从而会产生不同的光谱，当光通过硫化氢气体后，硫化氢分子对某一波长的光吸收，导致光强的改变，通过光程和吸光度来计算硫化氢气体的浓度。光谱吸收法检测效果精确，绿色环保，但是易用性差，价格较昂贵。

8.2.6.4 电化学法

通过含硫化氢的气体与化学电极产生氧化还原反应来释放电荷，产生的电流强度与气体浓度成正比，根据电流强度的大小，进而推算出硫化氢气体的浓度。

8.2.6.5 气相色谱法

气相色谱法是通过气瓶将采集到的样气送入色谱仪中，硫化氢气体经过色谱仪的色谱柱分离后，再用设备去检测气体流出色谱柱时间的色谱图，然后根据色谱信息（高峰、面积）去表征气体浓度。一般只有专门的检测机构才能进行色谱分析。

8.2.6.6 碘量法

首先对含有硫化氢的气体进行取样，然后将样气通入过量的乙酸锌溶液，待充分反应后，生成黄色的沉淀物，沉淀物的物质为硫化锌，再在乙酸锌溶液中添加碘液，沉淀物被氧化，用硫代硫酸钠溶液滴定溶液中过量的碘。利用反推法计算气体浓度。碘量法的优势是指示剂灵敏，检测限低，操作相对简单，但也有一定的缺陷性，在现场分析硫化氢气体浓度时，重复性低。

8.2.6.7 亚甲基蓝分光光度法

亚甲基蓝分光光度法，此方法将含有硫化氢气体的样气溶入氧化镉-聚乙酸醇磷酸铵悬浮液，使硫化氢气体被吸收，形成沉淀物（硫化镉），然后在溶液中加入三氯化铁和对氨基二甲基苯胺，使硫离子反应生成亚甲基蓝，通过光度计来标定颜色的深浅，进而测量硫化氢气体的浓度。

8.2.6.8 激光法

激光法原理是将光学检测探头直接安装在气体检测管两侧，半导体激光器射出的调制激光束穿过检测管中的被测气体，落到接受单元中的光电传感器上。激光束能量被所测提起分子吸收而发生衰减，接受单元探测到的光强度所发生的衰减与发射器和接收器之间的被测气体含量成正比。通过分析激光强度衰减可以获得所测气体的浓度。该技术具有现场测量、快速响应、适用范围大、精度高、可靠性高和维护量小等优点。

随着技术的发展与进步，为了能实时监测硫化氢气体的浓度，融合传感器技术的现场检测已成为一种实用的主要应用手段。

实时硫化氢气体的检测，大部分是通过 H_2S 传感器来进行气体浓度的采集，通过传感器与检测设备的结合，实现气体浓度的实时监测。随着人们安全意识的提高以及科技技术的进步，气体传感器正处于产业高速增长期，经过多年的发展，已形成可燃气体、有毒有害气体、氧气、呼出气体酒精含量检测仪等丰富的覆盖气体泄漏检测、环境检测、生产过程监控、气体成分分析应用门类，广泛应用于各方面。

A　金属氧化物硫化氢传感器

金属氧化物硫化氢传感器的检测原理为：当 H_2S 进入传感器，根据气体的吸附特性，H_2S 与传感器气敏材料（半导体）结合，导致电子转移，使传感器中的半导体的电导率发生改变，然后通过对阻值的测量来实现检测 H_2S 浓度的大小。随着传感器技术的发展，金属氧化物气敏材料被越来越多的用在硫化氢浓度的检测，比如 Fe_2O_3、ZnS 等，其中含有 CuO 和 SnO_2 等薄膜，与未掺杂的 SnO_2 相比，提高了相应时间。

B　电化学式 H_2S 传感器

电化学 H_2S 传感器按照类型可以分为三种传感器，分别为液体、固体电解质硫化传感器，而液体电解质硫化氢传感器根据输出信号的不同可分为电位、电流型。电流液体硫化氢传感器稳定性好，检测结果不易受到干扰，而电位型的硫化氢传感器的检测信号是电导以及平衡电位的 pH 等参量，若考虑不周，极其容易受到干扰，电流型是当传感器内部的敏感材料与气体发生反应，通过传感器输出的电流强度来检测气体的浓度值。固体电解质的传感器是以氧化物制备的敏感电极，在敏感电极发生氧化还原反应，选取对应的固体电解质，进而形成的固体电解质传感器。

C　光学传感器

光学传感器成本较高，按照检测原理可以分为光谱吸收类、荧光类和光纤硫化氢传感器。

（1）光谱吸收类硫化氢传感器。光谱吸收法是一种基于兰伯特-贝劳方法的检测方法，检测的精度较高，分析范围广，但所用仪器装置昂贵且成本比电化学方法高很多。

（2）荧光类硫化氢传感器。荧光探针是荧光类硫化氢传感器的核心部分。荧光探针与硫化氢气相互作用会导致荧光信号发生变化，从荧光信号的变化进而去测得硫化氢的浓度。

（3）光纤硫化氢传感器。光纤传感器的制备原理是将敏感膜附在光纤上，如基于二氧化钛膜包裹的无芯光纤的硫化氢传感器；有一种基于窄带光源的光纤传感器，光源经过 Bragg 光纤光栅后，形成窄带光源，进行相应的滤波和降噪处理后，通过差分信号的方式提高了传感器的稳定性，再推导出二次谐波信号，通过仿真手段得到硫化氢的浓度。

复习思考题及习题

8-1 在 20 ℃的酒精中测定某厂锅炉灰的真密度，酒精密度为 789.5 kg/m^3，两次测定记录见表 8-3。

表 8-3 题 8-1

瓶号	瓶质量 m_0/g	(瓶+尘) 质量 m_3/g	(瓶+尘+液) 质量 m_2/g	(瓶+液) 质量 m_1/g
1	1765	2434	6544	6212
2	1558	2186	6281	5965

求该粉尘的平均真密度。

8-2 应用离心分级机测定粉尘的粒径分布。各节流片对应的标准粉尘直径见表 8-4。标准粉尘的密度为 1000 kg/m^3，试验粉尘质量为 10 g，试验粉尘密度为 2815 kg/m^3。第一次分级时，剩余在筛网上的粗粒子质量为 0.0201 g，各级分离后残留粉尘质量见表 8-4。

表 8-4 题 8-2

节流片编号	1	2	3	4	5	6	7	8
对应标准直径/μm	3.1	5.0	10.2	17.7	25.1	38.2	51.5	60.3
残留粉尘质量/g	9.4653	8.8603	6.8135	4.6418	3.2852	2.0294	1.3309	0.9637

求：(1) 对应于各节流片的实际尘粒直径；

(2) 当粉尘按粒径为<2 μm，2～5 μm，5～10 μm，10～15 μm，15～20 μm，20～30 μm，>30 μm 分组时，计算各粒径间隔内的粉尘所占的质量分数。

8-3 测定管道中的含尘浓度时为什么要等速采样，如何做到等速采样？

8-4 已知管道内含尘气流流量为 0.6 m^3/s，管道直径为 200 mm，用 5 mm 采样管在平均流速点采样，测定气体含尘浓度。试确定采样头直径及等速采样时采样头的抽气量。

8-5 空气中甲烷、氮氧化物、一氧化碳、二氧化硫和硫化氢的浓度如何测定，所采用的仪器有哪些？

参考文献

[1] 蒋仲安，陈举师，温昊峰．气溶胶力学及应用［M］．北京：冶金工业出版社，2018.
[2] 蒋仲安，陈举师，杜翠凤．矿井通风与除尘［M］．北京：机械工业出版社，2017.
[3] 蒋仲安，杜翠凤，牛伟．工业通风与除尘［M］．北京：冶金工业出版社，2010.
[4] 路乘风，崔政斌．防尘防毒技术［M］．北京：化学工业出版社，2004.
[5] 蒋仲安．矿山环境工程［M］．北京：冶金工业出版社，2009.
[6] 王驰．典型有毒有害气体净化技术［M］．北京：冶金工业出版社，2019.
[7] 周刚，陈卫民．矿井粉尘控制关键理论及其技术工艺的研究与实践［M］．北京：煤炭工业出版社，2011.
[8] 李雨成．矿井粉尘防治理论及技术［M］．北京：煤炭工业出版社，2015.
[9] 程卫民．矿井粉尘防治理论与技术［M］．北京：煤炭工业出版社，2016.
[10] 郝玉柱．矿井粉尘防治［M］．2版．北京：煤炭工业出版社，2017.
[11] 金龙哲，李晋平，孙玉福．矿井粉尘防治理论［M］．北京：科学出版社，2010.
[12] 赵容．工业防毒实用技术［M］．北京：中国劳动社会保障出版社，2010.
[13] 王德明．矿尘学［M］．北京：科学出版社，2015.
[14] 马云东，贾惠艳．带式输送机输煤系统转载点粉尘控制技术研究［M］．北京：煤炭工业出版社，2008.
[15] 戚宜欣，秦跃平．煤矿通风安全技术与管理［M］．北京：煤炭工业出版社，1998.
[16] 郑光相．矿尘防治技术［M］．徐州：中国矿业大学出版社，2009.
[17] 李德文，马骏，刘何清．煤矿粉尘及职业病防治技术［M］．徐州：中国矿业大学出版社，2007.
[18] 邓奇根．煤矿硫化氢危害成因及防治［M］．徐州：中国矿业大学出版社，2019.
[19] 刘智超．哈尔乌素露天煤矿岩石水封爆破降尘试验研究［D］．北京：中国矿业大学，2019.
[20] 管仁生．露天深孔岩石爆破水雾降尘试验研究［D］．北京：中国铁道科学研究院，2017.
[21] 蒋仲安，曾发镔，王亚朋．我国金属矿山采运过程典型作业场所粉尘污染控制研究现状与展望［J］．金属矿山，2021（1）：135-153.
[22] 杨飏．氮氧化物减排技术与烟气脱销工程［M］．北京：冶金工业出版社，2007.